变电设备运维与仿真技术

国网湖南省电力有限公司检修公司　组编
沈梦甜　主编

中国电力出版社
CHINA ELECTRIC POWER PRESS

内 容 提 要

本书着眼于近年变电站技术装备及生产管理模式的变化，充分考虑了电力行业仿真培训要求，结合变电运维专业特点编写而成。全书共十章，包括变电运维基础知识、变电站电气设备基础知识、设备巡视、倒闸操作、设备异常及处理、事故分析及处理、设备维护性作业、变电站设备验收及投运、智能变电站基础知识、变电运维仿真等内容。

本书可作为电力系统变电运维和相关管理人员培训教材，也可作为电力、电气、信息、建设施工等专业技术人员的参考资料，同时也可供电力施工企业、制造厂家和高等院校相关专业师生参考。

图书在版编目（CIP）数据

变电设备运维与仿真技术/沈梦甜主编；国网湖南省电力有限公司检修公司组编．—北京：中国电力出版社，2018.12

ISBN 978-7-5198-2643-7

Ⅰ.①变… Ⅱ.①沈… ②国… Ⅲ.①变电所－电气设备－电力系统运行②变电所－电气设备－维修③变电所－电气设备－计算机仿真 Ⅳ.①TM63

中国版本图书馆 CIP 数据核字（2018）第 265002 号

出版发行：中国电力出版社
地　　址：北京市东城区北京站西街 19 号（邮政编码 100005）
网　　址：http://www.cepp.sgcc.com.cn
责任编辑：杨敏群（010-63412531）马玲科
责任校对：黄　蓓　常燕昆
装帧设计：王红柳　赵姗姗
责任印制：邹树群

印　　刷：北京雁林吉兆印刷有限公司
版　　次：2018 年 12 月第一版
印　　次：2018 年 12 月北京第一次印刷
开　　本：787 毫米×1092 毫米　16 开本
印　　张：25
字　　数：537 千字
定　　价：75.00 元

编 写 组

主　　编　沈梦甜

副 主 编　周　维　刘友明　王中和

编写成员　肖　奕　伍忠华　谢　希　李海燕　言海鹰

　　　　　李书清　胡利娜　邓　刚　叶　子　谌　彬

　　　　　夏　田　唐梦娴　陈佳琪　王启盛　李　干

　　　　　刘可可　颜碧炎　龚　盛　钟　凯　杨　剑

　　　　　李煜亮　罗能雄　梁运华　刘　敏　刘令富

　　　　　曾朝晖　龙立波　李　江

前言

变电站是变换电压、接受和分配电能、控制电力的流向及调整电压的电力设施，在电力系统中处于非常重要的位置，其运行状况直接影响电力系统的安全和稳定。近年来，变电站技术装备及生产管理模式发生变化，智能变电站技术不断发展，运维值班模式迅速转变，对变电运维人员在技能方面提出了新的要求。

本书着眼于变电站技术装备及生产管理模式的变化，阐述变电运维专业人员必须掌握的基础知识、运行技术和维护检修能力，介绍了变电运维基础知识、变电站电气设备和智能变电站基本知识，描述了变电仿真技术及系统应用发展，对变电站设备巡视、倒闸操作、设备异常和事故处理的原则、流程和风险点分析预控、变电设备维护作业和设备验收投运的要求、项目和方法进行了详细讲解，为全面掌握变电设备运行操作、维护检修、故障处理、事故分析和验收投产提供了重要的参考依据。

本书作者均为国网湖南省电力有限公司变电运维专业技术骨干人员，具备丰富的理论和实践经验。作者编写本书时，与实际工作需求紧密结合，突出了专业重点和难点，增加了仿真技术、智能变电站设备运维等新知识，引用了最新的变电站技术标准及反事故措施规程，通过案例深入剖析设备及回路异常、事故分析及处理方法。本书覆盖面广、针对性强，便于读者接受，对于开展变电运维仿真培训大有裨益。

本书在编写过程中得到了国网湖南省电力有限公司人力资源部、国网湖南省电力有限公司长沙供电分公司、国网湖南省电力有限公司株洲供电分公司、国网湖南省电力有限公司湘潭供电分公司、湖南省送变电工程公司、北京科东电力控制系统有限责任公司等单位大力支持，在此表示衷心感谢。

编者

2018年12月

目录

变电运维基础知识

变电运维在电力生产过程中发挥着重要的作用。从事变电运维工作，首先需要掌握一定的变电运维基础知识，具体包括：了解电力系统的组成与特点，了解常见的电气接线方式，掌握变电运维管理规定，清楚安全工器具及仪器仪表的使用方法等。

第一节　电力系统组成与特点

一、电力系统组成

由发电厂内的发电机、电力网内的变压器和输电线路以及用户的各种用电设备，按照一定的规律连接而组成的统一整体，称作电力系统。电力系统中输送和分配电能的部分称为电力网，它包括升、降压变压器和各种电压等级的输电线路。在电力系统的基础上，还把发电厂的动力部分，例如，火力发电厂的锅炉、汽轮机和水力发电厂的水库、水轮机以及核动力发电厂的反应堆等也包括在内的系统，称作动力系统。本章以水电系统为例来说明动力系统、电力系统和电力网三者之间的关系，电力系统的组成如图 1-1 所示。

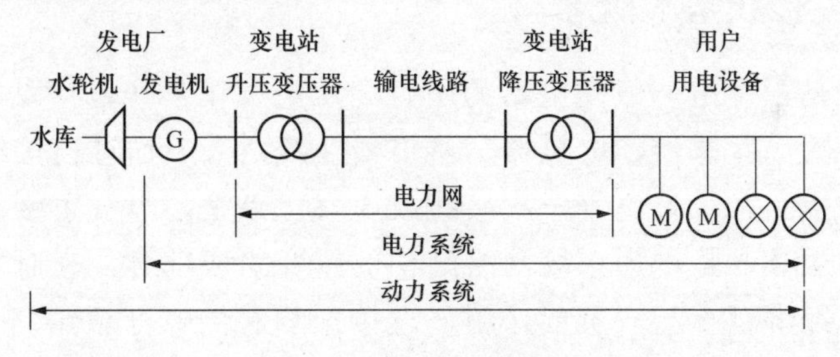

图 1-1　电力系统的组成

二、电力系统特点

（一）与国民经济和人民生活关系密切

由于电能与其他能源之间转换方便，宜于大量生产、集中管理、远距离输送、自动控制，使用电能较其他能源有显著优点，电能已被广泛应用于国民经济的各个部门和人民生活的各个方面。随着国民经济各部门的电气化、自动化和人民生活现代化水平的日益提高，整个社会对电能的依赖性越来越强。由于电力供应不足或电力系统故障造成的停电给国民经济造成的损失和对人们日常生活的影响也越来越严重。

（二）电能不能大量储存，电能的生产和使用只能同时完成

尽管人们对电能的储存进行了大量的研究，但迄今为止，储存大容量电能的问题仍未得到最有效的解决。因此电能不能大量储存可以说是电力生产的最大特点。这就决定了电能的生产、输送、分配和消费必须同时进行。发电厂在任何时刻生产的电能恰好等于该时刻用户设备所需的功率、输送和分配环节中的功率之和，即电力系统中的功率每时每刻都是平衡的。

（三）暂态过程非常迅速

电能以电磁波的形式传播，传播速度为 3×108m/s。无论是正常的输电过程还是发生故障的过程都极为迅速。如断路器的切换操作，发电机、变压器、线路和用电设备的投切都在一瞬间完成。电网的短路过程、故障的发生和发展时间十分短暂，系统中过渡过程的时间一般以毫秒或微秒计。

（四）对电能质量的要求颇为严格

电能质量的好坏是指电源电压的大小、频率和波形是否满足电网要求。电压的大小、频率偏离要求值过多或波形因谐波污染严重而不能保持正弦波时，都可能导致产生废品、损坏设备，甚至大面积停电。因此，对电压大小、频率的偏移以及谐波含量都有一定限额。同时，由于系统工况时刻变化，这些偏移量和谐波含量是否总在限额之内，需要经常监测。

第二节　电 气 主 接 线

一、电气主接线基本概念

电气主接线是由发电厂或变电站的所有高压电气设备（包括发电机、变压器、断路器、隔离开关、互感器、电抗器、避雷器及线路等）通过连接线组成的用来接受和分配电能的电路，又称电气一次接线或电气主系统。电气主接线是发电厂或变电站电气部分的主体，是电力系统网络结构的重要组成部分，它对发电厂和变电站的安全、可靠、经济运行起着重要作用，直接影响着供电可靠性、电能质量、运行灵活性、配电装置布置及电气二次接线和继电保护、自动装置的配置问题。

电气主接线图是根据电气设备的作用和工作要求，用规定的图形符号和文字符号按一定顺序排列，详细地表示出电气设备基本组成和连接关系的接线图。由于电力系统的三相对称性以及三相设备的一致性，电气主接线图通常都采用单线图表示，根据需要局部地方才绘成三相图。电气主接线图是发电厂或变电站运行和操作的依据，它能直观地表示出全厂或全站所有电气设备的相互连接关系及运行情况，对灵活、可靠的运行和安全、方便的操作检修，以及运行经济性都有着重大影响。

二、典型接线方式

（一）单母线接线方式

单母线接线方式如图 1-2 所示，该接线方式仅有一组汇流母线，每个回路通过一台断路器和两台隔离开关与汇流母线相连。

优点：接线简单清晰、设备少；操作方便，便于扩建和采用成套配电装置。

缺点：不够灵活可靠，任一元件（母线及母线隔离开关等）故障或检修，需使整个配电装置停电。

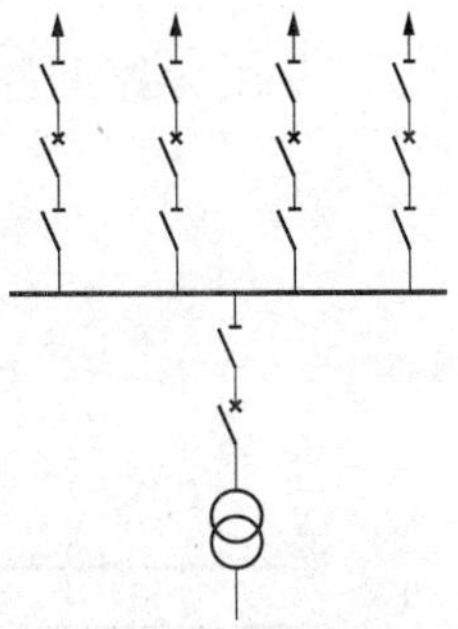

图 1-2　单母线接线方式

（二）单母线分段接线方式

单母线分段接线方式如图 1-3 所示，用母联断路器 QF 将汇流母线分为Ⅰ、Ⅱ段。

优点：具有单母线接线的所有优点；母联断路器闭合时，两端汇流母线并列运行，提高了运行可靠性；当母联断路器断开时，两端汇流母线分裂运行，可减少短路电流。

缺点：当一段母线或母线隔离开关故障或检修时，必须断开接在该分段母线上的全部电源和出线。

（三）双母线接线方式

双母线接线方式如图 1-4 所示，它具有Ⅰ、Ⅱ两组汇流母线，且通过母联断路器 QF 相连。每回路通过一台断路器和两台隔离开关分别与两组汇流母线相连。

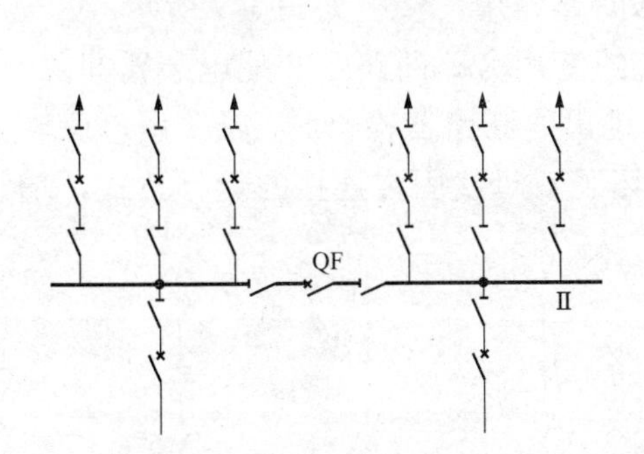

图 1-3　单母线分段接线方式

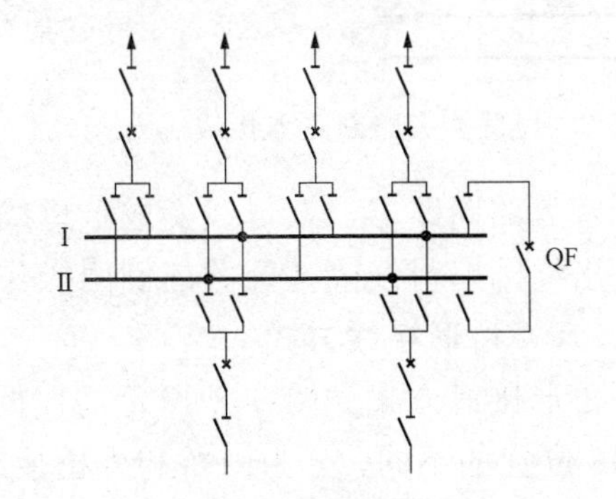

图 1-4　双母线接线方式

优点：供电可靠性高；运行方式灵活；便于异常及事故处理；便于扩建。

缺点：倒闸操作复杂；任一回路断路器停运时，该回路需停电；母线隔离开关数量较多，配电装置结构复杂。

（四）双母线分段接线方式

双母线分段接线方式如图 1-5 所示，在双母线的基础上，将一条母线分段，并通过分段断路器 QF 连接。

优点：具有双母线接线的所有优点；比双母线接线有更高的可靠性和灵活性。

缺点：电气设备投资较大；其他缺点和双母线接线相同。

（五）双母带旁路母线接线方式

双母带旁路母线接线方式如图 1-6 所示，在双母线接线方式的基础上增加旁路母线、专用旁路断路器及相应的旁路隔离开关。

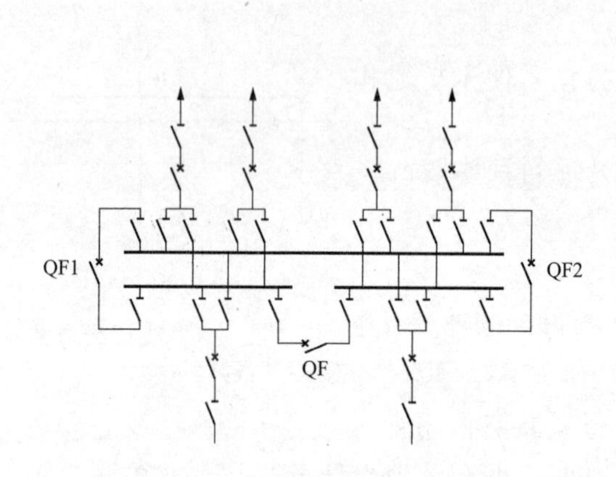

图 1-5　双母线分段接线方式

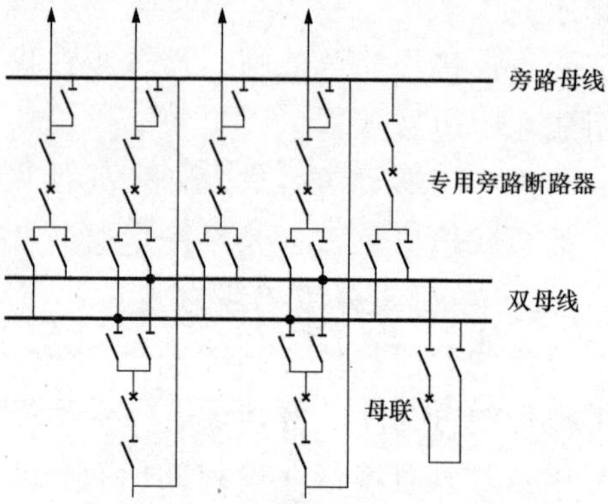

图 1-6　双母带旁路母线接线

优点：具有双母线接线的所有优点；任一回路断路器停运时，该回路均可由旁路断路器代供，供电可靠性和允许灵活性更高。

缺点：投资大、经济性较差；母线隔离开关数量较多，配电装置结构复杂；倒闸操作复杂。

另外，还有一种方式：不设专用旁路断路器，以母联兼作旁路断路器用，接线如图 1-7 所示。

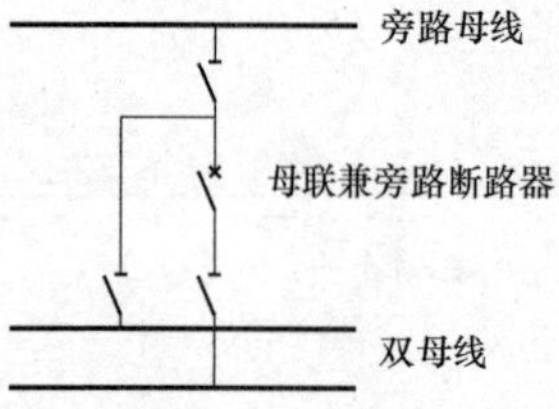

图 1-7　母联兼旁路断路器接线

优点：节约专用旁路断路器和配电装置间隔。

缺点：当进出线断路器检修时，就要用母联断路器代替旁路断路器，双母线变成单母线，破坏了双母线固定连接的运行方式，增加了进出线回路母线隔离开关的倒闸操作。

（六）桥形接线方式

桥形接线方式如图 1-8 所示，根据桥断路器 QF 位置的不同，分为内桥和外桥接线方式。正常情况下两种接线运行状态相同，但当检修或故障时，两种接线状况就有一定区别。

1. 内桥接线

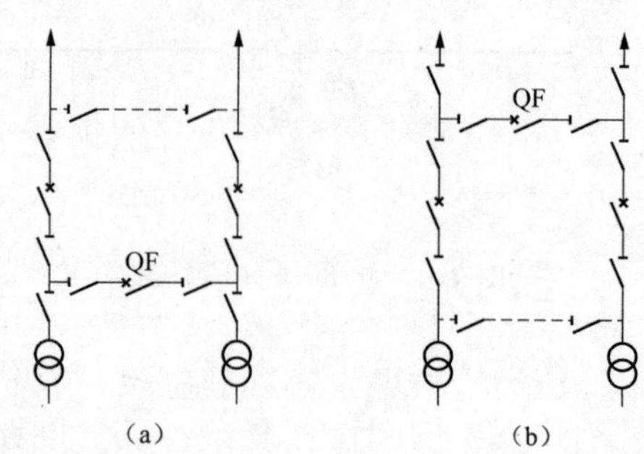

(a)　(b)

图 1-8　桥形接线方式

（a）内桥接线；（b）外桥接线

优点：便于变压器投停操作；适用于线路较短、故障率较低、变压器经常投停以及穿越功率较大的情况。

缺点：若线路投停，则变压器必须短时退出运行。

2. 外桥接线

优点：便于线路投停操作。适用于输电线路较长、线路故障率较高、穿越功率小和变压器不需要经常切换的情况。

缺点：若变压器投停，则线路断路器必须短时退出运行。

（七）**3/2 接线方式**

3/2 接线方式如图 1-9 所示，也称作一个半断路器接线方式。它有两组主母线，两组主母线通过 3 台串联的断路器相连，3 台断路器控制 2 个回路。

优点：可靠性较高；运行灵活性好；运行操作方便；设备检修方便。

缺点：二次接线复杂；串数少于 3 串时可靠性不高；限制短路电流困难；设备较多，投资大。

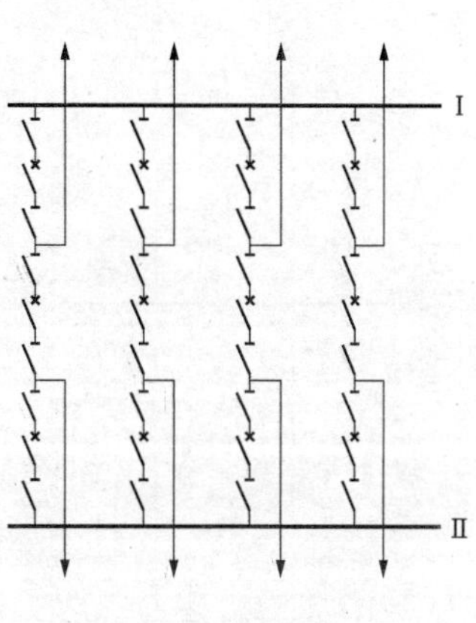

图 1-9 3/2 接线方式

三、变电站电气主接线示例

某 500kV 变电站电气主接线如图 1-10 所示。500kV 变电站一般包含 500kV、220kV 以及 35kV 三个电压等级。不同的电压等级根据具体情况选用相应的接线方式。该变电站电气主接线为典型的接线方式，共 2 台 750MVA 主变压器，5 回 500kV 出线，500kV 配电装置采用 3/2 接线方式。10 回 220kV 出线，220kV 配电装置采用双母单分段接线方式。35kV 配电装置采用单母线接线方式。

（一）**500kV 变电站设备编号**

1. 500kV 部分

（1）断路器编号。断路器编号由 4 位数字组成。前两位“50”表示 500kV 电压等级。第三位数表示串编号，靠近主变压器为第一串。第四位数表示该串的第几个断路器，靠近 500kV Ⅰ母侧的断路器编号为“1”。如：5023 表示第 2 串的第 3 个断路器。

（2）隔离开关编号。隔离开关编号的前四位为所在断路器的编号，第五位数表示隔离开关在断路器两侧的位置，靠Ⅰ母线侧为“1”，靠Ⅱ母线侧为“2”。如：50231 表示 5023 断路器靠Ⅰ母侧的隔离开关。

高压电抗器隔离开关的编号为该出线间隔的边断路器编号加“DK1”，如：5033DK1。

（3）接地隔离开关编号。接地隔离开关的编号为所属隔离开关编号后加“7”，如：502317、502327。

（4）其他一次设备编号。其他一次设备编号与断路器编号一致，根据设备类型予以区分。

2. 220kV 及 35kV 部分

220kV 及以下电压等级设备编号各网省公司之间有所区别，以下编号原则是以国网湖南电力为例：

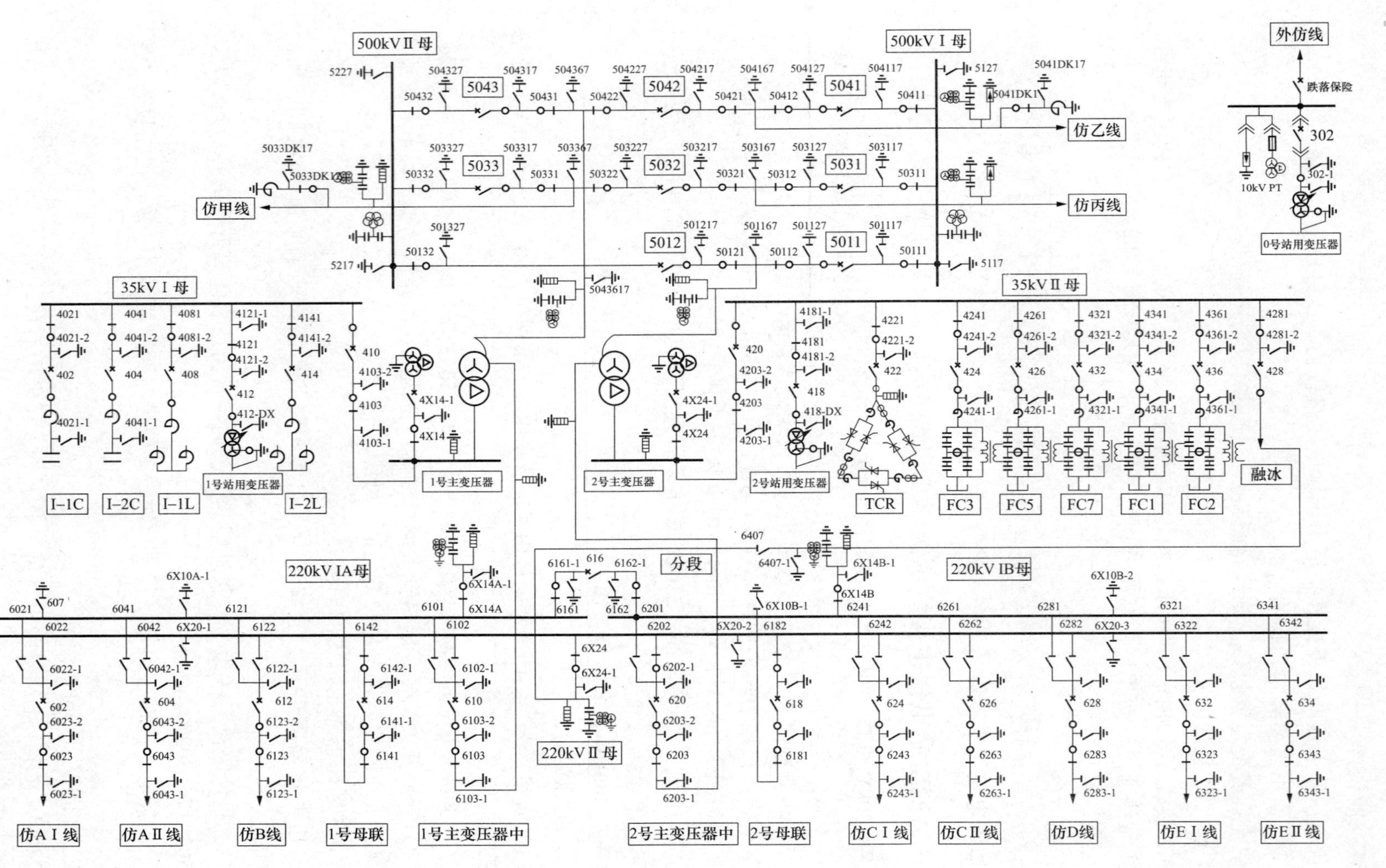

图 1-10　某 500kV 变电站电气主接线

（1）通用原则。第一个字用阿拉伯数字代表电压等级：35kV为“4”、220kV为“6”。

（2）断路器。断路器编号的第二、三个字符用阿拉伯数字原则取偶数表示，自00号编起，如：600、602、610等。非母联断路器和变压器断路器尾数一般不得为“0”。

（3）隔离开关：

1）断路器及其线路侧电压互感器的隔离开关在断路器编号后跟随固定编号：①断路器靠Ⅰ母线侧隔离开关为“1”；②断路器靠Ⅱ母线侧隔离开关为“2”；③断路器靠线路侧隔离开关为“3”；④断路器靠线路侧电压互感器隔离开关为“4”。

2）采取从属设备和固定编号相结合进行编号的隔离开关：①母线电压互感器、母线避雷器和变压器中性点的隔离开关第二个字符为“×”；②第三个字符用阿拉伯数字表示从属设备：从属Ⅰ母线侧为“1”，从属Ⅱ母线侧为“2”，从属变压器的为该变压器编号，从属互感器组的为该互感器组号；③第四个字符用阿拉伯数字表示固定编号：电压互感器隔离开关为“4”；④对于220kV母线上的三相融冰短路隔离开关，统一编号“607”。对于220kV母线与35kV母线之间的融冰联络隔离开关，在220kV场地的融冰联络隔离开关编号为“6407”（第一位数代表隔离开关所在场地的电压等级，第二位数代表隔离开关所连母线的电压等级）。

（4）接地隔离开关。接地隔离开关编号在所属隔离开关编号右上角加“－1”或“－2”或“－3”等（阐明母线隔离开关附属接地开关的编号是从属所属隔离开关编号）。

（5）其他一次设备。与断路器编号一致，根据设备类型予以区分。

（二）500kV变电站一次接线典型布置

1. 3/2接线方式配串原则

在3/2接线中，一般应采用交叉配置的原则，即双回线路应接在不同串内，电源回路宜与负荷回路配串。在“完整串”中，由线路和线路构成一串，称为“线线串”；由线路和变压器构成一串，称为“线变串”。在两条母线均发生故障的极端情况下，负荷仍能进行转供。

2. 线路阻波器布置原则

阻波器的作用是“通工频阻高频”，而耦合电容器的作用是“通高频阻工频”。通过输电线路传输的高频信号用于高频保护，阻波器应安装在线路耦合电容器靠站内侧。

3. 电流互感器（TA）布置原则

（1）500kV 3/2接线方式中，边断路器电流互感器安装在远离母线侧。

（2）220kV双母线接线方式中，出线或主变压器中压侧电流互感器安装在断路器远离母线侧。

（3）35kV无功补偿装置及站用电电流互感器安装在断路器远离母线侧。

（4）主变压器低压侧间隔电流互感器安装在断路器靠近母线侧。

第三节 变电运维管理规定

变电运维管理坚持“安全第一，分级负责，精益管理，标准作业，运维到位”的原则。变电运维管理规定主要包括工作票管理、操作票管理、设备巡视管理、设备维护管理、运行规程管理、运维班管理、生产准备、倒闸操作、故障及异常处理、缺陷管理、专项工作、辅助设施管理、运维分析、运维记录及台账、档案资料、仪器仪表及工器具、人员培训等内容。以下介绍常用几种变电运维管理规定。

一、工作票管理规定

工作票应遵守 Q/GDW 1799.1—2013《国家电网公司电力安全工作规程（变电部分）》及相关规定，填写应规范。

运维人员接到工作票后，应根据工作任务和变电站设备实际运行情况，认真审核工作票上所填安全措施是否正确、完善，是否符合现场条件，确认符合要求后办理接票手续。如不符合要求，应退回并通知工作票签发人重新签发，同时说明理由。

现场安全措施设置完备后，工作许可人会同工作负责人到工作现场按照 Q/GDW 1799.1—2013 要求办理许可手续，工作许可人应详细交待停电范围、带电部位、安全措施等。许可完毕后应及时汇报值班负责人，并作好记录。

运维班每天应检查当日全部已执行的工作票。每月初汇总分析工作票的执行情况，作好统计分析记录，并报主管单位。工作票应按月装订并及时进行三级审核，保存 1 年。运维专职安全管理人员每月对已执行工作票进行抽查。对不合格的工作票，应纳入考核。

二、操作票管理规定

电气设备的倒闸操作应严格遵守 Q/GDW1799.1—2013、各网省公司发布的“电力调度规程”“变电站现场运行规程”和本单位其他规定等。倒闸操作应有值班调控人员或运维负责人正式发布的指令，并使用经事先审核合格的操作票，按顺序逐项操作。操作票应根据调度指令和现场运行方式，参考典型操作票拟定。典型操作票应履行审批手续并及时修订。

倒闸操作严禁单人进行，操作应全过程录音，录音应归档管理。操作中发生疑问时，应立即停止操作并向发令人报告，并禁止单人滞留在操作现场。弄清问题后，待发令人再行许可后方可继续进行操作。不准擅自更改操作票，不准随意解除闭锁装置进行操作。操作过程若因故中断，在恢复操作时运维人员应重新进行核对（核对设备名称、编号、实际位置），确认操作设备、操作步骤正确无误。

全部操作结束后，操作人、监护人对操作票按操作顺序复查，仔细检查所有项目是否全部执行完毕。操作票应按月装订并及时进行审核。操作票应保存 1 年。

三、设备巡视管理规定

变电站的设备巡视检查分为例行巡视、全面巡视、熄灯巡视、专业巡视和特殊巡视。运维班应组织编制所辖变电站例行巡视、全面巡视和专业巡视作业指导书（卡），报分管领导批准后执行。运维班每月应结合停电检修计划、带电检测、设备消缺维护等工作制定巡视计划，提高运维质量和效率。运维人员应持标准化巡视作业指导书（卡）开展设备巡视。

例行巡视是指对站内设备及设施外观、异常声响、设备渗漏、监控系统、二次装置及辅助设施异常告警、消防安防系统完好性、变电站运行环境、缺陷和隐患跟踪检查等方面的常规性巡查，具体巡视项目按照现场运行通用规程和专用规程执行。

全面巡视是指在例行巡视项目基础上，对站内设备开启箱门检查，记录设备运行数据，检查设备污秽情况，检查防火、防小动物、防误闭锁等有无漏洞，检查接地引下线是否完好，检查变电站设备厂房等方面的详细巡查。

熄灯巡视是指夜间熄灯开展的巡视，重点检查设备有无电晕、放电，接头有无过热现象。

专业巡视是指为深入掌握设备状态，由运维、检修、设备状态评价人员联合开展对设备的集中巡查和检测。

特殊巡视指因设备运行环境、方式变化而开展的巡视。

四、设备维护管理规定

变电站定期维护项目包括对一次设备、二次设备、其他辅助设施的维护，以及备用电源、通风系统、事故照明、强油风冷主变压器冷却系统等设施的轮换、试验和检查等内容。

变电站运维人员应根据上级规定，制定设备定期维护周期表，并按要求履行审批手续。维护过程中，运维人员应持标准化维护作业指导书（卡）开展维护工作，并作好风险辨识及预控措施。每月对维护卡进行归档。

五、运行规程管理规定

1. 规程编制

（1）变电站现场运行规程是变电站运行的依据，变电站现场运行规程应在变电站投产准备期编制完成。

（2）变电站现场运行规程分为“通用规程”与“专用规程”两部分。“通用规程”主要对变电站运行提出通用和共性的管理和技术要求，适用于本单位管辖范围内各相应电压等级变电站。“专用规程”主要结合变电站现场实际情况提出具体的、差异化的、针对性的管理和技术规定，仅适用于该变电站。

（3）变电站现场运行规程应涵盖变电站一次设备、二次设备及辅助设施的运行、操作注意事项、故障及异常处理等内容。

（4）变电站现场运行通用规程中的智能化设备部分可单独编制成册，但各智能变电站现场运行专用规程应包含站内所有设备内容。

（5）新建（改、扩建）变电站投运前一周应具备经审批的变电站现场运行规程，之后每年应进行一次复审、修订，每五年进行一次全面修订、审核。

2. 规程修订

（1）当发生下列情况时，应修订通用规程：

1）国家、行业、公司发布最新技术政策，通用规程与此冲突时。

2）上级专业部门提出新的管理或技术要求，通用规程与此冲突时。

3）发生事故教训，提出新的反事故措施后。

4）执行过程中发现问题后。

（2）当发生下列情况时，应修订专用规程：

1）通用规程发生改变，专用规程与此冲突时。

2）各级专业部门提出新的管理或技术要求，专用规程与此冲突时。

3）变电站设备、环境、系统运行条件等发生变化时。

4）发生事故教训，提出新的反事故措施后。

5）执行过程中发现问题后。

3. 规程主要内容

变电站现场运行规程应包含如下内容：

（1）变电站基本情况及变电站规模。

（2）调度管辖范围划分，变电站运行方式，事故处理流程。

（3）一次设备基本情况及运行注意事项。

（4）二次设备基本情况及运行注意事项。

（5）站用电及直流系统基本情况及运行注意事项。

（6）辅助设施基本情况及运行注意事项。

（7）附录。附录主要包含一次设备参数、保护屏连接片、主接线图、站用电系统图、直流系统图、交流环网图等。

六、验收管理规定

变电站的新建、扩建、改建工程，以及检修后的一、二次设备和自动化、通信设备必须按照有关规程标准组织验收，验收合格才能投入运行。新建、扩建、改建工作必须由运维班组织编写详细的验收标准要求，站内根据运维班统一要求开展具体过程验收，确保过程验收全面到位。二次保护装置新投换型的验收工作，要求运维人员和检修人员共同逐一核对确认连接片功能，检修人员须将连接片功能及投退注意事项向运维人员全面交代清楚，必要时写进检修记录留存，确保所有连接片名称定义准确、投退要求清晰明了。

变电站设备验收按照标准化作业要求进行，验收前根据验收标准及其他要求编制验收作业卡，并逐项验收。变电站设备检修后检修人员必须将检修情况录入生产管理系统，经运维人员验收确认，方可办理工作终结手续。

第四节　常用安全工器具及仪器仪表使用

一、安全工器具

（一）安全工器具的分类

电力安全工器具是指防止触电、灼伤、坠落、摔跌等事故，保障工作人员人身安全的专用工具或器具。

安全工器具分为绝缘安全工器具和一般防护用具两大类。

绝缘安全工器具通常又分为基本绝缘安全工器具和辅助绝缘安全工器具。基本绝缘安全工器具是指能直接操作带电设备或接触及可能接触带电体的工器具，如电容型验电器、绝缘杆、核相器、绝缘罩、绝缘挡板等。辅助绝缘安全工器具是指绝缘强度不能承受设备或线路的工作电压，只用于加强基本绝缘安全工器具的保安作用，用以防止接触电压、跨步电压、泄漏电流电弧对操作人员伤害的工器具。辅助绝缘安全工器具不能直接接触高压设备带电部分，如绝缘手套、绝缘靴、绝缘胶垫等。

一般防护用具是指防护工作人员发生事故的工器具，如安全带、安全帽、梯子等。

（二）常用安全工器具使用方法

运维人员应熟练掌握各种安全工器具、仪器仪表的作用、性能和结构原理，掌握正确的使用方法和注意事项。安全工器具要定期进行试验，在每次使用前应检查试验合格期。

1. 绝缘杆

绝缘杆是用于短时间对带电设备进行操作或测量的绝缘工具，可用于接通或断开高压隔离开关、跌落式熔断器等。绝缘杆由工作部分、绝缘部分和手握部分组成，工作部分一般采用金属材料，绝缘部分和手握部分一般采用环氧玻璃布管材料。

绝缘杆使用及注意事项如下：

（1）使用绝缘杆前应进行外观检查，检查试验标签并确认在试验合格期内。

（2）检查绝缘部分无污垢、损伤或裂纹。

（3）使用绝缘杆时人体应与带电设备应保持足够的安全距离，并注意防止绝缘杆被人体或设备短接，以保证有效的绝缘长度。使用时作业人员握手位置不得超过护环。

（4）使用的绝缘杆的电压等级应与设备电压等级一致，但允许用高电压等级的绝缘杆在低电压等级的电气设备上操作。

（5）雨天在户外操作电气设备时，绝缘杆的绝缘部分应有防雨罩。

2. 携带式短路接地线

携带式短路接地线是用于防止设备、线路突然来电，消除感应电压，放尽剩余电荷的临时接地装置，由导线端线夹、绝缘操作棒、多股软铜线和接地端线夹组成。

接地线使用及注意事项如下：

（1）使用前应进行外观检查，检查软铜线是否断股、散股，螺栓连接处有无松动，线夹的弹力是否正常。

（2）挂接地线前必须先验电，未验电挂接地线属于严重误操作。悬挂的接地线不能和身体接触。

（3）接地线在使用过程中不得缠绕或扭转，接地线在拆除后应及时进行清洁。

（4）按电压等级选用对应的接地线。

（5）严禁使用其他金属线代替接地线。

3. 电容型验电器

电容型验电器是通过检测流过验电器对地杂散电容中的电流，检验高压电气设备、线路是否带有运行电压的装置，由接触电极、验电指示器、连接杆、绝缘杆组成。

电容型验电器使用及注意事项如下：

（1）电容型验电器上铭牌应清晰，铭牌上应注明电压等级、制造厂家、出厂编号。110kV及以上验电器应配有绝缘杆节数，绝缘部分无污垢、损伤或裂纹。

（2）验电时，应使用相应电压等级而且合格的接触式验电器，在装设接地线或合接地开关（装置）处对各相分别验电。验电前，应先在有电设备上进行试验，确证验电器良好；无法在有电设备上进行试验时可用工频高压发生器等确证验电器良好。

（3）高压验电应戴绝缘手套。验电器的伸缩式绝缘棒长度应拉足，验电时手应握在手柄处不得超过护环，人体应与验电设备保持足够的安全距离。雨雪天气时不得进行室外直接验电。

4. 绝缘隔板

绝缘隔板是用于隔离带电部件、限制工作人员活动范围的绝缘平板。

绝缘挡板使用及注意事项如下：

（1）绝缘隔板只允许在35kV及以下电压的电气设备上使用，并应有足够的绝缘和机械强度。

（2）用于10kV电压等级时，绝缘隔板的厚度不应小于3mm，用于35kV电压等级不应小于4mm。

（3）现场带电安放绝缘隔板时，应戴绝缘手套、使用绝缘操作杆，必要时可用绝缘绳索将其固定。

5. 绝缘手套

绝缘手套是在高压电气设备上进行操作时使用的辅助安全工器具，由特种橡胶制成。

绝缘手套使用及注意事项：

（1）绝缘手套使用前应进行外观及气密性检查，并检查试验标签在试验合格期内。

（2）进行设备验电、装拆接地线等工作均应戴绝缘手套。使用绝缘手套应将上衣袖口套入手套口内。

（3）绝缘手套使用后及时归位。摆放时禁止堆压，禁止放置在潮湿的地方。

6. 绝缘靴（鞋）

绝缘靴是使人体与地面保持绝缘的靴子，由特种橡胶制成。

绝缘靴使用及注意事项如下：

（1）绝缘靴使用前应进行外观检查。外表磨损、破漏时禁止使用。

（2）使用绝缘靴时，应将裤管套入靴子筒内。避免接触坚硬及有尖刺物体，避免接触高温或腐蚀性物质。

（3）雷雨天气或一次设备系统发生接地故障时，巡视变电站室外高压设备时应穿绝缘靴。变电站主接地网的接地电阻不合格时，晴天也应穿绝缘靴。

（4）绝缘靴使用后应及时归位。摆放时禁止堆压或放置在易接触石油类油脂的地方。

7. 安全帽

安全帽是用于对人体头部受外力伤害起防护作用的个人防护用品。

安全帽使用及注意事项如下：

（1）安全帽使用前，应检查帽壳、帽衬、帽箍、顶衬、下颏带等附件完好无损。

（2）使用安全帽时应将下颏带系好，防止工作中前倾后仰或其他原因造成滑落。

8. 安全带

安全带是高空作业中预防坠落伤亡的个人防护用品。

安全带使用及注意事项如下：

（1）安全带的腰带和保险带、绳应有足够的机械强度，材质应有耐磨性，卡环（钩）应具有保险装置，操作应灵活。保险带、绳使用长度在3m以上的应加缓冲器。

（2）扣挂安全带时必须要做到“高挂低用”，同时必须扣挂在相对位置封闭并且牢固可靠、不松动的地方。

9. 安全标示牌

安全标志牌是出于安全考虑而设置的指示牌，以减少安全隐患。

安全标示牌使用及注意事项如下：

（1）“禁止合闸，有人工作！”标志牌悬挂在一经合闸即可送电到施工设备的断路器（开关）和隔离开关（刀闸）操作把手上。

（2）“禁止合闸，线路有人工作！”标志牌悬挂在线路断路器（开关）和隔离开关（刀闸）把手上。

（3）“禁止分闸！”标志牌悬挂在接地开关与检修设备之间的断路器（开关）操作把手上。

（4）“在此工作！”标志牌悬挂在工作地点或检修设备上。

（5）“止步，高压危险！”标志牌悬挂在施工地点临近带电设备的遮栏上；室外工作地点的围栏上；禁止通行的过道上；高压试验地点；室外构架上；工作地点临近带电设备的横梁上。

（6）“从此上下！”标志牌悬挂在工作人员可以上下的铁梯、爬梯上。

（7）“从此进出！”标志牌悬挂在室外工作地点围栏的出入口处。

（8）“禁止攀登，高压危险！”标志牌悬挂在高压配电装置构架的爬梯上，变压器、电抗器等设备的爬梯上。

二、仪器仪表

（一）仪器仪表的分类

仪器仪表是用来测量、观察、计算各种物理量、物质成分、物性参数等的器具或设备，具有自动控制、报警、信号传递和数据处理等功能。根据用途可分为常用仪器仪表和维护、检修类仪器仪表。

（二）主要仪器仪表使用方法

1. 万用表

万用表又称多用电表或简称多用表，它是一种可以测量交流、直流电流、电压及电阻等多种电学参量的仪表。对于每一种电学量，一般都有几个量程，如图 1-11 所示。

图 1-11　万用表

万用表的使用方法及注意事项如下：

（1）使用前应熟悉万用表各项功能，根据被测量的对象，正确选用挡位、量程及表笔插孔。

（2）在被测数据大小不明时，应先将量程开关置于最大值，由大量程往小量程挡处切换。

（3）在测量某电路电阻时，必须切断被测电路的电源，不得带电测量。

（4）使用万用表进行测量时，要注意人身和仪表设备的安全，测试中不得用手触摸表笔的金属部分，不允许带电切换挡位开关，以确保测量准确，避免发生触电和烧毁仪表等事故。

2. 红外测温仪

红外测温仪是利用红外探测器、光学成像物镜接收被测目标的红外辐射信号，经过光谱滤波、空间滤波使聚集的红外辐射能量分布反映到红外探测器的光敏源上，对被测物的红外热像进行扫描并聚焦在单元或分光探测器上，由探测器将红外辐射能转换成电信号，经放大处理，转换成标准视频信号通过电视屏或监测器显示红外热像图的仪器。红外测温仪如图 1-12 所示。

图 1-12　红外测温仪

红外测温仪的使用方法及注意事项如下：

（1）仪器在开机后需进行内部温度校准，待图像稳定后即可开始工作。

（2）一般先远距离对所有被测设备进行全面扫描，发现有异常后，再有针对性地近距离对异常部位和重点被测设备进行准确检测。

（3）仪器的色标温度量程宜设置在环境温度加10～20K左右的温升范围。

（4）有伪彩色显示功能的仪器，宜选择彩色显示方式，调节图像使其具有清晰的温度层次显示，结合数值测温手段，如热点跟踪、区域温度跟踪等手段进行检测。

（5）应充分利用仪器的有关功能，如图像平均、自动跟踪等，以达到最佳检测效果。

（6）环境温度发生较大变化时，应对仪器重新进行内部温度校准，校准方法按仪器的说明书进行。

（7）作为一般检测，被测设备的辐射率一般取0.9左右。

（8）仪器应有专人负责保管，有完善的使用管理规定。

（9）仪器档案资料应完整，具有出厂校验报告、合格证、使用说明、质保书和操作手册等。仪器存放应有防湿措施和干燥措施，使用环境条件、运输中的冲击和振动应符合厂家技术条件的要求。

（10）仪器不得擅自拆卸，有故障时须到仪器厂家或厂家指定的维修点进行维修。

（11）仪器应定期进行保养，包括通电检查、电池充放电、存储卡存储处理、镜头的检查等，以保证仪器及附件处于完好状态。

3. 钳形电流表

钳形电流表是由电流互感器和电流表组合而成的仪表。电流互感器的铁芯在捏紧扳手时可以张开。被测电流所通过的导线可以不必切断就可穿过铁芯张开的缺口，当放开扳手后铁芯闭合。钳形电流表如图1-13所示。

图1-13 钳形电流表

钳形电流表的使用方法及注意事项如下：

（1）进行电流测量时，被测载流体的位置应放在钳口中央，以免产生误差。

（2）测量前应估计被测电流的大小，选择合适的量程，在不知道电流大小时，应选择最大量程，再根据数据减小量程，但不能在测量时转换量程。

（3）为了使读数准确，应保持钳口干净无损，如有污垢时，应用汽油擦洗干净再进行测量。

（4）钳形电流表不能测量裸导线电流，以防触电和短路。

4. 接地导通测试仪

接地导通测试仪是测量电力设备与地网连接状态的仪器，如图1-14所示。

接地导通测试仪的使用方法及注意事项如下：

（1）使用前检查仪器外观正常，电源正常，接地良好。

（2）检查测试线夹及导线完好。

（3）选用专用测试线，按四线测量法将被试品连接至仪表面板上，注意电压测量线应接在电流输出线内侧。

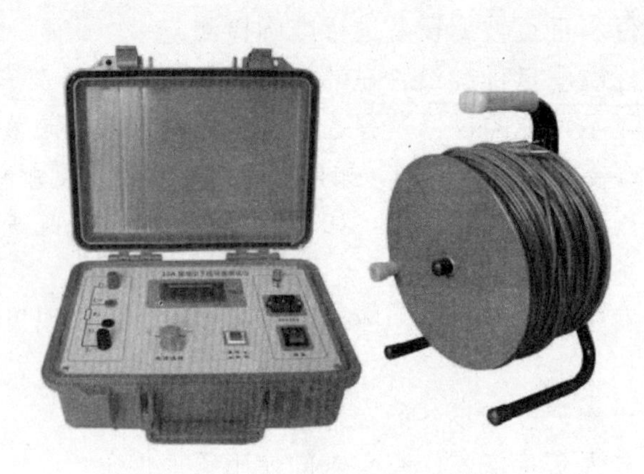

图 1-14　接地导通测试仪

（4）接通交流 220V 电源（注意：电源进线的第三根线即保护地必须接到大地），按下电源开关，此时电流表、电阻表显示“000”（可在末数允许一位数跳动）。

（5）按测量开关，调节电流输出旋钮（按顺时针）至电流表头显示“100.0”时，再读取阻值表头上的数字即为被测试品的阻值，并作记录（若显示“1”表示所测回路超量程）。

（6）测试完毕，将电流输出关闭，复位测量开关，再切断电源开关。如要重复测试，只需复位测量开关，将测试钳重新夹好，再按测量开关即可。

5. 噪声测试仪

噪声测试仪是用于环境噪声检测的仪器，如图 1-15 所示。

图 1-15　噪声测试仪

噪声测试仪的使用方法及注意事项如下：

（1）使用前应先阅读说明书，了解仪器的使用方法与注意事项。

（2）安装电池或外接电源时注意极性，切勿反接。长期不用时应取下电池，以免漏液损坏仪器。

（3）传声器切勿拆卸，防止掷摔，不用时放置妥当。

（4）仪器应避免放置于高温、潮湿、有污水、灰尘及含酸、碱成分高的空气或化学气体的地方。

（5）勿擅自拆卸仪器。如仪器不正常，可送修理单位或厂方检修。

（6）使用时应注意防水，防止高空摔落。

6. SF_6气体检漏仪

SF_6气体检漏仪是用于测量 SF_6气体含量的专用仪器，如图 1-16 所示。它由探头、进气关闭阀、探头手柄、液晶显示屏按键和声光报警指示灯组成。

SF_6气体检漏仪的使用方法及注意事项如下：

（1）工作人员进入 SF_6 配电装置室，入口处若无 SF_6 气体含量显示器，应先通风 15min，并用检漏仪测量 SF_6 气体含量合格。

（2）SF_6 配电装置发生大量泄漏等紧急情况时，人员应迅速撤出现场，开启所有排风机进行排风。

（3）未佩戴防毒面具或正压式空气呼吸器人员禁止入内。

（4）只有经过充分的自然排风或强制排风，并用检漏仪测量 SF_6 气体合格，用仪器检测含氧量（不低于 18%）合格后，人员才准进入。发生设备防爆膜破裂时，应停电处理，并用汽油或丙酮擦拭干净。

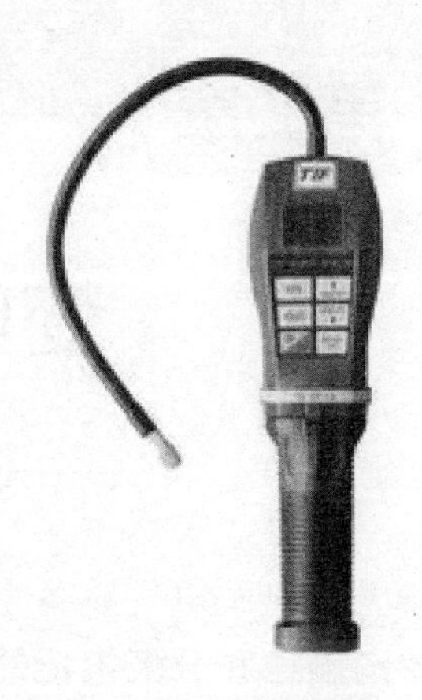

图 1-16 SF_6 气体检漏仪

7. 绝缘电阻表

绝缘电阻表（旧称兆欧表、摇表）是用于测量各种电气设备或电气线路对地及相间绝缘电阻的仪表，如图 1-17 所示。分为机械式绝缘电阻表和电子式绝缘电阻表。

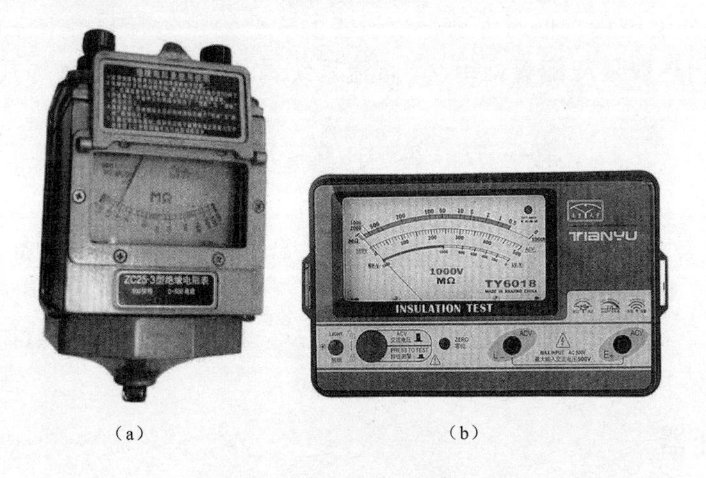

（a）　　　　（b）

图 1-17 绝缘电阻表

（a）机械式绝缘电阻表；（b）电子式绝缘电阻表

绝缘电阻表的使用方法及注意事项如下：

（1）测量前先将绝缘电阻表进行开路试验和短路试验，检查绝缘电阻表是否良好。

（2）被测对象的表面应清洁、干燥，以减小误差。在测量前必须切断电源，并将被测设备充分放电，以防止发生人身和设备事故，得到精确的测量结果。

（3）测量时，应把绝缘电阻表放平稳。“L”线端接被测导体，“E”地端接地，“G”屏蔽端接被测设备的绝缘部分。

变电站电气设备基础知识

变电站电气设备主要包括变电一次设备和变电二次设备。其中，变电站内直接参与输送和分配电能的电气设备称为变电一次设备，而对电气一次设备的工作状况进行监测、控制和保护的辅助性电气设备称为变电二次设备。二次设备不直接参与电能的输送与分配过程，但对保证一次设备的安全稳定运行起着十分重要的作用。此外，变电站内一般还应配置站用交、直流系统以及站内辅助设施等其他电气设备。

第一节　变电一次设备

变电站内变电一次设备是指直接参与输送和分配电能的电气设备，主要包括变压器、断路器、隔离开关、组合电器、开关柜、互感器、电容器、电抗器、避雷器等主要一次设备，以及变电站内的绝缘子、母线、耦合电容器、阻波器、接地开关、消弧线圈和电力电缆等其他一次设备。

一、变压器

（一）定义

变压器是利用电磁感应原理工作的一种静止的电气设备。它由绕在同一铁芯上的两组或多组线圈组成，通过电磁感应原理，将一种电压等级的交流电转变为同频率的另一种或几种电压等级的交流电，从而达到传输交流电能的目的，以满足电力经济输送、有效分配和安全使用的需要。

（二）作用

变压器的主要作用有两个：

（1）升高电压，以达到远距离经济输送电能的目的。

（2）改变电压，包括降低电压，以满足不同用户使用的需要。

（三）分类

变压器的种类很多，可按其用途、结构、相数、冷却方式等不同来进行分类。

（1）按用途分类，一般分为电力变压器和特种变压器两大类。

1）电力变压器，又分为升压变压器、降压变压器、联络变压器和厂用变压器等，主要用在输变电系统中，其主要作用是用来传输电能。

2）特种变压器，如调压变压器、试验变压器、电炉变压器、整流变压器和电焊变压器等。

（2）按绕组数目分类，有双绕组变压器、三绕组变压器和自耦变压器。

（3）按铁芯结构分类，有芯式变压器和壳式变压器。

（4）按电源输出相数分类，有单相变压器和三相变压器。

（5）按冷却介质分类，有油浸式变压器、干式变压器和充气式变压器。

（6）按冷却方式分类，有油浸自冷式变压器、油浸风冷式变压器、油浸强迫油循环风冷式变压器、油浸强迫油循环水冷式变压器和干式变压器。

（7）按容量大小分类，有小型变压器（630kVA 以下）、中型变压器（800～6300kVA）、大型变压器（8000～63000kVA）和特大型变压器（90000kVA 及以上）。

（8）按导电材质分类，有铜线圈变压器、铝线圈变压器和铜包铝线圈变压器。

（9）按调压方式分类，有无励磁调压变压器和有载调压变压器。

（10）按中性点绝缘水平分类，有全绝缘变压器和分级绝缘变压器。

（四）结构

本节所述的变压器，主要是指输电和配电用的电力变压器，特别是使用最为广泛的油浸式电力变压器，如图 2-1 所示。下面以油浸式电力变压器为例，介绍其结构组成。

图 2-1　电力变压器

1. 器身

器身包括铁芯、绕组、绝缘、引线及分接开关等。

（1）铁芯是变压器的基本组件，一般由厚 0.35～0.5mm 两面涂有绝缘漆的硅钢片叠压而成，由铁芯柱和铁轭组成，是磁路系统的本体，变压器的一次、二次绕组都绕在铁芯上。

（2）绕组是变压器最关键的部件，是变压器进行电能交换的中枢，变压器的

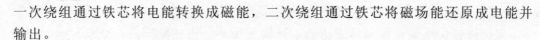

一次绕组通过铁芯将电能转换成磁能，二次绕组通过铁芯将磁场能还原成电能并输出。

（3）绝缘分为内绝缘和外绝缘。内绝缘是油箱中的各部分之间的绝缘；外绝缘是空气绝缘，即套管导电部位对地和彼此之间的绝缘。内绝缘又可分为主绝缘和纵绝缘。

（4）分接开关是变压器进行电压调整得一种装置，当它切换到高压侧绕组的不同分接头时，便接入了不同的匝数，从而改变变压器的输出电压。可分为无载分接开关和有载分接开关两种。

2. 油箱

油箱包括油箱本体和附件，油浸式电力变压器的器身装在充满变压器油的油箱中，变压器附件分别布置在油箱的顶部、底部和侧壁，油箱按形式分为钟罩式和桶式两种。油箱附件包括油阀门、小车和接地螺栓等部件。

3. 冷却装置

变压器运行时，线圈和铁芯中的损耗所转化的热量必须设法散掉，以免因过热而损坏绝缘，油浸式变压器的热量通过绝缘油传给油箱及冷却装置，再由周围空气或冷却水进行冷却。对于小型油浸式变压器采用管式油箱散热，即在油箱壁上开孔，将散热管焊在油箱上。当容量达到 2000kVA 以上时，采用可拆卸的冷却装置。常用的冷却装置有片式散热器和强迫油循环风冷却器。

（1）片式散热器由上、下两个集油管与一组焊接在集油管上的散热片组成，散热片一般由 1.2～1.5mm 厚的低碳钢板制成，大型变压器采用片式散热器时，可在片组的侧面或下方加装风扇装置以增强冷却效果。

（2）强迫油循环风冷却器与风冷散热器的主要区别在于强迫油进行循环冷却，主要构成部件有风冷却器本体、油泵、风扇和油流继电器等。

4. 保护装置

保护装置包括气体继电器、油位计、压力释放阀、突发压力继电器、测温装置、储油柜、吸湿器、净油器、油表和安全气道等。

5. 出线装置

出线装置是用于将变压器绕组的高、低压引线引到油箱外部的装置，包括高压套管和低压套管。低压套管一般多采用瓷质绝缘套管，高压套管常用充油式套管和电容式套管。

二、断路器

（一）定义

断路器是指能够承载、关合和开断正常回路条件下的电流，并能关合在规定的时间内承载和开断异常回路条件（如短路条件）下的电流的机械开关装置。高压断路器是指额定电压为 3kV 及以上的断路器。如无特殊说明，本章所说的高压断路器均指交流高压断路器。

（二）作用

高压断路器是高压电气设备中最重要的设备，是电力系统中控制和保护电路的关键一次设备。它在电网中的作用主要有两个：

（1）控制作用。即根据电力系统的运行要求，接通或断开工作电路。

（2）保护作用。当系统中发生故障时，在继电保护装置的作用下开断故障部分，以保证系统中无故障部分的正常运行。

（三）分类

断路器的种类很多，可按其安装地点、联动方式、断口数量、操动机构类型和绝缘介质等不同来进行分类。

（1）按安装地点分类。高压断路器按安装地点可分为户内式断路器和户外式断路器。

（2）按联动方式分类。根据断路器的电压等级不同，在电力系统中的作用不同，是否要求实现单相重合闸的要求也不同，因此，断路器可分为单相操动式断路器和三相联动式断路器。

（3）按断口数量分类。根据灭弧室单相断口的多少，还可分为单断口断路器和多断口断路器；在多断口断路器的灭弧室上，又有带并联电容和并联电阻之分。

（4）按操动机构类型分类。操动机构是带动高压断路器传动机构实现合闸和分闸的机构。依断路器分闸、合闸时所用能量形式不同，操动机构可分以下几种：

1）手动机构（CS 型），指用人力进行分闸、合闸的操动机构。

2）电磁机构（CD 型），指用电磁铁进行分闸、合闸的操动机构。

3）弹簧机构（CT 型），指事先用人力或电动机使弹簧储能实现分闸、合闸的弹簧操动机构。

4）电动机构（CJ 型），指用电动机合闸与分闸的操动机构。

5）液压机构（CY 型），指用高压油推动活塞实现合闸与分闸的操动机构。

6）气动机构（CQ 型），指用压缩空气推动活塞实现合闸与分闸的操动机构。

（5）按绝缘介质分类。有油断路器、真空断路器和 SF_6 断路器等。

1）油断路器。指用变压器油作为灭弧和绝缘介质的断路器。通常，油断路器又可分为少油断路器和多油断路器两类。

2）产气断路器和磁吹断路器。利用固体产气材料在电弧高温作用下分解出的气体来熄灭电弧的断路器，称为产气断路器。磁吹断路器是指利用磁场对电弧的作用，使电弧吹进灭弧栅内，电弧在固体介质灭弧栅的狭沟内加快冷却和复合而熄灭的断路器。由于电弧在灭弧栅内是被逐渐拉长的，所以灭弧过电压不会太高，这是这种断路器的特点之一。

3）压缩空气断路器。利用高压力压缩空气作为灭弧介质的断路器，称为压缩空气断路器。压缩空气除了是灭弧介质外，还作为触头断开后的绝缘介质。

4）真空断路器。指触头在高真空中关合和开断的断路器，灭弧介质为高真空。

5）SF_6 断路器。指采用 SF_6 气体作灭弧和绝缘介质的断路器。由于 SF_6 断路器具有优良的绝缘性能和电弧下的灭弧性能，无可燃、爆炸的特点，使其在高压断路器中获得了广泛的应用。

高压断路器的结构不同，其工作原理、结构特点、运行优缺点及运维注意事项均存在不同，高压断路器的基本结构按照其功能可分为开断元件、绝缘支撑元件、传动元件、操动元件四部分。

（1）开断元件。由灭弧室、主触头系统（动触头、静触头等组成）导电回路、辅助灭弧装置等组成，其功能是开断和接通一次导电回路。

（2）绝缘支撑元件。由瓷柱、瓷套、绝缘拉杆等构成的本体，其功能是保证开断元件有可靠的对地、断口绝缘，能承受开断元件的操动力。

（3）传动元件。由各种连杆、齿轮和拐臂等部件组成，其功能是负责将操作命令、操动机构力传递给开断元件的触头。

（4）操动元件。由合闸机构、维持机构和分闸机构等部分组成，其功能是在断路器分闸、合闸及维持断路器在分闸或合闸位置提供操作能量。如图 2-2 所示为 LW10B-252 型断路器液压机构基本结构及原理图。

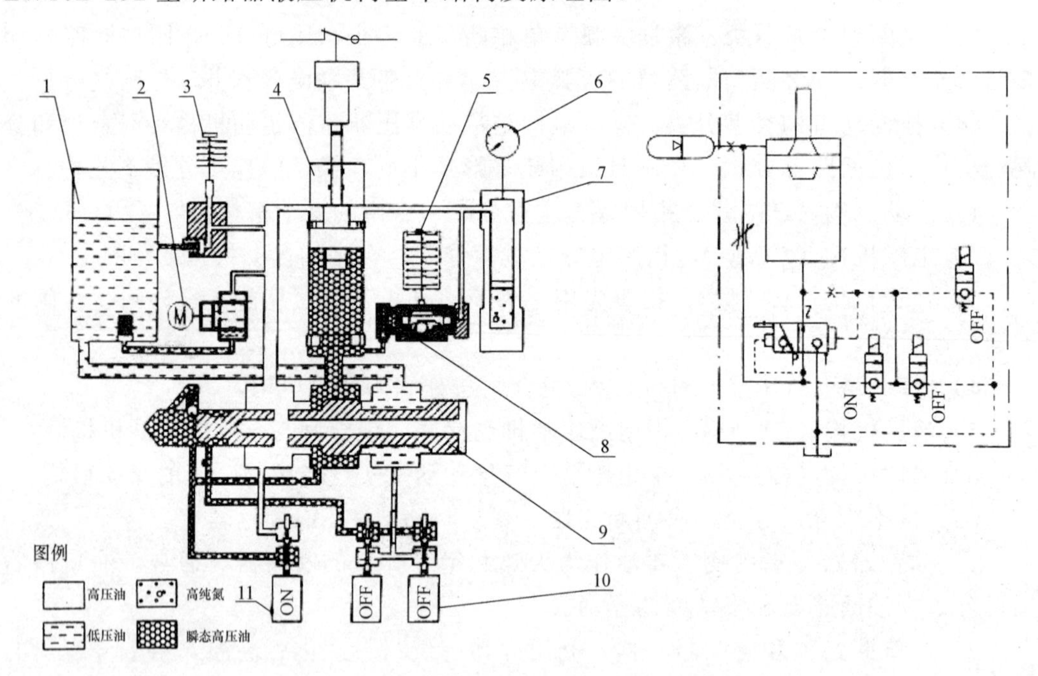

图 2-2　LW10B-252 断路器液压机构原理图

1—油箱；2—油泵电机；3—油压开关；4—工作缸；5—辅助开关；6—油压表；7—储压器；8—信号缸；9—控制阀；10—分闸电磁铁；11—合闸电磁铁

三、隔离开关

（一）定义

隔离开关是电力系统中比较常用的一种结构比较简单的开关电器，根据国家标准规定隔离开关定义如下：在分闸位置时，被分离触头之间有可靠绝缘的明显断口；在合闸位置时，能可靠地承载正常工作电流和故障短路电流。隔离开关主要是为了满足检修和改变线路连接的需要，用来对线路设置的一种可以开闭的断口装置。因为没有专门的灭弧装置，所以隔离开关不能用来切断负载电流和短路电流，使用时应与断路器配合。图 2-3 所示为户外用 220kV 隔离开关。

图 2-3 户外用 220kV 隔离开关

（二）作用

隔离开关的作用主要有三个：

（1）电气隔离。将需要检修的电气设备与其他带电部分之间隔开，构成明显可见、距离足够的空气绝缘间隔，以保证人身和设备安全。

（2）改变运行方式。隔离开关可与断路器配合，按系统运行方式的需要进行倒闸操作，以改变系统运行的接线方式。

（3）切合小电流。利用隔离开关断口分开时在空气中自然熄弧的能力，用来分合很小的电流。如用隔离开关分合电压互感器、避雷器或空载母线等的充电电流。

（三）分类

隔离开关的种类很多，可按其安装地点、附属接地开关状况、操作方式、使用特性以及结构形式等不同来进行分类。

（1）按安装地点分类，可分为户内式和户外式隔离开关。

（2）按附属接地开关状况分类，可分为不接地、单接地和双接地隔离开关。

（3）按操作方式分类，可分为手动式（用钩棒）和电动式（用电机操动机构）。

（4）按操动机构类型分类，可分为一般输配电用、大电流母线用、变压器中性点用、快速分闸用。

（5）按结构形式分类，可分为双柱水平旋转式、双柱 V 形水平旋转式、单柱双臂垂直伸缩式、三柱水平旋转式、单柱单臂垂直伸缩式、单柱单臂水平伸缩式、双柱水平伸缩式、三柱（或五柱）组合式、直立式隔离开关等。

（四）结构

隔离开关型号较多，主要由以下五部分组成。

（1）支持底座。主要起支持固定的作用，将导电部分、绝缘子、传动机构、操动机构等连接固定为整体。

（2）导电部分。包括触头、闸刀、接线座等，其作用是传导电流。

（3）绝缘子。包括支持绝缘子、操作绝缘子，其作用是使带电部分对地绝缘。

（4）传动机构。其作用是接受操动机构的力矩，并通过拐臂、连杆、轴齿或操作绝缘子，将运动传给动触头，以完成分闸、合闸操作。

（5）操动机构。用手动或电动操动机构给隔离开关的动作提供操作的动力。

四、组合电器

（一）定义

气体绝缘金属封闭开关设备（gas insulated switchgear）又称组合电器（GIS）。组合电器将断路器、隔离开关、接地开关、快速接地开关、电流互感器、电压互感器、避雷器、母线等单独元件连接在一起，封装在以一定压力的 SF_6 气体作为灭弧和绝缘介质的金属封闭外壳内，并与出线套管、电缆连接装置等共同组成的成套高压电气装置。

（二）特点

与敞开式变电一次设备相比，组合电器具有以下特点：

（1）占地面积小。组合电器采用 SF_6 气体作为绝缘介质，导体与金属地电位壳体之间的绝缘距离大大减少。

（2）可靠性高。组合电器的电器元件被封闭在接地的金属壳体内，除架空引出线之外，带电体不暴露在空气中，运行中不受外部自然条件的影响，其可靠性和安全性比敞开式设备大幅提高。

（3）对环境影响小，使用范围广泛。组合电器内部充装的 SF_6 气体是不燃不爆的惰性气体，故属于防爆设备，适合安装在城市中心地区和使用在其他防爆场所。此外因组合电器的绝缘件和带电导体封闭在金属壳体内，重心较低，具有很强的抗震能力，适合安装于室内或室外各种场合。

（4）施工工期短。组合电器的主要组装调试工作已在制造厂内完成，现场安装和调试的工作量较少，可以大幅缩短变电站内电气安装调试的工期。

（5）维护工作量小，检修周期长。组合电器在产品的制造工艺和安装调试质量合格的前提下，运行过程中除了断路器等元件需要定期维护外，其他元器件几乎零检修。

（三）分类

组合电器可按其安装场所、相间结构、主接线方式等不同来进行分类。

（1）按安装场所分类，可分为户内型和户外型两种。

（2）按相间结构分类，可分为全三相共罐式结构、不完全三相共罐式结构和全分罐式结构等。

1）全三相共罐式结构。三相母线、断路器及其他电器元件都采用三相共罐。

2）不完全三相共罐式结构。母线采用三相共罐式，而断路器和其他电器元件采用分罐式。

3）全分罐式结构。包括母线在内的所有电器元件都采用分罐式。

（3）按主接线方式分类。主接线方式决定于具体工程的需要，常用的有单母线接线、双母线接线、3/2 接线等。

（四）结构

一套完整的组合电器是由若干个不同间隔组成的，在设计时根据用户的要求，将不同的气室或气隔组成不同的间隔，再将这些间隔组成用户所需要的组合电器。一个间隔是指具有完整的供电、送电和其他功能（控制、计量、保护等）的一组元件。一个气室或气隔是指将各种不同作用和功能的元器件独立地组合在一起，拼装在一个独立的封闭壳体构成的各种标准模块。如断路器模块、隔离开关模块、电压互感器模块、电流互感器模块、避雷器模块等。

GIS 总体布局示意图如图 2-4 所示。

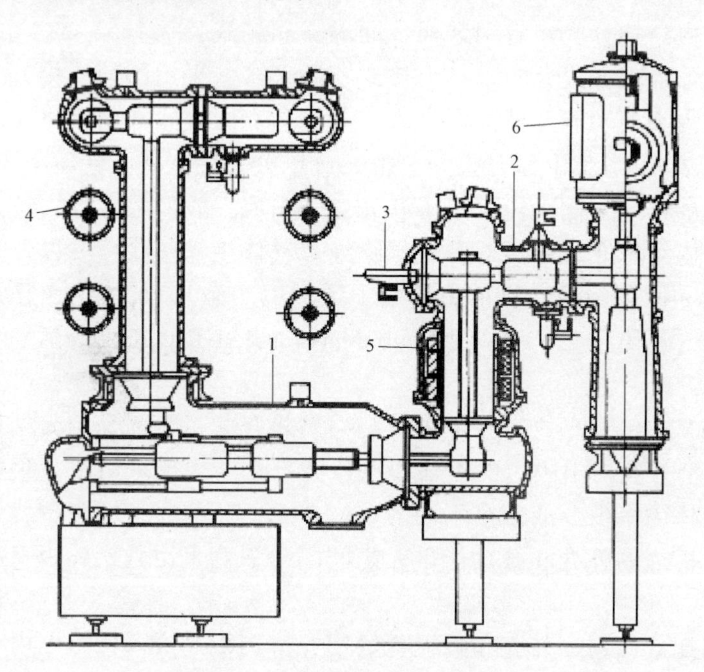

图 2-4　GIS 总体布局示意图

1—断路器；2—隔离开关；3—接地开关装置；4—母线；
5—电流互感器；6—电压互感器

五、开关柜

（一）定义

开关柜是成套配电装置的一种，是金属封闭开关设备的简称。高压金属封闭开关设备是一种组合式电器，将高压断路器、负荷开关、接触器、高压熔断器、隔离开关、接地开关、互感器、避雷器、母线以及相应的测量、控制、保护装置和辅助设备装配在全封闭或半封闭式的金属柜体内，其内部空间一般以空气或 SF_6 气体作为绝缘介质，用于电力系统中接受和分配电能的装置。

（二）作用

开关柜用于电力系统发电、输电、配电、电能转换和消耗中，起到通断、控制或保护等作用。

（三）分类

开关柜可按电压等级、应用场所、整体结构、柜内结构、柜体加工方式、柜内主要功能元件的固定方式和柜内绝缘介质等不同进行分类：

（1）按电压等级分类，3.6～40.5kV 属于高压开关柜，3.6kV 及以下属于低压开关柜。

（2）按应用场所分类，有户内开关柜（变电站用）和户外开关柜（配网用）。

（3）按整体结构分类，有半封闭式和全封闭式。半封闭式开关柜母线部分是外置式布置方式。

（4）按柜内结构分类，有铠装式、间隔式和箱式。

（5）按柜体加工方式分类，有焊接式和组装式（采用螺栓连接）。

（6）按柜内主要功能元件的固定方式分类，有固定式（用字母 G 表示）、移开式（用字母 Y 表示）。其中移开式开关柜又可以分为中置式（转运小车）和落地式，其中 12kV 开关柜一般采用中置式，40.5kV 开关柜一般采用落地式。

（7）按柜内绝缘介质分类，有空气绝缘、气体绝缘（除空气以外的单一或者混合气体介质）和固体绝缘（目前主要用于环网柜产品）。气体绝缘开关柜在中压领域（12～40.5kV）简称 C—GIS（即 cubic gas insulated switchgear）。

（四）结构

下面以 KYN28 型户内交流金属铠装抽出式开关柜为例介绍其结构组成，如图 2-5 所示。该型开关柜由固定的柜体和可移开部件两大部分组成，根据柜内电气设备的功能，柜体用隔板分成四个不同的功能单元：断路器室、主母线室、电缆室和继电保护室。柜体的外壳和各功能单元之间的隔板均采用敷铝锌板弯折而成。

1. 柜体

柜体为装配式结构，外壳和隔板由敷铝锌薄钢板制成。按照柜内主要功能元件分隔为断路器室（小车室）、主母线室、电缆室（电流互感器室）和继电保护室。

（1）断路器室（小车室）。其底部设有小车轨道，供小车在柜内运动，主母线室、电缆室（电流互感器室）与小车室之间装有断路器静触头盒，当小车在试验位置或退出柜外时，活动挡板静触头盖住，形成有效隔离。

（2）主母线室。内部安装有三相矩形铜母线，各个开关柜的主母线室经套管连通，运行时各柜的主母线之间是隔离的，避免单台开关柜发生故障时出现“火烧连营”事件。

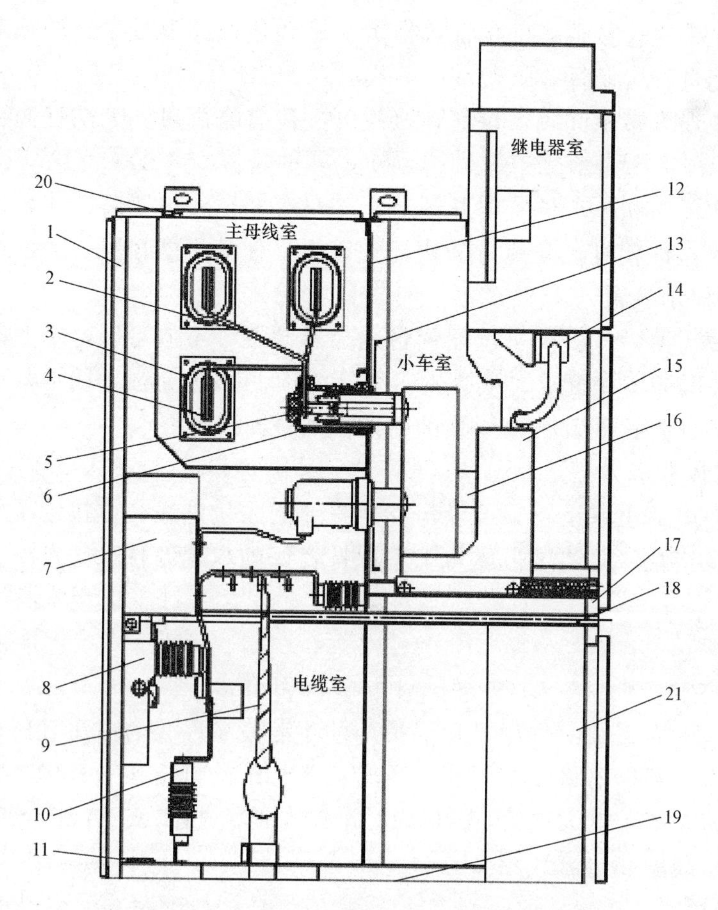

图 2-5 KYN28-12 开关柜结构剖面图

1—外壳；2—支母线；3—母线套管；4—主母线；5—静触头；6—静触头盒；7—电流互感器；8—接地开关；9——一次电缆；10—避雷器；11—接地主干线；12—隔板；13—活动帘板；14—二次插头；15—小车；16—除湿加热器；17—水平隔板（可拆卸）；18—接地开关操动机构；19—柜底板；20—泄压装置；21—二次电缆槽

（3）电缆室（电流互感器室）。根据主回路方案的需要，可以安装电流互感器、接地开关、带电显示装置和固定主电缆的构架、附件等。

（4）继电保护室。用于安装继电保护、控制等二次元件。

2. 小车

根据小车配置的主回路元件的不同，可以有断路器小车、电压互感器小车、隔离小车和计量小车。

3. 联锁装置

开关柜应有可靠的“五防”闭锁系统。

（1）防止带负荷误拉闸、合闸。保证断路器小车在试验或工作位置时，断路器才能进行合、分操作；断路器合闸后，小车将无法运动，防止带负荷推拉小车。

（2）防止带接地线合闸。保证高压开关柜内的接地开关处于分闸位置时，断路器小车才能从试验或断开位置移至工作位置，否则无法进行合闸操作。

（3）防止带电挂接地线。保证高压开关柜内的断路器处于试验或断开位置时，接地开关才能进行合闸操作。

（4）防止误入带电间隔。保证在接地开关没有合闸时，无法打开柜前下门和柜后门。

（5）二次插头和小车位置的联锁。小车只有在试验位置时，才可以插拔二次插头；小车在工作位置时，联锁将二次插头锁定，使其不能拔下。

4. 带电显示装置

根据用户需要，开关柜可以配置带电显示装置。不但可以显示主回路的带电状态，而且可以与电磁锁配合，实现对开关手柄、柜门等的强制闭锁，达到防止带电关合接地开关、防止误入带电间隔的目的。

5. 接地装置

开关柜在电缆小室设置了可以与临柜贯通的主接地线。主接地干线与柜体结构有良好的导电接触，并通过柜体与小车保持良好的电连续性。

六、互感器

（一）定义

互感器是电力系统中供测量和保护用的重要设备，分为电压互感器和电流互感器两大类。电压互感器将系统的高电压转换为标准的低电压（100V或$100/\sqrt{3}$V），电流互感器将系统中的大电流，转换成标准的小电流（5A或1A），分别给测量仪表、继电器的电压线圈和电流线圈供电。

（二）作用

互感器在电力系统中的作用主要是：

（1）与测量仪表配合，对线路的电压、电流、电能等进行测量。与继电保护装置配合，对电力系统和电气设备发生的过电压、过电流、过负荷和单相接地等故障进行保护。

（2）把测量仪表、继电保护装置与一次回路中的高电压隔开，以保障人身与设备安全。

（3）将电压和电流转换为统一的标准值，以利于仪表和继电器等测量控制装置的标准化。

（三）分类

互感器的种类很多，可按以下情况来进行分类。

（1）电压互感器按其绝缘结构的不同，可以分为干式、浇注式、油浸式和电容式等几种。

1）干式电压互感器。一般用于 0.5kV 的户内装置中，其结构简单，一般为单相双绕组形式。

2）浇注式电压互感器。其一次绕组的两端均用浇注套管引出，整个绕组完全封闭在树脂材料中。一般适用于3～35kV户内配电装置，如图2-6所示。

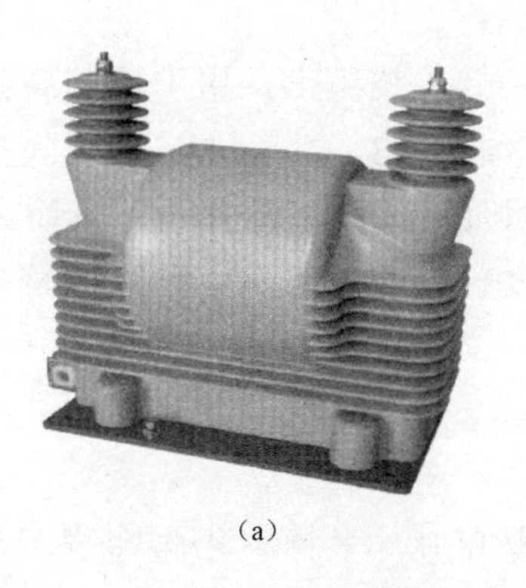
(a)

(b)

图 2-6 常见的环氧浇注绝缘电压互感器外观图

(a) 35kV 电压互感器（中性点绝缘）；(b) 10kV 电压互感器（中性点直接接地）

3）油浸式电压互感器。又可以分为普通结构油浸式电压互感器和串级式电压互感器。普通结构油浸式电压互感器额定电压为 3～35kV，器身放在充有变压器油的油箱里，绕组通过固定在箱盖上的瓷套管引出。电压等级为 110kV 及以上时，普遍采用串级式电压互感器，采用瓷箱式结构。

4）电容式电压互感器。广泛应用于 110kV 及以上中性点接地的电力系统中，除了具有电磁式电压互感器的作用外，还可以代替耦合电容器兼作高频载波用。

（2）电流互感器的种类很多，大致可以分为以下几种类型：

1）按一次绕组匝数分类，可分为单匝式和多匝式。单匝式又可分为贯穿式、母线式、套管式；多匝式又可分为线圈式、回链式、8 字形和 U 字形等。

2）按安装方式分类，可分为穿墙式、母线式、套管式（装入式）和支持式等。

3）按绝缘结构分类，可分为干式、浇注式、油浸式。

4）按安装地点分类，可分为户内式和户外式，35kV 以上多采用瓷箱结构的户外式。

5）零序电流互感器是一种特殊互感器，有母线式和电缆式两种。安装时三相母线或三相电缆一起穿过绕有二次绕组的铁芯，作为零序电流互感器的一次绕组。当系统发生单相接地故障时，三相电流之和不为零，因此在铁芯中出现零序磁通，在二次绕组中感应出零序电流，使保护装置动作。

（四）结构

不同种类互感器的结构差别较大，下面简要介绍电容式电压互感器和电流互感器的结构。

（1）电容式电压互感器是由电容分压器、电抗器、中间变压器和阻尼电阻组成的。

1）电容分压器。由若干个相同的电容器串联组成，接在高压相线与地之间，电容器串可分为主电容器 C1 和分压电容器 C2 两部分。

2）补偿电抗器。在分压回路中串入补偿电抗器 L，用以补偿电容器的容抗，使电压稳定。

3）中间变压器。有三个绕组，基本二次绕组额定电压为 $100/\sqrt{3}$ V，辅助二次绕组额定电压为100V。阻尼电阻并接在辅助二次绕组上，用于抑制高次谐波的产生。

（2）电流互感器在结构上与电压互感器不同，其一次绕组串联在电路中，要求通过较大的电流，所以导线截面较大，而匝数较少，往往只有一匝或几匝。电流互感器的二次绕组由于通过的电流小，所以导线的截面小，且匝数较多。

七、并联电容器

（一）定义

本节所指的并联电容器为高压并联电容器，又称移相电容器，是主要用于3～110kV三相交流电力系统中的容性无功补偿装置，用以提高功率因数、调整网络电压、降低线路损耗、改善供电质量、提高供配电设备的使用效率。

电网中的电力负荷如电动机、变压器等大部分属于感性负荷，在运行过程中需要向这些设备提供相应的无功功率。在电网中安装并联电容器等无功补偿设备后，可以提供感性负载所消耗的无功功率，减少了电网电源向感性负荷提供的无功功率以及由线路输送的无功功率，从而减少了无功功率在电网中的流动，因此可以降低线路和变压器因输送无功功率造成的电能损耗。

（二）作用

主要用于补偿电力系统感性负荷的无功功率，以提高功率因数、改善电压质量、降低线路损耗。

（三）分类

高压并联电容器的分类形式如下：

（1）按安装方式分类，可分为户内和户外式。

（2）按相数分类，可分为单相和三相。

（3）按外壳材料分类，可分为金属外壳、瓷绝缘外壳、胶木铜外壳等。

（4）按内部浸渍液体分类，可分为矿物油、氯化联苯、蓖麻油、硅油、十二烷基苯等。

（5）按结构和布置方式分类，又可分为分散式和集合式。

（四）结构

高压并联电容器的壳体结构主要由芯子、外壳和出线结构等几部分组成，以金属箔作为极板与绝缘纸或塑料薄膜叠起来一起卷绕，由若干元件、绝缘件和紧固件经过压装而构成电容芯子，并浸渍绝缘油。电容极板的引线经串并联后引出至出线瓷套管下端的出线连接片。电容器的金属外壳内充以绝缘浸渍剂。基本结构为电容元件、浸渍剂、紧固件、引线、外壳和套管。

（1）芯子，由若干元件、绝缘件和紧固件经过压装并按规定的串并联接法连接而成。

（2）外壳，用薄钢板制成，金属外壳有利于散热，可以在湿度变化时起调节作用。

（3）出线结构，包括出线导体与出线绝缘两部分。

（4）电容器的元件结构，以往产品采用膜纸复合介质，极板铝箔缩进介质边缘内部，插入引线片将电流引出；新产品结构采用全膜介质，铝箔折边凸出，是目前广泛采用的结构。

八、电抗器

（一）定义

电抗器是在电路中用于限流、稳流、无功补偿、移相的一种电感元件。

限流电抗器一般为空心式，装于出线端或母线间，当线路或母线发生故障时，可将短路电流限制在其他电气设备动、热稳定或断路器开断电流允许限度内，并使母线电压不致过低。在超高压远距离输电系统中，并联电抗器用来补偿线路的电容性充电电流，限制系统的工频电压升高和操作过电压，从而降低系统的绝缘水平，保证线路的可靠运行。串联电抗器主要是电网中用来限制短路电流、限制操作过电压的电力设备。

（二）作用

（1）超高压并联电抗器有改善电力系统无功功率有关运行状况的多种作用，主要包括：

1）削弱轻空载或轻负荷线路上的电容效应，以降低工频暂态过电压。

2）改善长输电线路上的电压分布。

3）使轻负荷时线路中的无功功率尽可能就地平衡，防止无功功率不合理流动，同时也减轻了线路上的功率损失。

4）在大机组与系统并列时，降低高压母线上工频稳态电压，便于发电机同期并列。

5）防止发电机带长线路可能出现的自励磁谐振现象。

6）当采用电抗器中性点经小电抗接地装置时，还可用小电抗器补偿线路相间及相地电容以加速潜供电流自动熄灭。

（2）串联电抗器主要用来限制短路电流、限制操作过电压。

1）限制短路电流，并联电容器组中的串联电抗器的作用是降低电容器组在合闸过程中产生的涌流倍数和涌流频率影响电容器组。

2）限制操作过电压，滤除指定的高次谐波，同时抑制其他次谐波放大，减少电网中电压波形畸变。

（三）分类

电抗器有空心式、铁芯式和饱和式三种基本类型，电抗器按材料和用途分类。

（1）按材料分类，有油浸式和干式两种。

（2）按用途分类，有并联电抗器、限流电抗器、中性点电抗器、阻尼电抗器和滤波电抗器等。

（四）结构

各种不同类型的电抗器的结构组成如下：

（1）空心式电抗器只有绕组没有铁芯，实际上就是一个电感绕组。空心式电抗器多数是干式，当电抗较高时也做成油浸式。

（2）铁芯式电抗器的磁路是心柱带间隙的铁芯，铁芯柱外面套有绕组。其结构与变压器十分相似，但铁芯式电抗器每相只有一个绕组，结构上的主要差别在于铁芯。

（3）饱和式电抗器包括饱和电抗器和自饱和电抗器，其磁路是一个闭合的铁芯，无间隙，除交流工作绕组外，还有直流控制绕组，利用磁性材料非线性的特点工作。饱和电抗器的铁芯结构如同单相电力变压器，自饱和电抗器的铁芯结构则类似于电流互感器。

九、避雷器

（一）定义

避雷器是电力系统中保护电气设备绝缘免遭雷电过电压或操作过电压侵害的电力设备，目前使用的避雷器大都由金属氧化物阀片组成，称为金属氧化物避雷器。避雷器在额定电压下呈现高电阻（阻抗），几乎为绝缘状态，阻止工作电流接地，保持回路正常供电。当过电压值达到规定的动作电压值时，避雷器立即动作，流过电荷限制过电压幅值，保护设备绝缘免遭击穿破坏。电压值正常后避雷器又迅速恢复原状，以保证系统正常供电。

（二）作用

避雷器的作用主要是用来限制作用于电气设备上的过电压，包括雷电过电压和操作过电压，以保护电气设备的绝缘不被损坏。

（三）分类

避雷器的主要类型有保护间隙、管型避雷器、阀型避雷器和金属氧化物避雷器等，目前电力系统中普遍使用氧化锌避雷器。

（四）结构

金属氧化物避雷器主要由金属氧化物阀片、接线端子、防爆膜、外瓷套（复合绝缘外套）、压力释放口、接地端子、底座、排水孔以及附件等组成。

（1）均压环。110kV及以上系统一般使用均压环，目的是改善避雷器阀片间的电压分布。

（2）在线监测仪。一般由动作计数器和泄漏电流表组成，串联工作在避雷器本体底部，用来记录避雷器动作次数和监测避雷器运行时的泄漏电流。泄漏电流的大小直接反映避雷器性能的好坏，泄漏电流包括阻性电流及容性电流。

十、其他变电一次设备

（一）绝缘子及母线

1. 绝缘子

绝缘子是供处在不同电位的电气设备或导体电气绝缘和机械固定用的器件。目前广泛使用的是瓷绝缘子和玻璃绝缘子，但在要求特殊的场合，如在气体绝缘开关设备

（GIS）中已大量采用环氧树脂浇注的绝缘子，户外设备也有部分应用复合绝缘子。

变电站用的高压电站电器类绝缘子包括支柱绝缘子和套管绝缘子，支柱绝缘子包括棒形支柱绝缘子和针式支柱绝缘子两种，用于变电站支持母线或隔离开关等电器上，其中棒形支柱绝缘子因抗老化性能好得以广泛应用。高压套管绝缘子包括用于变电站的穿墙套管以及用于电器的变压器套管和开关套管等。

2. 母线

变电站内母线装置的作用是汇集、分配和传送电能。由于母线在运行中需要通过巨大的电流，短路时承受着很大的发热和电动力效应，因此，必须合理的选用母线材料、截面形状和截面积以符合安全、经济运行的要求。

配电装置的母线常用导体材料有铜、铝和钢。铜的电阻率低，机械强度大，抗腐蚀性能好，但价格较贵。

常用的硬母线截面有矩形、槽形和管形。矩形母线常用于 35kV 及以下、电流在 4000A 及以下的配电装置中。槽形母线机械强度好，载流量较大，集肤效应系数也较小，一般用于 4000～8000A 的配电装置中。管形母线集肤效应系数小，机械强度高，管内还可通风和通水冷却，因此，可用于 8000A 以上的大电流母线中。母线的散热性能和机械强度与母线的布置方式有关。除配电装置的汇流母线及较短导体（20m 以下）按最大长期工作电流选择截面外，其余导体的截面一般按经济密度选择。

（二）耦合电容器与阻波器

1. 耦合电容器

耦合电容器的作用是“通高频，阻工频”，使强电和弱电两个系统通过电容器耦合并隔离，为传输远距离测量、远距离操作、电话、电传等高频信号提供载波通道，并阻止工频电流进入弱电系统，保障人身安全。

2. 阻波器

阻波器是一种空心电抗器，串联在输电线路中，其作用是对指定的高频或频带呈现一高阻抗，阻止高频电流向变电站一次母线或分支线的泄漏，减小高频能量损耗，使信号能经由耦合电容器而进入变电站载波通道。阻波器常与调谐装置配套，以得到所需要的频率特性，调谐装置和避雷器通常用树脂包封以后装入阻波器内部。阻波器多数悬挂安装在构架上，也有的安装在绝缘支柱或耦合电容器上面。

（三）接地开关

接地开关是将回路接地的机械式开关装置，主要用于将检修设备接地以确保检修工作人员的安全。户内用的接地开关大多用于开关柜中，通常要求其具有关合短路电流的能力。户外用的接地开关一般不具有关合短路电流的能力，只有快速接地开关具有关合短路电流的能力，用以满足与快分隔离开关联合使用的特殊需要。

接地开关的分类：按安装场所不同，分为户内和户外；按操作方式不同，分为手动式（用钩棒）和电动式（用操动机构）；按使用特性不同，分为一般接地开关和快速接地开关。

（四）消弧线圈

消弧线圈是一个具有铁芯的可调电感线圈，在中性点不接地系统中，变压器的中性点常通过消弧线圈接地，大容量发电机定子绕组对地电容很大，也经常在中性点接消弧线圈。消弧线圈的作用是：当系统发生单相接地故障时，可形成一个与接地电流的大小接近相等但方向相反的电感电流，这个电流与电容电流可以相互补偿，最终使接地点的电流变得很小或等于零，从而消除了接地处的电弧及其所产生的危害，提高电力系统供电的可靠性。

（五）电力电缆

电力电缆和架空线在电力系统中的作用相同，主要用于传输和分配电能，也可作为各种电气设备之间的连接线。电力电缆常用于城市的地下电网、发电站的引出线路，工矿企业的内部供电，以及过江过海的水下输电线路，其基建费用一般高于架空线路。

电力电缆主要的结构部件为导线、绝缘层和护层，除 1～3kV 级产品外，均须有屏蔽层。电缆线路中还必须配备各种中间连接盒和终端等附件。

第二节　继电保护及安全自动装置

当电力系统中的电力元件（如主变压器、线路等）或电力系统本身发生了故障或危及安全运行的事件时，需要一种自动化措施和设备向运行值班人员发出警告信号或者直接向所控制的断路器发出跳闸信号，以终止故障或危及安全运行的事件的继续发展。实现上述这种自动化措施的成套硬件设备中，用于保护电力元件的设备一般称为继电保护装置，用于保护电力系统的设备则通称为电力系统安全自动装置。

一、变压器保护

（一）差动保护

变压器差动保护是变压器的主保护，一般容量在 6300kVA 以上均应装设纵联差动保护。双绕组变压器在其两侧装设电流互感器，在理想情况下，在正常运行或区外故障时，两侧的二次电流大小相等，方向相反，通过差动继电器中的电流等于零，因此差动继电器不动作。而当变压器内部故障时，故障电流都由母线流向主变压器，两侧的二次电流方向相同，形成了差流。

1. 差动电流速断保护元件

设置速断保护的目的是在变压器区内严重性故障时快速跳开变压器各侧断路器，其动作判据为

$$I_d > I_{sd}$$

式中：I_d 为变压器差动电流；I_{sd} 为差动电流速断保护定值。

2. 比率制动元件

比率制动元件的作用是在变压器区外故障时差动保护有可靠的制动作用，同时

在内部故障时有较高的灵敏度，其动作判据为（以双绕组变压器为例）：

两侧差动：$I_d=|I_1+I_2|$；$I_z=\max(|I_1|, |I_2|)$，有的保护装置中取 $I_z=(|I_1|+|I_2|)/2$。

其中：I_1 为Ⅰ侧电流；I_2 为Ⅱ侧电流；I_{cd} 为差动保护电流定值；I_d 为变压器差动电流；I_{res} 为变压器差动保护制动电流；I_{zd} 为差动保护比率制动拐点电流定值；软件设定为高压侧额定电流值；K_1、K_2 为比率制动的制动系数，一般软件设定为 $K_1=0.5$，$K_2=0.7$。其保护原理和逻辑如图 2-7 和图 2-8 所示。

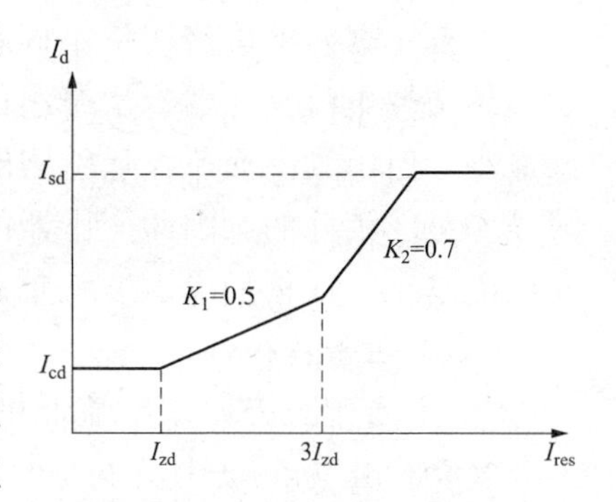

图 2-7 比率制动差动保护图

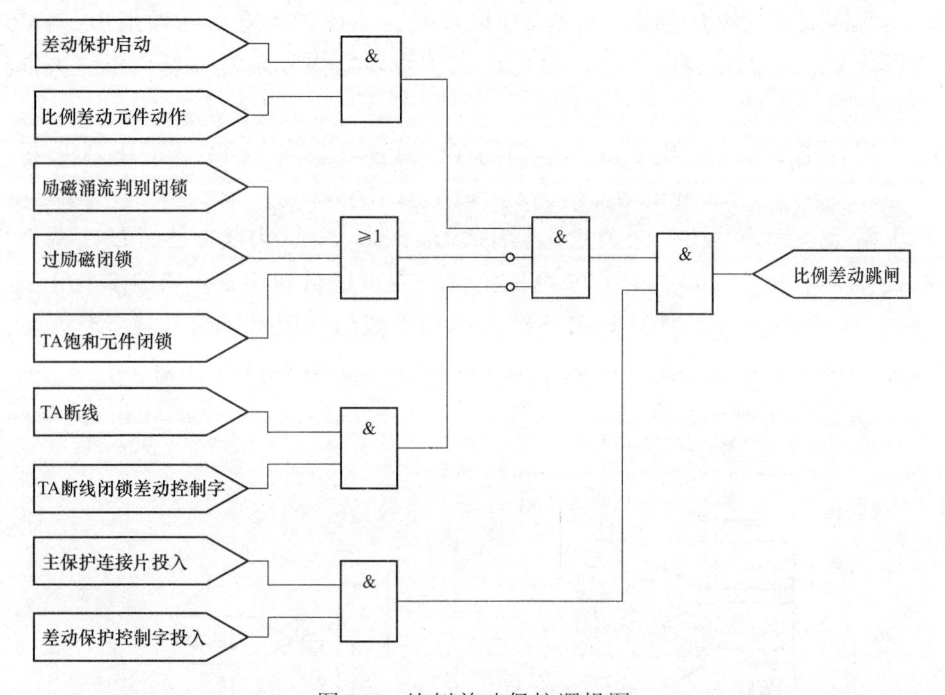

图 2-8 比例差动保护逻辑图

3. 不平衡电流产生的原因和处理方法

实际运行中，由于种种不平衡电流的存在，使得差动保护整定时需要躲开流过差动回路中的不平衡电流。因此对差动保护的不平衡电流产生的原因和消除方法进行分析很有必要。

不平衡电流产生的原因主要有：

（1）变压器的励磁涌流。

（2）变压器两侧电流相位不同。

（3）计算变比与实际变比不同。

（4）两侧电流互感器型号不同。

（5）变压器带负荷调整分接头。

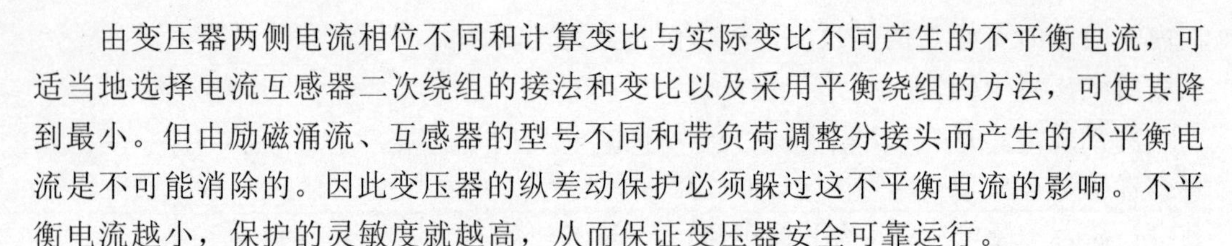

由变压器两侧电流相位不同和计算变比与实际变比不同产生的不平衡电流，可适当地选择电流互感器二次绕组的接法和变比以及采用平衡绕组的方法，可使其降到最小。但由励磁涌流、互感器的型号不同和带负荷调整分接头而产生的不平衡电流是不可能消除的。因此变压器的纵差动保护必须躲过这不平衡电流的影响。不平衡电流越小，保护的灵敏度就越高，从而保证变压器安全可靠运行。

（二）后备保护

1. 复合电压方向过电流保护

复合电压方向过电流保护反应相间短路故障，可作为变压器的后备保护。以110kV 变压器为例，当方向指向变压器时，可作为变压器及中低压侧母线及出线的相间后备保护；当方向指向母线时，可作为 110kV 母线及各 110kV 出线的相间后备保护。交流回路采用 90°接线，本侧 TV 断线时，本保护的方向元件退出。TV 断线后若电压恢复正常，复合电压方向过电流保护也随之恢复正常。复合电压方向过电流保护包括以下元件：

（1）复合电压元件，电压取自本侧的 TV 或变压器各侧 TV，动作判据为

$$\min(U_{ab},U_{bc},U_{ca})<U_{Lset};\quad U_2>U_{2set}$$

以上两个条件为“或”的关系；其中：U_{ab}、U_{bc}、U_{ca} 为线电压；U_{Lset} 为低电压定值；U_2 为负序电压；U_{2set} 为负序电压定值。复压逻辑如图 2-9 和图 2-10 所示。

高、中压侧的复压元件默认为各侧复压的“或门”逻辑作为开放条件，低压侧复压元件只取本侧复压。复合电压过电流保护逻辑如图 2-11 所示。

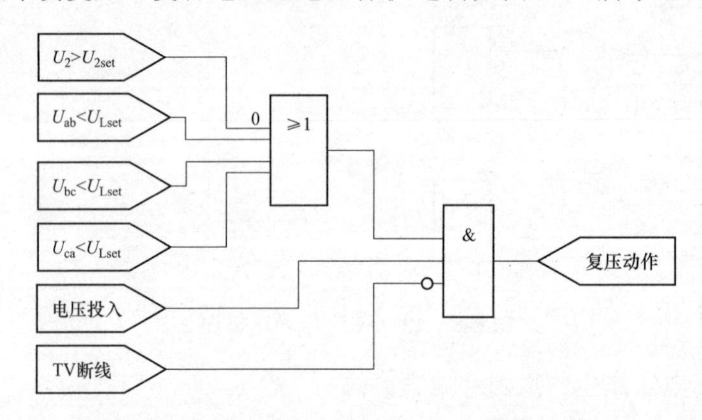

图 2-9　一侧复压逻辑框图

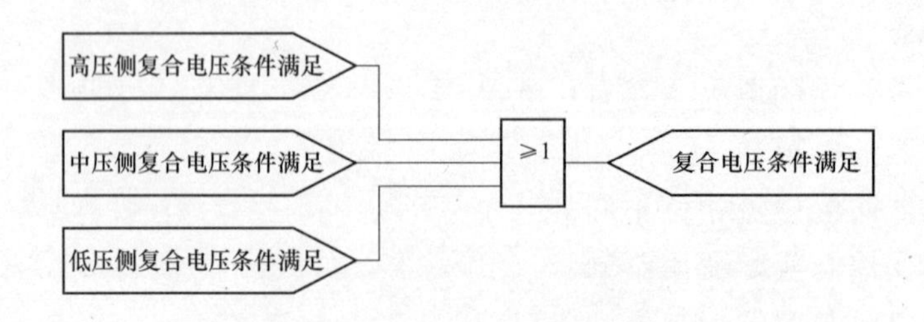

图 2-10　高、中、低三侧复压逻辑框图

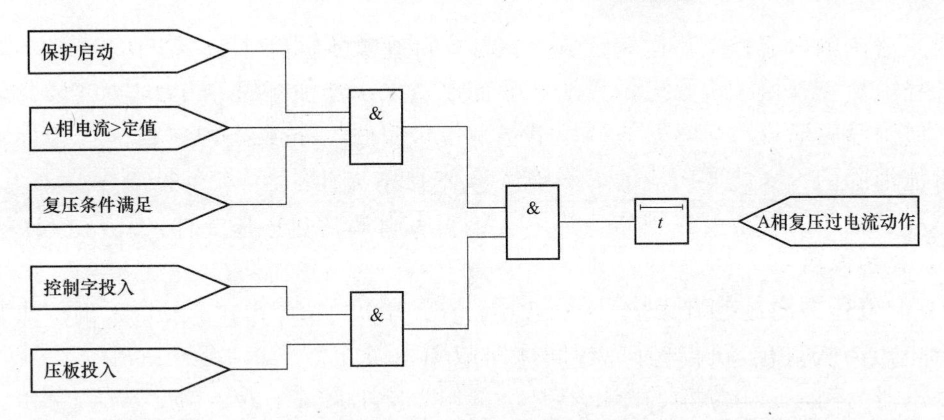

图 2-11 复合电压过电流保护（以 A 相过电流为例）逻辑框图

（2）功率方向元件，电压电流取自本侧的电压互感器 TV 和电流互感器 TA，动作判据为：

1）若方向由控制字选择为正向，则 U_{ab} 与 I_c、U_{bc} 与 I_a、U_{ca} 与 I_b 三个夹角（电流落后电压时角度为正），其中任一个满足式 $45° > \delta > -135°$，最大灵敏角为 $-45°$，动作特性如图 2-12 所示。

2）若方向由控制字选择为反向，则动作区与正向相反。

（3）过电流元件，电流取自本侧的电流互感器。动作判据为

$$I_a > I_{fgl};\ I_b > I_{fgl};\ I_c > I_{fgl}$$

式中：I_a、I_b、I_c 为三相电流；I_{fgl} 为过电流定值。

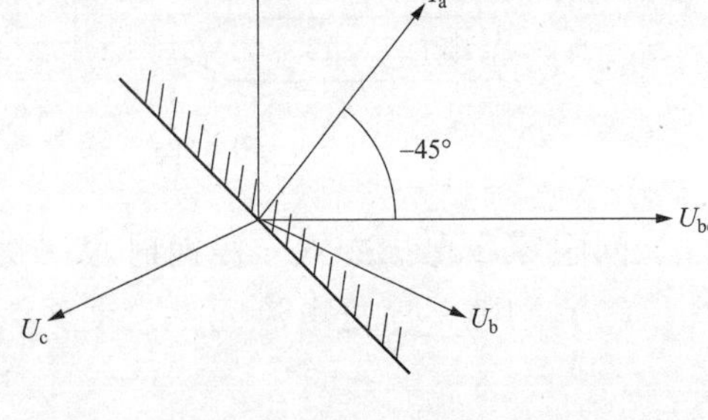

图 2-12 复压方向元件图

2. 零序方向过电流保护

零序方向过电流保护反应单相接地故障，可作为变压器的后备保护。交流回路采用 0°接线，电压电流取自本侧的电压互感器 TV 和电流互感器 TA。TV 断线时，本保护的方向元件退出。TV 断线后若电压恢复正常，本保护也随之恢复正常。

零序方向过电流保护包括以下元件：

（1）零序过电流元件，动作判据为

$$3I_0 > I_{0gl}$$

式中：$3I_0$ 为零序电流，取自本侧变压器本体零序 TA；I_{0gl} 为零序过电流的电流定值。

（2）零序功率方向元件，动作判据为

$$-15° > \delta > -195°$$

式中：δ 为 $3U_0$ 与 $3I_0$ 夹角（电流落后电压时角度为正，$3U_0 > 5V$）。

其中，三相电流为本侧开关 TA 的 I_a、I_b、I_c 在软件中合成的零序电流或外接通道的电流，$3I_0 = I_a + I_b + I_c$；$3U_0$ 为三相母线电压 U_a、U_b、U_c 在软件中合成的零序电压，$3U_0 = U_a + U_b + U_c$。

最大灵敏角为 $-105°$，动作特性如图 2-13 所示，保护逻辑如图 2-14 所示。

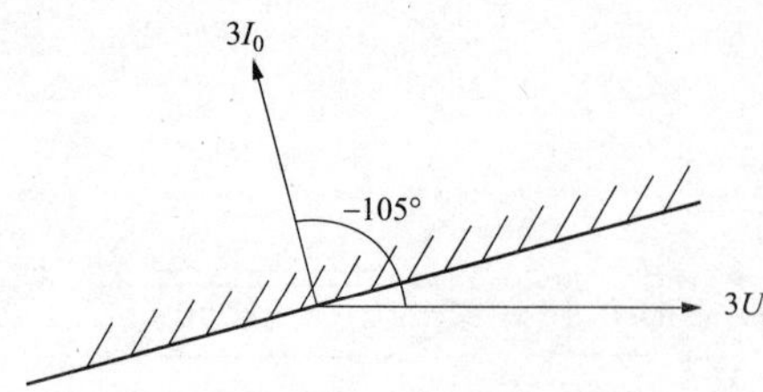

图 2-13 零序方向元件图

3. 间隙零序保护

间隙零序保护反应变压器间隙电压和间隙击穿的零序电流，可作为变压器的后备保护。保护包括以下元件：

（1）间隙零序过电压元件，动作判据为

$$3U_0 > U_{0L}$$

式中：$3U_0$ 为间隙零序电压，取自本侧母线开口三角形零序 TV；U_{0L} 为间隙零序过电压的电压定值。

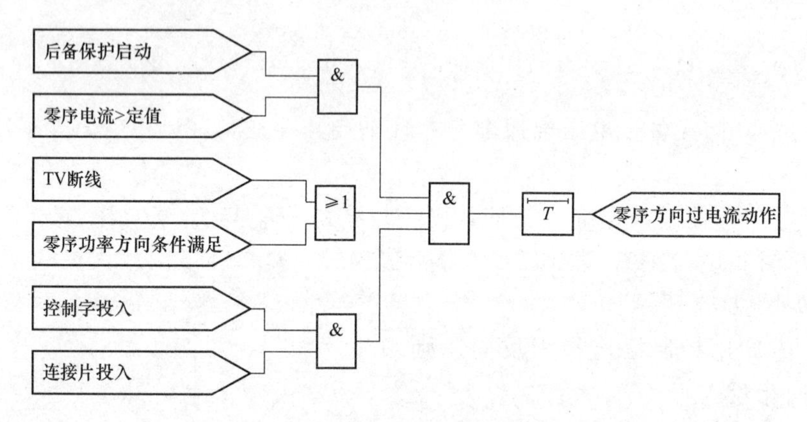

图 2-14 零序方向过电流保护逻辑框图

间隙零序保护配置一段两时限；每一时限的跳闸逻辑可通过调试 PC 机整定。

（2）间隙零序过电流元件，动作判据为

$$3I_0 > I_{0L}$$

式中：$3I_{0g}$ 为间隙零序电流，取自本侧变压器本体中性点间隙 TA；I_{0L} 为间隙零序过电流的电流定值。

4. 中性点过电流保护

中性点过电流保护反应变压器中性点电流。中性点过电流元件，动作判据为

$$I_{zxd} > I_z$$

式中：I_{zxd} 为中性点电流，取自本侧变压器本体中性点 TA；I_z 为中性点过电流的电流定值。

（三）非电量保护

非电量保护完全独立于电气保护，仅反应变压器本体非电量输入信号，驱动相应的出口继电器和信号继电器，为本体保护提供跳闸功能和信号指示。非电量保护包括本体重瓦斯、本体轻瓦斯、调压瓦斯、压力释放、油温高、本体油位异常、冷控失电、绕组温度高、调压油位异常。非电量保护提供两路时间延时回路，逻辑参见非电量延时回路原理如图 2-15 所示。

延时回路也可以通过“SL”插件来实现，此时时间继电器与信号继电器并联，时间继电器的触点串接于连接片前面，时间可整定。

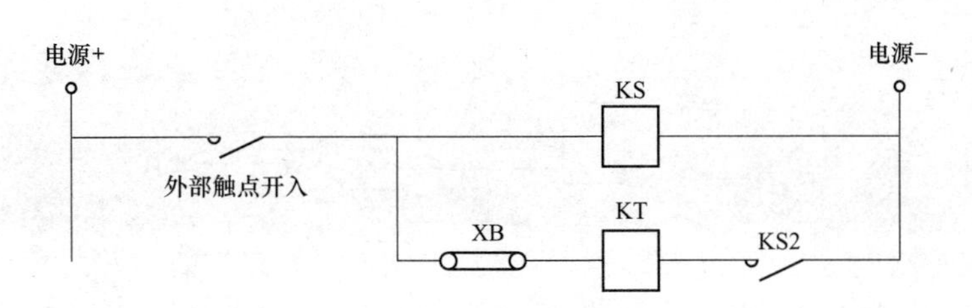

图 2-15　非电量保护图

1. 本体重瓦斯

当变压器油箱内部发生故障时，短路电流产生的电弧使变压器油和其他绝缘材料分解，从而产生大量的可燃性气体，人们将这种可燃性气体统称为瓦斯气体。故障程度越严重，产生的瓦斯气体越多，流速越快，气流中还夹杂着细小的、灼热的变压器油。瓦斯保护是利用变压器油受热分解所产生的热气流和热油流来动作的保护。

瓦斯保护能反应变压器油箱内的任何故障，包括铁芯过热烧伤、油面降低等，但差动保护对此无反应。又如变压器绕组产生少数线匝的匝间短路，虽然短路匝内短路电流很大会造成局部绕组严重过热，产生强烈的油流向储油柜方向冲击，但表现在相电流上却并不大，因此差动保护没有反应，但瓦斯保护却能灵敏地加以反应，这就是差动保护不能代替瓦斯保护的原因。瓦斯保护构成如图 2-16 所示。

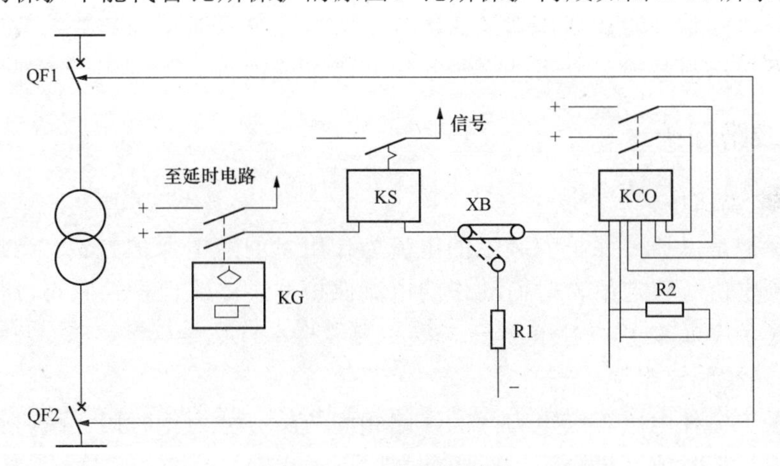

图 2-16　瓦斯保护构成

2. 冷控失电（冷却器全停）保护

根据规程，强油循环风冷和强油循环水冷变压器，当冷却系统故障切除全部冷却器时，允许带额定负载运行 20min，如 20min 后顶层油温尚未达到 75℃，则允许上升到 75℃，但在这种状态下运行的最长时间不超过 60min。

冷却器全停保护的逻辑框图如图 2-17 所示。图中 K1 为冷却器全停触点，冷却器全停后闭合；XB 为保护投入连接片，当变压器带负荷运行时投入；K2 为变压器温度触点。

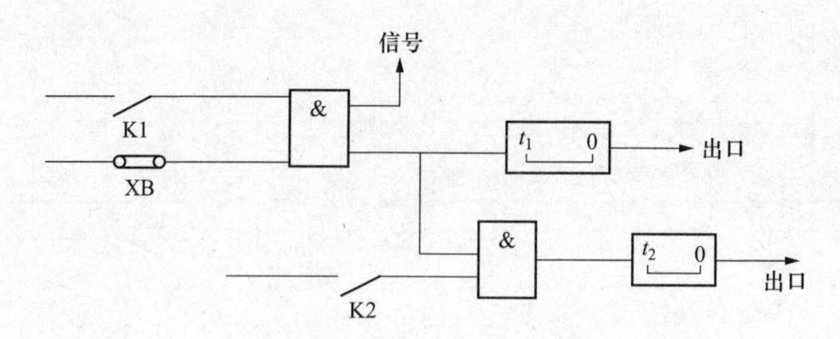

图 2-17　冷却器全停保护

变压器带负荷运行时，连接片由运行人员投入。若冷却器全停，K1 触点闭合，发出告警信号，同时启动 t_1 延时元件开始计时，经长延时 t_1 后去切除变压器。若冷却器全停之后，伴随有变压器温度超温，图中的 K2 触点闭合，经短延时 t_2 去切除变压器。

对于强油导向冷却变压器，有人值班变电站，冷却装置全停投信号，但在发出信号后，运行人员必须迅速处理；无人值班变电站，冷却装置全停投跳闸。

3. 油温高（跳闸）

根据规定，所有油温作用于报警，报警温度为 95℃或厂家说明书规定值（若已投跳闸的，退出跳闸连接片，改接信号）。

4. 压力释放

压力释放阀是油浸式变压器的压力保护装置，可以避免油箱变形或爆裂，若压力释放阀系统出现故障，则可能会使变压器喷油或误跳。

二、线路保护

（一）电流保护

电流保护是以通过保护安装处的电流为作用量的继电保护方式。当通过的电流大于某一预定值（整定值）时而动作的电流保护称过电流保护，它可以依相电流或相序电流（负序或零序）工作。

1. 线路相间过电流保护

用于保护各种电压等级电力网的线路相间故障。分为无时限（瞬时）和带时限过电流保护，带时限又可分为定时限和反时限。

2. 线路零序过电流保护

用于保护各种电压等级有效接地系统中的线路接地短路故障。其特点如下：

（1）只能用以保护有效接地系统中发生的单相及两相接地短路故障。

（2）因线路零序阻抗是正序阻抗的 3 倍以上，所以首端、末端故障时零序电流幅值变化大，具有动作快、保护范围相对稳定和实现相邻段配合等优点。

（3）正常运行时无零序电流，所以可以有较低的启动电流值。

（4）为防止三相合闸过程中三相触头不同期或单相重合过程非全相运行又发生振荡时零序电流保护误动，常采用两个Ⅰ段保护：灵敏Ⅰ段按躲被保护线路末端接地出现的最大零序电流整定，非全相运行时被闭锁，不灵敏Ⅰ段按躲过非全相运行又发生振荡时出现的最大零序电流整定，两者均瞬时动作。

（5）由于在短线或复杂的环网中，速动段保护范围很小，零序电流受系统方式影响大，整定起来复杂，另外，系统短时不对称运行时可能误动，所以在220kV及以上系统中现在一般将零序Ⅰ、Ⅱ段退出，Ⅲ段只投入最末一段，零序Ⅳ段保护，动作时限较长。

当保护装置报“TV断线”时，如果保护装置选择TV断线退出零序某段方向元件，该段零序方向转为零序过电流，此时该零序段动作后永跳闭锁重合闸。如保护装置选择TV断线不退出零序某段方向元件，该零序段功能退出。总之发生TV断线后，需及时联系检修人员处置。

（二）距离保护

以距离测量元件为基础构成的保护装置，其动作和选择性取决于测量参数与整定的被保护区段参数的比较结果，且测量值与线路成正比，而与系统运行方式无关，所以能获得稳定的保护区。距离保护的第Ⅰ段是瞬时动作的，它的保护范围为本线路全长的80%～85%；第Ⅱ段与限时电流速断相似，它的保护范围不应超出下一条线路距离保护第Ⅰ段的保护范围，并带有高出一个Δt的时限以保证动作的选择性；第Ⅲ段与过电流保护相似，其启动阻抗按躲开正常运行时的负荷参量来选择，动作时限比保护范围内其他各保护的最大动作时限高出一个Δt。三段式距离保护作用原理和时限特性如图2-18所示。

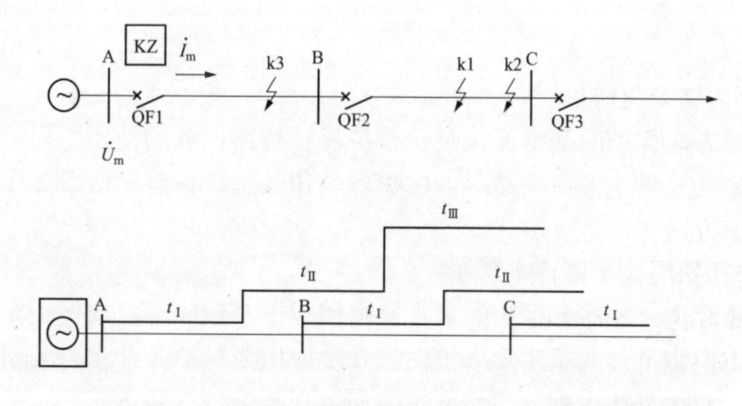

图2-18 三段式距离保护作用原理和时限特性图

保护主要由以下部分组成：

（1）测量部分，用于对短路点的距离测量和判别短路故障的方向。

（2）启动部分，用来判别系统是否处于故障状态。当短路故障发生时，瞬时启动保护装置。有的距离保护装置的启动部分兼启动后备保护的作用。

（3）振荡闭锁部分，用来防止系统振荡时距离保护误动作。

（4）二次电压回路断线失压闭锁部分，当电压互感器（TV）二次回路断线失压时，它可防止由于阻抗继电器动作而引起的保护误动作。但当TV断线时保护可以选择投/退“TV断线线过电流保护”。

（5）逻辑部分，用来实现保护装置应有的性能和建立各段保护的时限。

（6）出口部分，包括跳闸出口和信号出口，在保护动作时接通跳闸回路并发出相应的信号。

当保护装置报“TV断线”时，距离保护瞬间退出，装置一般配有两段TV断线后过电流保护，该保护不带方向和电压闭锁，在TV断线后随距离保护连接片的投入而自动投入，电压恢复正常后经10s确认后“TV恢复正常”，重新开放距离保护。当TV断线后需查明其原因是由装置还是二次回路等引起，并迅速通知检修人员处理。

（三）线路纵联保护

线路纵联保护是当线路发生故障时使两侧（或多侧）同时快速跳闸的一种保护装置。它的工作原理是线路各侧均将判别量借助通道传送到对侧，然后每侧分别按两侧判别量之间的关系来判断区内或区外故障。图2-19为纵联保护配置方式。

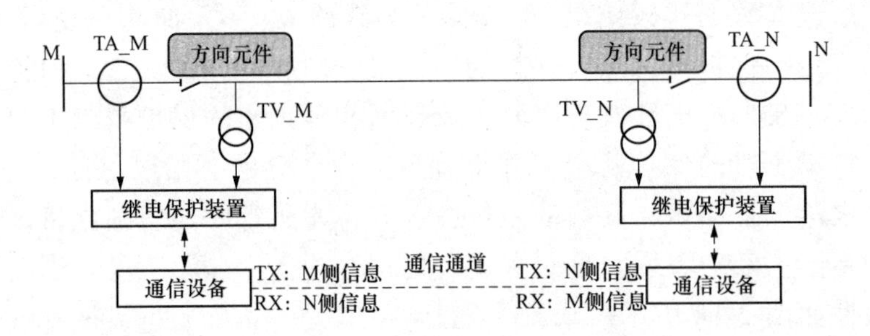

图2-19　纵联保护配置方式

1. 高频闭锁方向保护

高频闭锁方向保护的基本原理是比较被保护线路两侧的功率方向，当两侧的短路功率方向都是由母线流向线路时，保护就动作跳闸。目前广泛用负序功率方向元件来判别故障方向。

2. 高频闭锁距离（零序）保护

高频闭锁距离（零序）保护的基本原理类似于高频闭锁方向保护，不同的是它利用两侧的方向距离（或零序功率方向）Ⅱ段或Ⅲ段保护元件作为判别元件来判别故障的方向，两侧都动作则表明均为正方向，保护就动作跳闸。

以上两种都是闭锁式纵联保护，保护逻辑如图2-20所示，它一般借助于相-地高频通道和收发讯机来实现保护信号的联系。它的动作过程是：

（1）正常运行时，收发讯机不工作（值班人员要经常检查收发讯机通道是否正常）。

（2）系统故障，两侧（或一侧）启动发讯，两侧收讯后均同时发讯（闭锁信号）。

（3）保护判正方向则停讯，判反方向则继续发讯，通道有闭锁信号，两侧保护均不动作。

（4）两侧保护均判正方向则两侧均停讯，通道无闭锁信号，两侧保护动作跳闸。

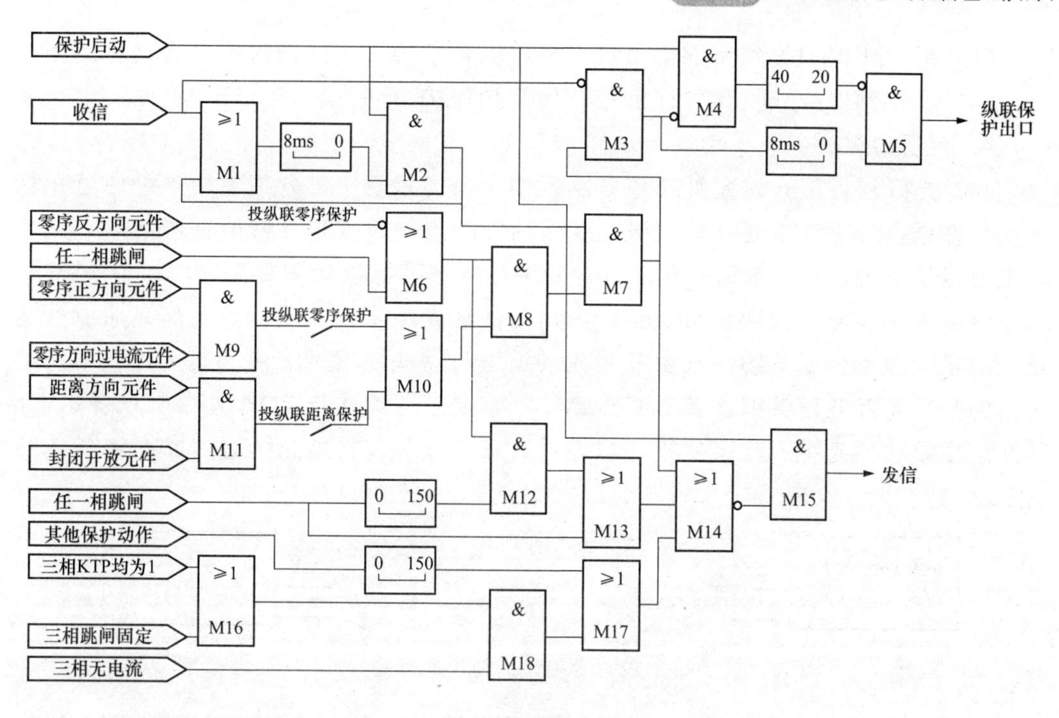

图 2-20　闭锁式纵联保护逻辑图

3. 高频允许式纵联保护

高频允许式纵联保护一般借助于相-相高频通道和载波机来实现保护信号的联系，保护逻辑如图 2-21 所示。它的动作过程是：

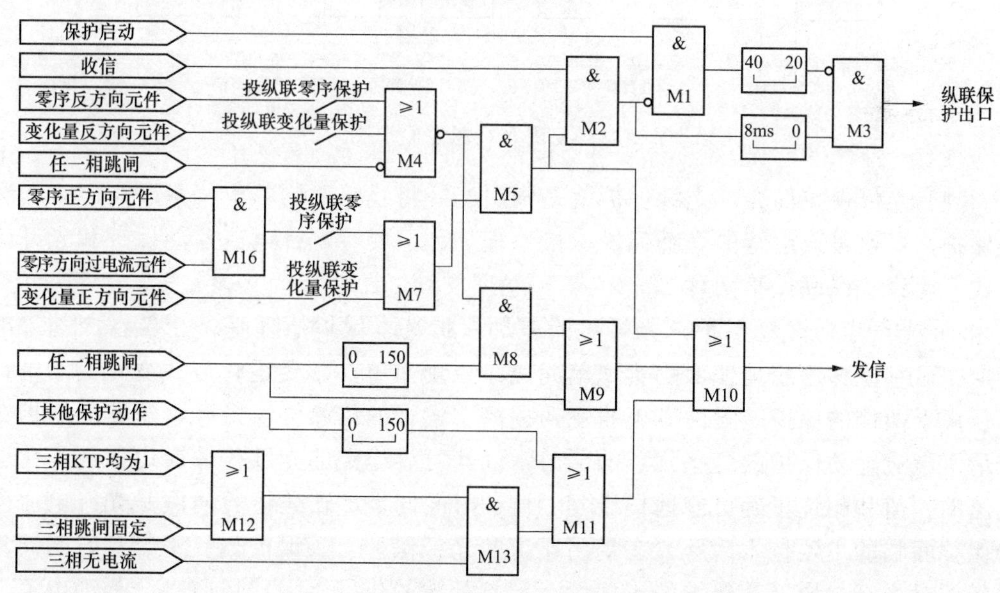

图 2-21　允许式纵联保护逻辑图

（1）正常运行时，载波机发导频信号（值班人员要检查载波机是否告警）。

（2）系统故障，一侧保护动作后，启动载波机发跳频信号。

（3）另一侧保护收到允许信号后，再根据自身的一些判别决定是否动作跳闸。

（4）另一侧保护未收到允许信号，该高频保护不动作。

4. 光纤纵联保护

（1）光纤通道简介。光纤通道广泛应用于电力系统中，分为专用光纤通道和复用光纤通道，采用专用光纤通道时，线路两侧的装置通过光纤通道直接连接，其通道主要包括光缆、光纤接口盒和尾纤，专用光纤通道原理如图 2-22 所示。采用专用通道时应考虑长度一般应在 80km 以内，为保证光电器件长期稳定工作，通道系统衰减余量一般不少于 6dB。采用复用光纤通道时需在通信机房内加装一台专用光电变换的数字复接通信接口设备 MUX-2MC。它通过双绞线与 SDH 光端机设备相连，其通道主要包括光缆、数字复接接口设备、双绞线等。复用光纤通道原理如图 2-23 所示。

图 2-22　专用光纤通道原理图

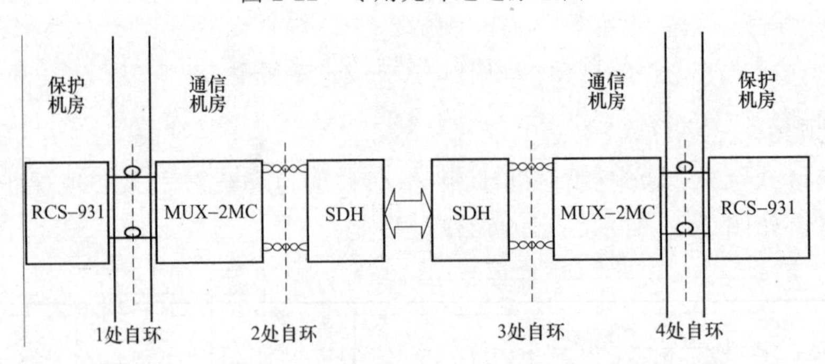

图 2-23　复用光纤通道原理图

（2）光纤保护简介。光纤保护就是利用光纤将线路两侧的电气量联系起来的纵联保护，对已投入运行的光纤保护，按原理划分主要有光纤电流差动保护和光纤闭锁式、允许式纵联保护两种。

1）光纤电流差动保护。光纤电流差动保护基本保护原理基于克希霍夫基本电流定律，它能够理想地使保护实现单元化，原理简单，不受运行方式变化的影响，而且由于两侧的保护装置没有电联系，提高了运行的可靠性。光纤电流差动保护在继承了电流差动保护的这些优点的同时，以其可靠稳定的光纤传输通道保证了传送电流的幅值和相位正确可靠地传送到对侧。时间同步和误码校验问题是光纤电流差动保护面临的主要技术问题。在复用通道的光纤保护上，保护与复用装置时间同步的问题对光纤电流差动保护的正确运行起到关键的作用，因此目前光纤差动电流保护都采用主从方式，以保证时钟的同步。

光纤电流差动保护装置发“TA 断线”信号时，当装置定值设为“TA 断线后闭锁差动保护”时，此时光纤电流差动保护已闭锁，需立即通知检修人员处理；当装置定值设为“TA 断线后不闭锁差动保护”时，断线相按照“TA 断线后分相差动定值”进行判别，非断线相按照“分相差动定值”进行判别，此时需通知检修人员处理，必要时检查为 TA 一次或二次问题时需对设备进行停电处理。

2）光纤闭锁式、允许式纵联保护。光纤闭锁式、允许式纵联保护是在目前高频闭锁式、允许式纵联保护的基础上演化而来的，以稳定可靠的光纤通道代替高频通道从而提高保护动作的可靠性。光纤闭锁保护的鉴频信号能很好地对光纤保护通道起到监视作用，这比目前高频闭锁保护需要值班人员定时交换信号以鉴定通道正常可靠与否灵敏了许多，提高了闭锁式保护的动作可靠性。此外由于光纤闭锁式、允许式纵联保护在原理上与目前大量运行的高频保护类似，在完成光纤通道的敷设后只需更换光收发讯机即可接入目前使用的高频保护上，因此具有改造方便的特点。与光纤电流纵差保护比较，光纤闭锁式、允许式纵联保护不受负荷电流的影响，不受线路分布电容电流的影响，不受两端 TA 特性是否一致的影响。

三、断路器保护

把失灵保护、自动重合闸、三相不一致保护、死区保护、充电保护这些与断路器相关的保护集成在一套装置中，称为断路器保护。为什么要把这些在其他接线方式中分散在线路、主变压器和母线保护的功能集成在断路器保护中呢？因为在双、单母线接线方式中失灵保护和自动重合闸的跳闸对象、动作行为与母线、线路保护一致，而由于 3/2 接线方式的特殊性，要按照边断路器和中断路器来区别对待跳闸对象、动作行为。

（一）3/2 接线方式的断路器失灵保护

由于 3/2 接线方式的特殊性，其断路器失灵保护也要分为边断路器失灵和中断路器失灵两种情况考虑。图 2-24 为 3/2 接线失灵保护动作示意图。

1. 边断路器失灵

当 L1 线路发生故障时，其线路保护将断开 QF1、QF2 两台断路器，若此时 QF1 断路器失灵，则 QF1 断路器失灵保护应将 I 母线上所有断路器（如图中 QF4）和与之连接的中断路器（QF2）断开，并发远方跳闸命令给对侧线路保护，跳开与之连接的断路器（QF7、QF8），这样才能完全隔离故障。

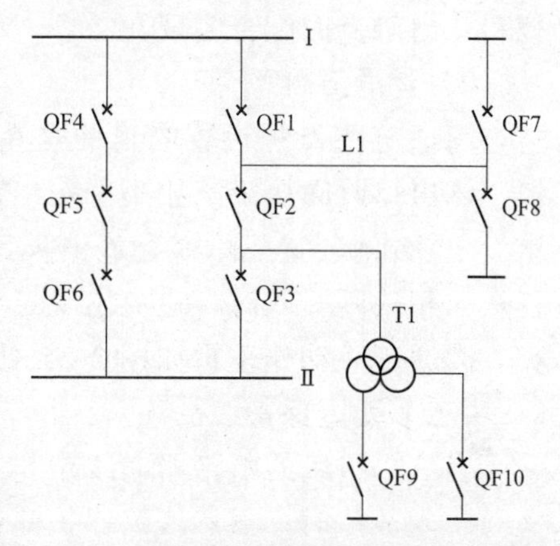

图 2-24　3/2 接线失灵保护动作示意图

当 T1 变压器发生故障时，其变压器保护将断开 QF2、QF3 两台断路器，若此时 QF3 断路器失灵，则 QF3 断路器失灵保护应将 II 母线上所有断路器（如图中 QF6）和与之连接的中断路器（QF2）断开，并发失灵动作启动变压器保护联跳三侧断路器命令，并根据变压器保护自身判据出口跳开其他侧断路器（QF9、QF10），这样才能完全隔离故障。

2. 中断路器失灵

当L1线路或者T1变压器发生故障时，其线路保护将断开QF1、QF2（变压器保护断开QF2、QF3）两台断路器，若此时QF2断路器失灵，则QF2断路器失灵保护应将与之连接的两台边断路器（QF1、QF3）断开，并发远方跳闸命令给对侧L1线路保护，跳开与之连接的断路器（QF7、QF8），还应发失灵动作启动T1变压器保护联跳三侧断路器命令，并根据变压器保护自身判据出口跳开其他侧断路器（QF9、QF10），这样才能完全隔离故障。

（二）3/2接线方式的断路器自动重合闸

由于在3/2接线中主变压器和线路都同时连接于两个断路器，所以线路保护不配置重合闸，自动重合闸由断路器保护实现。重合闸可以由保护启动，也可以由断路器位置启动，重合闸方式可以选择单相重合闸、三相重合闸和综合重合闸。保护启动重合闸由线路保护提供启动重合闸和闭锁重合闸命令，分别由两台断路器保护配合实现依次重合闸。

1. 先合重合闸和后合重合闸

线路保护因瞬时故障跳开两台断路器以后，要求先将边断路器重合，确定合闸成功后再重合中断路器。一旦先重合断路器重合于故障，在加速跳开的同时还应闭锁后重合的断路器，这样可以确保不会重合在没有故障的线路上，减小多次重合于故障对系统的冲击。两台断路器保护的重合顺序由各自的“先合投入”连接片状态决定，该连接片投入时设定该断路器经短延时（定值设置的重合闸延时）先重合；未投入该连接片的断路器经长延时（定值设置的重合闸延时＋后合重合闸延时）重合。先重合的断路器保护开出一对“闭锁先合”的触点到后重合的断路器保护，该触点不返回后重合的断路器就不能启动重合闸。具体是边断路器还是中断路器先重合，可以根据继电保护主管部门的考虑方式决定，都可以根据两套断路器保护连接片和开出触点的配合实现。

2. 沟通三跳

沟通三跳保护设置的目的是在重合闸条件不具备时，在任一故障下均三跳出口，该出口时间快于三相不一致出口时间。当重合闸未充满电、重合闸方式为“三重”、重合闸装置故障或直流消失三个条件任一满足时，当线路有电流且装置收到任意一相跳闸开入时，避免出现三相不一致的情况，发沟通三跳令跳开本断路器三相。沟通三跳动作逻辑如图2-25所示。

（三）死区保护

当3/2接线的断路器在线路和电流互感器之间，且这时在断路器和电流互感器之间发生故障时，虽然线路保护能快速动作，但是仅仅断开本断路器并不能完全切除故障，此时需要有一种保护能跳开其他相关断路器，失灵保护虽然能动作，但是对于这种站内大电流故障，失灵保护的延时太长，对系统影响太大。所以就设置了更为快速的死区保护。

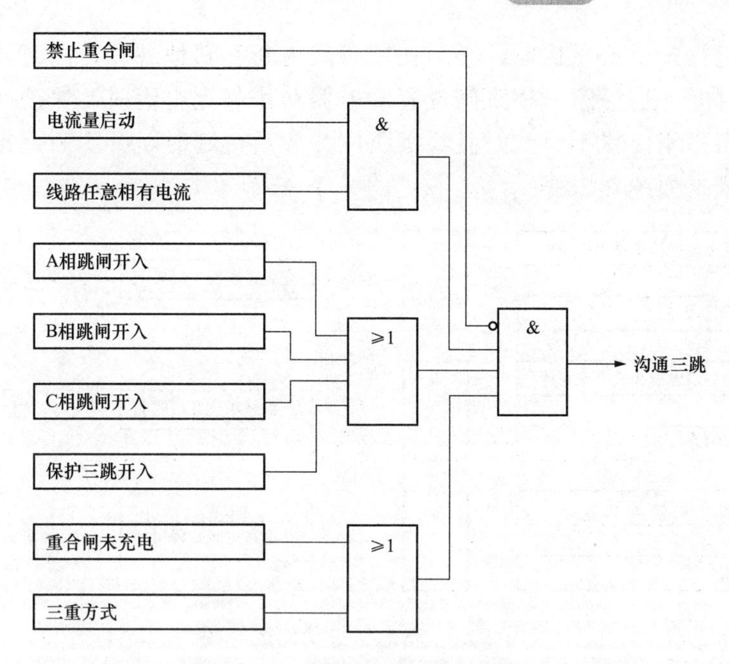

图 2-25 沟通三跳动作逻辑图

死区保护的动作逻辑如图 2-26 所示。当断路器保护收到三相同时跳闸开入、电流元件动作、对应断路器三相跳闸位置后，经过整定的延时启动死区保护，跳开相邻断路器。

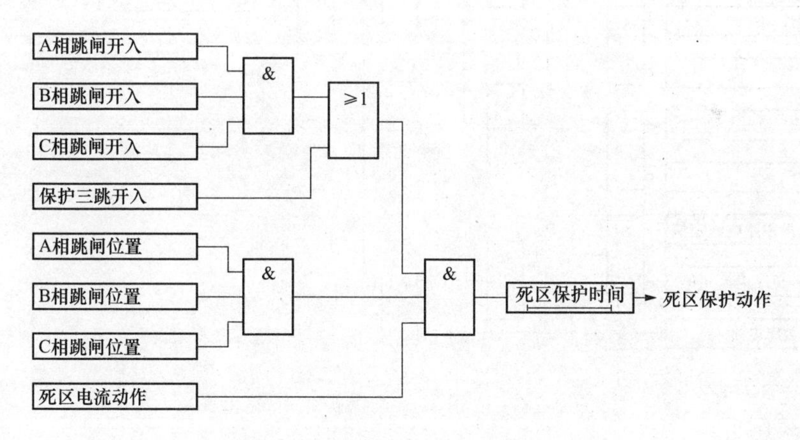

图 2-26 死区保护动作逻辑图

（四）充电保护

充电保护主要作为向设备充电时的临时快速保护，充电前投入，充电正常以后立即退出，正常运行时不能投入。该保护用电流和时间均可设置的带延时的过电流保护实现。电流取自本断路器的电流互感器。充电保护动作后，启动失灵且闭锁重合闸，充电保护动作逻辑如图 2-27 所示。

（五）三相不一致保护

断路器处于三相不一致位置时，在负荷电流作用下产生的零序和负序电流会对系统的正常运行产生严重影响，必须在短时间内断开其他各相，同时要大于单相重合闸的动作时间。当任意一相跳闸位置继电器动作且无电流时，保护就判断该相在跳闸位置，当三相位置不一致时且经零负序开放后可延时跳开本断路器。三相不一致保护动作逻辑如图 2-28 所示。

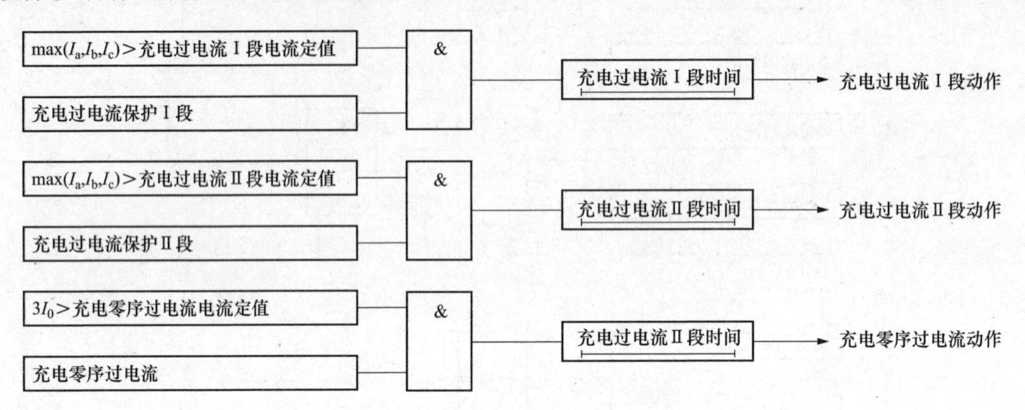

图 2-27　充电保护动作逻辑图

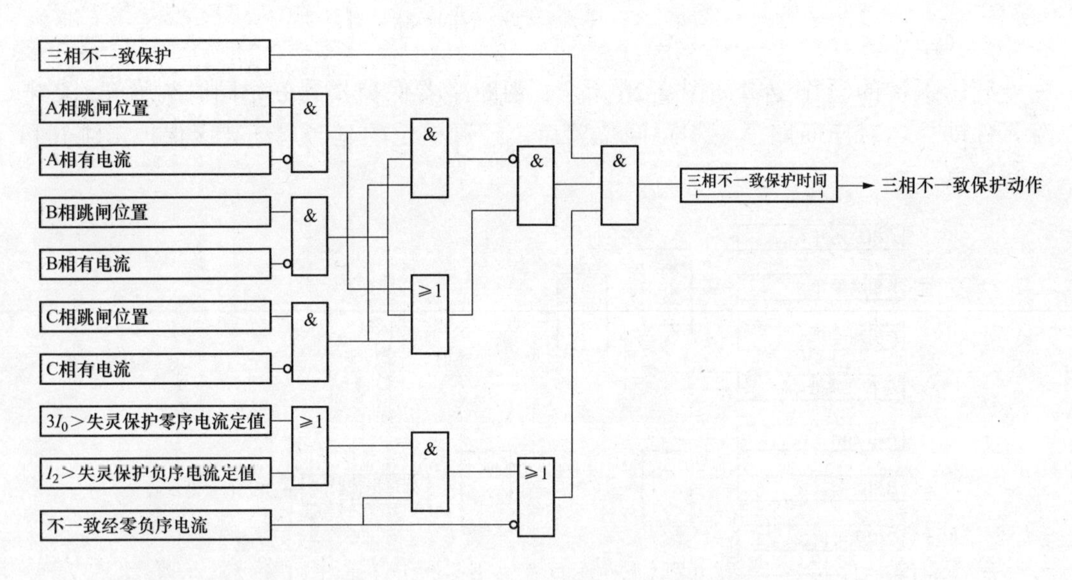

图 2-28　三相不一致保护动作逻辑图

四、母线保护

电力系统继电保护对母线保护的要求是要能迅速检测出母线上的故障并及时有选择性的切除故障。首先，母线保护如果误动将会造成大面积的停电，拒动的后果更严重，可能造成电力设备损坏及事故范围扩大。因此母线保护需要有高度的安全性和可靠性。其次，母线保护不但要能很好的区分区内故障和区外故障，还要选择具体是哪条母线故障。考虑到母线设备安全运行对系统稳定运行的重要性，母线保护还必须具备尽早发现并切除故障的能力。

（一）母线差动保护

根据基尔霍夫第一定律，把母线元件看成一个节点，当母线正常运行或者发生外部故障时，母线各连接元件的电流相量和等于零。当母线上发生故障时，流进和流出的电流不再相等，即出现差流。当差流大于一定值时保护动作。

母线差动保护由母线大差和各段母线小差组成。大差是由除母联以外的其余支路电流构成的大差动元件，作用是区分母线内、外短路，作为故障的选择元件；小差是由该母线相连的各支路电流构成的差动元件，可以区分该条母线内故障。也就是“大差判母线故障，小差选故障母线”。

母线差动保护由三个分相差动元件构成。为提高保护的动作可靠性，在保护中还设有启动元件、复合电压闭锁元件、电流互感器二次回路断线闭锁元件及电流互感器饱和检测元件等。双母线或单母线分段一相母线差动保护的逻辑框图如图 2-29 所示，当大差元件、小差元件和启动元件同时动作时，母差保护才会动作；此时若复合电压元件也动作，则出口继电器才能去跳故障母线上的各个支路。若电流互感器饱和鉴定元件判定出差流越限是由于电流互感器饱和造成的，将立即闭锁母差保护。

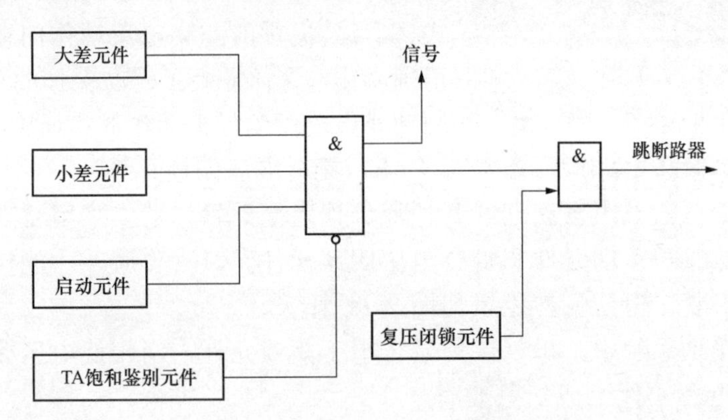

图 2-29 母线差动保护元件构成示意图

1. 启动元件

为提高母差保护动作的可靠性，只有在专用的启动元件启动之后，母差保护才能动作。通常使用的启动元件有电压工频量变化元件、电流工频量变化元件和差流越限元件。

（1）电压工频变化量元件

$$\Delta U \geqslant \Delta U_{T}+0.5U_{N}$$

（2）电流工频变化量元件

$$\Delta I \geqslant KI_{N}$$

（3）差流越限元件

$$\left|\sum_{j=1}^{n}\dot{I}_{j}\right| \geqslant I'_{0op}$$

2. 差动元件

常见的差动元件有常规比率差动元件、工频变化量比率差动元件和复式比率差动元件。这些差动元件差动电流的计算都相同，制动电流的计算有差异，因此在区内故障和区外故障时的制动能力和动作灵敏度均有差异。以常规比率差动元件为例，有

$$|i_1+i_2+\cdots+i_n|\geqslant I_0 \tag{2-1}$$

$$|i_1+i_2+\cdots+i_n|\geqslant K\cdot(|i_1|+|i_2|+\cdots+|i_n|) \tag{2-2}$$

式中：i_1、i_2、…、i_n为支路电流；K为制动系数；I_0为差动电流门槛值。

式（2-1）的动作条件是由不平衡差动电流决定的，而式（2-2）的动作条件是由母线所有元件的差动电流和制动电流的比率决定的。在外部故障短路电流很大时，不平衡差动电流较大，式（2-1）易于满足，但不平衡差动电流占制动电流的比率很小，因而式（2-2）不会满足，装置的动作条件由上述两判据“与门”逻辑输出，提高了差动保护的可靠性，所以当外部故障短路电流较大时，由于式（2-2）使得保护不误动，而内部故障时，式（2-2）易于满足，只要同时满足式（2-1）提供的差动电流动作门槛，保护就能正确动作，这样提高了差动保护的可靠性。比率制动式电流差动保护动作曲线如图2-30所示。

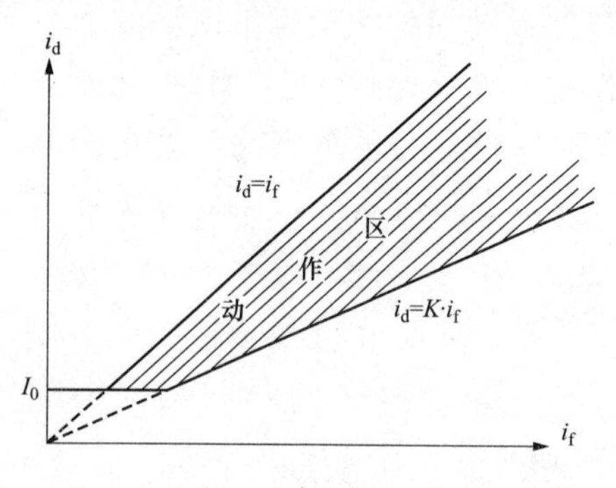

图2-30　母线差动保护比率制动示意图

3. 复合电压闭锁元件

为防止保护出口继电器误动或其他原因误跳断路器，通常采用复合电压闭锁元件。只有当母差保护差动元件和复合电压闭锁元件同时动作时，才能作用于出口去跳各个断路器。复压电压元件逻辑如图2-31所示。

在大电流接地系统中，母差保护复合电压闭锁元件，由相低电压元件、负序电压元件及零序电压元件组成。只要有一个或者一个以上的元件动作，立即开放母差保护跳闸回路。微机型母线保护复合电压闭锁采用软件闭锁方式。

$$\begin{cases}U_\phi\leqslant U_{op}\\3U_0\geqslant U_{3op}\\U_2\geqslant U_{2op}\end{cases}$$

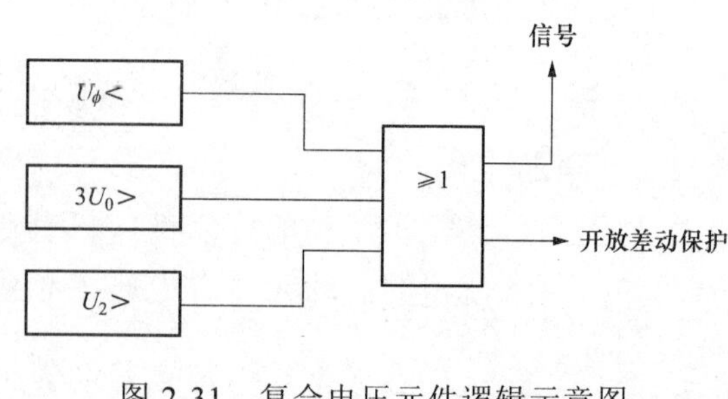

图2-31　复合电压元件逻辑示意图

（二）母联死区、失灵、充电、过电流保护

1. 母联死区保护

对于双母线或者是单母线分段的母差保护，当故障发生在母联断路器与母联电流互感器之间时非故障母线的差动元件会误动，而故障母线的差动元件会拒动，即保护存在死区。

双母线并列运行死区故障如图2-32所示。此时Ⅰ母线差动保护动作跳开与Ⅰ母

线相连的所有支路断路器包括母联断路器。Ⅰ母线差动动作后若母联跳位存在超过150ms，则软件退出母联电流。待母联电流退出后，Ⅱ母线差动电流出现不平衡，致使Ⅱ母线差动保护动作跳开与Ⅱ母线相连的所有支路断路器，至此死区故障被隔离。

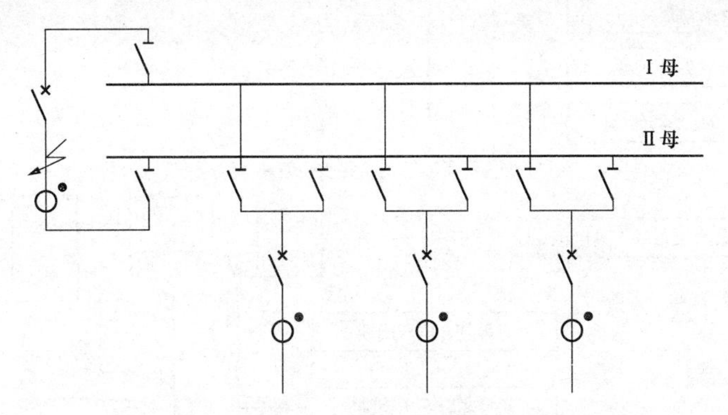

图 2-32　双母线并列运行死区故障示意图

双母线分列运行死区故障如图 2-33 所示。当母线分列运行时，母联跳位被判有效，母联电流不计入Ⅰ母线和Ⅱ母线小差。若发生死区故障，则Ⅰ母线差动电流平衡而Ⅱ母线差动电流不平衡导致Ⅱ母线差动保护动作跳开与Ⅱ母线相连的所有支路断路器。Ⅰ母线和Ⅱ母线分列运行的判别条件为：Ⅰ母线和Ⅱ母线都处于运行状态、母联跳位有效、母联电流互感器无流并且母联分列运行连接片投入。

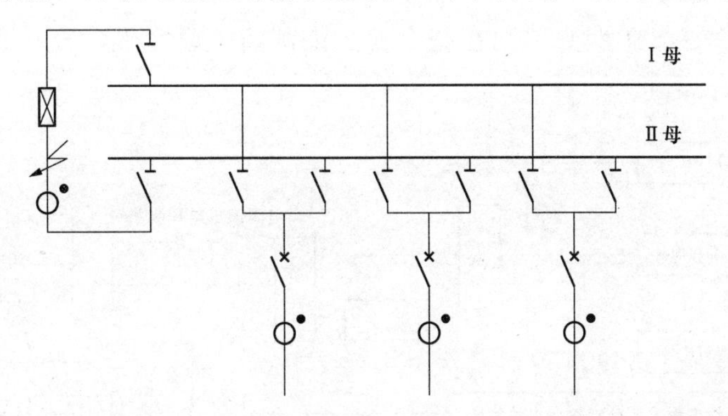

图 2-33　双母线分列运行死区故障示意图

2. 母联失灵保护

在双母线运行方式下，当装置差动保护动作后、断路器失灵保护动作后或外部启动母联失灵开入有效时均启动母联失灵保护。母联失灵保护受差动保护功能投退控制，经差动电压闭锁。母联失灵保护启动后，若在可整定的母联失灵时间延时内母联支路电流大于母联失灵电流定值，则母联失灵保护在差动电压开放的情况下跳开相连母线上的所有支路断路器。母联失灵保护逻辑如图 2-34 所示。

3. 母联充电保护

母联充电保护是临时性保护，当一段母线由未运行恢复到运行状态时，先合母联断路器对该母线充电。如果该母线有故障，在合母联断路器后保护应再次切除母联断路器，以使原母线正常运行。

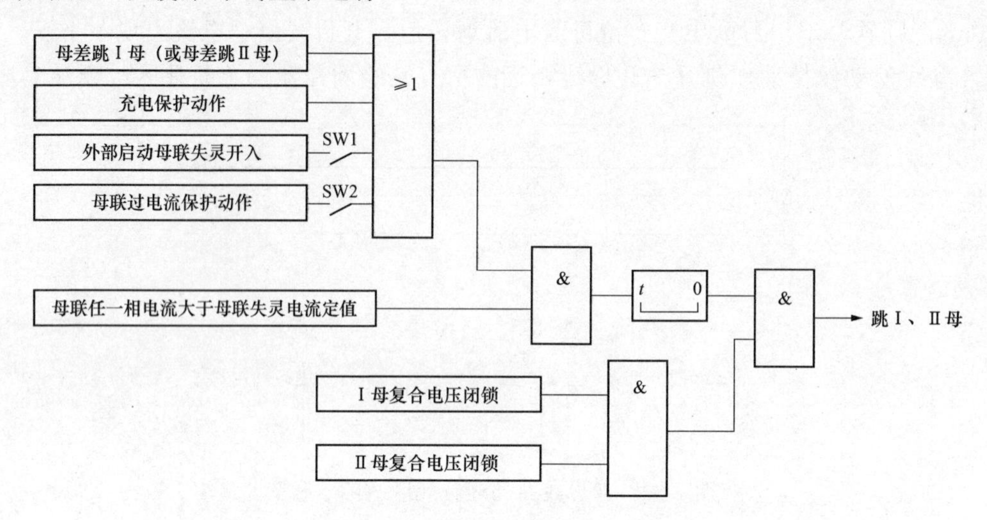

图 2-34　母联失灵保护逻辑示意图

母线充电保护原理逻辑示意如图 2-35 所示，当母联断路器的跳位（KTP）由“1”变为“0”，或虽然 KTP＝1 但母联已有电流，或两母线均变为有电压状态，这时说明母联断路器已在合位，于是开放充电保护 300ms。在充电保护开放期间，若任一相电流大，经短延时跳母联，它不经复合电压闭锁。充电保护动作是否闭锁母差可由控制字选择，如选择需要，则在整个开放期间将差动闭锁。充电保护动作的同时还启动母联失灵。

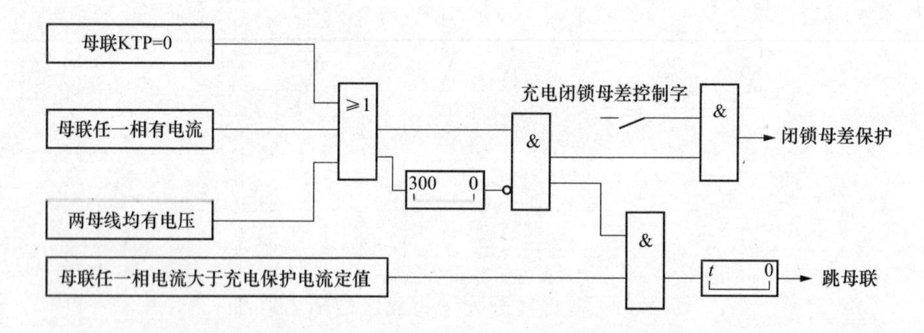

图 2-35　母线充电保护原理逻辑示意图

母联充电保护还应具有动作后闭锁母线差动保护功能，防止母线保护误动。该功能可由控制字选择投入或者退出。

（三）断路器失灵保护

当输电线路、变压器、母线或其他主设备发生故障，保护装置动作并发出了跳闸指令，但故障设备的断路器拒绝动作跳闸，称之为断路器失灵。断路器失灵的原因主要有：断路器跳闸线圈断线、断路器操动机构出现故障、空气断路器的气压降低或液压式断路器的液压降低、直流电源消失及控制回路故障等。其中发生最多的是气压或液压降低、直流电源消失及操作回路出现问题。

断路器失灵是一种近后备保护，能缩短故障切除的时间，并在一定程度上减少停电范围。目前要求在220～500kV电力网中，以及110kV电力网的个别重要系统，都应按规定设置断路器失灵保护。由于失灵保护的动作是跳失灵断路器所在的母线上的所有断路器，与母线保护跳闸对象完全一致，所以将失灵保护与母线保护做在同一套装置中。但是3/2接线方式中，边断路器失灵时除要求跳边断路器所在的母线上的所有断路器外，还要跳中断路器。而中断路器失灵时，要求跳同一串上相邻的两个边断路器。因此在3/2接线方式中失灵保护不做在母线保护装置中。

判断断路器失灵应有两个主要条件：一是有保护对该断路器发过跳闸命令，相应的保护出口继电器触点闭合，但手动跳断路器时不能启动失灵保护。二是该断路器在一段时间里一直流有电流，指在断路器中还流有任意一相的相电流，或者是流有零序电流或负序电流，此时相应的电流元件动作。上述两个条件只满足任何一个，失灵保护均不应动作。

断路器失灵保护动作后，宜尽快地再次跳开其他断路器，应闭锁有关线路的重合闸。对于双母线，保护动作后以较短的时间断开母联或分段，再经另一时间断开与失灵断路器接在同一母线上的其他断路器。

双母线接线的断路器失灵保护由失灵启动元件、延时元件、运行方式识别元件和复合电压闭锁元件四部分构成。其逻辑框图如图2-36所示。

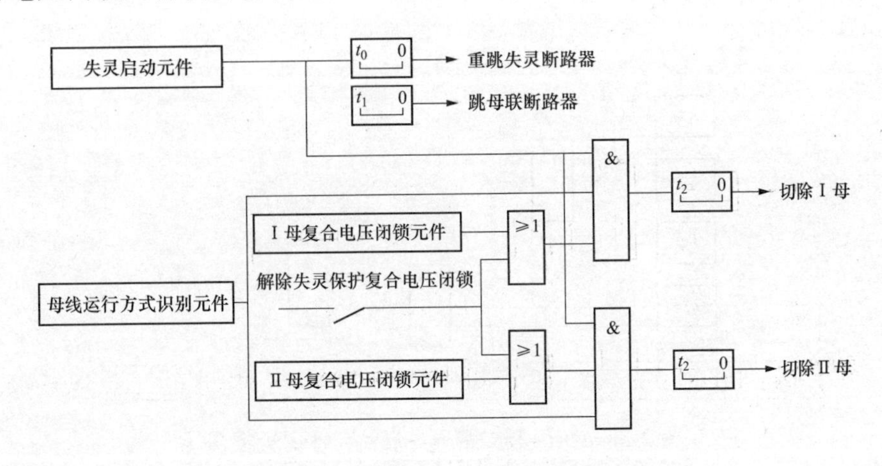

图2-36　断路器失灵保护逻辑框图

1. 失灵启动元件

在输电线路保护中，有分相跳闸触点和三相跳闸触点，而在变压器或者是发电机-变压器组保护中只有三相跳闸触点。保护出口跳闸触点不同，失灵启动及判别元件的逻辑回路有差别。

线路保护任意一相出口继电器动作或者三相出口继电器动作，若流过断路器相应相的电流仍然存在，则就判为断路器失灵，去启动失灵保护。线路支路失灵启动元件逻辑如图2-37所示。

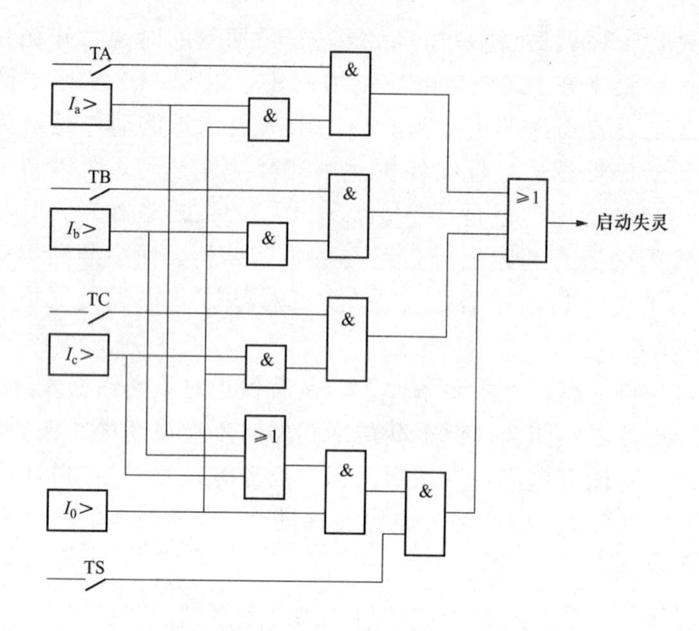

图 2-37　线路支路失灵启动元件逻辑框图

图 2-38 是变压器支路的失灵启动元件逻辑框图。继电保护出口继电器触点闭合，且流过断路器相电流或零序、负序电流存在，则启动失灵，并经延时解除失灵保护的复合电压闭锁元件。

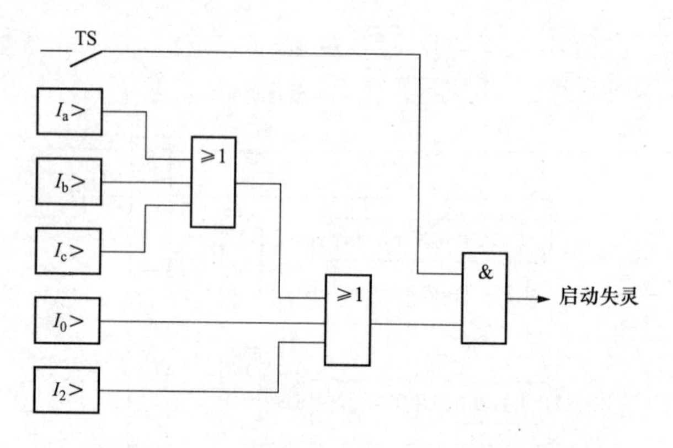

图 2-38　变压器支路失灵启动元件逻辑框图

当变压器或发电机-变压器组支路发生低压侧故障而导致高压侧断路器失灵时，可能会出现失灵保护复合电压闭锁不能开放的情形。为了保证此前提下断路器失灵保护可靠动作，变压器或发电机-变压器组支路还必须提供一个开入供断路器失灵保护解除电压闭锁用。当变压器支路断路器失灵且对应支路解除电压闭锁开入存在时，断路器失灵保护按失灵支路所在的母线段解除该段的失灵电压闭锁，使得失灵保护可靠动作，当失灵保护动作跳闸时故障在变压器内。当复合电压闭锁元件没有足够的灵敏度时，保护装置对变压器支路设置有“解除失灵保护电压闭锁”的开入端子，该端子接变压器保护装置的另一对跳闸触点，当“解除失灵保护复合电压闭锁”的开入端子有输入时解除失灵保护的复合电压闭锁。变压器支路解除失灵负压闭锁元件逻辑如同 2-39 所示。

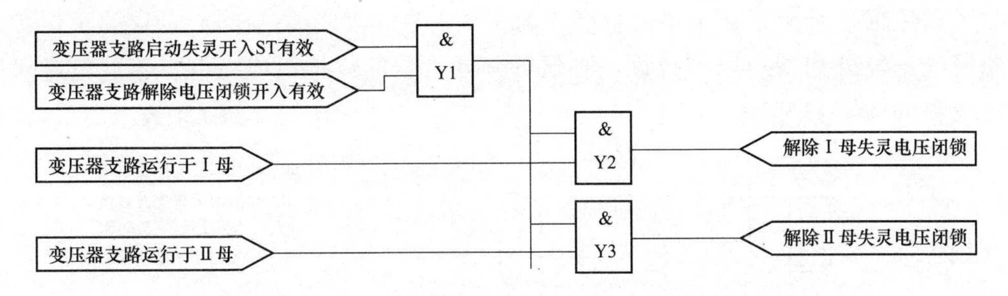

图 2-39 变压器支路解除失灵负压闭锁元件逻辑框图

2. 延时元件

断路器失灵保护的延时用以确认在这段时间里该断路器中一直有电流（相电流、零序电流、负序电流）。显然最短动作延时应大于故障设备断路器的跳闸时间（含熄弧时间）与保护继电器的返回时间之和，以确认该断路器中还流有电流确实是由于断路器失灵造成的。

3. 母线运行方式识别元件

母线运行方式识别元件用于确定失灵断路器接在哪条母线上，从而决定失灵保护去切除哪条母线。微机母线保护装置根据接入保护装置的来自于故障设备保护装置的跳闸触点的编号，查出该支路隔离开关辅助触点的位置，从而确认该支路接于哪条母线上。

4. 复合电压闭锁元件

$$\left.\begin{array}{l} U_{\phi}\leqslant U_{op} \\ 3U_0\geqslant U_{3op} \\ U_2\geqslant U_{2op} \end{array}\right\}$$

以上三个动作方程中，只要有一个满足动作条件，复合电压闭锁元件就动作开放保护，该判据与母线差动保护复合电压闭锁判据相同。

五、低压电容器保护

电容器保护主要保护范围包括电容器引线、电缆或本体上发生的相间短路、单相接地等。电容器还可能因为运行电压过高受损或失压后再次充电受损，以及部分熔断器熔断造成电压不平衡引起其他单体运行电压过高导致损坏。

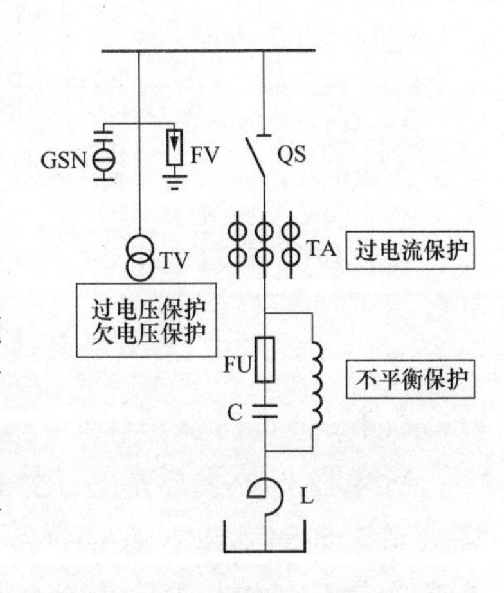

图 2-40 电容器保护配置示意图

电容器保护的配置如图 2-40 所示，主要包括过电流保护、电压保护（过压保护和欠压保护）和不平衡保护（包括不平衡电流保护和不平衡电压保护，可根据一次设备接线情况选择）。

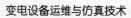

（一）过电流保护

过电流保护是为了保护电容器各个部位发生的相间短路故障而设置的主保护，由两段或三段分相判别逻辑一致，时限可分开设置的保护组成。电容器过电流保护元件逻辑如图 2-41 所示。

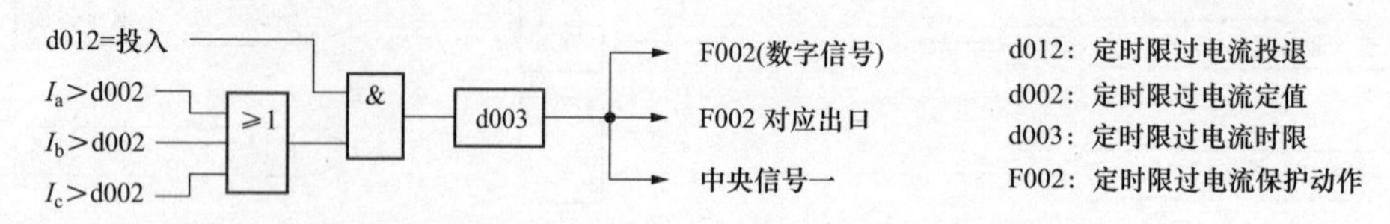

图 2-41 电容器过电流保护元件逻辑框图

（二）零序过电流保护

零序过电流保护是为了保护电容器各个部位发生的单相接地故障而设置的主保护。当所在系统采用中性点直接接地或经小电抗接地方式时，零序过电流保护可以作用于跳闸；当所在系统采用中性点不接地或经消弧线圈接地方式时，零序过电流保护作用于告警，并可与零序电压配合实现接地选线。零序过电流保护的方式实现基本与过电流保护相同，零序电流超过整定值且达到整定时间时保护动作。

（三）欠电压保护

欠电压保护主要是为了防止电容器因为其他设备保护动作，失电后在短时间内再次带电时，残余电荷对电容器本体造成冲击损坏。为了防止 TV 断线时欠电压保护误动，设置有流判据进行闭锁。欠电压保护一般的动作条件为：断路器在合闸位置线电压从有压到欠电压且三相电流均小于有流闭锁定值。电容器欠电压保护元件逻辑如图 2-42 所示。

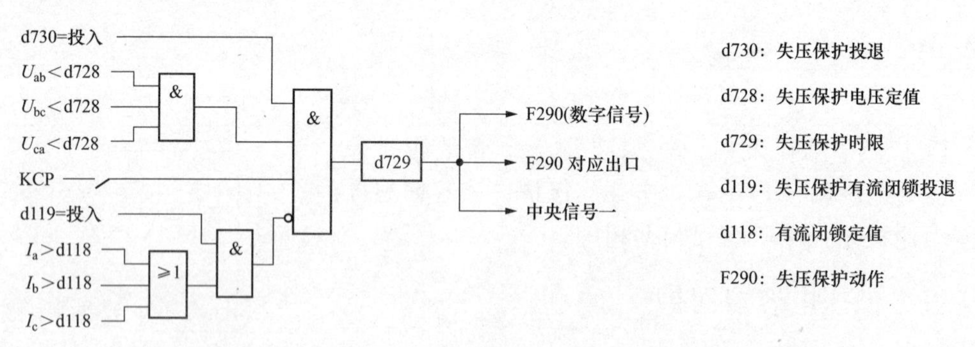

图 2-42 电容器欠电压保护元件逻辑框图

（四）过电压保护

过电压保护主要是为了防止运行电压过高而造成电容器损坏，可以根据不同的需要整定为跳闸或者信号。为了避免系统接地时造成电容器过电压保护误动，电压判据为任一线电压高于整定定值，且应断路器在合闸位置时才能动作。电容器过电压保护元件逻辑如图 2-43 所示。

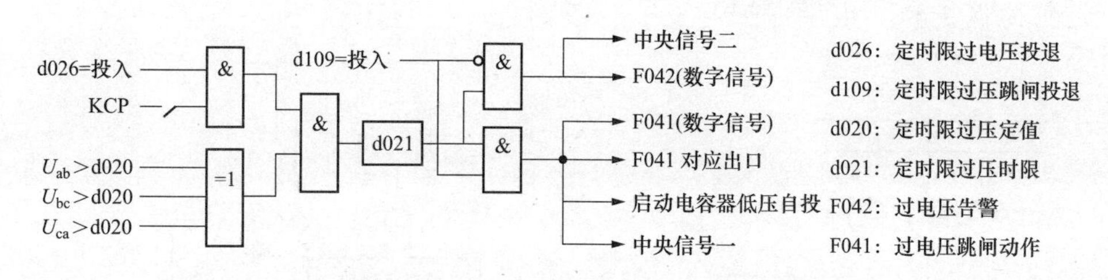

图 2-43　电容器过电压保护元件逻辑框图

（五）不平衡保护

不平衡电流、电压保护主要是用来保护电容器的内部故障，是为了防止单个或者是部分电容器故障退出运行、电容器三相参数配置不平衡等原因，造成其余电容器承受过电压而形成的损坏。

不平衡电压保护可分为开口三角接线方式和分相压差接线方式两种。图 2-44（a）所示为开口三角接线方式，将单星形接线方式电容器各相放电线圈二次电压串接成开口三角形式形成不平衡电压保护；图 2-44（b）所示为分相压差接线方式，将中性点不接地的电容器组单相电容器的两个桥臂的二次电压接成压差形式接入保护。

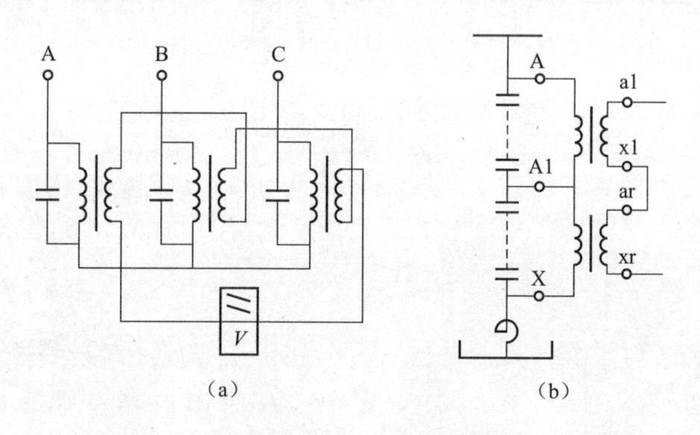

图 2-44　电容器不平衡电压保护接线示意图

（a）开口三角接线方式；（b）分相压差接线方式

不平衡电流保护是将采用双星形接线方式的电容器两个星形中性点连接线电流接入保护，如图 2-45 所示。

六、低压电抗器保护

低压电抗器故障可分为内部故障和外部故障：电抗器内部故障包括电抗器壳箱内部发生的故障、绕组的相间短路故障、单相绕组匝间短路故障、单相绕组与铁芯间的接地短路故障、电抗器绕组引线与外壳发生的单相接地故障和绕组的断线故障等。电抗器外部故障包括箱壳外部引出线间的各种单相接地、相间短路接地故障，还有电抗器不正常运行时产生的过负荷、油温过高、压力过高等故障。

低压电抗器保护配置如图 2-46 所示，主要配置包括差动保护、阶段式过电流保护、过负荷保护和非电量保护。

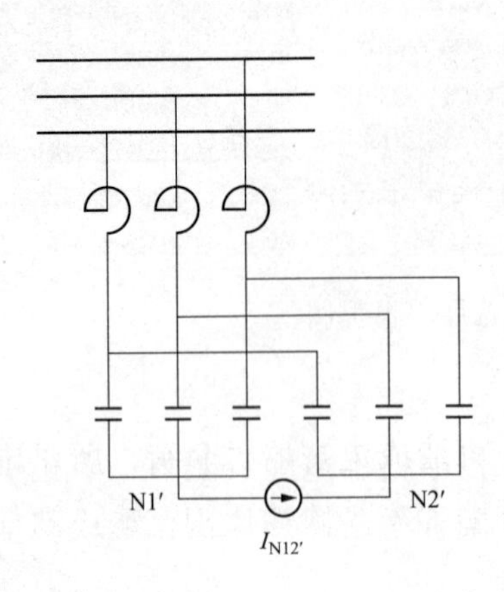

图 2-45 电容器不平衡电流保护接线示意图

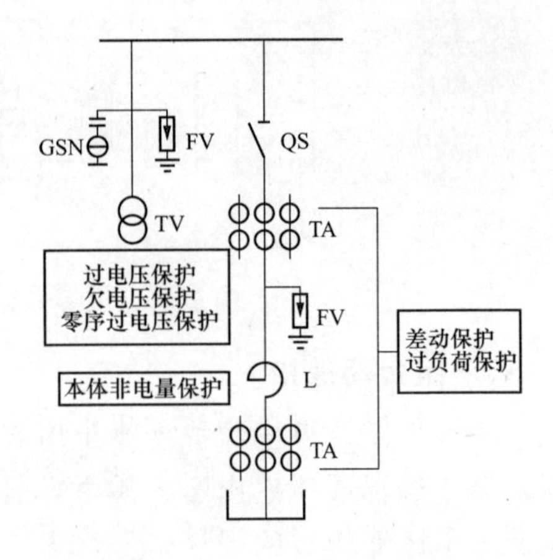

图 2-46 电抗器保护配置示意图

（一）差动保护

电抗器差动保护是电抗器相间短路和匝间短路的主保护，基本原理基于基尔霍夫电流定律，流入电抗器首端和末端的电流的矢量和等于零，则保护区域内无故障或是区外故障，如果流进流出不相等，则为区内故障。电抗器电流差动保护接线如图 2-47 所示。

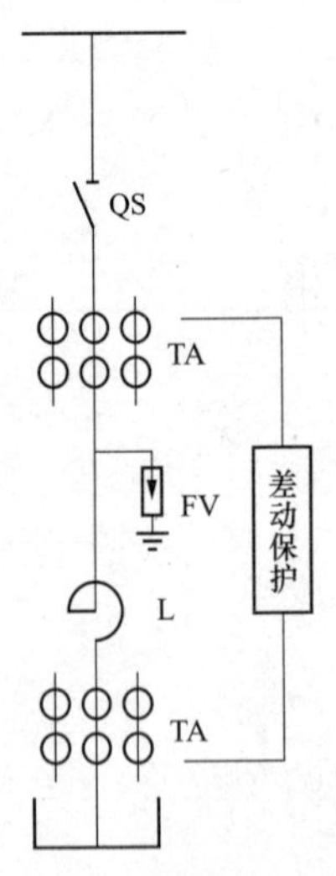

图 2-47 电抗器电流差动保护接线示意图

电抗器差动保护的原理与动作逻辑与变压器保护一致，主要包括差动速断、复式比率制动等。比率差动保护的动作方程为

$$\begin{cases} I_d \geqslant I_{set} \\ I_d \geqslant k \cdot I_r \end{cases}$$

其中 $I_d=|\dot{I}_1+\dot{I}_2|$，$I_r=|\dot{I}_d-|\dot{I}_1|-|\dot{I}_2||$。式中：$I_1$ 为电抗器首端靠母线侧电流；I_2 为末端靠中性点侧电流。

（二）过电流保护

过电流保护是为了保护电抗器各个部位发生的相间短路故障而设置的主保护，由两段或三段分相判别逻辑一致，时限可分开设置的保护组成。电抗器过电流保护元件逻辑如图 2-48 所示。

（三）接地保护

接地保护可以选择零序过电流保护和零序过电压报警。零序过电流保护在中性点直接接地或经小电抗接地方式时作用于跳闸，零序电流超过整定值且达到整定时间时保护动作。零序电压告警由装置内部三相电压相量相加自产，达到整定值时告警，TV 断线时自动退出。

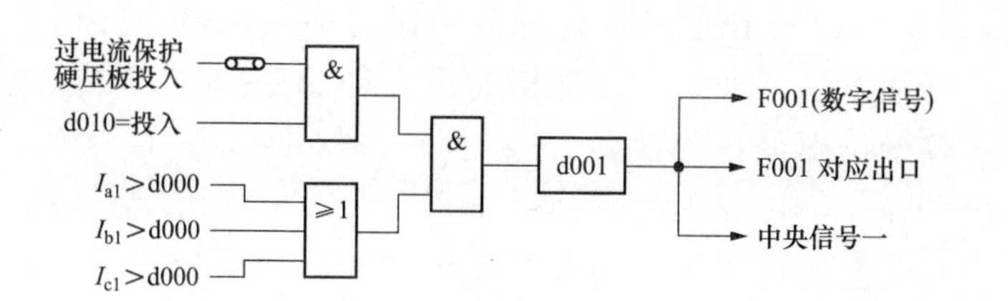

图 2-48　电抗器过电流保护元件逻辑框图

（四）过负荷保护

并联电抗器所连接系统如果电压异常升高，可造成电抗器过负荷，所以电抗器保护装设了过负荷保护。电流输入量取电抗器首端电流互感器三相电流，当任一相电流大于动作电流整定值时，动作于告警。

（五）非电量保护

电抗器内部如发生轻微故障，如少量匝间短路或尾端附近相间或者接地短路，差动保护和过电流保护可能无法灵敏动作，而气体继电器可以灵敏的反映这一变化。电抗器保护一般配置 3～6 路非电量保护开入，延时和跳闸、告警均可自由整定。

七、站用变压器保护

低压站用变压器故障可分为内部故障和外部故障。内部故障包括变压器壳箱内部发生的故障、绕组的相间短路故障、单相绕组匝间短路故障、单相绕组与铁芯间的接地短路故障、变压器绕组引线与外壳发生的单相接地故障和绕组的断线故障等。变压器外部故障包括箱壳外部引出线间的各种单相接地、相间短路接地故障，还有变压器不正常运行时产生的过负荷、油箱漏油造成油位降低、油温过高、油箱压力过高等故障。

站用变压器保护配置如图 2-49 所示，包括差动保护、复合电压闭锁过电流保护、过负荷保护和非电量保护等。

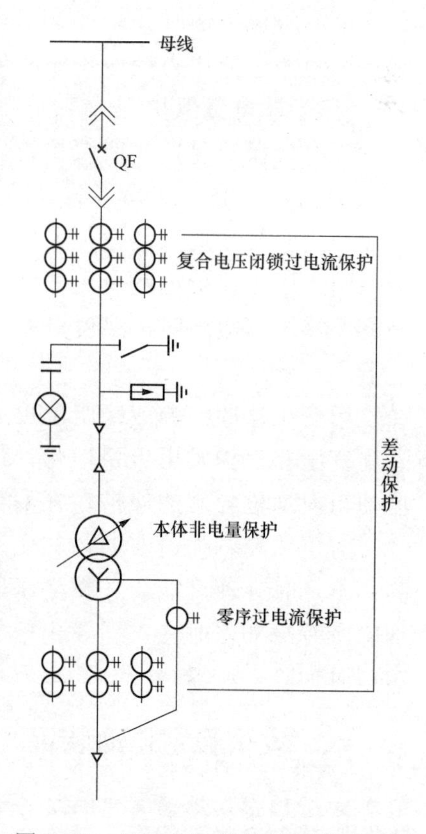

图 2-49　站用变压器保护配置示意图

（一）主保护

由差动保护和本体保护组成站用变压器保护的主保护。差动保护包含差动速断保护、比率制动的差动保护，利用二次谐波制动原理及间断角原理来躲过变压器冲击受电时的励磁涌流。当变压器内部故障时，若不计负荷电流，只有流进变压器的电流没有流出，差动电流增大到满足动作条件时差动保护动作切除变压器。由于变压器的各侧的接线方式、TA 变比存在差异，在计算差流之前还应该进行相位和幅值的平衡计算。本体保护包括本体瓦斯、调压瓦斯和压力释放保护等，可以选择瞬时跳闸，能比较直观地反映变压器的内部故障。

（二）后备保护

站用变压器保护一般按各侧配置两段或三段复合电压闭锁过电流保护、零序过电流保护、零序过压保护和过负荷保护。

复合电压闭锁过电流保护是为了反映变压器外部相间故障引起的过电流，以及作为主保护的后备装设的。复合电压元件是由正序低电压、零序过电压和负序过电压元件按照“或”的逻辑构成的，满足任意一个条件，复合电压元件动作开放过电流保护。

对于中性点直接接地的变压器，装设零序过电流保护作为接地短路故障的后备保护。对于全绝缘变压器，还应配置零序过电压保护，当电网单相失去中性点时，零序过电压保护延时 0.3～0.5s 动作断开变压器各侧。而对于分级绝缘的变压器，还应装设间隙保护作为接地短路故障的后备保护。

（三）非电量保护

非电量保护包括瓦斯保护、压力保护、温度及油位保护和冷控失电保护。

GB/T 14285—2006《继电保护和安全自动装置技术规程》中规定，0.8MVA 以上油浸式变压器均应装设瓦斯保护，轻瓦斯或油面下降时作用于信号，重瓦斯作用于跳闸。压力保护也是变压器油箱内部故障的主保护，反映的是变压器油的压力。当变压器内部故障时，温度升高，油膨胀压力增高，压力释放阀触点闭合可切除变压器。

当变压器的油温或绕组温度升高到预先设定的数值时，温度计过温触点接通至站用变压器保护发出告警信号，还可投入启动变压器冷却器。油温保护是反映变压器油箱内油位异常的保护，在漏油或其他原因造成油温异常时告警。

对于风冷、强迫油循环的变压器，在运行中冷控失电会造成变压器温度迅速升高，不及时处理可能会导致变压器绕组绝缘受损并引发故障。所以当冷却系统故障切除所有冷却器时应立即发出信号，之后在一定时间内油温升高到一定程度后应经短延时切除变压器。

八、安全稳定自动装置

安全稳定自动装置可分安全稳定控制装置、备用电源自动投入装置、低频低压减载装置。

（一）安全稳定控制装置原理

1. 概述

安全稳定控制装置是保证电网安全稳定运行的重要防线。它是当系统出现紧急状态后，通过执行各种紧急控制措施，使系统恢复到正常运行状态下的控制系统。安全稳定控制装置主要用于区域电网及大区互联电网的安全稳定控制，尤其适合广域的多个厂站的暂态稳定控制系统，也可用于单个厂站的安全稳定控制。

2. 电力系统稳定控制的过程

电力系统稳定控制的过程如图 2-50 所示。按电网运行状态，稳定控制分为预防性控制、紧急控制、失步控制、解列后控制及恢复性控制。

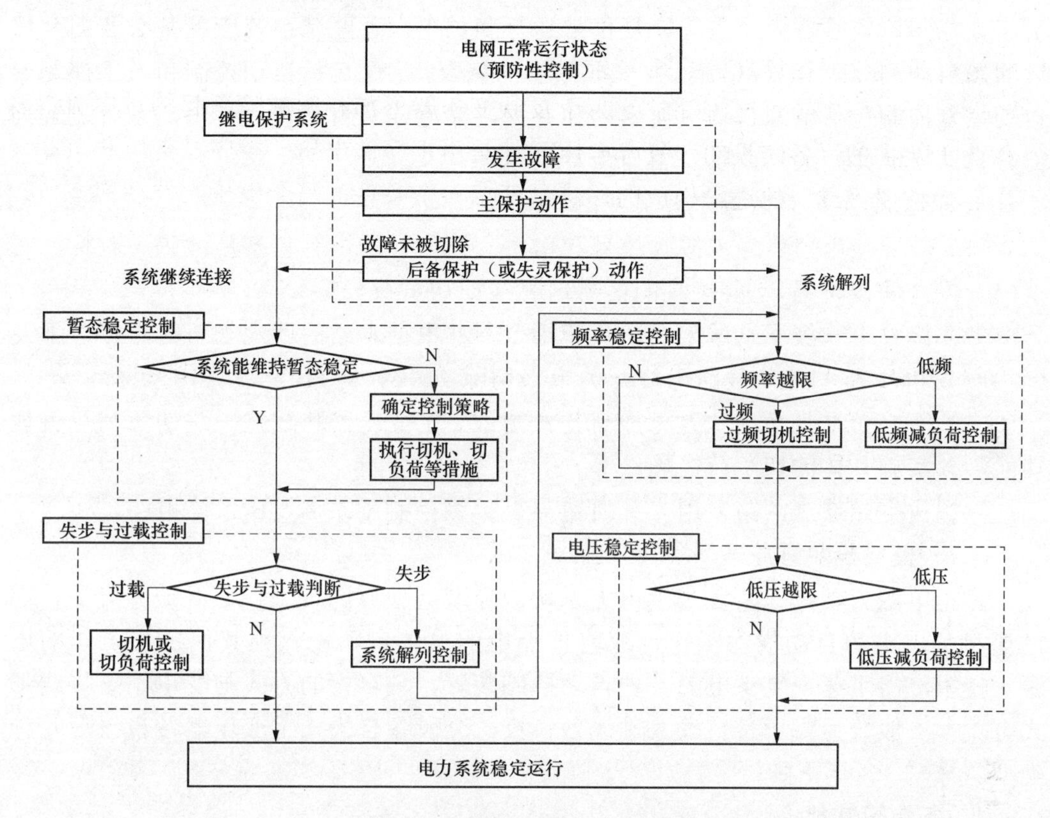

图 2-50 电力系统稳定控制过程图

（1）正常状态下的安全稳定控制－预防性控制。系统预防性控制包括发电机功率控制、发电机励磁控制、并联和串联电容补偿控制、高压直流输电功率调制、限制负荷等。可通过联络线功率监视、功角监视，由调度员或自动装置实施控制。

（2）紧急状态下的安全稳定控制。为保证电力系统承受第Ⅱ类大扰动时的安全稳定要求，应采取紧急控制措施，防止系统稳定破坏和参数严重越限，实现电网的第二道防线。常用的紧急控制措施有切除发电机（简称切机）、集中切负荷（简称切负荷）、互联系统解列（联络线）、HVDC 功率紧急调制、串联补偿等。解决功角稳定控制的装置其动作速度要求很快（50ms 内），解决设备热稳定的过负荷控制装置的动作速度要求较慢（数秒至数十秒）。

（3）失步状态下的安全稳定控制。为保证电力系统承受第Ⅲ类大扰动时的安全要求，应配备防止事故扩大避免系统崩溃的紧急控制，如系统失步解列（或有条件时实现再同步）、频率和电压紧急控制等，同时应避免线路和机组保护在系统振荡时误动作，防止线路及机组的连锁跳闸，以实现保证电力系统安全稳定的第三道防

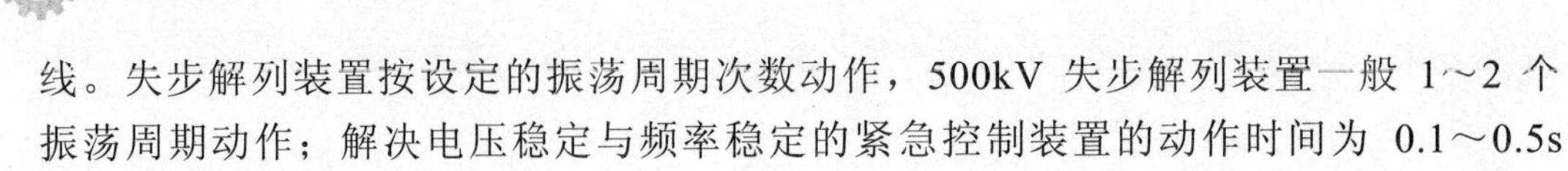

线。失步解列装置按设定的振荡周期次数动作，500kV 失步解列装置一般 1~2 个振荡周期动作；解决电压稳定与频率稳定的紧急控制装置的动作时间为 0.1～0.5s（一般整定延时为 0.2s）。

（4）系统停电后的恢复控制。电力系统由于严重扰动引起部分停电或事故扩大引起大范围停电时，为使系统恢复正常运行和供电，各区域系统应配备必要的全停后的黑启动（black start）措施，并采取必要的恢复控制（包括自动控制和人工控制）。自动恢复控制包括电源自动快速启动和并列，输电线路自动重新带电，系统被解列部分自动恢复并列运行，以及用户恢复供电等。

3. 安全稳定控制装置主要实现的功能

（1）装置使用帧信号来接收信号和信息。帧信号的内容包括地址码、时标、冗余码（或奇偶校对码）、要接收的信息内容（如切负荷数等）。

（2）接收上一级子站送来的切负荷指令，并根据本站的就地切负荷策略，下发到相应 220kV 及 110kV 线路出线开关上来切除 220kV 及 110kV 线路的负荷。

（3）各 500kV 切负荷执行站应有检测母线、主变压器和线路三跳切负荷等就地功能，并实施具体的切负荷措施。

（4）执行站通过两路复用光纤通道与上一级控制子站 A、B 系统相连。

（二）备自投装置原理

备用电源自动投入装置是当电力系统故障或其他原因使工作电源被断开后，能迅速将备用电源自动投入工作，或将被停电的设备自动投入到其他正常工作的电源，使用户能迅速恢复供电的一种自动控制装置。备自投的方式与变电站主接线形式有关，一般分为为桥备自投、进线备自投、分段备自投、主变压器备自投等几种类型。

1. 备自投功能

备自投装置在系统发生故障需要将备用电源投入时应正确动作，且只允许动作一次。为了满足这个要求，备自投装置设计了类似于线路自动重合闸的充电过程，只有在充电完成后才允许自投。同时，备自投装置还设计了放电过程，以闭锁备自投装置，防止其误动作。

2. 桥备自投原理

中小容量的发电厂和变电站高压侧一般采用内桥接线，一次接线如图 2-51 所示。

正常方式为两条线路和两台变压器同时运行，桥断路器在断开状态。当线路发生故障或其他原因使得线路断路器 QF1（QF2）断开时，内桥断路器 QF3 由备自投投入，将另一台主变压器负荷带出。

（1）备自投投入条件（充电）。Ⅰ母、Ⅱ母均三相有电压；QF1、QF2 在合位，QF3 在分位。备自投充电逻辑如图 2-52 所示。

（2）备自投闭锁条件（放电）。QF3 在合位经短延时，Ⅰ母、Ⅱ母不满足有压条件，延时 T；本装置没有跳闸出口时，手跳 QF1 或 QF2；有开入的外部闭锁信号；

QF1、QF2、QF3 的 KTP 异常；QF1 或 QF2 开关拒跳等。备自投装置闭锁逻辑如图 2-53 所示。

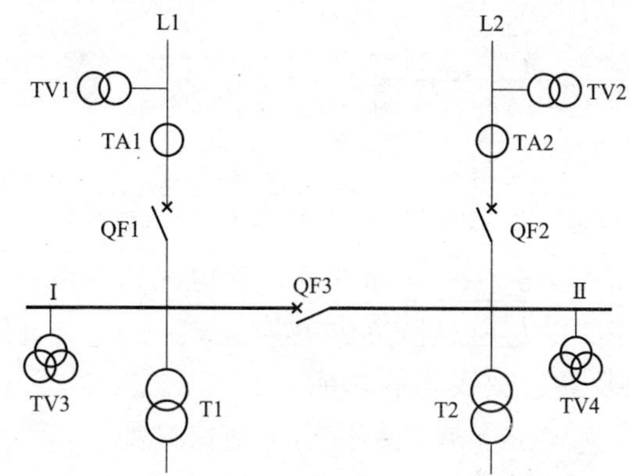

图 2-51　内桥接线一次图

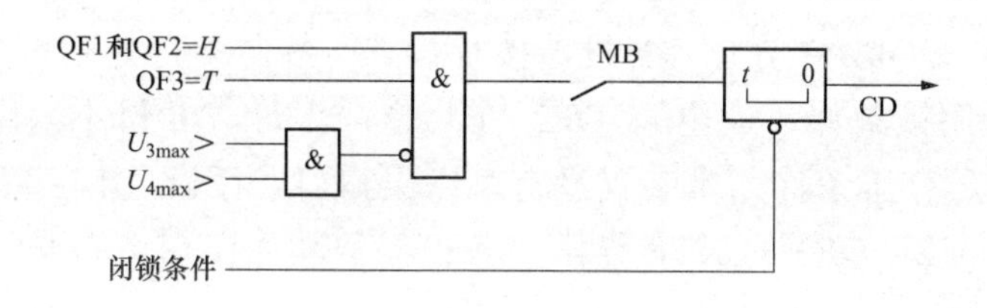

图 2-52　备自投充电逻辑框图

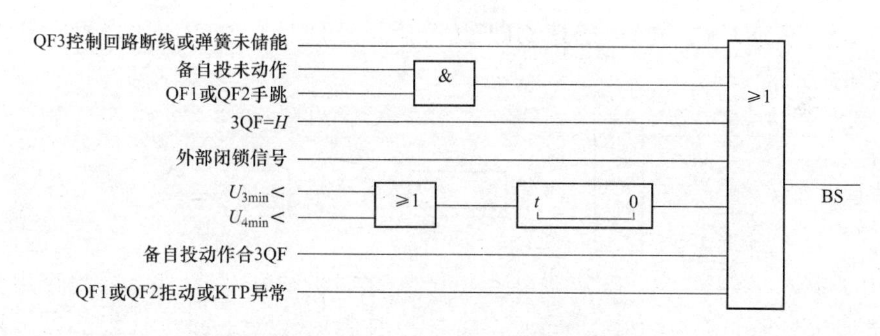

图 2-53　备自投闭锁逻辑框图

（3）备自投动作逻辑：

1）Ⅰ母无压、1 号进线无流，Ⅱ母有压，则启动，经延时跳 QF1，确认 QF1 跳开后，经延时合 QF3。

2）Ⅱ母无压、2 号进线无流，Ⅰ母有压，则启动，经延时跳 QF2，确认 QF2 跳开后，经延时合 QF3。

备自投动作逻辑如图 2-54 所示。

3. 进线备自投原理

变电站一次接线如图 2-51 所示。变电站有两条进线，正常方式 1 号进线运行，2 号进线备用。当 1 号进线电源故障或其他原因被断开后，2 号进线备用电源备自投投入，将变电站负荷带出。

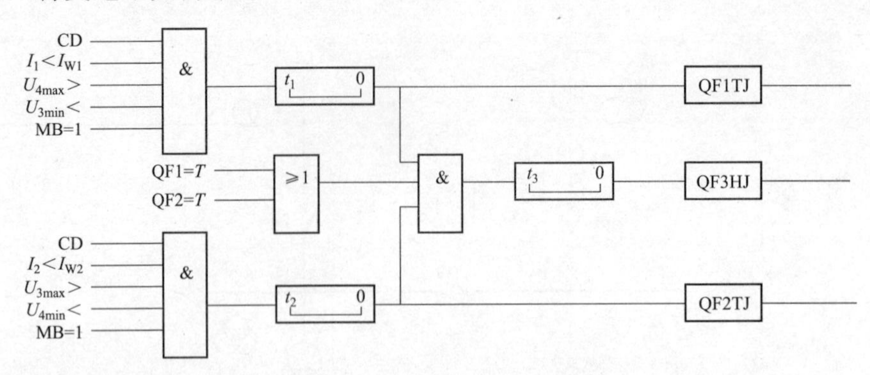

图 2-54　备自投动作逻辑框图

下面以正常方式 1 号进线运行、2 号进线备用为例说明进线备自投动作逻辑。

（1）备自投投入条件（充电）。Ⅰ母、Ⅱ母均三相有电压；线路 L1、L2 均有压；QF1、QF3 在合位，QF2 在分位；备投连接片投入。备自投充电逻辑如图 2-55 所示。

（2）备自投闭锁条件（放电）。QF2 在合位；Ⅰ母、Ⅱ母不满足有压条件，线路 L1、L2 不满足有压条件；本装置没有跳闸出口时，手跳 QF1；有开入的外部闭锁信号；QF1、QF2、QF3 的 KTP 异常；备投保护动作出口。备自投装置闭锁逻辑如图 2-54 所示。

（3）备自投动作逻辑。Ⅰ母、Ⅱ母均三相无压、1 号进线无流；2 号进线有压，备自投启动，经延时跳 QF1，确认 QF1 跳开后，经延时合 QF2。备自投动作逻辑框图如图 2-55 所示。

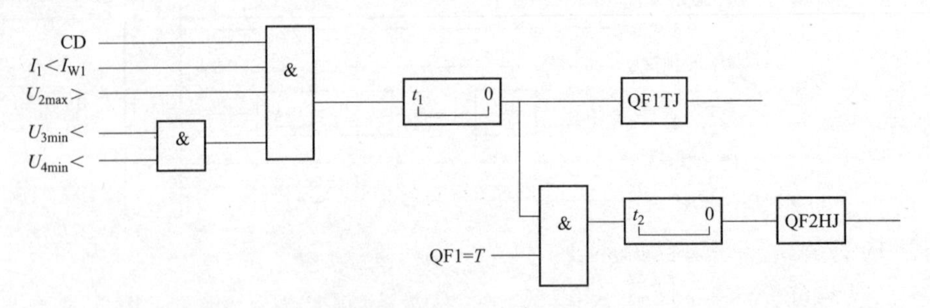

图 2-55　进线备自投装置动作逻辑框图

4. 分段备自投原理

分段备自投的动作原理与桥备自投基本相同，请参考桥备自投。

5. 主变压器备自投原理

主变压器备自投有两种方式，一种为冷备用方式，另一种为热备用方式。一次接线方式如图 2-56 所示。

以图中 1 号主变压器运行，2 号主变压器热备用为例来说明备自投装置的动作逻辑：

动作逻辑 1：QF1 在跳闸位置，QF3 在跳闸位置作为闭锁条件；1 号主变压器

低压侧电流小于 I_{dz1}，母线失压作为启动条件，以 t_1 延时跳开 QF3。

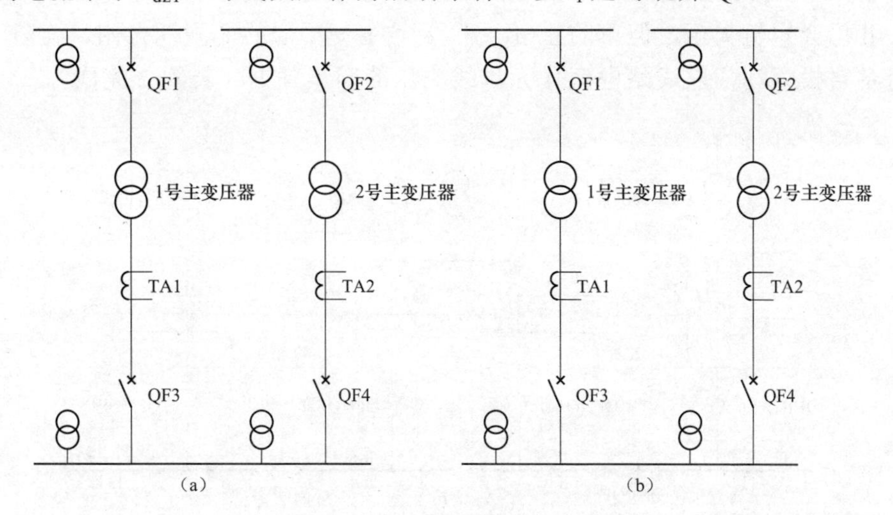

图 2-56　主变压器备投一次接线图

（a）热备用方式；（b）冷备用方式

动作逻辑 2：2 号主变压器高压侧电压小于电压定值 U_{dz2} 作为闭锁条件；QF3 在跳闸位置，母线失压作为启动条件，以 t_3 延时合 QF4。

主变压器备自投的动作逻辑如图 2-57 所示。

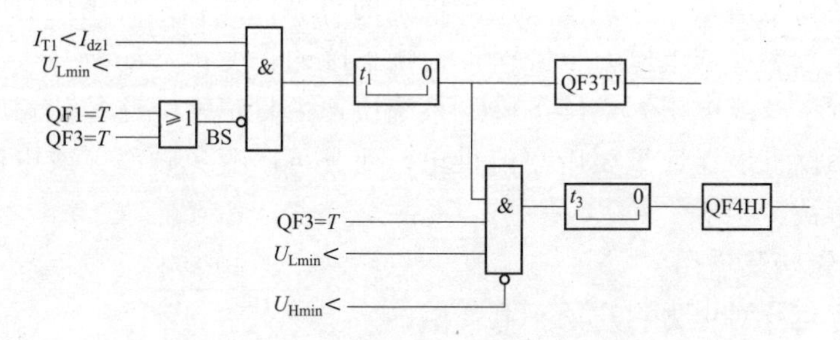

图 2-57　主变压器备自投动作逻辑框图

6. 均衡负荷母联备自投原理

该类型备自投的应用的一次接线形式如图 2-58 所示。由两套备自投装置配合完成所需功能，每套装置的接线如图 2-58 中不同的标示所示。

该类型备投逻辑较复杂，可以分解成以下部分：

（1）Ⅰ母备Ⅱ母：Ⅱ母线失电，Ⅰ母有压，跳 QF2，合 QF3（装置 1 完成）。

（2）Ⅱ母备Ⅰ母：Ⅰ母线失电，Ⅱ母有压，跳 QF1，确认 QF1 跳开后合 QF3；确认 QF1 跳开及 QF3 合上后，跳 QF4，合 QF6 均衡 2 号、3 号主变压器负荷。这样处理，Ⅲ母会短暂失压，但可防止 2 号、3 号主变压器的非同期合闸。为防止 TV 断线时备自投误动，取线路电流作为母线失压的闭锁判据（装置 1 完成）。

（3）Ⅳ母备Ⅲ母：Ⅲ母线失电，Ⅳ母有压，跳 QF4，合 QF6（装置 2 完成）。

（4）Ⅲ母备Ⅳ母：Ⅳ母失压，Ⅳ母有压，跳 QF5，确认 QF5 跳开后合 QF6；确认 QF5 跳开及 QF6 合上后，跳 QF2，合 QF3 均衡 1 号、2 号主变压器负荷。这样处理，Ⅱ母会短暂失压，但可防止 1 号、2 号主变压器的非同期合闸。为防止 TV 断线时备自投误动，取线路电流作为母线失压的闭锁判据（装置 2 完成）。

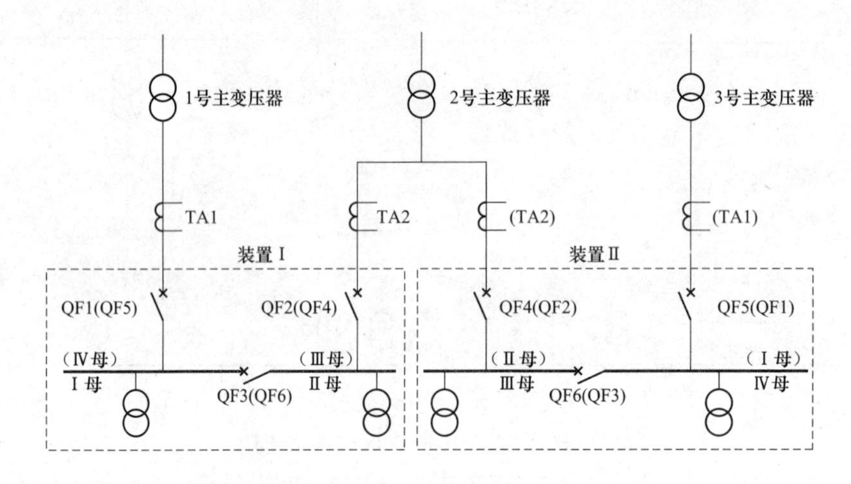

图 2-58 均衡负荷母联备投一次图

（三）低频低压减载装置

1. 概述

为了提高供电质量，保护重要用户供电的可靠性，当系统出现有功（或无功）功率缺额引起频率（或电压）下降时，根据下降的程度，自动断开一部分不重要的用户，阻止频率（或电压）继续下降，系统快速恢复正常，这种装置叫低压低频减载装置。它不仅可以保证重要用户的供电，而且可以避免频率（或电压）下降引起的系统瓦解事故。

2. 造成影响及作用

（1）低频运行对电力用户的不利影响：

1）电力系统频率变化会引起异步电动机转速变化。

2）电力系统频率波动会影响某些测量和控制用的电子设备的准确性和性能。

3）电力系统频率降低将使电动机的转速和输出功率降低。

（2）低压运行对电力系统的影响：

1）厂用电机械转矩下降及转速下降，影响电厂的正常发电。

2）增大电网功率损耗和能量损耗，在无功功率严重不足的系统可能引起“电压崩溃”现象。

（3）低压运行对电力用户的不利影响：

1）（起重机、碎石机、磨煤机等）异步电动机转矩下降，影响拖动能力。

2）异步电动机转速下降，影响产品质量。

3）电炉功率下降，增加冶炼的时间和产量。

4）照明设备的发光率和亮度下降。

3. 基本原理

测量装置安装处母线的电压和频率，当电压或频率下降时，装置自动根据降低值切除部分电力用户负荷，使系统的电源与负荷重新平衡。

标志接入量，两段母线相电压：U_{1a}、U_{1b}、U_{1c}、U_{2a}、U_{2b}、U_{2c}。

4. 基本配置

8 轮低频功能：低频 1～5 轮为基本轮，低频 6～8 轮为特殊轮。

8 轮低压功能：低压 1～5 轮为基本轮，低压 6～8 轮为特殊轮。

5. 异常切换

如果两段母线都正常，则两段母线必须同时发生低频低压，装置才判定系统发生低频低压。如果某段母线因为异常闭锁了低频低压功能，则装置将针对剩下的母线进行低频低压的判断。

6. 短路故障与低电压切负荷的自动配合

当系统发生短路故障时，母线电压迅速降低，此时装置立即闭锁，不再进行低电压判断。而当保护动作切除故障元件后，装置安装处的电压迅速回升，但如果恢复不到正常的数值，但大于 U_{K1}（故障切除后电压恢复定值），则装置立即解除闭锁，允许装置快速切除相应数量的负荷，使电压恢复。本装置不需要与保护Ⅱ、Ⅲ段的动作时间相配合，但需要用户设定"等待短路故障切除的时间（t_{vs6}）"，一般应大于后备保护的动作时间，若后备保护最长时间为 4s，则 t_{vs6} 可以设为 4.5～5s。超过 t_{vs6} 以后电压还没有回升到 U_{K1} 以上，装置将闭锁出口，并发出异常告警信号。

九、故障录波装置

故障录波器是提高电力系统安全运行的重要自动装置，当电力系统发生故障或振荡时，它能自动记录整个故障过程中各种电气量的变化。

1. 故障录波器的作用

（1）根据所记录波形，可以正确地分析判断电力系统、线路和设备故障发生的确切地点、发展过程和故障类型，以便迅速排除故障和制定防止对策。

（2）分析继电保护和高压断路器的动作情况，及时发现设备缺陷，揭示电力系统中存在的问题。

（3）积累第一手材料，加强对电力系统规律的认识，不断提高电力系统运行水平。

2. 故障录波器的原理

正常情况下，计算机仅对电流、电压等模拟量进行数据采集；对断路器位置、各保护动作信号开关量进行扫描。当发生故障时，CPU 采集到电流、电压的突变量，或过电流、零序电流、开关量变位等信号时，即触发故障录波，由于数据采集是连续的，利用计算机良好的记忆存储功能，可将故障前一定时段内的数据及故障后的数据全部采集，并计故障录波文件。

录波电流回路一般是串接于保护电流回路尾端，电压并接在保护级电压回中，保护动作及重合闸的开关量是接在保护动作同一继电器不同触点上，断路器位置开关量直接取至断路器辅助节点。这种设计可以更好反映和还原故障时各设备的状况。

如图 2-59 所示为故障录波信息示意图为例来说明一下录波文件的原理，一般故障录波会记录故障点前 3～5 个周波，以便与故障波形作对比，更好地分析故障状态。故障点到保护动作点（以快速保护为例）一般为 10～30ms，从保护动作点到故障切除点 10～30ms（根据保护型号与断路器动作特性及故障类型，动作时间略有不同）一般可以采到 2～5 个周波的故障波形和信息。故障切除点后，电压恢复正常，故障相故障电流切除，直至重合闸动作（时间与重合闸定值有关）。重合点后分为两种情况，一种是瞬时故障，重合闸重合于已恢复的正常元件，采样恢复至正常负荷波形；另一种是永久故障，重合闸重合于故障元件，2～5 周波后由加速保护快速切除故障。掌握好这几个关键点和过程，就可以很好分析故障的整个过程。

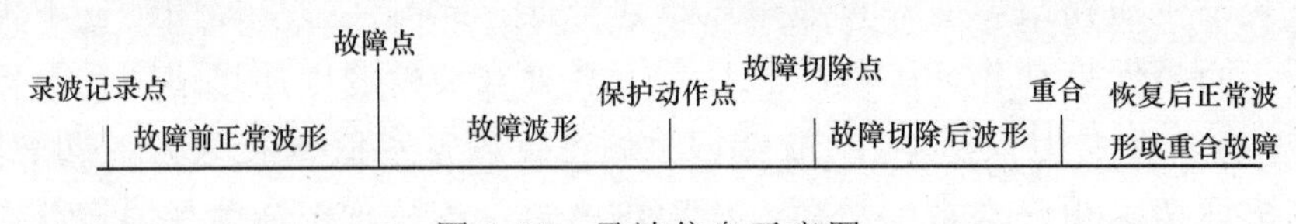

图 2-59　录波信息示意图

3. 故障录波器的结构

故障录波系统分为采样模块、系统模块、状态监测模块、故障信息记录模块、故障信息分析模块等功能模块。其逻辑关系如图 2-60 所示。

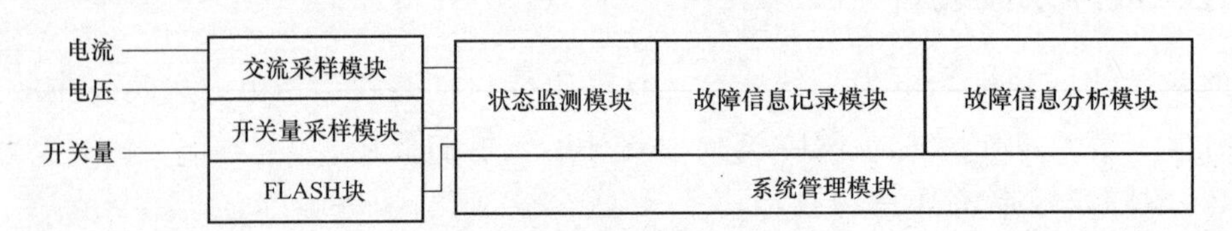

图 2-60　功能模块逻辑关系图

（1）采样模块。采样模块一般集成在前置机内，它分为交流采样模块和开关量采样模块。

1）交流采样模块。交流采样模块就是模数转换，将装置采集的交流电流、交流电压转换为数字量，并送往管理机。

2）开关量采样模块。将装置采集的开关量转换为数字量，并送往管理机。

由于现代微机技术的发展，在前置机内也设置了一套并行故障信息记录模块，在采样模块将采样数据送往管理机时，前置机内的 FLASH 也对其采样数据进行备份，在管理机短时失电状态下，保证采样数据不会丢失，提高其可靠性。

（2）系统管理模块。系统管理模块是故障系统的重要模块，包括故障信息管理等子模块，并且协调故障诊断、故障信息打印、故障信息传输等功能模块完成相应的任务，负责系统建立和维护工作。

（3）状态监测模块。状态监测模块主要是用来实时监测设备及系统状态的，同时也监测录波系统状态，保证录波装置有良好运行状态，在故障时能准确的记录各设备及系统状况。

1）故障信息记录模块。根据定值准确确定故障点，调取故障点前 100ms 及故障后的各种采样数据，形成录波文件保存在硬盘中。

2）故障信息分析模块。故障信息分析模块是将录波器数据分析以确定故障类型、故障相别等。如果是线路故障，则利用以上数据结果，采用较为精确的故障测距方法，定位故障点。再次，运用微机保护中的计算机算法进行谐波含量的分析，以波形显示。最后是阻抗特性、功率方向分析等。

第三节 变电站综合自动化及通信系统

综合自动化及通信系统是指变电站、开关站、牵引站、换流站等各类厂站的自动化系统和设备，主要包括：监控系统、远动终端设备（RTU）及与远动信息传输的通信系统、交流采样测控装置、相应的二次回路；相量测量装置（PMU）；电能量远方终端；电力调度数据网络接入设备；二次系统安全防护设备；时间同步装置；向子站自动化系统设备供电的专用电源设备；连接线缆、接口设备及其他自动化相关设备等。

一、变电站综合自动化系统基本概念

（一）综合自动化简介

变电站综合自动化是将变电站的二次设备（包括测量仪表、信号系统、继电保护、自动装置和远动装置等）经过功能的组合和优化设计，利用先进的计算机技术、现代电子技术、通信技术和信号处理技术，实现对全变电站的主要设备和输、配电线路的自动监视、测量、自动控制和微机保护，以及与调度通信等综合性的自动化功能。

（二）基本特征

1. 功能综合化

它综合了变电站内除一次设备和交、直流电源以外的全部二次设备，集保护、测控、控制、远动等功能于一体。

2. 结构分布分层化

综合自动化系统内各子系统和各功能模块由不同配置的单片机或微型计算机组成，采用分布式结构，通过网络、总线将微机保护、数据采集等各子系统连接起来，构成一个分级分布式的系统。

3. 操作监视屏幕化

变电站实现综合自动化，使原来常规庞大的模拟屏被屏幕显示器实时主接线画面取代；常规在断路器安装处或控制屏上进行的跳闸、合闸操作，被屏幕上标示位置操作或键盘操作所代替；常规的光字牌报警信号，被屏幕画面闪烁和文字提示或语言警报所取代，即通过计算机上的显示器，可以监视全变电站的实时运行情况和

对各开关设备进行操作控制。

4. 运行管理智能化

智能化的含义不仅是能实现许多自动化的功能，例如电压、无功自动调节，不完全接地系统单相接地自动选线，自动事故判别与事故记录，事件顺序录，制表打印，自动报警等，更重要的是能实现故障分析和故障恢复操作智能化，实现自动化系统本身的故障自诊断、自闭锁和自恢复等功能，这对于提高变电站的运行管理水平和安全可靠性是非常重要的，也是常规的二次系统所无法实现的。

5. 通信方式网络化

不管是综合自动化变电站内部现场通信，还是变电站与上级调度的远方通信，已由串口通信逐步发展为以太网通信，以太网通信在调度自动化系统中得到了普遍应用。

6. 测量显示数字化

显示器上的数字显示代替了常规指针式仪表，前者更加直观、明了；打印机打印报表代替了原来的人工抄表，这不仅减轻了值班员的劳动强度，而且提高了测度和管理的科学性。

二、变电站综合自动化系统基本功能

1. 数据采集

变电站综合自动化系统采集的数据主要包括模拟量、状态量和脉冲量等。

2. 事件顺序记录

事件顺序记录（SOE）包括断路器跳合闸记录、保护动作顺序记录。微机保护或监控系统必须有足够的存储空间，能存放足够数量或足够长时间段的事件顺序记录信息，确保当后台监控系统或远方集中控制主站通信中断时，不丢失事件信息。事件顺序记录应记录事件发生的时间（精确至毫秒级）。

3. 故障记录、故障录波和故障测距

（1）故障录波与故障测距。110kV 及以上的重要输电线路距离长、发生故障影响大，必须尽快查找出故障点，以便缩短修复时间，尽快恢复供电，减少损失。设置故障录波和故障测距是解决此问题的最好途径。

（2）故障记录。35kV、10kV 和 6kV 的配电线路很少专门设置故障录波器，为了分析故障的方便，可设置简单故障记录功能。故障记录就是记录继电保护动作前后与故障有关的电流量和母线电压。

4. 操作控制功能

变电站运行人员可通过人机接口（键盘、鼠标和显示器等）对断路器、隔离开关的开合进行操作，可以对变压器分接头进行调节控制，可对电容器组进行投切。为防止计算机系统故障时无法操作被控设备，在设计上应保留人工直接跳合闸手段。

5. 安全监视功能

监控系统在运行过程中，对采集的电流、电压、主变压器温度、频率等量，要不断进行越限监视。如发现越限，立刻发出告警信号，同时记录和显示越限时间和越限值。另外，还要监视保护装置是否失电，自控装置工作是否正常等。

6. 人机联系功能

当变电站有人值班时，人机联系功能在当地监控系统的后台机（或称主机）上实现；当变电站无人值班时，人机联系功能在远方的调度中心或操作控制中心的主机或工作站上实现。无论采用哪种方式，操作维护人员面对的都是屏幕，操作的工具都是键盘或鼠标。人机联系的主要内容是：显示画面与数据、输入数据、人工控制操作、诊断与维护。

7. 打印功能

对于有人值班的变电站，监控系统可以配备打印机，完成以下打印记录功能：定时打印报表和运行日志、开关操作记录打印、事件顺序记录打印、越限打印、召唤打印、抄屏打印、事故追忆打印。

8. 数据处理与记录功能

监控系统除了完成上述功能外，数据处理和记录也是很重要的环节。历史数据的形成和存储是数据处理的主要内容。它包括上级调度中心、变电管理和继电保护要求的数据，如断路器动作次数、断路器切除故障时故障电流和跳闸操作次数的累计数等。

9. 谐波分析与监视

为定量表示电力系统正弦波形的畸变程度，采用以各次谐波含量及谐波总量大小表示电压和电流波形的畸变指标。电网谐波主要来自两个方面，一是输配电系统产生谐波，二是用电设备产生谐波。谐波监视是研究分析谐波问题和研究对谐波治理和抑制的主要依据，抑制谐波的主要措施包括合理利用电气设备和使用交流滤波器抑制谐波。

10. 具有与调度中心对时，统一时钟的功能

综合自动化变电站配备卫星同步时钟装置，对变电站内测控装置、保护装置、远动通信装置、后台监控系统等提供统一、精准的时间，同时综合自动化变电站远动通信装置也能接收从调度中心下发的对时报文进行对时。调度自动化系统时间与标准时间的误差应不大于 1ms。

11. 自诊断功能

系统内各插件应具有自诊断功能，与采集系统数据一样，自诊断信息能周期性地送往后台机（人机联系子系统）和远方调度中心或操作控制中心。

三、变电站综合自动化系统基本结构

（一）变电站综合自动化的结构模式

目前从国内、外变电站综合自动化的开展情况而言，大致存在以下几种结构：

1. 集中式系统结构

系统的硬件装置、数据处理均集中配置，采用由前置机和后台机构成的集控式结构，由前置机完成数据输入输出、保护、控制及监测等功能，后台机完成数据处理、显示、打印及远方通信等功能。目前国内许多的厂家尚属于这种结构方式，这

种结构有以下不足：前置管理机任务繁重、引线多，是一个信息“瓶颈”，降低了整个系统的可靠性，即在前置机故障情况下，将失去当地及远方的所有信息及功能，另外仍不能从工程设计角度上节约开支，仍需铺设电缆，并且扩展一些自动化需求的功能较难。

2. 分层分布式结构

按变电站被监控对象或系统功能分布的多台计算机单功能设备，将它们连接到能共享资源的网络上实现分布式处理。设置全站控制级（站控层）和就地单元控制级（间隔层）的二层式分布控制系统结构。

站控层系统大致包括站控系统、站监视系统、站工程师工作台及同调度中心的通信系统：

（1）站控系统。应具有快速的信息响应能力及相应的信息处理分析功能，完成站内的运行管理及控制（包括就地及远方控制管理两种方式），例如事件记录、开关控制及数据采集与监控系统（SCADA）的数据收集功能。

（2）站监视系统。应对站内所有运行设备进行监测，为站控系统提供运行状态及异常信息，即提供全面的运行信息功能，如扰动记录、站内设备运行状态、二次设备投入/退出状态及设备的额定参数等。

（3）站工程师工作台。可对站内设备进行状态检查、参数整定、调试检验等功能，也可以用便携机进行就地及远端的维护工作。

上面是按大致功能基本分块，硬件可根据功能及信息特征在一台站控计算机中实现，也可以两台双备用，也可以按功能分别布置，但应能够共享数据信息，具有多任务时实处理功能。

间隔层在横向按站内一次设备（变压器或线路等）面向对象的分布式配置，在功能分配上，本着尽量下放的原则，即凡是可以在本间隔就地完成的功能决不依赖通信网，特殊功能例外，如分散式录波及小电流接地选线等功能的实现。

这种结构相比集中式处理的系统具有以下明显的优点：

（1）可靠性提高，任一部分设备故障只影响局部，即将“危险”分散，当站级系统或网络故障，只影响到监控部分，而最重要的保护、控制功能在段级仍可继续运行；段级的任一智能单元损坏不应导致全站的通信中断，比如长期霸占全站的通信网络。

（2）可扩展性和开放性较高，利于工程的设计及应用。

（3）站内二次设备所需的电缆大大减少，节约投资也简化了调试维护。

（二）变电站综合自动化典型结构及主要设备功能简介

1. 综合自动化变电站典型结构

目前，常规变电站计算机监控系统采用分层分布式结构，由站控层和间隔层组成，其抗干扰能力、可靠性和稳定性要满足现场实时运行的要求，满足各调度端对实时数据的要求，且应具有较好的可扩充性。系统具有遥测、遥信、遥调、遥控、SOE 功能，实时信息能以不同规约，通过专线或网络通道向有关调控中心传送，并接收、执行调控中心的控制命令。

站控层网络采用 100Mbit/s 冗余双以太网，负责站控层各个设备之间和来自间隔层的全部数据的传输和各种访问请求。其网络协议应符合国际标准化组织 OSI 模型或国际通用标准，具有良好的开放性，网络结构采用屏蔽双绞线连接。

间隔层采用双以太网，间隔层设备直接上站控层网络，保护测控装置直接与站控层通信。在站控层失效的情况下，间隔层应能独立完成就地数据采集和断路器控制功能。

站控层、间隔层网络必须安全可靠，具有足够的抗电磁干扰能力。并应具有基本的管理能力，对网络的工作状态能自动选择、协调、自动监测。网络设备按远景配置，信息可传至各地区地调和监控中心，传输方式采用调度数据网、专线等，规约采用行业标准协议。

站控层、间隔层主要设备均接受时钟同步装置通过对时总线向全系统提供的标准时钟，确保全网设备时钟同步。

综合自动化变电站系统典型结构如图 2-61 所示。

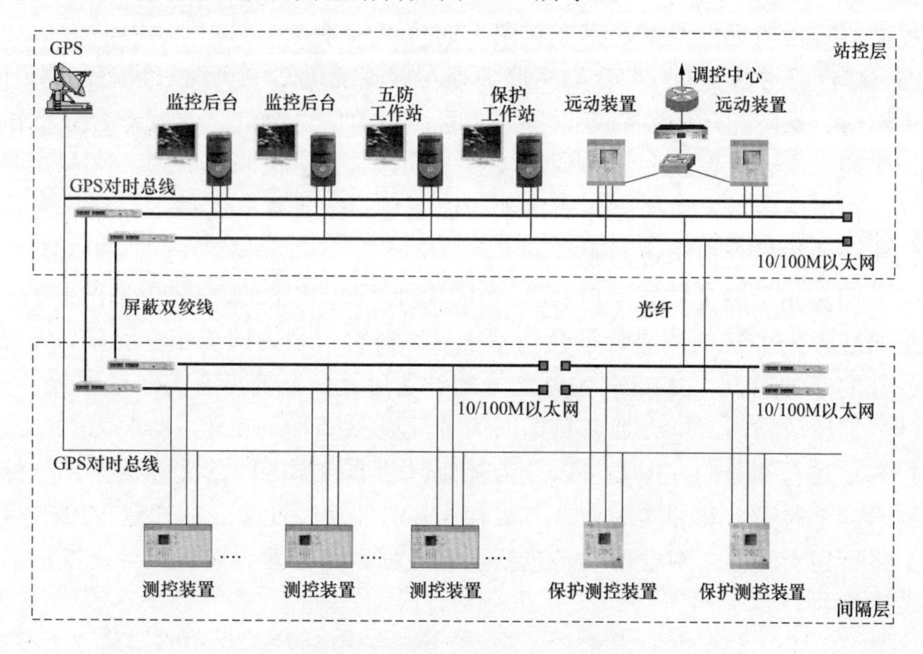

图 2-61　变电站监控系统典型结构

2. 变电站综合自动化系统主要设备功能简介

（1）监控后台。变电站以监控后台为中心，实现对全部一次设备进行监视、测量、控制、管理、记录和报警功能，是与运维人员的接口。主接线图可动态显示各种遥测、遥信等信息，可查看系统画面、实时量、工况及保护定值等，具有保护定值查询及打印功能。数据库应便于扩充和维护，应保证数据的一致性、安全性；可在线修改或离线生成数据库；用人—机交互方式对数据库中的各个数据项进行修改和增删。数据应可方便地交互式查询和调用。

（2）测控装置。测控装置是以变电站内一条线路或一台主变压器为监控对象的智能监控设备。它既采集本间隔的实时信号，又可以与本间隔内的其他智能设备（如保护装置）通信，同时通过双以太网与站级计算机系统相连，构成面向对象的分布式变电站计算机监控系统。

（3）远动装置。远动装置（又称为远动通信装置、微机远动装置、远动通信管理机等）通过现场总线/以太网等与各种不同类型的保护装置、测控装置通信，把所有采集的数据送到几个独立的数据库中，经规约转换后，分别送到不同的调度端，直接通过主站对间隔层设备进行控制，实现“四遥”功能。其信息要求直采直送，即直接接收来自间隔层的 I/O 数据，进行处理后，与调度进行数据交换。远动通信设备具有远动数据处理、规约转换及通信功能，满足调度自动化的要求，并具有串口输出和网络口输出能力，能同时适应通过常规模拟通道和调度数据网通道与各级调度端主站系统通信的要求。

（4）数据通信网关机。数据通信网关机是一种通信装置，实现智能变电站与调度、生产等主站系统之间的通信，为主站系统实现智能变电站监视控制、信息查询和远程浏览等功能提供数据、模型和图形的传输服务。

（5）综合应用服务器。综合应用服务器在智能变电站中实现与状态监测、计量、电源、消防、安防和环境监测等设备（子系统）的信息通信，通过综合分析和统一展示，实现一次设备在线监测和辅助设备的运行监视、控制与管理。

（6）数据服务器。数据服务器实现智能变电站全景数据的集中存储，为各类应用提供统一的数据查询和访问服务。

（7）同步相量测量装置（PMU）。用于进行同步相量的测量和输出以及进行动态记录的装置。PMU 的核心特征包括基于标准时钟信号的同步相量测量、失去标准时钟信号的守时能力、PMU 与主站之间能够实时通信并遵循有关通信协议。

（8）调度数据网。电力调度数据网的各项业务接入一般是按照电力二次系统安全防护规定进行划分的，主要可以分为控制区和非控制区两部分，这两部分控制区域分别对应实时业务和非实时业务。实时业务与非实时业务之间通过 VPN（虚拟局域网）进行逻辑隔离。主要的设备包括调度数据网路由器、实时业务交换机、非实时业务交换机。

（9）二次系统安全防护装置。电力二次系统安全防护工作应当坚持“安全分区、网络专用、横向隔离、纵向认证”的原则，保障电力监控系统和电力调度数据网络的安全。安全防护主要针对基于网络的生产控制大区，重点强化边界防护，提高内部安全防护能力，保证电力生产控制系统及重要数据的安全。常用的二次安防设备有防火墙、纵向加密装置、正向隔离装置、反向隔离装置、拨号认证装置等。

四、变电站综合自动化数据通信

（一）综合自动化数据通信简介

1. 变电站综合自动化系统的现场级通信

综合自动化系统的现场级通信，主要解决自动化系统内部各子系统与上位机

（监控主机）和各子系统间的数据通信和信息交换问题，其通信范围是变电站内部。

综合自动化系统现场级的通信方式有并行通信、串行通信、局域网络和现场总线等多种方式。

（1）基于 RS-232 的传输。点对点的传输，灵活性差。

（2）基于 RS-485 的传输。传输信息量大，可以连成网络，但网络的节点数减少，且为主从式，限制了传输的效率。

（3）基于现场总线的传输。信息量较大，网络传输，结点数较多，可靠性大大提高，平等式的结构和优先级的机制保证了重要信息的实时性，但信息传输的速度相对于录波数据传输等要求有差距。适用于中等规模的分层分布式阶段。

（4）基于以太网络的传输。传输信息量及速度极大，网络连接，平等结构，随着近年基于芯片的系统和光纤传输技术逐渐成熟，在变电站控制领域得到日益广泛的应用。适用于大规模的分层分布式控制系统。

2. 变电站综合自动化系统与上级调控中心通信

变电站综合自动化系统应能够将所采集的模拟量和开关状态信息，以及事件顺序记录等远传至调度端，同时应能接受调度端下达的各种操作、控制、修改定值等命令，实现远动功能。

通信规约必须符合有关技术的规定，最常用的有 CDT 和 101、104 规约。

（二）远动信息传输

电力调度自动化系统由主站、子站设备和数据传输通道构成。调度端主站和厂站端自动化系统之间为了有效实现信息传输，收发两端需预先对数据通信速率、数据结构、同步方式等进行约定，将这些约定称为数据传输控制规程，简称为通信规约。目前主要使用的通信规约可分为循环传送式规约和应答式规约两种。

1. 循环传送式规约

循环传送式规约是一种以厂站端自动化设备为主动端，自发地不断循环向调控中心上报现场数据的远动数据传输规约。在厂站端与调控中心主站之间的远动通信中，站端自动化设备周而复始地按一定规则向主站传送各种遥测、遥信、事件记录等信息。主站也可以向厂站传送遥控、遥调命令。在循环传送方式下，站端自动化设备无论采集到的数据是否变化，都以一定的周期周而复始地向主站传送。循环方式独占整个通道（称点对点方式）。因此，循环传送式规约适用于点对点的远动通道结构，它要求发送端和接收端时钟保持严格的同步。

2. 应答式规约

应答式规约适用于网络拓扑是点对点、多点对多点、多点共线、多点环形或多点星形的远动通信系统。允许多台远动通信设备（如 RTU）共线一个通道。在问答方式下，主站查询变电站远动通信设备是否有新的数据报告，如果有，主站请求远动通信设备发送更新的数据，远动通信设备以新的数据应答。远动通信设备通常对于遥信变位优先传送，对于遥测量，采用变化量超过预定范围时传送。应答式规约是一个以调控中心为主动的远动数据传输规约。变电站远动通信设备只有在调控中心主站发出查询命令以后，才向主站发送回答信息。

（三）自动化数据传输通道

自动化数据传输通道是电力系统中提供厂站端数据传输到调控中心的传输介质，通常称作远动通道。根据传输介质所遵循的协议，远动通道可以分为串口通道与网络通道。串口通道即俗称的常规专线通道。根据传输的信号类型，串口通道可分为载波通道和数字通道。载波通道即俗称的模拟信号通道，数字通道即俗称的数字信号通道。变电站采用模拟通道方式时，一般要配置调制解调器（MODEM），需设置波特率、中心频率和频偏参数。数字通道无需配置 MODEM 和波特率等参数。数字通道的传输数据质量要优于模拟通道。串口通道方式一般采用 CDT 规约、101 规约、1801 规约等。自动化数据传输通道构成如图 2-62 所示。

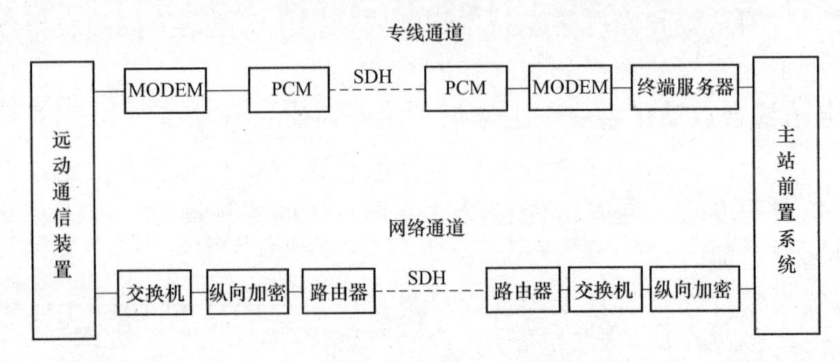

图 2-62　自动化数据传输通道构成图

自动化数据传输网络通道即指调度数据网。电力调度数据网是为生产控制大区服务的专用数据网络，在专用通道上使用独立的网络设备组网，采用基于 SDH/PDH 不同通道、不同光波长、不同纤芯等方式，在物理层面上实现与电力企业其他数据网和外部公共信息网的安全隔离。变电站远动通信采用数据网络方式时，应配置路由器、交换机和二次安防等设备，远动通信节点网络口经网络电缆与实时业务交换机互联。数据网络通信速率远高于串口通信速率，远动通信规约一般采用 104 规约。

厂站基建竣工投运时，自动化数据传输通道应保证同步建成投运。目前，新建变电站一般采用调度数据网通信方式。变电站端网络设备及网络路径冗余配置。例如，220kV 变电远动通信节点可同时经省级调度数据网接入网、地级调度数据网接入网经骨干网与调控主站互联。

第四节　站用交直流系统

变电站内站用交、直流系统的可靠运行是保障变电站设备安全稳定运行的前提。如站用交、直流电源一旦失去，不能立即恢复，直接影响变电站主变压器、断路器、保护、自动装置等主设备的正常运行，严重时导致设备停运或损坏，如主变压器冷却器全停跳闸、断路器液压闭锁、保护装置误动或拒动等，危及电网和设备运行安全。运维人员应高度重视站用交、直流系统，定期对站用交、直流系统进行巡视、检测和维护，确保处于良好运行状态。

一、站用变系统

站用变系统主要由站用变压器、高压开关柜、交流 380/220V 配电柜、站用低压配电网等组成。

（一）站用变压器

站用变压器是小容量的普通变压器，其作用是变换电压、传输电能，为站用设备提供相适应的电源。其高压侧电压有不同的电压（如 35、20、10、6kV 等），低压侧一般为 0.4kV。一般 500kV 变电站站用变压器容量在 630～800kVA，220kV 变电站站用变压器容量在 200～300kVA，110kV 变电站站用压器容量在 35～50kVA。常用的站用变压器有油浸式变压器、干式变压器、接地变压器（带消弧线圈）。

（二）高压开关柜

站用变系统使用的高压开关柜一般采用 10kV 或 35kV 高压开关柜，用于控制站用变压器的高压进线端。

（三）交流 380/220V 配电柜

交流 380/220V 配电柜为成套低压开关柜。它将 380/220V 母排封闭于屏柜内，每一段由若干面屏柜排列组成，每面屏柜上有若干个抽屉，每个抽屉是一个配电开关。交流 380/220V 配电柜的主要作用是汇集和分配电能，供给变电站内的一次、二次设备及生产活动所需的操作或动力电源。交流 380/220V 配电柜安装在低压配电室内，底部为电缆沟，沟内湿气较重，低压配电室应安装轴流风机通风。屏柜底部的封堵严密，严防屏柜受潮或沟道内存在爬虫等小动物短路。定期对屏柜进行检查清扫和红外测温，发现有接头或开关发热情况应及时汇报处置。

（四）站用低压配电网

站用低压配电网是从 380/220V 配电屏（柜）引出线到站用负荷之间的线路、元件所组成的供电网络。根据负荷要求的供电可靠性的不同，主要分辐射式、环式和双回接线三种供电方式。

（五）站用电负荷分类及供电方式

根据变电站负荷的重要程度将站用电负荷分为三类：Ⅰ类负荷、Ⅱ类负荷、Ⅲ类负荷。

Ⅰ类负荷：短时停电可能影响人身或设备安全，使电网或设备发生异常或障碍、主变压器减载的负荷。如主变压器强油风（水）冷却装置电源、通信电源、直流电源、UPS 系统电源、消防水泵电源、变压器水喷雾及泡沫喷淋装置等电源。

Ⅱ类负荷：允许短时停电，但停电时间过长，有可能影响正常生产运行的负荷。如断路器储能电源、隔离开关操作电源、变压器有载调压装置电源、生活水泵电源等。

Ⅲ类负荷：长时间停电不会直接影响生产运行的负荷。如配电检修电源、通风照明等。

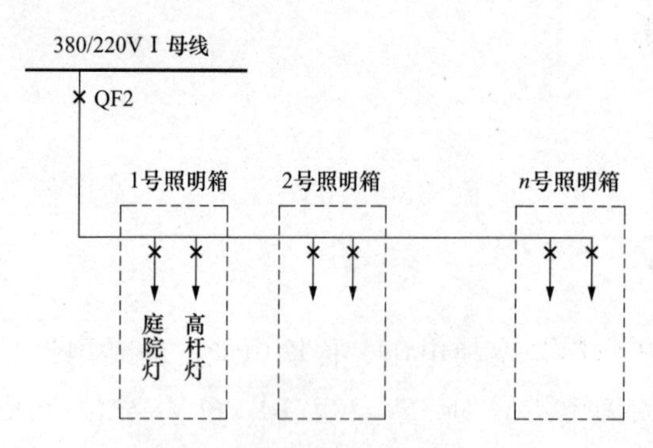

图 2-63　辐射式供电方式

1. 辐射式供电方式

如图 2-63 所示辐射式供电方式为单电源供电，电源开关 QF2 断电，整个回路失去电源，供电可靠性不高。

辐射式供电方式虽供电可靠性不高，但单接线简单，操作方便，常用于供变电站Ⅲ类负荷，如照明、生活用空调、检修电源等辅助设备电源。

2. 环式供电方式

如图 2-64 所示环式供电方式为双电源供电，但需要手动切换，运行中设置一个开环点。

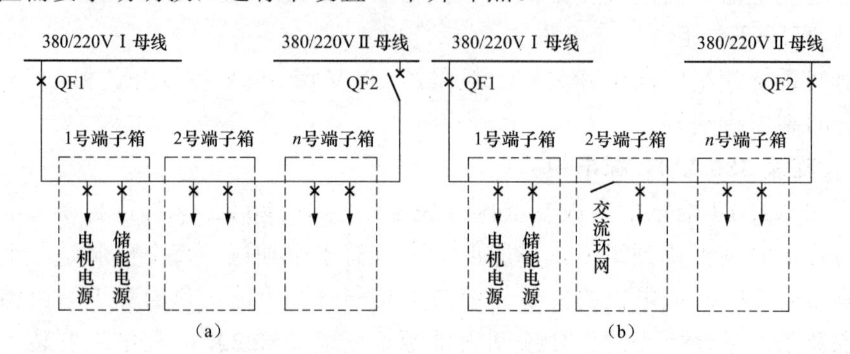

图 2-64　环式供电方式

（a）开环点设两端母线出线开关；（b）开环点设中间端子箱

环式供电方式根据开环点的设置位置不同，有两种环式接线方式，一种开环点设置在Ⅰ（或Ⅱ）段母线的出线开关 QF1（或 QF2）处，正常运行时，所有负荷由 QF1（或 QF2）承担。该运行方式对末端设备的电能质量有一定的影响，主要适用于短配电回路，如 500kV 变电站每一串操作电源环网常采用该方式。另一种开环点设置在回路的中间，正常运行时，负荷由 QF1、QF2 共同承担，各一半左右。该运行方式应在端子箱内增设环网隔离开关，回路相对复杂，主要适用于长配电回路，如 500kV 变电站的 220kV 交流环式网络操作电源常采用该方式。

环式供电可靠性比辐射式高，但双电源需手动切换，操作比较复杂。常用于供变电站Ⅱ类负荷，如断路器储能电源、隔离开关操作电源等主设备电源。

3. 双回供电方式

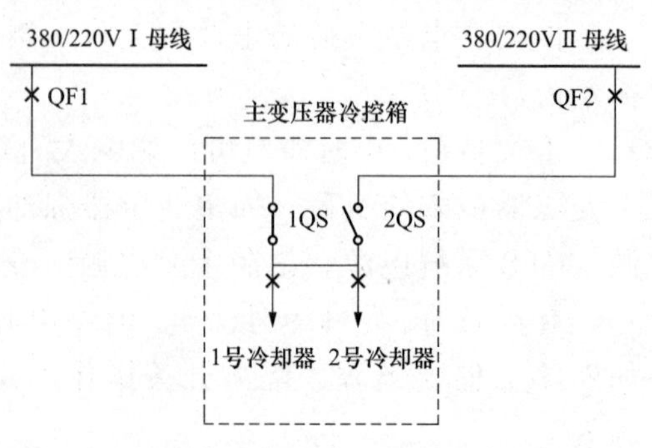

图 2-65　双回式供电方式

如图 2-65 所示为双回式供电方式，两个电源可通过切换元件自动切换，供电可靠性高，但使用的元器件多，接线复杂。运行中如 QF1 回路失压，1QS 失磁分闸，同时启动 2QS 合闸，由 QF2 恢复供电。

双回供电方式两路电源可自动切换，供电可靠性高，但元器件多、接线复杂，主要用于变电站 I 类负荷的供电，如主变压器（高压电抗器）冷却系统、直流系统等不能间断的设备电源。

二、站用交流系统

（一）组成与作用

站用交流系统是由 35（10）kV 配电装置（或高压开关柜）、高压电力电缆、站用变压器、380/220V 配电柜、站用交流配电网和站用变压器保护装置及备自投装置组成的一个站用电供电网，典型的接线方式如图 2-66 所示。

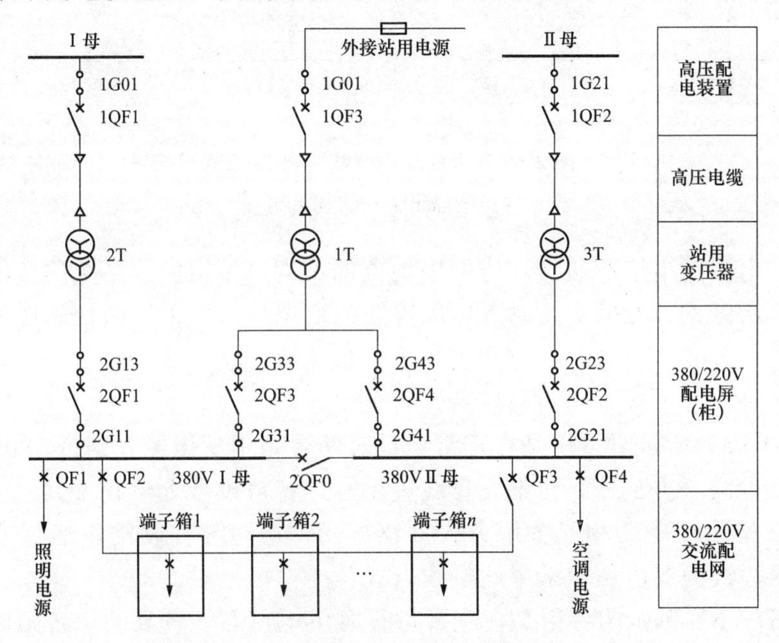

图 2-66 站用交流系统主接线方式

站用交流系统的主要的作用是给变电站内的一次、二次设备及生产活动提供持续可靠的操作或动力电源。如：主变压器（高压电抗器）冷却系统、断路器的储能工作电源，隔离开关的操作电源，直流系统、UPS 系统的交流电源，设备加热、驱潮、照明的交流电源，正常及事故照明、设备检修试验、水系统等电源。

（二）接线方式

图 2-66 所示为两主一备的三台变压器站用电接线方式，具有供电可靠性高，运行方式灵活，任一站用变压器检修均不影响供电可靠性的特点，500kV 变电站常采用此接线方式。正常运行时，两主供电源（2T、3T）分别向 380V I、II 母供电，备用电源（1T）空载运行，1T 低压侧 2QF3、2QF4 热备用，母联 2QF0 分，380V I、II 母分段运行。当一台主供站用变压器检修时，可合上母联 2QF0 向检修的站用变压器所带负荷供电，备用站用变压器仍然备用。当 380V I 或 II 母失压时，备

自投装置动作，合上 2QF3 或 2QF4，恢复失压母线供电。

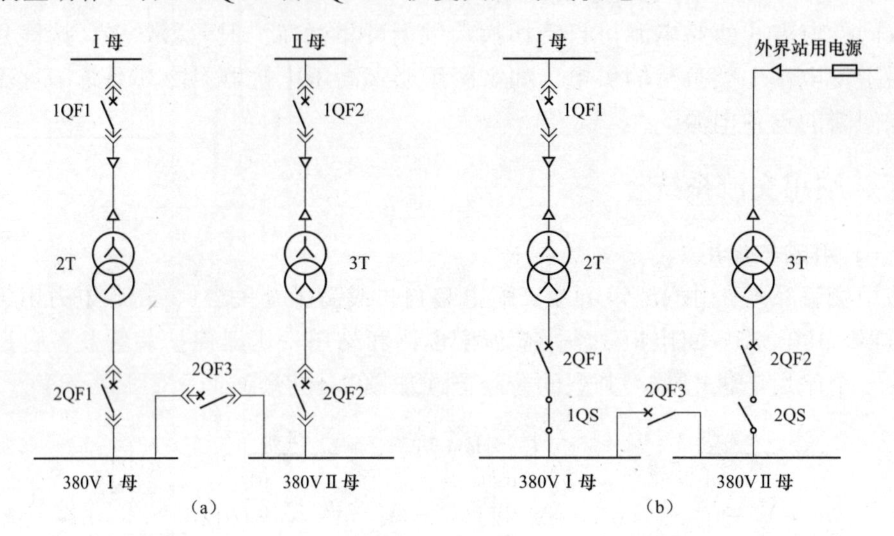

图 2-67 两台站用变压器接线方式

（a）暗备用；（b）明备用

根据变电站的电压等级及在电网中地位的不同，站用交流系统的接线方式及选用的设备有所区别，220kV 及以下电压等级的变电站一般采用两台站用变压器的接线方式。如图 2-67 所示，两台站用变压器一般采取一主一备的运行方式，分暗备用和明备用两种运行方式，由备自投装置实现。

图 2-67（a）所示暗备用是在正常运行时两台站用变压器分别带 380VⅠ、Ⅱ母分段运行，母联 2QF3 分。在某段母线失压时，备自投合上母联 2QF3 实现备用，是一种两台站用变压器相互备用方式。该方式供电可靠性较高，运行方式灵活，220kV 电压等级的变电站常采用此接线方式。

图 2-67（b）所示明备用是在正常运行时供电可靠性较高的一台站用变压器同时带 380VⅠ、Ⅱ母并列运行，母联 2QF3 合，供电可靠性相对较低的外接站用电源作为备用电源。在工作的站用变压器失去电压时，1QS 失压脱扣，启动 2QS 合闸，实现备用。该接线方式的备自投采用简单的接触器投切方式，1QS 控制 2QS，只要 2QF1 有压，1QS 自启动合闸，同时断开 2QS。明备用的供电可靠性取决于备用电源的可靠性，该方式常在 110kV 及以下电压等级的变电站常采用。

三、站用电备用电源自动切换装置

（一）组成与作用

站用交流电源系统是变电站最重要的工作电源，自动切换装置是当一段交流电源系统出现故障时，能自动切换到另一段正常交流电源上，而不致站用交流电源失压的重要设备。站用电备用电源自动切换（简称备自投）装置一次接线方式较多，但备自投原理比较简单。下面介绍几种典型的站用电备自投方式原理。对更复杂的备自投方式，都可以看成是这些典型方式的组合。

投入备自投充电过程时：装置上电后，15s 内均满足所有正常运行条件，则备自投充电完毕，备自投功能投入，可以进行启动和动作过程判断；当满足任一退出条件时，备自投立即放电，备自投功能退出。

退出备自投充电过程时：装置上电后，满足启动条件后备自投进行动作过程判断。在不正常运行条件或退出条件下，备自投可靠不动作。

（二）站用电备用自投装置的要求

（1）应保证在工作电源设备断开后，备自投装置才能动作。备自投装置的合闸部分应受供电元件受电侧断路器的辅助触点启动。

（2）当工作母线上的电压低于检无压定值，并且持续时间大于时间定值，同时检测工作断路器无流时，备自投装置应启动。

（3）备用自投装置保证只动作一次。

（4）备用电源同时消失时，备自投装置不应动作，备自投装置设有备用电源电压监视回路，当备用电源消失时，闭锁备自投装置。

（5）当一个备用电源作为几个工作电源备用时，如备用电源已代替一个工作电源后，另一个工作电源又断开，备自投装置应启动。

（6）人工切除工作电源时，备自投装置不应动作。

（7）当备用自投装置动作时，如备用电源投于永久故障，应使其保护加速动作。

（三）站用电备自投装置采用的型式

1. 220kV 变电站站用电，一般采用备用电源自投装置

备自投按投入方式分可分为分段备自投、进线备自投，可以根据需要进行投入。站用电备自投接线如图 2-68 所示。

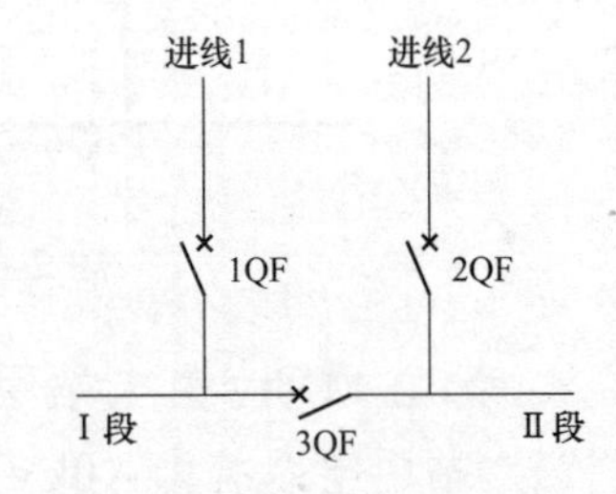

图 2-68 站用电备自投接线示意图

220kV 及以上变电站站用电系统由 2 台或 3 台站用变压器组成，如图 2-66 所示，2T、3T 是站用电正常运行的主电源。1T 作为外接备用电源，站用电系统由 I 母经断路器 1QF1 送 2T 再经 2QF1 送 0.38kV I 段负荷；II 母经断路器 1QF2 送 3T 再经 2QF2 断路器送 0.38kV II 段负荷。当 380V I 母失压时，备用自投装置动作，2QF3 合闸；当 380V II 母失压时，备用自投装置动作，2QF4 合闸。

2. 新建 220kV 变电站站用电，一般采用 ATS 站用电自动控制系统

ATS（automatic transfer switch）是一种位置切换开关，用于站用电源切换，不仅两进线闭合实现电气闭锁，而且实现机械闭锁，从根本上保证电源的安全可靠切换。ATS 共有包括自动切换在内的多种工作方式，以正常运行时广泛应用的“自动切换”方式为例，分析其动作原理。

如图 2-69 所示，正常运行时，断路器 1QF、2QF、3QF、4QF 在合位，380V 1M 母线经 1ATS 合于 1 号站用变压器低压侧，380V 2M 母线经 2ATS 合于 2 号站用变

压器低压侧。在“自动切换”工作模式下，检测到1M母线无压、1号站用变压器低压侧无压、无流，2号站用变压器低压侧有压，则1ATS动作，切换到2号站用变压器低压侧，即作为2QF的负荷运行。380V 2M母线无压的动作逻辑与380V 1M母线类似。

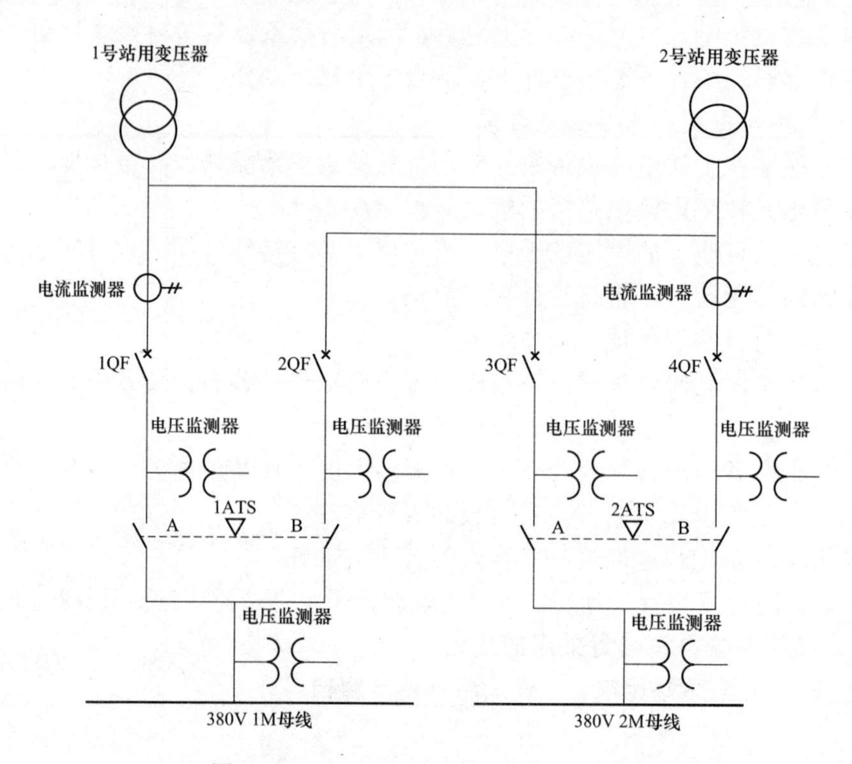

图2-69 ATS站用电备自投接线示意图

3. 新建110kV变电站用电，一般采用单个ATS站用电自动控制系统

（1）站用电系统由10kVⅠ母经断路器供1号站用变压器再经1号低压断路器送0.38kV负荷（常用电源）；10kVⅡ母经断路器供2号站用变压器再经2号低压断路器送0.38kV负荷（备用电源）。

（2）10kV 1号、2号站用变压器是站用电正常运行的主电源，变电站无外接站用电源。

（3）自动转换开关通过控制器面板上的四挡旋钮开关可以设定“自动”“常用”“备用”和“停用”四种工作模式。正常运行时，0.38kV低压双电源自动切换开关置“自动”位置。CA1自动切换开关面板如图2-70所示。

“自动”模式：系统根据两路电源电压是否正常自动切换。对于自投自复系统当常用电源恢复后自动恢复。

“常用”模式：系统强制备用电源的断路器分闸，常用电源的断路器延时约4s后合闸，有常用电源供电，不发生电源自动切换。

“备用”模式：系统强制常用电源的断路器分闸，备用电源的断路器延时约4s

后合闸，由备用电源供电，不发生电源自动切换。

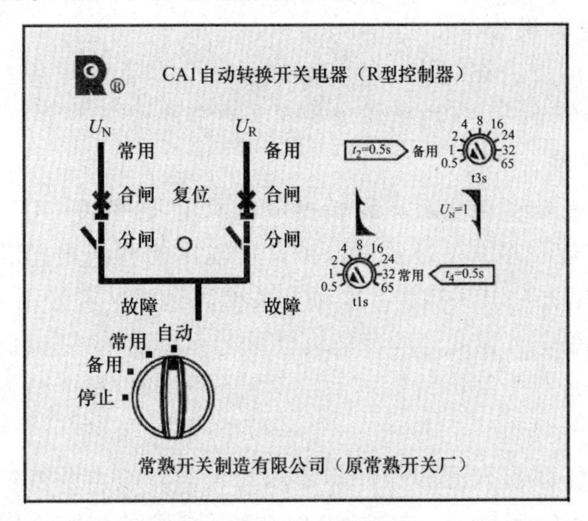

图 2-70 CA1 自动切换开关面板

“停止”模式：系统使两路电源的断路器全部断开。

注意：当断路器故障脱扣后，控制器对系统进行故障闭锁，此时系统不发生任何动作，黄色故障自复闪烁。必须待故障排除后，人工按下复位按钮才能解除系统闭锁恢复正常工作。

四、站用直流系统

（一）组成与作用

直流系统在变电站中为控制、信号、继电保护、自动装置及事故照明等提供可靠地直流电源，它还为操作提供可靠的操作电源。直流系统的可靠与否，对变电站的安全运行起着重要的作用，是变电站安全运行的保障。直流系统接线如图 2-71 所示。

变电站站用直流系统的组成与作用如下：

（1）330kV 及以上电压等级变电站及重要的 220kV 变电站应采用 3 台充电装置、2 组蓄电池组的供电方式。每组蓄电池和充电装置应分别接于一段直流母线上，第 3 台充电装置（备用充电装置）可在两段母线之间切换，任一工作充电装置退出运行时，手动投入第 3 台充电装置。

（2）2 组蓄电池的直流系统，直流母线应采用分段运行的方式，并在两段直流母线之间设置联络断路器或隔离开关，正常运行时断路器或隔离开关处于断开位置。

（3）每套充电装置应有两路分别取自不同站用电源的交流输入互为备用，当运行的交流输入失去时能自动切换到备用交流供电。

（4）直流系统绝缘监测装置应具备交流窜直流故障的测记和报警功能。

（5）直流系统对负载供电，应按电压等级设置分电屏供电方式，不应采用直流小母线供电方式；直流馈出网络应采用辐射状供电方式，严禁采用环状供电方式。

（二）直流系统的设备

直流系统主要由直流充电屏、直流馈线屏、蓄电池组组成。直流充电屏包含了直流充电装置和监控装置。直流馈线屏设置了直流绝缘监测装置和直流馈线断路器。

1. 直流充电装置

直流充电装置主要实现交流电源转换成直流电源（AC/DC）的功能，这个过程中输出可控的直流电压并进行必要的保护，使输出的直流电源满足运行的要求。现充电装置一般都采用高频开关电源，高频开关电源充电装置采用模块化结构，各模块均可独立运行，直流输出容量是所有模块容量之和。变电站直流充电装置采用 $N+1$ 方式运行，运行中如有个别模块损坏退出运行，不影响充电装置的正常运行。

2. 蓄电池

蓄电池主要分酸性蓄电池和碱性蓄电池两大类，电力系统多采用阀控式密封铅酸蓄电池，单个电池的电压为（2.23 ± 0.05）V，正常使用时不像常规的铅酸蓄电池一样需加酸加水，定期进行极板清洁，所以被习惯称为免维电池。免维电池并不是真正的不需要维护，只是大大减少了运维人员的维护量，每月还是要进行正常的表面检查及清洁，测量单个电池电压，定期进行内阻测试工作，并按规定进行核对性充放电工作。

3. 直流监控装置

直流监控系统是整个直流系统的控制、管理核心；监控系统的任务是：对系统中各功能单元和蓄电池进行长期自动监测，获取系统中的各种运行参数和状态，根据测量数据及运行状态实时进行处理，并以此为依据对系统进行控制，实现电源系统的全自动精确管理，从而提高电源系统的可靠性，保证其工作的连续性、安全性和可靠性。

4. 直流绝缘监测装置

当直流系统一极接地后，如不能迅速找到接地点再发生另一点接地，就有可能造成保护装置误动或拒动。因此直流系统都安装了直流绝缘监测装置，当直流系统发生一极接地后，直流绝缘监测装置不仅能报警并显示接地电阻值外，还能显示绝缘电阻降低的支路号。

（三）变电站事故照明回路

事故照明是在变电站站用照明电源失压时，自动将直流电源切至照明系统，使用直流提供照明电源，变电站各小室及其过道等处均安装有一定数量的事故照明灯，供正常照明失去时应急使用。为保证事故发生时事故照明能正常切换，确保事故处理时可靠照明，应定期对事故照明切换装置进行试验，确认装置功能完好。试验方法：手动拉开交流照明电源或按下事故照明屏上试验按钮，切换接触器动作切换电源，检查直流电源可靠切换到照明系统中，事故照明灯点亮。事故照明切换主接线如图 2-72 所示。

变电站事故照明切换回路检查：

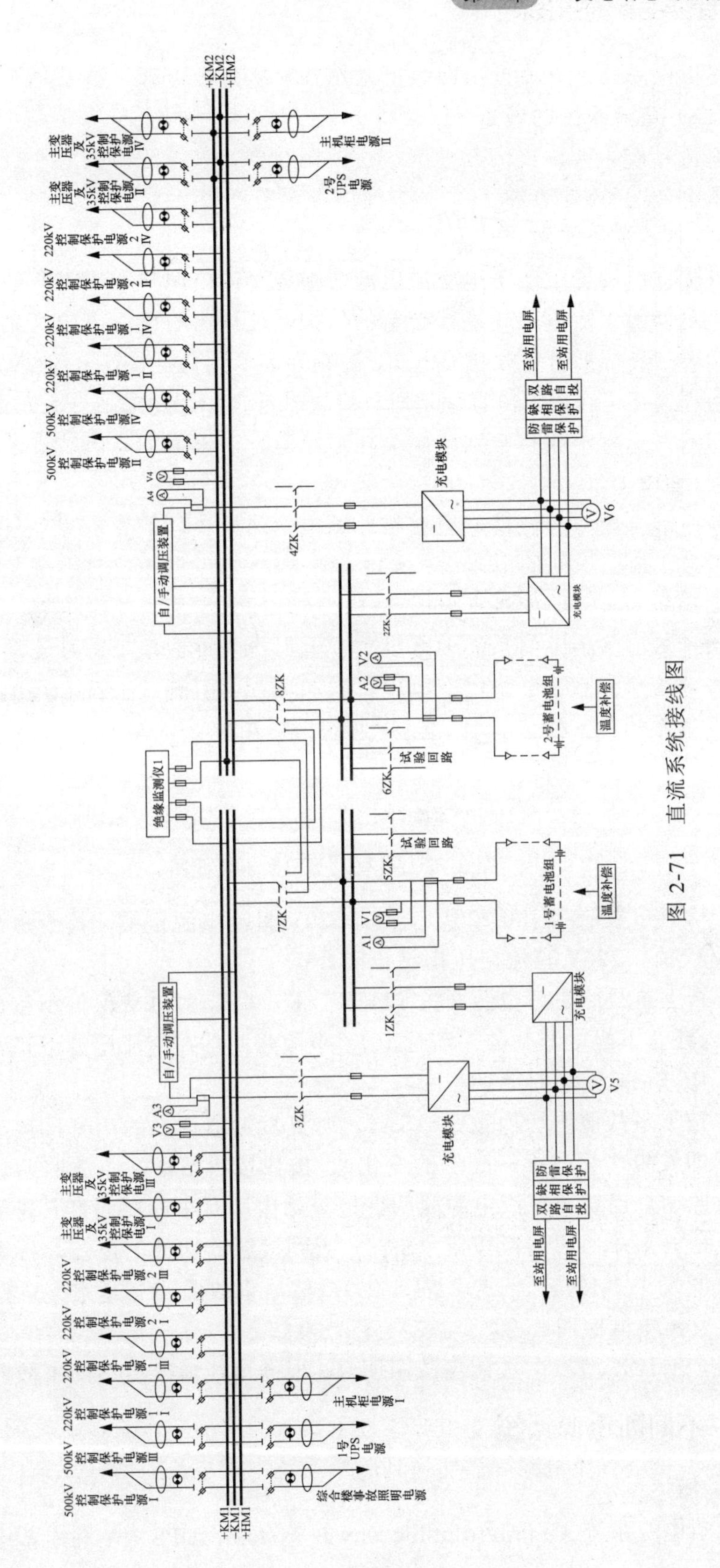

图 2-71 直流系统接线图

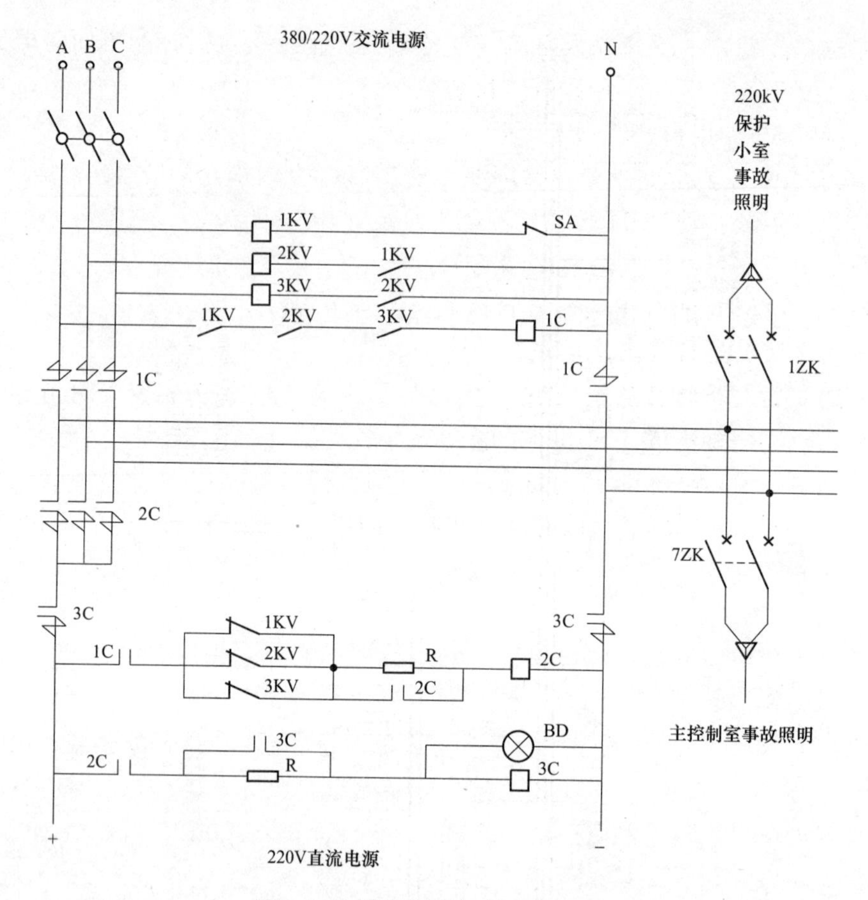

图 2-72　事故照明切换主接线图

（1）检查事故照明 380/220V 交流、220V 直流电源正常。检查事故照明切换屏 380/220V 交流、220V 直流电压指示正常。

（2）合上事故照明灯电源开关 1ZK、7ZK，检查 220kV 保护小室事故照明灯亮（如小室内还有下级电源开关，需合上），事故照明灯在交流电源下正常点亮。如灯具损坏，作好记录，适时更换。

（3）按下事故照明切换按钮“SA”。听到接触器切换的声音，接着事故照明灯闪一下（即发生“亮—灭—亮”的变化），按住按钮不松，事故照明灯具不熄灭，此时事故照明灯已切至直流电源照明，检查站内所有事故照明灯具是否点亮。

（4）松开事故照明切换按钮“SA”。听到接触器切换的声音，接着事故照明灯闪一下（即发生“亮—灭—亮”的变化），然后事故照明灯具常亮，此时事故照明灯已恢复交流电源照明。

（5）拉开 1ZK、7ZK，关闭事故照明灯（根据接线情况将站内事故照明灯关闭）。

五、不间断电源系统

（一）概述

不间断电源系统（uninterruptible power system，UPS）是利用蓄电池化学能作为后备能源，在正常的交流输入电源（交流输入电源）失去时，能不间断地为用户设备提供（交流）电源的一种能量转换装置。

（二）结构与作用

常用的UPS主要由整流器、蓄电池、逆变器、静态开关等几部分组成。

（1）整流器。指将交流（AC）转化为直流（DC）的装置。整流后输出的直流电源一是供给逆变器，二是给蓄电池充电。

（2）蓄电池。指UPS用来作为储存电能的装置，它由若干个电池串联而成，其容量大小决定了其维持放电（供电）的时间。

（3）逆变器。指将直流电（DC）转化为交流电（AC）的装置。它由逆变桥、控制逻辑和滤波电路组成，输出所需的交流电源。

（4）静态开关。又称静止开关，是一种无触点开关，是由2个晶闸管（SCR）反向并联组成的一种交流开关，其闭合和断开由逻辑控制器控制，进行UPS输出电源与旁路之间的切换。

（三）工作原理

UPS按工作原理不同分为离线式UPS（后备式）和在线式UPS。

1. 离线式UPS

离线式UPS工作方式是正常情况下交流电源（市电）直接供给负载，在交流电源（市电）失去时，UPS才逆变供电给负载，交流电源（市电）失去到转换为UPS供电之间有一个极短的切换时间（2～10ms），不适合于给通信等精密系统供电，主要用于一般的个人计算机系统。系统工作原理如图2-73所示。

正常运行时，交流电源（市电）经阻抗Z1、转换器、阻抗Z3向直流母线供电，交流电源（市电）经阻抗Z2和充电器向蓄电池充电，同时经逆变器将交流电送至转换器，处于备用状态。

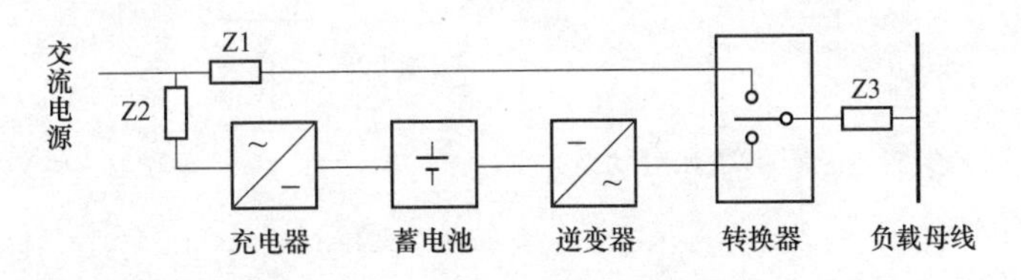

图2-73　UPS系统工作原理图

交流电源（市电）消失时，转换器将负荷切换至逆变器输出电源端继续向负载供电，蓄电池直流电源通过逆变提供电源。

2. 在线式UPS

有交流输入电源时，交流输入电源通过整流变换成直流给电池充电，同时直流通过逆变成交流供给负载，逆变器始终处于工作状态；交流输入电源消失后，电池储存的能量继续通过逆变器供给负载；切换过程中不会停电。在线式UPS工作原理如图2-74所示。

当交流输入电源正常380V AC时，直流主回路有直流电压，供给DC-AC交流逆变器，输出稳定的220V AC交流电压，同时交流输入电源对电池充电。当任何时候交流输入电源欠压或突然掉电，则由蓄电池组通过隔离二极管开关向直流回路馈送电能。从电网供电到电池供电没有切换时间。当电池能量即将耗尽时，不间断电源发出声光报警，并在电池放电下限点停止逆变器工作，长鸣告警。UPS还有过载保护功能，当发生超载（150%负载）时，跳到旁路状态，并在负载正常时自动返回。当发生严重超载（超过 200%额定负载）时，不间断电源立即停止逆变器输出并跳到旁路状态，此时前面空气断路器也可能跳闸。消除故障后，只要合上开关，重新开机即可恢复工作。为使不间断电源充分工作，避免在过载或欠载下运行，电源在开机前，首先计算负载容量。

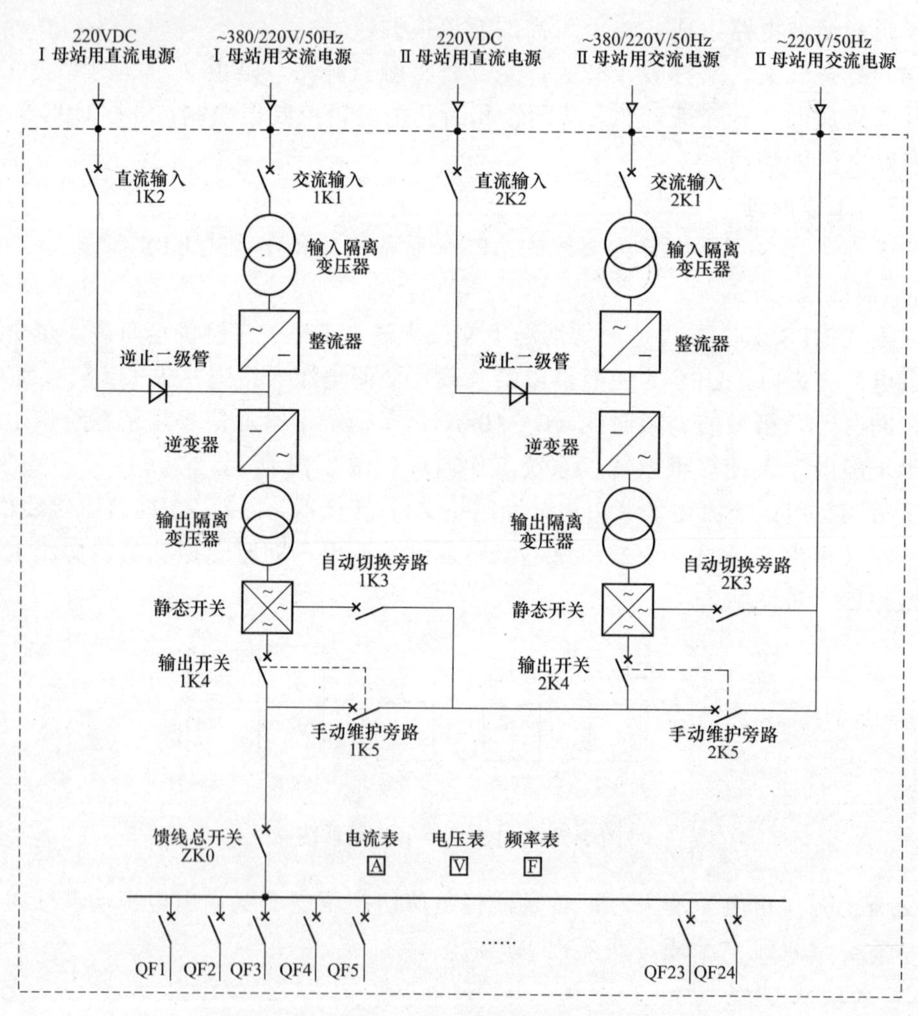

图 2-74 在线式UPS工作原理图

第五节 站内辅助设备设施

变电站内的辅助设备设施主要包括变电站视频系统、微机防误系统、火灾报警系统、变压器排油充氮装置、电子围栏等。

一、变电站视频系统

（一）概述

摄像机通过同轴视频电缆将视频图像传输到硬盘录像机，硬盘录像机对视频图像进行处理，在显示上显示各摄像机实时图像并进行录像及回放。通过硬盘录像机的 RS-485（T+、T－）控制各摄像机镜头的焦距和光圈的调节及云台的上下左右动作。硬盘录像机通过网络与后台监视终端及远方监视中心等连接，实现后台监视终端及远方监视中心对视频系统的控制和图像处理，可实时显示各摄像机的图像，对各摄像机进行录像、抓拍、图像循环存储、图像回放、摄像机及其云台调节等。在后台监视终端及远方监视中心看到清晰的图像，并对图像进行存储及备份，保存重要数据，为电力生产服务。视频系统原理接线简图如图 2-75 所示。

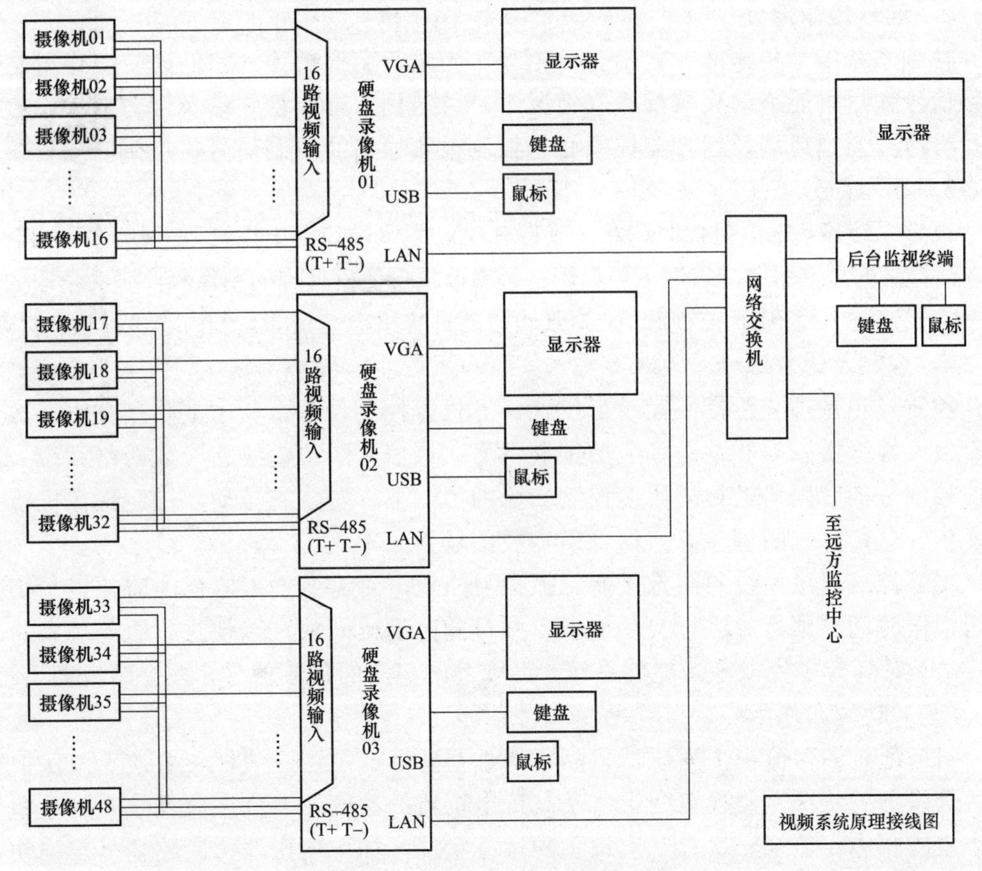

图 2-75　视频系统原理接线简图

（二）视频系统的组成

视频系统由前端部分、信号传输部分、显示部分、控制及记录四部分组成。

1. 前端部分

视频系统前端部分包括摄像机、云台、解码器、防护罩和照明等设备，完成所需要的图像采集。

（1）摄像机是把现场景物的光信号（即景物）变成电信号（即视频信号）的装置。

（2）云台是承载摄像机的载体，载有摄像机的云台在其电动机驱动下做水平方向或垂直方向的转动，或者水平与垂直方向同时转，以扩大摄像机的视场角，增大视野范围，选取最佳角度和最佳焦距摄取所需监视的景物图像。

（3）解码器是将数字控制信号变成模拟电压信号的装置，即把控制中心送来的控制信号（即数字信号）变成相应的电压（即模拟信号），去控制云台的上、下、左、右转动或摄像镜头的变焦、聚焦、光圈调节等。

（4）防护罩主要用于摄像机、云台等摄像设备的保护，具有防尘、防雨、防露、降低云台运转噪声的作用，还兼有摄像机的安全防范（如防盗、防硬物撞击摄像机镜头）等功能。

（5）照明主要有可见光照明灯具及红外灯，是在夜间为摄像机提供光源。

2. 信号传输部分

视频系统信号传输部分包括多种电缆、光缆、交换机等，它们的主要作用是将视频信号在尽可能小的衰减及失真情况下，传送到后台监视终端及远方监控中心，同时将后台监视终端及远方监控中心等控制设备输出的控制信号传送到前端设备。

3. 显示部分

视频系统显示部分包括监视器（或带有 AV 输入端口的电视机）、视频多画面处理器、计算机的显示器等，它们主要作用是再现前端摄像机摄到的图像和监听头拾取的声音，对监控点的目标进行监视和监听，还可以对计算机检索到的录制内容进行重放再现。

4. 控制及记录部分

控制及记录部分包括硬盘录像机、计算机等控制设备。其主要作用如下：

（1）根据实际需要发送相应的控制信号，该信号经传输线路（或网络系统）送到前端部分的解码器进行解码，控制云台的上、下、左、右转动，控制摄像机镜头的变焦、聚焦、光圈调节等，得到所需要的场景。

（2）控制记录系统的图像录制、抓拍与回放，对需要重点监视的监控点景物图像可根据时间、地点等进行自动检索，并可随时调出回放，以便进行查阅和备份。

（3）对具有多种报警功能的系统，可以发出相应的控制信号，去控制报警系统。

（三）功能和作用

（1）通过图像监视主变压器、断路器、互感器、高压开关柜、主控室及保护室设备等设备的状况，监视主变压器及高压电抗器的温度及油位，监视生产场地和设备小室的状态，监视一次、二次设备的运行状况，如主变压器、断路器外部损伤，主变压器油温、油位变化，屏柜仪表和灯光指示及异常信号等。

（2）通过图像跟踪监视重要设备或接头发热等缺陷，通过录像回放了解缺陷的发展情况。

（3）通过图像监视现场人员的作业行为，防止误操作或违章行为。

（4）通过图像监视主设备冲击受电状况或设备操作的状态变化等。

（5）配合其他系统（如入侵报警系统等）的工作，外来人入侵变电站时进行录像。

（四）运行规定

（1）现场规程应有视频系统的规定、运行要求及定位图。

（2）视频系统设备标识、标签齐全、清晰。

（3）运维人员应熟悉变电站视频系统的正常使用方法，熟悉开关机的正确操作流程。

（4）视频系统正常运行时，不得随意退出。

（5）巡视设备发现视频系统缺陷时，应及时通知检修人员尽快处理。

二、微机防误系统

（一）概述

微机防误系统采用自身制定的程序闭锁功能，在微机防误主机上进行模拟操作，生成正确的操作步骤，传送到电脑钥匙，用电脑钥匙操作装设在高压电气设备上的“五防”锁、状态检测器、电编码锁等装置，实现对高压电气设备防止电气误操作功能。

（二）结构组成

微机防误装置由微机防误主机、电脑钥匙、电编码锁、机械编码锁、状态检测器、接地桩等组成。利用预先设置的操作顺序规则与程序来保证操作顺序的正确性，利用编码锁和状态检测器保证操作步骤的正确性，实现全部防误闭锁功能。

（三）功能和作用

微机防误装置应简单完善、安全可靠，操作和维护方便，能够实现“五防”功能，即：

（1）防止误分、误合断路器。

（2）防止带负载拉、合隔离开关或手车触头。

（3）防止带电挂（合）接地线（接地开关）。

（4）防止带接地线（接地开关）合断路器（隔离开关）。

（5）防止误入带电间隔。

（四）运行规定

（1）微机防误装置日常运行时应保持良好的状态，运行巡视及缺陷管理应等同于主设备，检修工作可与主设备检修项目协调配合，定期检查防误装置的运行情况并做好记录。

（2）运维人员发现微机防误装置缺陷后，应及时登记、汇报并做好安全措施。凡是因微机防误装置的原因而导致倒闸操作无法进行的缺陷均应定为危急缺陷，其他定为一般缺陷。

（3）微机防误装置的定期检修调试或消缺等应办理工作票，工作竣工后，检修人员应将检修完成情况以及缺陷处理情况及时记入检修调试记录本，运维人员应认真进行验收，验收合格后，会同检修负责人共同在检修调试记录本中签字认可。

（4）微机防误装置正常情况下严禁解锁或退出运行，解锁工具应封存保管，制定专门的管理和使用制度。

（5）微机防误装置整体停用应经公司总工程师或分管副经理批准，220kV 及以上变电站必须报省公司备案。

（6）防误闭锁装置应有符合现场实际并经运维单位审批的五防规则。

（7）每年应定期对变电运维人员进行培训工作，使其熟练掌握防误装置，做到“四懂三会”（懂原理、懂性能、懂结构和懂用途，会操作、会处缺和会维护）。

（8）每年春季、秋季检修预试前，对防误装置进行普查，保证防误装置正常运行。

（9）解锁规定：

1）倒闸操作过程中，当防误装置发生异常而又必须继续操作时，应立即报告当值值班负责人；值班负责人查明原因确定无误后，报告调度和班长，并向上级申请解锁。220kV 及以上变电站（升压站）、城区 110kV 变电站经总工程师及以上领导批准后，派人携带备用钥匙到现场。110kV 及以下变电站（城区 110kV 变电站除外）由专业所或县公司主管生产领导批准，派人携带备用钥匙到现场。谁批准使用备用钥匙，谁负责明确倒闸操作的第二监护人。

2）当检修人员需要使用万能钥匙时，由检修单位生产技术部门与运行单位生产技术部门联系，经地市公司、发电厂总工程师及以上领导批准并派人携带备用钥匙到相应的变电站（升压站）。

3）不管是运行操作还是检修需要解锁，都必须办理万能钥匙使用登记手续；并在现场把关人员和第二监护人的监督下，由运行人员负责进行解锁。

4）每次解锁操作完成后必须将万能钥匙交还相应的备用万能钥匙保管人员。

5）运行人员只有在发生危及人身、设备和电网安全的事故、障碍和异常情况下，才能敲击玻璃，使用存放在变电站（升压站）的万能钥匙进行解锁操作。使用完后按原方式再次封存。

6）每站必须配备防误装置万能钥匙解锁操作记录簿，放置在现场，每次使用万能钥匙解锁操作后应认真做好记录。

三、火灾报警系统

（一）概述

火灾发生时，安装在保护区域现场的火灾探测器将火灾产生的烟雾、热量和光辐射等火灾特征参数转变为电信号，输送到火灾报警控制器，火灾报警控制器在接收到探测器的火灾报警信息后，经确认判断，显示报警探测器的部位，记录探测器火灾报警时间。

处于火灾现场人员在发现火灾后可立即按动安装在现场的手动火灾报警按钮，手动报警按钮将火灾信息传输到火灾报警控制器，火灾报警控制器在接收到探测器的火灾报警信息后，经确认判断，显示报警探测器的部位，记录探测器火灾报警时间。

火灾报警控制器在确认火灾探测器或手动火灾报警按钮的报警信息后，驱动安装在被保护区域现场的火灾警报装置，发出火灾声光警报，警示有火灾发生。同时可通过网络向集中监控中心发出火灾报警信号。

火灾报警系统原理接线如图 2-76 所示。

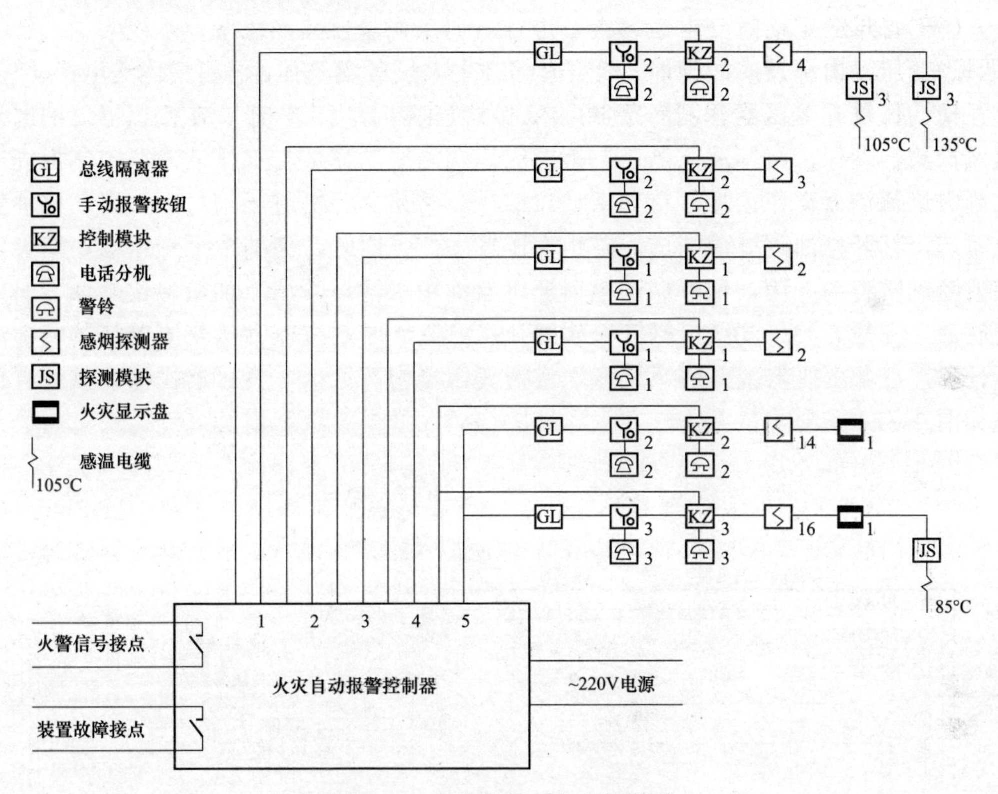

图 2-76　火灾报警系统原理接线

（二）结构组成

火灾报警系统由火灾报警控制器、火灾显示盘、电话、探测器（感烟探测器、感温探测器、红外探测器等）、手动报警按钮、警报器等组成。

（三）功能和作用

发出火灾警报，记录火灾发生的部位和时间。联动其他自动灭火装置灭火（现场安装有自动灭火装置时）。

（四）运行规定

（1）火灾报警系统应建立台账，并有管理制度。

（2）变电运维人员应熟知火灾报警系统的使用方法，熟知火警电话及报警方法。

（3）结合本站实际的消防预案，消防预案内应有本站火灾报警系统的使用说明，定期开展消防演练。

（4）现场运行规程中应有火灾报警系统的操作规定。

（5）变电站应有火灾报警系统布置图，标明探测器的安装地点、数量和类型，变电运维人员应会正确操作、维护火灾报警系统。

（6）火灾报警系统个别探测器故障时，立即对其进行屏蔽，联系厂家及时更换，保证火灾报警系统正常运行。

四、变压器排油充氮装置

（一）概述

当变压器内部发生故障时，油箱内部产生大量可燃气体，引起气体继电器动作，重瓦斯动作跳开变压器各侧断路器；内部故障油温急剧上，布置在变压器上的温感火焰探测器动作，向排油充氮控制柜发火焰探测器动作信号；排油充氮控制柜同时收到火焰探测器动作信号、重瓦斯动作信号、断路器各侧跳闸信号后，启动排油充氮系统，打开排油阀排油泄压，防止变压器爆炸。同时，储油柜至变压器油箱管道上的断流阀自动关闭，切断储油柜向变压器油箱供油，变压器油箱油位降低。一定延时后（一般为 3～20s），氮气释放阀开启，氮气通过注氮管从变压器箱体底部注入，搅拌冷却变压器油并隔离空气，实现变压器内部灭火。变压器排油充氮装置原理如图 2-77 所示。

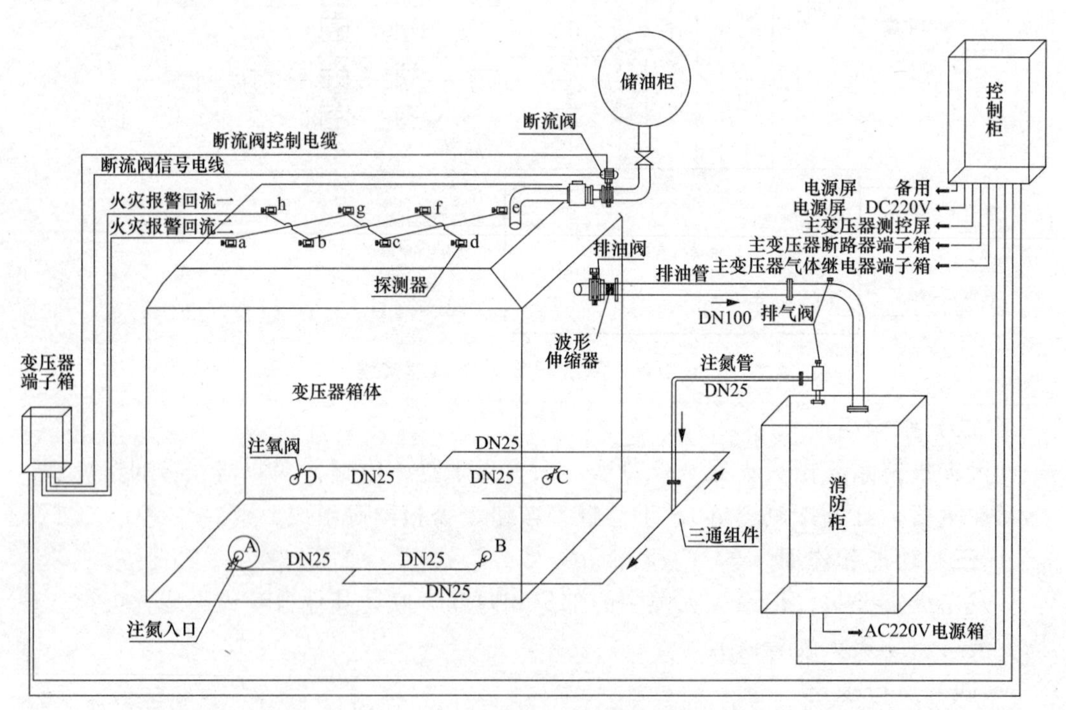

图 2-77　变压器排油充氮装置原理

排油充氮装置灭火流程如图 2-78 所示。

（二）结构组成

排油充氮系统主要包括排油系统、断流系统、注氮系统和控制系统四部分。

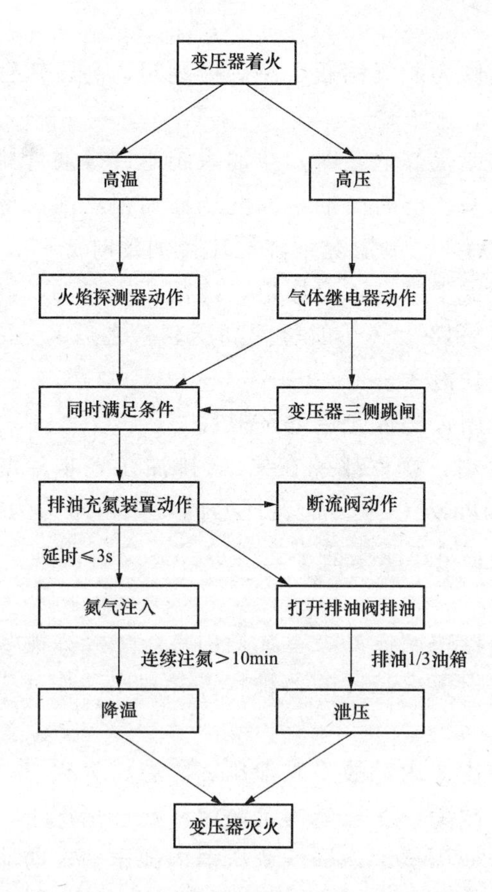

图 2-78　排油充氮装置灭火流程

1. 排油系统

排油系统包括排油管路、排油阀、排油机构、排油视窗等主部件。排油管路的一端连接在变压器上部，另一端接入变压器事故油池。当变压器发生火灾或爆炸危险时，排油系统开启，部分变压器油通过排油管路排出，起泄压作用。排油阀安装在排油管路上，用于隔离密封变压器油，是排油系统的控制阀门。排油机构包括重锤、启动杆和电磁脱扣机构，当电磁脱扣机构接到控制中心指令时脱扣，重锤下落，重锤带动启动杆开启排油阀。排油视窗安装在排油管路上，用于观测排油和漏油情况。

2. 断流系统

断流系统由断流阀构成，安装在变压器储油柜和油箱之间的连接管路上，断流阀平时处于开启状态，当流过阀体的流量达到额定值时自动关闭。当排油注氮系统排油时，断流阀自动切断储油柜与油箱之间的油流，防止储油柜内油进入箱体。

断流阀上设置有保险机构，当保险机构处于“锁止”状态时，断流阀保持强制开启，只有当保险机构“解除锁止”时，断流阀才恢复自动断流功能，当流过阀体的流量达到额定值时自动关闭。

3. 注氮系统

注氮系统的主要组件为贮气钢瓶、瓶头控制阀、高压软管、注氮控制阀、注氮管路。

当变压器发生火灾或爆炸危险时，排油系统通过排油管排放部分变压器油，起泄压作用。同时，断流系统切断储油柜向变压器油箱供油，变压器上部形成了一定空隙，这时注氮系统开启（一般情况下注氮比排油延时 2～3s 开启），氮气通过注氮系统的注氮管路从变压器下部充入变压器，冷却变压器油，同时隔离空气。

注氮阀安装在注氮管路上（一般位于高压软管之后），主要控制系统注氮，注氮保险密封阀具备两个功能：

（1）起二次隔离作用，确保无误动注氮；

（2）起机械联锁作用，确保排油在先。（排油在先非常重要，因为氮气储存钢瓶氮气储存压力为 11MPa 及以上，而变压器的最大耐压力为 0.1MPa，注氮压力远大大高于变压器耐压力，如在注氮前不先排放部分变压器油，则可引起变压器爆裂。

4. 控制系统

控制系统接收断路器跳闸信号、重瓦斯信号、火焰探测装置信号等，控制消防柜内相应部件动作，显示灭火装置的各种状态并发出动作（告警）信号。

（三）功能和作用

保护变压器，在变压器内部故障时泄压、降温、灭火。

当变压器内部发生故障，变压器内部高温、高压情况下，排油充氮装置启动，排除变压器邮箱内部分变压器油，降低变压器内部压力，防止变压器爆炸；并从箱底向邮箱内注入氮气，冷却变压器内部，降低温度，同时起到灭火作用。

（四）运行规定

（1）应有排油充氮装置的专用规程、控制系统图和管道阀门布置图。

（2）排油充氮装置设备标识、标签齐全、清晰。

（3）运维人员应熟悉变电站的排油充氮装置的正常使用方法。

（4）变电站排油充氮装置运行在“手动”状态，运维人员应清楚手动开启排油充氮装置的方法。

（5）定期进行排油充氮装置的巡视和维护，抄录氮气压力数据并比较分析，掌握装置的运行状况，发现问题及时汇报处理。

五、电子围栏

（一）概述

脉冲电子围栏通过脉冲控制器产生和接收高压脉冲信号，在合金探测围栏处于短路、断路状态、激光对射传感器动作或装置被运行中脉冲控制器被人为撤防时，脉冲电子围栏控制器发出警报，同时联动摄像机及照明灯具进行拍摄，记录入侵现场影像，并把入侵信号发送值班室或安全监察部门。监控（保卫）人员可通过电子围栏管理机或远程监控方式查看相应的警情，现场还可通过观察声光报警器的动作情况确定报警区域，派人现场查看处理。电子围栏典型接线如图 2-79 所示。

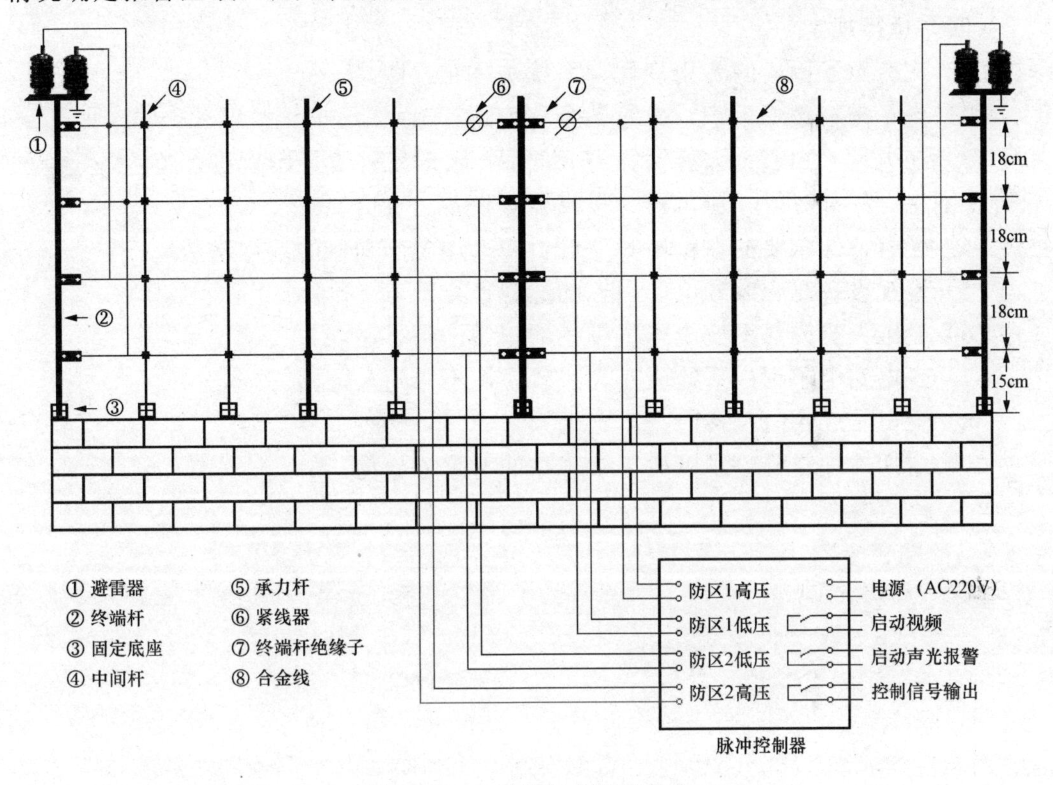

图 2-79 电子围栏典型接线图

（二）结构组成

脉冲电子围栏由合金围栏网、脉冲控制器、声光报警装置、激光对射传感器、电子围栏管理机组成，部分系统还配备有视频和照明系统，用于系统报警后拍摄入侵影像。合金围栏网沿围墙顶部安装成开口式围栏网，出入口在大门，大门两侧安装激光对射传感器，弥补大门因车辆出入超高不能安装固定围栏而出现的盲区，合金围栏网上悬挂适当数量“止步 高压危险”警示牌。

合金围栏网由终端杆、终端杆绝缘子、中间杆、承力杆、紧线器、连线器、避雷器、万向底座等组成，各元件合理布局成牢固的围栏网。围栏网分成几个独立的控制片区，每个片区围栏长宜在 500m 以内，系统称一个片区为一个防区，每个防区金属围栏无缝连接成一整张围栏网。

每个防区均配置脉冲控制器（双防区脉冲控制器可接 2 个防区，单防区脉冲控制器接 1 个防区），脉冲控制器安装在现场围墙上，每个脉冲控制器通过信号线与电子围栏管理机相连，系统主机安装在有人值班的区域（如门卫室或控制室）。

（三）功能和作用

脉冲电子围栏是一种主动入侵防越护栏，具有视觉威慑、入侵阻挡、突破报警、联动视频等功能，可对入侵做出反击，击退入侵者并发出报警信号，可联动视频、照明系统记录入侵影像，可把入侵信号发送到安全部门监控设备上，使管理人员能及时了解报警区域的状况，快速作出处理。

（四）运行规定

（1）应有电子围栏的专用规程、系统防区布置图。

（2）电子围栏设备标识、标签齐全、清晰。

（3）在大风、大雪、大雾等恶劣天气后，要对室外电子围栏进行特巡，重点检查合金围栏、红外对射、避雷器、报警器等设备运行情况。

（4）遇有特殊重要的保供电和节假日应增加电子围栏的巡视次数。

（5）巡视设备时应兼顾电子围栏的巡视检查。

（6）运维人员应熟悉变电电子围栏的正常使用方法。

（7）变电站电子围栏系统应在开启状态，不得随意关闭。

（8）变电站的大门正常应关闭、上锁。

（9）定期清理影响电子围栏正常工作的树障等异物。

设 备 巡 视

为了加强设备管理，及时发现和排除设备隐患、异常及故障，提高设备健康水平，变电运维人员应定期开展设备巡视检查工作，按照规定的巡视时间、巡视路线、巡视内容认真对设备进行巡视检查，及时发现设备异常及缺陷尽快处理，确保电网安全稳定运行。

第一节 设 备 巡 视 规 定

一、设备巡视基本要求

（1）设备巡视应按照计划定期开展，还应结合每月停电检修计划、带电检测、设备消缺维护等工作统筹组织实施，提高运维质量和效率。

（2）巡视应执行标准化作业，保证巡视质量。

（3）运维班班长、副班长和专业工程师应每月至少参加 1 次巡视，监督、考核巡视检查质量。

（4）对于不具备可靠的自动监视和告警系统的设备，应适当增加巡视次数。

（5）为确保熄灯巡视安全，变电站应具备完善的照明。

（6）现场巡视工器具应合格、齐备。

（7）备用设备应按照运行设备的要求进行巡视。

二、设备巡视注意事项

（1）经单位批准允许单独巡视高压设备的人员巡视高压设备时，不准进行其他工作，不准移开或越过遮栏。

（2）巡视设备时运维人员应着工作服，正确佩戴安全帽。巡视前，应准备好打开设备机构箱、端子箱、电源箱、各保护屏配电屏和保护室、高压设备室等所需的钥匙，带好望远镜、红外测温仪、PDA 巡视仪、通信器材等必备工具。

（3）巡视高压设备时应与带电设备保持足够的安全距离：500kV 时大于 5m、220kV 时大于 3m、110kV 时大于 1.5m、35kV 时大于 1m、10kV 时大于 0.7m。

（4）巡视人员应注意人身安全，针对运行异常且可能造成人身伤害的设备应开展远方巡视，应尽量缩短在瓷质、充油设备附近的滞留时间。

（5）巡视高压设备时，至少两人一组，新参加运维工作的人员和实习人员不得单独巡视检查设备。

（6）雷雨天气巡视室外高压设备时，应穿绝缘靴、着雨衣，不得靠近避雷器和避雷针，不得触碰设备、架构。

（7）火灾、地震、台风、冰雪、洪水、泥石流、沙尘暴等灾害发生时，如需要对设备进行巡视时，应制定必要的安全措施，得到设备运维管理单位（部门）分管领导批准，并至少两人一组，巡视人员应与派出部门之间保持通信联络。

（8）高压设备发生接地时，室内人员应距离故障点 4m 以外，室外人员应距离故障点 8m 以外。进入上述范围人员应穿绝缘靴，接触设备的外壳和构架时，应戴绝缘手套。

（9）巡视室内设备，应随手关门。

（10）运维人员巡视检查后，应将本次抄录的数据与上次巡视检查抄录的数据进行认真核对和分析，及时发现设备存在的问题。

三、设备巡视分类及周期

变电站的设备巡视检查分为例行巡视、全面巡视、熄灯巡视、专业巡视和特殊巡视。

1. 例行巡视

（1）例行巡视是指对站内设备及设施外观、异常声响、设备渗漏、监控系统、二次装置及辅助设施异常告警、消防安防系统完好性、变电站运行环境、缺陷和隐患跟踪检查等方面进行的常规性巡查，具体巡视项目按照现场运行通用规程和专用规程执行。

（2）一类变电站每 2 天不少于 1 次；二类变电站每 3 天不少于 1 次；三类变电站每周不少于 1 次；四类变电站每 2 周不少于 1 次。

（3）配置机器人巡检系统的变电站，机器人可巡视的设备可由机器人巡视代替人工例行巡视。

2. 全面巡视

（1）全面巡视是指在例行巡视项目基础上，对站内设备开启箱门检查，记录设备运行数据，检查设备污秽情况，检查防火、防小动物、防误闭锁等有无漏洞，检查接地引下线是否完好，检查变电站设备厂房等方面的详细巡查。全面巡视和例行巡视可一并进行。

（2）一类变电站每周不少于 1 次；二类变电站每 15 天不少于 1 次；三类变电站每月不少于 1 次；四类变电站每 2 月不少于 1 次。

（3）需要解除防误闭锁装置才能进行巡视的，巡视周期由各运维单位根据变电站运行环境及设备情况在现场运行专用规程中明确。

3. 熄灯巡视

（1）熄灯巡视指夜间熄灯开展的巡视，重点检查设备有无异常电晕，触头、引线、接头有无放电、发红发热现象，套管、末屏有无闪络现象等。

（2）熄灯巡视每月不少于1次。

4. 专业巡视

（1）专业巡视指为深入掌握设备状态，由运维、检修、设备状态评价人员联合开展对设备的集中巡查和检测。

（2）一类变电站每月不少于1次；二类变电站每季度不少于1次；三类变电站每半年不少于1次；四类变电站每年不少于1次。

5. 特殊巡视

（1）特殊巡视指因设备运行环境、方式变化、缺陷发展、设备新投等情况而开展的巡视检查。一次设备重点检查设备油位、油温变化情况，各部件渗漏油情况，触头及连接部位有无发红发热、打火现象，外绝缘无闪络放电痕迹及破裂现象，箱体无进水受潮现象等。二次设备重点检查装置运行指示灯及保护连接片是否投退正确，保护装置开入量、开入信号变化情况，设备保护定值核对等。

（2）遇有以下情况，应开展特殊巡视：

1）大风后；

2）雷雨后；

3）冰雪、冰雹后、雾霾过程中；

4）新设备投入运行后；

5）设备经过检修、改造或长期停运后重新投入系统运行后；

6）设备缺陷有发展时；

7）设备发生过负载或负载剧增、超温、发热、系统冲击、跳闸等异常情况；

8）法定节假日、上级通知有重要保供电任务时；

9）电网供电可靠性下降或存在发生较大电网事故（事件）风险时段。

第二节 一 次 设 备 巡 视

一、主变压器巡视

（一）例行巡视内容及要求

1. 本体及套管

（1）设备出厂铭牌齐全、清晰可识别，运行编号及相序标识清晰、可识别。

（2）运行监控信号、灯光指示、运行数据等均正常。

（3）变压器外观完整，表面清洁、无渗漏油，各部件连接牢固。

（4）套管油位正常，外部无破损裂纹、无严重油污、无放电痕迹，防污闪涂料无起皮、脱落等异常现象。末屏无异常声音，接地引线固定良好，均压环无开裂、歪斜。

（5）变压器声响均匀、正常，无异常振动和声响。

（6）引线接头处接触良好，无过热发红现象，无断股、散股。

（7）变压器外壳及箱沿无异常发热，外壳、铁芯和夹件接地良好。

（8）35kV及以下接头及引线绝缘护套良好。

2. 分接开关

（1）分接开关挡位指示与监控系统一致。三相分体式变压器分接挡位三相应置于相同挡位，且与监控系统一致。

（2）机构箱电源指示正常，密封良好，加热、驱潮等装置运行正常。

（3）分接开关的油位、油色正常。

（4）在线滤油装置工作方式设置正确，电源、压力表指示正常，装置无渗油、漏油现象。

3. 冷却系统

（1）各冷却器（散热器）风扇、油泵、水泵运转正常，无其他金属碰撞声，油流继电器指示正常，无颤动现象。

（2）冷却系统及连接管道无渗漏油，特别是冷却器潜油泵负压区无渗油、漏油现象。

（3）冷控箱内电源和切换开关位置正确，冷却器投入运行方式满足降温要求。冷却器组数应按规定启用，分布合理。

（4）水冷却器压差继电器、压力表、温度表、流量表的指示正常，指针无抖动现象。

4. 非电量保护装置

（1）温度计外观完好、指示正常，表盘密封良好，无进水、凝露，温度指示正确，现场温度计与监控系统中的温度显示一致，其温度误差一般不得超过5℃。

（2）压力释放阀、安全气道及防爆膜完好无损，压力释放阀的指示杆未突出，无喷油痕迹。

（3）气体继电器玻璃窗清洁、不渗油，继电器内应无气体。

（4）气体继电器、油流速动继电器、温度计防雨措施完好。

5. 储油柜

（1）本体及有载调压开关储油柜的油位应与制造厂提供的油温、油位曲线相对应。

（2）本体及有载调压开关吸湿器呼吸正常，外观完好，吸湿剂干燥，潮解变色部分不应超过总量的2/3。油封杯油位正常。

6. 其他

（1）各控制箱、端子箱和机构箱应密封良好，加热、防潮装置运行正常。箱内无异常响声、冒烟、烧焦气味。

（2）变压器室通风设备应完好，温度正常。门窗、照明完好，房屋无渗水、漏水现象。

（3）电缆穿管端部封堵严密。

（4）各种标志齐全明显。

（5）变压器导线、接头、母线上无异物。

（6）存在的设备缺陷无进一步发展。

（二）全面巡视内容及要求

全面巡视在例行巡视的基础上增加以下项目：

（1）检查排油充氮等灭火装置状态应正常，氮气压力在正常范围内，消防设施齐全完好。

（2）储油池和排油设施应保持良好状态，保持储油坑的排油管道畅通，以便事故发生时能迅速排油。

（3）各控制箱、端子箱箱体接地完好，无开裂、塌陷等情况。

（4）冷却系统各信号正确。

（5）在线监测装置应保持良好状态，并及时对数据进行分析、比较。

（6）变压器基础完好，无开裂、塌陷等情况。

（7）检查主变压器各部件的接地完好，铁芯、夹件通过小套管引出接地和外壳接地线接地良好，接地引下线、接地扁铁无锈蚀、松动现象。

（8）抄录主变压器油温及油位。

二、断路器巡视

（一）例行巡视内容及要求

1. 本体

（1）外观清洁、无异物、无异常声响，各部件连接牢固。

（2）本体油位正常，无渗漏油现象，油位计清洁，油色正常。

（3）套管无异常声响、外壳无变形、密封条无脱落。

（4）分闸、合闸指示正确，与实际位置相符；

（5）SF_6 密度继电器（压力表）指示正常、外观无破损或渗漏现象，防雨罩完好。

（6）外绝缘无裂纹、破损及放电现象，增爬伞裙黏接牢固、无变形，防污涂料完好，无脱落、起皮现象。

（7）引线弧垂满足要求，无散股、断股，两端线夹无松动、裂纹、变色现象。

（8）均压环安装牢固，无锈蚀、变形、破损。

（9）套管防雨帽无异物堵塞，无鸟巢、蜂窝等。

（10）金属法兰无裂痕，防水胶完好，连接螺栓无锈蚀、松动、脱落。

（11）传动部分无明显变形、锈蚀，轴销齐全。

2. 操动机构

（1）液压、气动操动机构压力表指示正常。

（2）液压操动机构油位、油色正常。

（3）弹簧储能操动机构储能正常。

3. 其他

（1）设备名称、编号、铭牌齐全、清晰，相序标志明显。

（2）机构箱、汇控柜箱门平整，无变形、锈蚀，机构箱锁具完好。

（3）基础构架无破损、开裂、下沉，支架无锈蚀、松动或变形，无鸟巢、蜂窝等异物。

（4）接地引下线标志无脱落，接地引下线可见部分连接完整可靠，接地螺栓紧固，无放电痕迹，无锈蚀、变形现象。

（5）存在的设备缺陷无进一步发展。

（二）全面巡视内容及要求

全面巡视在例行巡视基础上增加以下巡视项目，并抄录断路器油位、SF_6气体压力、液压（气动）操动机构压力、断路器动作次数、操动机构电机动作次数等运行数据。

（1）断路器动作次数计数器和电机运转计数器指示正确。

（2）气动操动机构空气压缩机运转正常、无异常声音，油位、油色正常，机油未乳化变质，接头、管路、阀门无漏气现象；气水分离器工作正常，无渗漏油、无锈蚀。

（3）液压操动机构油位正常、无渗漏，油泵及各储压元件无锈蚀。

（4）弹簧操动机构弹簧无锈蚀、裂纹或断裂。

（5）电磁操动机构合闸保险完好。

（6）SF_6气体管道阀门及液压、气动操动机构管道阀门位置正确。

（7）线夹无裂纹、无明显发热发红迹象，400mm 线径及以上导线设备线夹应钻排水孔，无排水孔设备线夹应加强巡视，应无鼓包、开裂现象。

（8）指示灯正常，连接片投退、远方/就地切换把手位置正确。

（9）空气断路器位置正确，二次元件外观完好、标志、电缆标牌齐全、清晰，电缆槽板齐全。

（10）端子排无锈蚀、裂纹、放电痕迹；二次接线压接良好，无过热、变色、松动、脱落，绝缘无破损、老化现象；二次元器件接线端子无严重的铜绿或铁锈，备用芯绝缘护套完备；电缆孔洞封堵完好。

（11）照明、加热驱潮装置工作正常，投退正确。驱潮加热装置电缆的隔热护套完好，附近电缆无过热灼烧现象。

（12）机构箱透气口滤网无破损，箱内清洁、无异物，无凝露、积水现象，箱内照明完好。

（13）箱门开启灵活，关闭严密，密封条无脱落、老化现象。

（14）“五防”锁具无锈蚀、变形现象，锁具芯片无脱落损坏现象。

（15）高寒地区应检查罐式断路器罐体、气动操动机构及其连接管路加热带工作正常。

三、隔离开关巡视

（一）例行巡视内容及要求

1. 导电部分

（1）合闸状态的隔离开关触头接触良好，合闸角度符合要求；分闸状态的隔离开关触头间的距离或打开角度符合要求，操动机构的分闸、合闸指示与本体实际分闸、合闸位置相符，三相刀片在同一水平面上。

（2）触头、触指（包括滑动触指）、导电臂（管）、压紧弹簧无损伤、变色、锈蚀、变形现象。

（3）引线弧垂满足要求，无散股、断股，两端线夹无松动、裂纹、变色等现象。

（4）导电底座无变形、裂纹，连接螺栓无锈蚀、脱落现象。

（5）均压环安装牢固，表面光滑，无锈蚀、损伤、变形现象。

2. 绝缘子

（1）绝缘子外观清洁，无倾斜、破损、裂纹、放电痕迹或放电异声。

（2）金属法兰与瓷件的胶装部位完好，防水胶无开裂、起皮、脱落现象。

（3）金属法兰无裂痕，连接螺栓无锈蚀、松动、脱落现象。

3. 传动部分

（1）传动连杆、拐臂、万向节无锈蚀、松动、变形现象。

（2）轴销无锈蚀、脱落现象，开口销齐全，螺栓无松动、移位现象。

（3）接地开关平衡弹簧无锈蚀、断裂现象，平衡锤牢固可靠；接地开关可动部件与其底座之间的软连接完好、牢固。

4. 基座、机械闭锁及限位部分

（1）基座无裂纹、破损，连接螺栓无锈蚀、松动、脱落现象，其金属支架焊接牢固，无变形现象。

（2）机械闭锁位置正确，机械闭锁盘、闭锁板、闭锁销无锈蚀、变形、开裂现象，闭锁间隙符合要求。

（3）限位装置完好、可靠。

5. 操动机构

（1）隔离开关操动机构机械指示与实际位置一致。

（2）各部件无锈蚀、松动、脱落现象，连接轴销齐全。

6. 其他

（1）设备名称、编号、铭牌齐全、清晰，相序标识明显。

（2）接地开关位置正确，弹簧无断股，闭锁良好，接地杆的高度不超过规定数值。

（3）机构箱密封良好，无锈蚀、变形，机构箱锁具完好，接地连接线完好。

（4）接地引下线标志无脱落，引下线可见部分连接完整可靠，接地螺栓紧固，无放电痕迹，无锈蚀、变形现象。

（5）存在的设备缺陷无进一步发展。

（二）全面巡视内容及要求

全面巡视在例行巡视的基础上增加以下项目：

（1）隔离开关“远方/就地”切换把手、“电动/手动”切换把手位置正确。

（2）辅助开关外观完好，与传动杆连接可靠。

（3）线夹无裂纹、无明显发热迹象

（4）空气断路器、电动机、接触器、继电器、限位开关等元件外观完好。二次元件标识、电缆标牌齐全、清晰，电缆槽板齐全。

（5）端子排无锈蚀、裂纹、放电痕迹；二次接线无松动、脱落，绝缘无破损、老化现象；备用芯绝缘护套完备；电缆孔洞封堵完好。

（6）驱潮加热装置工作正常，加热器电缆的隔热护套完好，附近电缆无烧损现象。

（7）机构箱透气口滤网无破损，箱内清洁，无异物、凝露和积水现象。

（8）箱门开启灵活，关闭严密，密封条无脱落、老化，接地连接线完好。

（9）“五防”锁具无锈蚀、变形，锁具芯片无脱落、损坏现象。

（10）基础无破损、开裂、倾斜、下沉，架构无锈蚀、松动、变形，无鸟巢、蜂窝等异物。

四、电流互感器巡视

（一）例行巡视内容及要求

（1）设备外观完整，各连接引线及接头无发热、变色迹象，引线无断股、散股。

（2）外绝缘表面完整，无裂纹、放电痕迹，无老化迹象，防污闪涂料完整、无脱落。

（3）金属部位清洁，无爆皮、掉漆，无锈蚀。

（4）无异常振动、声响及异味。

（5）底座、支架接地可靠，无锈蚀、脱焊现象，整体无倾斜变形。

（6）二次接线盒关闭紧密，电缆进出口密封良好。

（7）接地标识、出厂铭牌、设备标示牌、相序标识齐全、清晰。

（8）油浸电流互感器油色、油位指示正常，各部位无渗漏油现象；吸湿器硅胶变色在规定范围内；金属膨胀器无变形，膨胀位置指示正常。

（9）SF_6 电流互感器压力表指示在规定范围，无漏气现象，密度继电器正常，防爆膜无破裂。

（10）干式电流互感器外绝缘表面无腐蚀、开裂，无放电现象，外露铁芯无锈蚀。

（11）存在的设备缺陷无进一步发展。

（二）全面巡视内容及要求

全面巡视在例行巡视的基础上，增加以下项目：

（1）端子箱内各空气断路器投退正确，二次接线名称齐全，引接线端子无松动、破损、过热、打火现象，接地牢固可靠。

（2）端子箱内孔洞封堵严密，照明完好；电缆标牌齐全、完整。

（3）端子箱门开启灵活、关闭严密，无变形、锈蚀，接地牢固，标识清晰。

（4）端子箱内部清洁，无异常气味、无受潮凝露现象；驱潮加热装置运行正常，加热器按季节和要求正确投退。

（5）线夹无裂纹，无明显发热、发红迹象。

（6）SF_6电流互感器气体密度表（继电器）无异常，记录压力值。

（7）基础完好，无开裂、塌陷等情况，各部位接地可靠，接地引下线、接地扁铁无锈蚀、松动现象。

五、电压互感器巡视

（一）例行巡视内容及要求

（1）设备外观完整，表面清洁，各部连接牢固。

（2）各连接引线及接头无松动、发热、变色迹象，引线无断股、散股。

（3）外绝缘表面完整，无裂纹、放电痕迹，无老化迹象，防污闪涂料完整、无脱落。

（4）金属部位无锈蚀；底座、支架基础牢固，无倾斜变形。

（5）无异常振动、音响及异味。

（6）各部位接地良好，接地引下线无锈蚀、松动情况。

（7）二次接线盒关闭紧密，电缆进出口密封良好；端子箱门关闭良好。

（8）均压环完整、牢固，无异常可见电晕。

（9）油浸电压互感器油色、油位指示正常，各部位无渗漏油现象；吸湿器硅胶变色小于2/3；金属膨胀器膨胀位置指示正常。

（10）SF_6电压互感器压力表指示在规定范围内，无漏气现象，密度继电器正常，防爆膜无破裂。

（11）电容式电压互感器的电容分压器及电磁单元无渗漏油。

（12）干式电压互感器外绝缘表面无腐蚀、开裂、凝露、放电现象，外露铁芯应无锈蚀。

（13）330kV及以上电容式电压互感器电容分压器各节之间防晕罩连接可靠。

（14）接地标识、设备出厂铭牌、设备标示牌、相序标注齐全、清晰。

（15）存在的设备缺陷无进一步发展。

（二）全面巡视内容及要求

全面巡视在例行巡视的基础上，增加以下项目：

（1）端子箱内各二次空气断路器、隔离开关、切换把手、熔断器投退正确，二次接线名称齐全，引接线端子无松动、破损、过热、打火现象，接地牢固可靠。

（2）端子箱内孔洞封堵严密，照明完好，电缆标牌齐全、完整。

（3）端子箱门开启灵活、关闭严密，无变形、锈蚀，接地牢固，标识清晰。

（4）端子箱内部清洁，无异常气味、无受潮凝露现象；驱潮加热装置运行正常，加热器按要求正确投退。

（5）线夹无裂纹，无明显发热、发红迹象。

（6）SF_6电压互感器气体密度表（继电器）无异常，能正常记录压力值。

（7）基础完好，无开裂、塌陷等情况，各部位接地可靠，接地引下线、接地扁铁无锈蚀、松动现象。

六、防雷及接地装置巡视

（一）例行巡视内容及要求

1．避雷器

（1）设备出厂铭牌、设备标示牌、相序及接地标识齐全、清晰。

（2）瓷套部分无裂纹、破损、放电现象，防污闪涂层无破裂、起皱、鼓泡、脱落；硅橡胶复合绝缘外套伞裙无破损、变形，无电蚀痕迹。

（3）均压环无位移、变形、锈蚀现象，与本体连接良好，无放电痕迹。

（4）密封结构金属件和法兰盘无裂纹、锈蚀。

（5）压力释放装置封闭完好且无异物。

（6）底座固定牢固、整体无倾斜；绝缘底座表面无破损、积污。

（7）引下线支持小套管清洁、无碎裂，螺栓紧固。

（8）运行时无异常声响。

（9）监测装置外观完整、清洁，密封良好并连接紧固；表计指示正常，数值无超标；放电计数器完好，内部无受潮、进水。

（10）引流线无松股、断股和弛度过紧、过松现象；接头无松动、发热或变色等现象。

（11）存在的设备缺陷无进一步发展。

2．避雷针

（1）设备出厂铭牌齐全、清晰可识别，运行编号标识清晰可识别。

（2）设备外观完整，各部连接牢固可靠。

（3）避雷针本体塔材无缺失、脱落，无摆动、倾斜、裂纹、锈蚀。

（4）存在的设备缺陷无进一步发展。

（二）全面巡视内容及要求

全面巡视在例行巡视的基础上增加以下项目：

1．避雷器

（1）线夹无裂纹，无明显发热、发红迹象。

（2）记录避雷器泄漏电流的指示值及放电计数器的指示数，并与历史数据进行比较。

（3）设备基础完好、无塌陷。接地引下线连接可靠，无锈蚀、断裂。

2．避雷针

（1）避雷针接地引下线焊接处无开裂，压接螺栓无松动，连接处无锈蚀；黄绿相间的接地标识清晰，无脱落、变色。

（2）避雷针连接部件螺栓无松动、脱落；连接部件本体无裂纹；镀锌层表面光滑、连续、完整，呈灰色或暗灰色，无黄色、铁红色、鼓泡及起皮等异常现象。

（3）钢管避雷针排水孔无堵塞、无锈蚀。

（4）避雷针基础完好，无沉降、破损、酥松、裂纹及露筋等现象。

（5）焊接接头无裂纹、锈蚀，无镀锌层脱落现象。

七、并联电容器巡视

（一）例行巡视内容及要求

（1）设备出厂铭牌、运行编号、相序标识齐全、清晰。

（2）母线及引线无过紧、过松、散股、断股，无异物缠绕，各连接头接触良好，无过热、发红现象。

（3）无异常振动或响声。

（4）电容器壳体无变色、膨胀变形；集合式电容器无渗漏油，油温、储油柜油位正常，吸湿器受潮硅胶不超过 2/3，阀门结合处无渗漏油现象；带有外熔断器的电容器，应检查外熔断器完好。

（5）限流电抗器附近无磁性杂物存在；干式电抗器表面涂层无变色、龟裂、脱落或爬电痕迹，无放电及焦味；电抗器撑条无脱出现象；油电抗器无渗漏油。

（6）放电线圈二次接线紧固，无发热、松动现象；干式放电线圈绝缘树脂无破损、放电；油浸放电线圈油位正常，无渗漏。

（7）避雷器安装应垂直、牢固，外绝缘无破损、裂纹及放电痕迹，运行中避雷器泄漏电流正常，无异响。

（8）电缆穿管端部封堵严密。

（9）套管及支柱绝缘子完好、无破损，无裂纹及放电痕迹。

（10）围栏安装牢固，门关闭，无杂物，“五防”锁具完好。

（11）并联电容器本体及支架上无杂物，支架无锈蚀、松动或变形。

（12）存在的设备缺陷无进一步发展。

（二）全面巡视内容及要求

全面巡视在例行巡视的基础上增加以下项目：

（1）电容器室干净整洁，照明及通风系统完好。

（2）电容器防小动物设施完好。

（3）端子箱门应关严，无进水受潮现象；温控除湿装置应工作正常，在“自动”方式长期运行。

（4）端子箱内孔洞封堵严密，照明完好；电缆标牌齐全、完整。

（5）基础完好，无开裂、塌陷等情况。

（6）设备的接地良好，接地引下线无锈蚀、断裂且标识完好。

八、电抗器巡视

（一）例行巡视内容及要求

1. 干式电抗器

（1）设备出厂铭牌、运行编号及相序标识齐全、清晰。

（2）包封表面无裂纹及油漆脱落现象，防雨帽、防鸟罩完好，螺栓紧固。

（3）空心电抗器撑条无松动、位移、缺失等情况。

（4）铁芯电抗器紧固件无松动，温度显示及风机工作正常。

（5）引线无散股、断股、扭曲，松弛度适中；连接金具接触良好，无裂纹、发热变色及变形。

（6）绝缘子无破损，金具完整；支柱绝缘子金属部位无锈蚀，支架牢固，无倾斜变形。

（7）运行中无过热，无异常声响、振动及放电声。

（8）电缆穿管端部封堵严密。

（9）围栏安装牢固，门关闭，无杂物；“五防”锁具完好；周边无异物且金属物无异常发热。

（10）电抗器本体及支架上无杂物，室外布置应检查有无鸟窝、蜂巢等异物。

（11）存在的设备缺陷无进一步发展。

2. 油浸式电抗器

（1）设备出厂铭牌、运行编号及相序标识齐全、清晰。

（2）设备外观完整，表面清洁、无渗漏（油浸式），各部位连接牢固。

（3）油温及绕组温度正常，温度计指示正确。储油柜的油位应正常，符合油位与油温的关系曲线。

（4）套管油位、油色应正常，套管外部无破损裂纹，无油污、放电痕迹及其他异常现象。

（5）储油柜、套管及法兰、阀门、油管、气体继电器等各部位无渗漏油。

（6）气体继电器内充满油，无气体。

（7）压力释放装置完好，无喷油痕迹及动作指示。

（8）呼吸器完好，油封杯内油面、油色正常，呼吸畅通。对单一颜色硅胶，受潮变色硅胶不超过 2/3；对多种颜色硅胶，受潮变色硅胶不超过 3/4。

（9）引线无散股、断股、扭曲，松弛度适中；连接金具接触良好，无裂纹、发热变色和变形。

（10）绝缘子无破损，金具完整；支柱绝缘子金属部位无锈蚀，支架牢固，无倾斜变形。

（11）运行中无过热，无异常声响、振动及放电声。

（12）电缆穿管端部封堵严密。

（13）围栏安装牢固，门关闭，无杂物；“五防”锁具完好；周边无异物且金属物无异常发热。

（14）电抗器本体及支架上无杂物，室外布置应检查有无鸟窝等异物。

（15）存在的设备缺陷无进一步发展。

（二）全面巡视内容及要求

全面巡视在例行巡视的基础上增加以下项目：

（1）电抗器室干净整洁，照明及通风系统完好。

（2）电抗器防小动物设施完好。

（3）检查接地引线完好。

（4）端子箱门关闭，封堵完好，无进水受潮。箱内加热、防潮装置工作正常。

（5）表面涂层无破裂、起皱、鼓泡、脱落现象。

（6）端子箱内孔洞封堵严密，照明完好；电缆标牌齐全、完整。

（7）设备接地良好，接地引下线无锈蚀、断裂，接地标识完好。

（8）设备基础构架无倾斜、下沉。

九、开关柜巡视

（一）例行巡视内容及要求

（1）开关柜运行编号标识正确、清晰，编号应采用双重编号。

（2）开关柜上断路器或手车位置指示灯、断路器储能指示灯、带电显示装置指示灯指示正常。

（3）开关柜内断路器操作方式选择开关处于运行、热备用状态时置于“远方”位置，其余状态时置于“就地”位置。

（4）机械分、合闸位置指示与实际运行方式相符。

（5）开关柜内无放电声、异味和不均匀的机械噪声，柜体温升正常。

（6）开关柜压力释放装置无异常，释放出口无障碍物。

（7）柜体无变形、下沉现象，柜门关闭良好，各封闭板螺栓齐全，无松动、锈蚀。

（8）开关柜闭锁盒、“五防”锁具闭锁良好，锁具标号正确、清晰。

（9）充气式开关柜气压正常。

（10）开关柜内 SF_6 断路器气压正常。

（11）开关柜内断路器储能指示正常。

（12）开关柜内照明正常，非巡视时间照明灯应关闭，通过观察窗观察柜内设备应正常，绝缘应完好、无破损。

（二）全面巡视内容及要求

全面巡视在例行巡视的基础上增加以下项目：

（1）设备出厂铭牌齐全、清晰可识别，相序标识清晰可识别。

（2）开关柜面板上应有间隔单元的一次电气接线图，并与柜内设备实际一次接线一致。

（3）开关柜接地应牢固，封闭性能及防小动物设施应完好。

（4）开关柜控制仪表巡视检查项目及要求：

1）表计、继电器工作正常，无异声、异味。

2）不带有温湿度控制器的驱潮装置小开关正常在合闸位置，驱潮装置附近温度应稍高于其他部位；带有温湿度控制器的驱潮装置，温湿度控制器电源灯亮，根据温湿度控制器设定启动温度和湿度，检查加热器是否正常运行。

3）控制电源、储能电源、加热电源、电压小开关正常在合闸位置。

4）环路电源小开关除在分段点处断开外，其他柜均在合闸位置。

5）二次接线连接牢固，电缆槽板、电缆吊牌齐全，无断线、破损、变色现象。

6）二次接线穿柜部位封堵良好。

（5）有条件时，通过观察窗检查以下项目：

1）开关柜内部无异物；

2）支柱绝缘子表面清洁，无裂纹、破损及放电痕迹；

3）引线接触良好，无松动、锈蚀、断裂现象；

4）绝缘护套表面完整，无变形、脱落、烧损；

5）油断路器、油浸式电压互感器等充油设备，油位在正常范围内，油色透明、无炭黑等悬浮物，无渗漏油现象；

6）检查开关柜内 SF_6 断路器气压是否正常，并抄录气压值。

7）试温蜡片（试温贴纸）变色情况及有无熔化；

8）隔离开关动、静触头接触良好，触头、触片无损伤、变色，压紧弹簧无锈蚀、断裂、变形；

9）断路器、隔离开关的传动连杆、拐臂无变形，连接无松动、锈蚀，开口销齐全，轴销无变位、脱落、锈蚀；

10）断路器、电压互感器、电流互感器、避雷器等设备外绝缘表面无脏污、受潮、裂纹、放电和腐蚀现象；

11）避雷器泄漏电流表电流值在正常范围内；

12）手车动、静触头接触良好，闭锁可靠；

13）开关柜内部二次接线固定牢固、无脱落，无接头松脱、过热，引线断裂，外绝缘破损等现象；

14）柜内设备标识齐全、无脱落；

15）一次电缆进入柜内处封堵良好。

（6）开关柜基础完好，无开裂、塌陷等情况。

（7）开关柜接地可靠，接地引下线、接地扁铁无锈蚀、松动现象。

（8）存在的设备缺陷无进一步发展。

十、组合电器巡视

（一）例行巡视内容及要求

（1）设备出厂铭牌齐全、清晰，运行编号及相序标识清晰。

（2）外壳无锈蚀、损坏，漆膜无局部颜色加深或烧焦、起皮现象。

（3）伸缩节外观完好，无破损、变形、锈蚀现象。

（4）外壳间导流排外观完好，金属表面无锈蚀，连接无松动。

（5）套管表面清洁，无开裂、放电痕迹及其他异常现象；金属法兰与瓷件胶装部位黏合应牢固，防水胶应完好。

（6）增爬措施（伞裙、防污涂料）完好，伞裙无塌陷变形，表面无击穿，黏接界面牢固；防污闪涂料涂层无剥离、破损现象。

（7）均压环外观完好，无锈蚀、变形、破损、倾斜脱落等现象。

（8）引线无散股、断股；引线连接部位接触良好，无裂纹、发热变色和变形等现象。

（9）对室内组合电器，进门前检查氧量仪和气体泄漏报警仪无异常。

（10）运行中组合电器无异味，重点检查机构箱中有无线圈烧焦气味。

（11）运行中组合电器无异常放电、振动声，内部及管路无异常声响。

（12）SF_6气体压力表或密度继电器外观完好，编号标识清晰、完整，二次电缆无脱落、无破损，防雨罩完好。

（13）对于不带温度补偿的SF_6气体压力表或密度继电器，应对照制造厂提供的温度-压力曲线与相同环境温度下的历史数据进行比较，分析是否存在异常。

（14）压力释放装置（防爆膜）外观完好，无锈蚀变形，防护罩无异常，其释放出口无积水（冰）、无障碍物。

（15）开关设备机构油位计和压力表指示正常，无明显漏气、漏油。

（16）断路器、隔离开关、接地开关等位置指示正确，清晰可见，机械指示与电气指示一致，符合现场运行方式。

（17）断路器、油泵动作计数器指示值正常。

（18）机构箱、汇控柜等的防护门密封良好、平整，无变形、锈蚀。

（19）带电显示装置指示正常，清晰可见。

（20）各类配管及阀门无损伤、变形、锈蚀，阀门开闭正确，管路法兰与支架完好。

（21）避雷器的动作计数器指示值正常，泄漏电流指示值正常。

（22）各部件的运行监控信号、灯光指示、运行信息显示等均应正常。

（23）智能柜散热冷却装置运行正常；智能终端/合并单元信号指示正确，与设备运行方式一致，无异常告警信息；相应间隔内各气室的运行及告警信息显示正确。

（24）对集中供气系统，应检查以下项目：

1）气压表压力正常，各接头、管路、阀门无漏气；

2）各管道阀门开闭位置正确；

3）空气压缩机运转正常，机油无渗漏、无乳化现象。

（25）在线监测装置外观良好，电源指示灯正常，应保持良好运行状态。

（26）组合电器室的门窗、照明设备应完好，房屋无渗漏水，室内通风良好。

（27）组合电器本体及支架无异物，运行环境良好。

（28）存在的设备缺陷无进一步发展。

（二）全面巡视内容及要求

全面巡视应在例行巡视的基础上增加以下项目：

（1）汇控柜及二次回路检查内容如下：

1）箱门开启灵活，关闭严密，密封条良好，箱体透气口滤网完好、无破损，箱内无水迹，箱体接地良好。

2）箱内无遗留工具等异物。

3）接触器、继电器、辅助开关、限位开关、空气断路器、切换开关等二次元件接触良好、位置正确，电阻、电容等元件无损坏，中文名称标识正确、齐全。

4）二次接线压接良好，无过热、变色、松动，接线端子无锈蚀，电缆备用芯绝缘护套完好。

5）二次电缆绝缘层无变色、老化或损坏，电缆槽板、电缆标牌齐全。

6）电缆孔洞封堵严密牢固，无漏光、漏风、裂缝和脱漏现象，表面光洁平整。

7）汇控柜保温措施完好，温湿度控制器及加热器回路运行正常、无凝露，加热器位置应远离二次电缆。

8）照明装置正常。

9）指示灯、光字牌指示正常。

10）光纤完好，端子清洁、无灰尘。

11）连接片投退正确。

12）防误闭锁装置完好。

13）记录避雷器动作次数、泄漏电流指示值。

（2）组合电器支架无锈蚀、松动或变形。

（3）设备基础无下沉、倾斜，无破损、开裂。

（4）接地连接无锈蚀、松动、开断，无油漆剥落，接地螺栓压接良好。

十一、母线及绝缘子巡视

（一）例行巡视内容及要求

1. 母线

（1）名称、电压等级、编号、设备出厂铭牌、相序等标识齐全、完好，清晰可辨。

（2）无异物悬挂。

（3）外观完好，表面清洁，连接牢固。

（4）无异常振动和声响。

（5）线夹、接头无松动、无过热、无异常。

（6）带电显示装置运行正常。

（7）软母线无断股、散股及腐蚀现象，表面光滑整洁。

（8）硬母线应平直，焊接面无开裂、脱焊，伸缩节应正常。
（9）绝缘母线表面绝缘包敷严密，无开裂、起层和变色现象。
（10）绝缘屏蔽母线屏蔽接地应接触良好。
2. 引流线
（1）引线无断股或松股现象，连接螺栓无松动、脱落，无腐蚀现象，无异物悬挂。
（2）线夹、接头无过热、无异常。
（3）无绷紧或松弛现象。
3. 金具
（1）无锈蚀、变形、损伤。
（2）伸缩节无变形、散股及支撑螺杆脱出现象。
（3）线夹无松动，均压环平整牢固，无过热、发红现象。
4. 绝缘子
（1）绝缘子防污闪涂料无大面积脱落、起皮现象。
（2）绝缘子各连接部位无松动现象，连接销子无脱落等，金具和螺栓无锈蚀。
（3）绝缘子表面无裂纹、破损和电蚀，无异物附着。
（4）支柱绝缘子伞裙、基座及法兰无裂纹。
（5）支柱绝缘子及硅橡胶增爬伞裙表面清洁、无裂纹及放电痕迹。
（6）支柱绝缘子无倾斜。

（二）全面巡视内容及要求

全面巡视应在例行巡视基础上增加以下内容：
（1）检查绝缘子表面积污情况，有无零值绝缘子脱落。
（2）支柱绝缘子结合处涂抹的防水胶无脱落现象，水泥胶装面完好。

十二、电力电缆巡视

（一）例行巡视内容及要求

1. 电缆本体
（1）电缆本体无明显变形。
（2）外护套无破损和龟裂现象。
2. 电缆终端
（1）套管外绝缘无破损、裂纹，无明显放电痕迹、异味及异常响声。
（2）套管密封无漏油、流胶现象；瓷套表面无严重结垢。
（3）固定件无松动、锈蚀，支柱绝缘子外套无开裂、底座无倾斜。
（4）电缆终端及附近无不满足安全距离的异物。
（5）电缆终端无倾斜现象，引流线不应过紧。
（6）电缆金属屏蔽层、铠装层应分别接地良好，引线无锈蚀、断裂现象。
3. 电缆接头
（1）电缆接头无损伤、变形或渗漏，防水密封良好。

（2）中间接头部分应悬空采用支架固定，接头底座无偏移、锈蚀和损坏现象。

4. 接地箱

（1）箱体（含门、锁）无缺失、损坏，固定应可靠。

（2）接地设备应连接可靠，无松动、断开。

（3）接地线或回流线无缺失、受损。

5. 电缆通道

（1）电缆沟盖板表面应平整、平稳，无扭曲变形，活动盖板应开启灵活、无卡涩。

（2）电缆沟无结构性损伤，附属设施应完整。

（二）全面巡视内容及要求

全面巡视在例行巡视的基础上增加以下项目：

（1）消防设施应齐全完好。

（2）在线监测装置应保持良好状态。

（3）电缆支架无缺件、锈蚀、破损现象，接地良好。

（4）主接地引线接地良好，焊接部位应做防腐处理。

（5）电缆通道、夹层应保持整洁、畅通，无火灾隐患，不得积存易燃、易爆物。

（6）电缆通道、夹层内使用的临时电源应满足绝缘、防火、防潮要求，通风、排水及照明设施应良好。

（7）电缆通道内无杂物、积水。

（8）电缆穿过竖井、墙壁、楼板或进入电气盘、柜的孔洞处用防火堵料密实封堵。

（9）防火槽盒、防火涂料、防火阻燃带、防火泥无脱落现象，防火墙标示完好、清晰。

（10）电缆及通道标志牌、标桩完好、无缺失，设备铭牌、相序等标志信息清晰、正确。

（11）其他附属设施无破损。

（12）存在的设备缺陷无进一步发展。

十三、站用变压器（接地变压器）巡视

（一）例行巡视内容及要求

（1）运行监控信号、灯光指示、运行数据等均应正常。

（2）外观清洁，各部位无渗漏油及变形。

（3）套管无破损、裂纹，无放电痕迹及其他异常现象。

（4）站用变压器（接地变压器）本体声响均匀、正常，无异常噪声、振动或放电声。

（5）引线接头、电缆应无过热。

（6）高低压侧绝缘包封情况良好，引线及接头无烧黑、过热，连接金具紧固，

无变形、松脱、锈蚀。

（7）各部位接地可靠，接地引下线无松动、锈蚀、断股。

（8）电缆穿管端部封堵严密。

（9）有载分接开关的分接位置及电源指示正常，分接挡位指示与监控系统一致。

（10）本体运行温度正常，温度计指示清晰，表盘密封良好，防雨措施完好。

（11）压力释放阀及防爆膜完好无损，无漏油现象。

（12）气体继电器内无气体。

（13）储油柜油位计外观正常，油位应与制造厂提供的油温、油位曲线相对应。

（14）吸湿器呼吸畅通，吸湿剂不应自上而下变色，上部不应被油浸润，无碎裂、粉化现象，吸湿剂潮解变色部分不超过总量的2/3，油封杯油位正常。

（15）干式站用变压器环氧树脂表面及端部应光滑、平整，无裂纹、毛刺或损伤变形，无烧焦现象，表面涂层无严重变色、脱落或爬电痕迹。

（16）干式站用变压器温度控制器显示正常，器身感温线固定良好，无脱落现象，散热风扇可正常启动，运转时无异常响声。

（17）气体继电器（本体、有载开关）、温度计防雨措施良好。

（18）存在的设备缺陷无进一步发展。

（二）全面巡视内容及要求

全面巡视在例行巡视的基础上增加以下项目：

（1）端子箱门应关闭严密、无受潮，电缆孔洞封堵完好，温湿度控制装置工作正常。

（2）站用变压器室的门窗、照明完好，房屋无渗漏水，室内通风良好、温度正常、环境清洁。

（3）消防灭火设备良好。

十四、消弧线圈巡视

（一）例行巡视内容及要求

1. 消弧线圈本体

（1）设备铭牌、运行编号标识清晰可见。

（2）设备引线连接完好，无过热，接头无松动、变色现象。

（3）干式消弧线圈表面无裂纹及放电现象，无异味、无异常振动和异响。

（4）油浸式消弧线圈各部位密封应良好、无渗漏。线圈温度计外观完好、指示正常，储油柜的油位应与温度相对应。吸湿器呼吸正常，外观完好，吸湿剂符合要求，油封杯油位正常，各部位无渗油、漏油。压力释放阀应完好无损。

（5）各控制箱、端子箱应密封良好，加热、防潮装置运行正常。

（6）金属部位无锈蚀，底座、支架牢固，无倾斜变形。

（7）各表计指示准确。

（8）消弧线圈室通风正常。

（9）存在的设备缺陷无进一步发展。

2. 控制器

（1）电源工作正常。

（2）液晶显示屏清晰可辨认，无花屏、黑屏，装置采样正常，符合实际运行方式。

（3）与变电站综合自动化系统的通信正常。

（4）控制器打印机能正常工作，备有充足的打印纸，墨盒无干涸、褪色。

（5）存在的设备缺陷无进一步发展。

3. 附属部件

（1）分接开关挡位指示应与消弧线圈控制屏、综合自动化监控系统上的挡位指示一致。

（2）调容式消弧线圈单体电容器套管无渗油，壳体无膨胀变形、无异常发热。

（3）中性点隔离开关分合位置正常，指示位置正确。

（4）无异常振动、异常声响及异味。

（5）存在的设备缺陷无进一步发展。

（二）全面巡视内容及要求

全面巡视在例行巡视的基础上增加以下项目：

（1）二次引线接触良好，接头处无过热、变色，热缩包扎无变形。

（2）阻尼电阻各部位应无发热、鼓包、烧伤等现象，散热风扇启动正常。

（3）阻尼电阻箱内所有熔断器和二次空气断路器正常。

（4）阻尼电阻箱内清洁、无杂物，标志明确，引线端子无松动、过热、打火现象。

（5）设备底座、支架应支撑牢固，无倾斜或变形。

（6）控制箱和二次端子箱内应清洁、无异物。

（7）接地引下线应完好，接地标识清晰可见。

（8）电缆穿管端部封堵严密。

十五、穿墙套管巡视

（一）例行巡视内容及要求

（1）名称、编号、相序等标识齐全、完好，清晰可辨。

（2）表面及增爬裙无严重积污，无破损、变色；复合绝缘黏接部位无脱胶、起鼓等现象。

（3）连接柱头及法兰无开裂、锈蚀现象。

（4）穿墙套管本体、引线连接线夹及法兰处无明显过热。

（5）高压引线、末屏接地线连接正常。

（6）无放电痕迹，无异常响声，无异物搭挂。

（7）固定钢板牢固且接地良好，无锈蚀、无孔洞或缝隙。

（8）充油型穿墙套管无渗漏油，油位指示正常。

（9）穿墙套管四周与墙壁应封闭严密，无裂缝或孔洞。

（二）全面巡视内容及要求

全面巡视应在例行巡视基础上增加以下项目：穿墙套管连接应可靠，弹垫应压平，所有的螺栓连接应紧固。

十六、高频阻波器巡视

（一）例行巡视内容及要求

（1）设备出厂铭牌齐全、清晰可识别，运行编号及相序标识清晰可识别。

（2）引线接头处接触良好，无过热、发红现象，无断股、扭曲、散股。

（3）设备外观完整，表面清洁、无放电痕迹或油漆脱落及流（滴）胶、裂纹现象，各部连接牢固。

（4）套管绝缘子及硅橡胶增爬伞裙表面清洁，无裂纹及放电痕迹、受潮痕迹。

（5）检查高频阻波器内部各元件正常，如调谐元件、保护元件（避雷器）等。

（6）无异常振动和声响。

（7）悬式绝缘子完整，无放电痕迹，无位移。

（8）支柱绝缘子无破损和裂纹，增爬裙无塌陷、变形，黏接面牢固。

（9）高频阻波器内无杂物、鸟窝，构架无变形。

（10）支撑条无松动、位移、缺失，紧固带无松动、断裂。

（11）存在的设备缺陷无进一步发展。

（二）全面巡视内容及要求

全面巡视在例行巡视的基础上增加以下项目：

（1）防污闪涂层无破裂、起皱、鼓包、脱落现象。

（2）线夹无裂纹，无明显发热、发红迹象。

（3）红外热像仪检测有无发热现象，应在白天通过肉眼或高清望远镜详细观察是否存在裂纹。

十七、耦合电容器巡视

（一）例行巡视内容及要求

（1）设备铭牌、运行编号及相序标识齐全、清晰。

（2）高压套管表面无裂纹及放电痕迹，各电气连接部位无断线及散股现象。

（3）具有均压环的耦合电容器，均压环无裂纹、变形、锈蚀。

（4）耦合电容器本体无渗漏油，无异常振动和声响。

（5）所匹配的结合滤波器接地开关无锈蚀，位置正确，瓷质完好、清洁、无破损。

（6）引线连接良好，无发热现象。

（7）带线路 TV 功能的耦合电容器应无渗漏油，油色、油位正常，油位指示玻璃管清晰、无碎裂。

（8）耦合电容器本体无损坏、倾斜。

（9）电缆穿管端部封堵严密。

（10）存在的设备缺陷无进一步发展。

（二）全面巡视内容及要求

全面巡视在例行巡视的基础上增加以下项目：

（1）如红外热像仪检测绝缘子有发热等异常现象，应进行详细检查，检查是否存在裂纹及渗漏油情况。

（2）线夹无裂纹，无明显发热、发红迹象。

（3）基础完好，无开裂、塌陷等情况。

（4）各部位接地可靠，接地引下线、接地扁铁无锈蚀、松动、断裂现象，接地标识清晰可识别。

十八、高压熔断器巡视

（一）例行巡视内容及要求

（1）外观无破损裂纹、无变形，外绝缘部分无闪烁放电痕迹及其他异常现象。

（2）各接触点外观完好，接触紧密，无过热现象及异味，外表面无异常变色。

（3）表面应无严重凝露、积尘现象。

（4）所有外露金属件的防腐蚀层应表面光洁、无锈蚀。

（5）限流式熔断器绝缘材料部位防潮措施应完好无损，石英砂等填充材料无泄漏；喷射式熔断器金属弹簧表面无锈蚀、断裂现象，电容器用喷射式熔断器的熔断指示牌位置应无异常，并与实际运行状态相符；跌落式熔断器各接触点外观完好，静、动触头接触紧密，无过热现象，安装在横担（构架）上应牢固可靠，无晃动或松动现象，支撑构架无严重锈蚀。

（6）存在的设备缺陷无进一步发展。

（二）全面巡视内容及要求

全面巡视在例行巡视的基础上增加以下项目：

（1）喷射式熔断器同组别的熔断器指示牌安装位置、角度应基本统一并符合说明书要求，有脱离原位置的情况须查找原因；检查框架式电容器网门与熔断器之间的距离，不能在熔断器弹簧甩出时碰到网门。

（2）跌落式熔断器检查熔断件轴线与铅垂线的夹角应为15°～30°。

十九、端子箱及检修电源箱巡视

（一）例行巡视内容及要求

（1）箱门运行编号标识清晰，标示牌无脱落。

（2）箱体基座无倾斜、开裂、沉降。

（3）箱体无锈蚀。

（4）箱体底部黄绿相间的接地标识清晰，无脱落、变色。

（5）检修电源箱门侧面临时电源接入孔洞封闭良好。

（二）全面巡视内容及要求

全面巡视在例行巡视的基础上增加以下项目：

（1）箱体接地良好，箱门与箱体连接完好，锁具完好。箱内干净、整齐，无灰尘、蛛网等异物。照明灯具完好，照明正常，接触开关无卡涩。

（2）箱内元器件标识齐全、命名正确，且无脱落。

（3）箱内隔离380V交流铜排小母线绝缘挡板无破损，带电标识清晰、无脱落。

（4）箱体密封良好，密封条无老化开裂，内部无进水、受潮、锈蚀，无凝露。加热驱潮装置运行正常，温湿度控制器参数设定正确，手动加热器按照环境温湿度变化投退。

（5）箱内电缆孔洞封堵严密，防火板无变形翘起，封堵无塌陷、变形。

（6）箱内开关、隔离开关、把手等位置正确，熔断器运行正常。

（7）电源正常，漏电保护器工作正常。

（8）箱内端子无变色、过热，无异味，空气断路器无过热、烧损。

（9）箱内二次接地线及二次电缆屏蔽层与接地铜排可靠连接，压接螺栓无松动，箱门接地软铜线完好，无松动、脱落。

（10）电缆绑扎牢固，电缆号牌、二次接线标示清晰正确、排列整齐；备用电缆芯线绝缘包扎无脱落，无短路接地隐患。

第三节　二次设备巡视

一、二次保护装置巡视

（一）例行巡视内容及要求

（1）保护等二次设备的外壳清洁、完好，无松动、裂纹。

（2）保护等二次设备运行状态正常，液晶面板显示正常，无花屏、模糊等现象，无异常响声、冒烟、烧焦气味。

（3）保护等二次设备无异常告警、报文。

（4）各类监视、指示灯、表计指示正常。

（5）直流电压正常，直流绝缘监察装置完好。

（6）保护小室室内温度在5～30℃之间，相对湿度不大于75%，空调机、除湿机运行正常。

（二）全面巡视内容及要求

全面巡视应在例行巡视基础上增加以下内容：

（1）检查连接片及转换开关位置与运行要求一致，连接片上下端头已拧紧，备用连接片已取下。

（2）检查各控制、信号、电源回路快分开关位置符合运行要求。

（3）核对保护装置各采样值正确。

（4）检查屏柜编号、标识齐全，无损坏。

（5）检查屏内外清洁、整齐，屏体密封良好。

（6）检查屏门接地良好，开合自如。

（7）检查屏柜内电缆标牌清晰、齐全；电缆孔洞封堵严密。

（8）检查打印纸充足、字迹清晰，打印机防尘盖盖好，并推入盘内。

二、智能终端和合并单元巡视

（一）例行巡视内容及要求

（1）检查设备外观正常、无告警，各指示灯指示及报文正常，液晶屏幕显示正常，连接片位置正确。

（2）检查合并单元外观正常、无告警，无异常发热，电源及各种指示灯正常，连接片位置正确，检查各间隔电压切换运行方式指示与实际一致。

（3）检查智能终端外观正常、无告警、无异常发热，电源指示正常，连接片、控制把手位置正确。

（4）检查过程层交换机设备外观正常、无告警，温度正常，电源及运行指示灯指示正常。

（5）检查主、从时钟运行正常、无告警，电源及各种指示灯正常。

（二）全面巡视内容及要求

全面巡视在例行巡视的基础上增加以下项目：

（1）检查各控制、信号、电源回路快分开关位置符合运行要求。

（2）检查智能控制柜密封良好，锁具及防雨设施良好，无进水受潮，通风顺畅；柜内各设备运行正常、无告警；检查柜内加热器、工业空调、风扇等温湿度调控装置工作正常，柜内温、湿度满足设备现场运行要求。

（3）检查室内空调机运行正常，如发现不能运行，应报告本单位主管部门及时处理。

（4）检查打印纸充足、字迹清晰，负责加装打印纸及更换色带。

（5）核对保护装置各项交流电流、各项交流电压、零序电流（电压）、差电流、外部开关量变位，并做好记录。

（6）核对保护装置时钟。

三、站用交流电源系统巡视

（一）例行巡视内容及要求

（1）站用电运行方式正确，三相负荷平衡，各段母线电压正常。

（2）低压母线进线断路器、分段断路器位置指示与监控机显示一致，储能指示正常。

（3）站用交流电源柜支路低压断路器位置指示正确，低压熔断器无熔断。

（4）站用交流电源柜电源指示灯及仪表显示正常，无异常声响。

（5）站用交流电源柜元件标志正确，操作把手位置正确。

（6）站用交流不间断电源系统（UPS）面板、指示灯、仪表显示正常，风扇运行正常，无异常告警、无异常声响振动。

（7）站用交流不间断电源系统（UPS）低压断路器位置指示正确，各部件无烧伤、损坏。

（8）备自投装置充电状态指示正确，无异常告警。

（9）自动转换开关（ATS）正常运行在自动状态。

（10）存在的设备缺陷无进一步发展。

（二）全面巡视内容及要求

全面巡视在例行巡视的基础上增加以下项目：

（1）屏柜内电缆孔洞封堵完好。

（2）各引线接头无松动、无锈蚀，导线无破损，接头线夹无变色、过热迹象。

（3）配电室温度、湿度、通风正常，照明及消防设备完好，防小动物措施完善。

（4）门窗关闭严密，房屋无渗、漏水现象。

（5）环路电源开环正常，断开点警示标志正确。

四、站用直流电源系统巡视

（一）例行巡视内容及要求

1. 蓄电池

（1）蓄电池组外观清洁，无短路、接地。

（2）蓄电池组总熔断器运行正常。

（3）蓄电池壳体无渗漏、变形，连接条无腐蚀、松动，构架、护管接地良好。

（4）蓄电池电压在合格范围内。

（5）蓄电池编号完整，安装布线整齐，极性标志清晰、正确。

（6）蓄电池巡检采集单元运行正常。

（7）蓄电池室温度宜保持在5～30℃，湿度、通风正常，照明及消防设备完好，无易燃、易爆物品。

（8）蓄电池室门窗严密并采取防止阳光直射的措施，房屋无渗、漏水。

2. 充电装置

（1）监控装置运行正常，无花屏、死机现象，无其他异常及告警信号。

（2）充电装置交流输入电压、直流输出电压、电流正常。

（3）充电模块运行正常，无报警信号，风扇正常运转，无明显噪声或异常发热。

（4）直流控制母线、动力（合闸）母线电压、蓄电池组浮充电压值在规定范围内，浮充电流值符合规定。

（5）各元件标志正确，断路器、操作把手位置正确。

（6）屏柜风冷装置运行正常，滤网无积灰。

（7）蓄电池组输出熔断器运行正常。

3. 馈电屏

（1）绝缘监测装置运行正常，直流系统的绝缘状况良好，无接地报警信号。

（2）各支路直流断路器位置正确、指示正常，监视信号完好。

（3）各元件标志正确，直流断路器、操作把手位置正确。

（4）屏内清洁、无异常气味。

4. 事故照明屏

（1）交流、直流电压正常，表计指示正确。

（2）交流、直流断路器及接触器位置正确。

（3）柜体上各元件标志正确可靠。

（二）全面巡视内容及要求

全面巡视在例行巡视的基础上增加以下项目：

（1）仪表在检验周期内。

（2）屏内清洁，屏体外观完好，屏门开合自如，屏柜（前、后）门接地可靠。

（3）防火、防小动物及封堵措施完善。

（4）直流屏内通风散热系统完好。

（5）抄录蓄电池检测数据。

若变电站所用电停电或全站交流电源失电，直流电源蓄电池带全站直流电源负载期间进行特殊巡视检查：

（1）蓄电池带负载时间严格控制在规程要求的时间范围内。

（2）直流控制母线、动力母线电压、蓄电池组电压值在规定范围内。

（3）各支路直流断路器位置正确。

（4）各支路的运行监视信号完好、指示正常。

（5）交流电源恢复后，应检查直流电源运行工况，直到直流电源恢复到浮充方式运行，方可结束特巡工作。

（6）出现直流断路器脱扣、熔断器熔断等异常现象后，应巡视保护范围内各直流回路元件有无过热、损坏和明显故障现象。

五、自动化系统巡视

（一）例行巡视内容及要求

（1）监控系统各设备及信息指示灯（如电源指示灯、运行指示灯、设备运行监视灯、报警指示灯等）运行正常。

（2）告警音响和事故音响良好。

（3）监控后台与各测控装置通信正常。

（4）监控系统与 GPS 对时正常。

（5）监控后台上显示的一次设备、保护及自动装置、直流系统等状态与现场一致。

（6）监控后台各运行参数正常、无过负荷现象；母线电压三相平衡、正常；系统频率在规定的范围内；其他模拟量显示正常。后台控制功能、数据采集与处理功能、报警功能、历史数据存储功能等正常，遥测数据正常刷新。

（7）监控系统各设备元件正常，接线紧固，无过热、异味、冒烟、异响现象。

（8）“五防”系统与监控后台通信正常，一次设备位置与后台一致。

（9）各测控装置运行状态正常，液晶面板无花屏、模糊不清等现象，各电压、电流等采样值显示正确，并与实际值相对应，数据正常刷新；装置无异常响声、冒烟、烧焦气味。

（二）全面巡视内容及要求

全面巡视在例行巡视的基础上增加以下项目：

（1）检查屏柜编号、标识齐全，无损坏。

（2）检查屏各引线接头无松动、无锈蚀，导线无破损，接头线夹无变色、过热迹象。

（3）检查屏各控制、信号、电源回路快分开关位置符合运行要求。

（4）检查屏内外清洁、整齐，屏体密封良好，屏门接地良好，开合自如。

（5）检查屏柜内电缆标牌清晰、齐全；电缆孔洞封堵严密。

六、不间断电源（UPS）装置巡视

（一）例行巡视内容及要求

（1）UPS 装置运行状态的指示信号灯正常，交流输入电压、直流输入电压、交流输出电压、交流输出电流正常，运行参数值正常，无故障、报警信息。

（2）各切换开关位置正确，运行良好；各负荷支路的运行监视信号完好、指示正常，熔断器无熔断，自动空气断路器位置正确。

（3）UPS 装置温度正常，清洁，通风良好。

（4）UPS 装置内各部分无过热、无松动现象，各灯光指示正确。

（二）全面巡视内容及要求

全面巡视在例行巡视的基础上增加以下项目：

（1）屏外观检查无异常，柜门严密，柜体无倾斜。

（2）屏体密封良好，屏门开合自如，屏柜接地良好。

第四节 辅助设施巡视

一、消防设施巡视

（一）例行巡视内容及要求

（1）防火重点部位禁止烟火的标志清晰，无破损、脱落；安全疏散指示标志清

晰，无破损、脱落；安全疏散通道照明完好、充足。

（2）消防通道畅通，无阻挡；消防设施周围无遮挡，无杂物堆放。

（3）灭火器外观完好、清洁，罐体无损伤、变形，配件无破损、变形。

（4）消防箱、消防桶、消防铲、消防斧完好、清洁，无锈蚀、破损。

（5）消防砂池完好，无开裂、漏砂。

（6）消防室清洁，无渗、漏雨现象；门窗完好，关闭严密。

（7）室内、室外消火栓完好，无渗漏水；消防水带完好、无变色。

（8）火灾报警控制器各指示灯显示正常，无异常报警。

（9）火灾自动报警系统触发装置安装牢固，外观完好；工作指示灯正常。

（二）全面巡视内容及要求

全面巡视在例行巡视的基础上增加以下项目：

（1）灭火器检验不超期，生产日期、试验日期符合规范要求，合格证齐全；灭火器压力正常。

（2）电缆沟内防火隔墙完好，墙体无破损，封堵严密。

（3）火灾报警控制器装置打印纸数量充足。

（4）火灾自动报警系统备用电源正常，能可靠切换。

（5）火灾自动报警系统自动、手动报警正常；火灾报警联动正常。

（6）排油充氮灭火装置氮气瓶压力、氮气输出压力合格。

（7）水（泡沫）喷淋系统水泵工作正常；泵房内电源正常，各压力表完好，指示正常。

（8）气体灭火装置储存容器内的气体压力和气动驱动装置的气动源压力符合要求。

（9）排油充氮灭火装置、水（泡沫）喷淋系统控制柜完好无锈蚀、接地良好，封堵严密，柜内无异物。基础无倾斜、下沉、破损开裂。控制屏连接片的投退、启动控制方式符合变电站现场运行专用规程要求。

二、视频监控巡视

（一）例行巡视内容及要求

（1）视频显示主机运行正常、画面清晰；传感器运行正常。

（2）视频主机屏上各指示灯正常，网络连接完好，交换机（网桥）指示灯正常。

（3）视频主机屏内的设备运行情况良好，无发热、死机等现象。

（4）视频系统工作电源及设备正常，无影响运行的缺陷。

（5）摄像机安装牢固，外观完好，镜头清洁，方位正常。

（6）围墙震动报警系统光缆完好，主机运行情况良好，无发热、死机等现象。

（二）全面巡视内容及要求

全面巡视在例行巡视的基础上增加以下项目：

（1）摄像机的灯光正常，控制灵活，旋转到位，雨刷旋转正常。

（2）信号线和电源引线安装牢固，无松动及风偏。

（3）视频信号汇集箱无异常，无元件发热，封堵严密，接地良好，标识规范。

（4）摄像机支撑杆无锈蚀，接地良好，标识规范。

三、防盗报警系统巡视

（一）例行巡视内容及要求

（1）电子围栏报警主控制箱工作电源应正常，指示灯正常，无异常信号。

（2）电子围栏主导线架设正常，无松动、断线现象，主导线上悬挂的警示牌无掉落。

（3）围栏承立杆无倾斜、倒塌、破损。

（4）红外对射或激光对射报警主控制箱工作电源应正常，指示灯正常，无异常信号。

（5）红外对射或激光对射系统电源线、信号线连接牢固。

（6）红外探测器或激光探测器支架安装牢固，无倾斜、断裂，角度正常，外观完好，指示灯正常。

（7）红外探测器或激光探测器工作区间无影响报警系统正常工作的异物。

（二）全面巡视内容及要求

全面巡视在例行巡视的基础上增加以下项目：

（1）电子围栏报警、红外对射或激光对射报警装置报警正常；联动报警正常。

（2）电子围栏各防区防盗报警主机箱体清洁、无锈蚀、无凝露。标牌清晰、正确，接地、封堵良好。

（3）红外对射或激光对射系统电源线、信号线穿管处封堵良好。

四、门禁系统巡视

（一）例行巡视内容及要求

（1）读卡器或密码键盘防尘、防水盖完好，无破损、脱落。

（2）电源工作正常。

（3）开关门声音正常，无异常声响。

（4）电控锁指示灯正常。

（5）开门按钮正常，无卡涩、脱落。

（6）附件完好，无脱落、损坏。

（二）全面巡视内容及要求

全面巡视在例行巡视的基础上增加以下项目：

（1）远方开门正常、关门可靠。

（2）读卡器及按键密码开门正常。

（3）主机运行正常，各指示灯显示正常，无死机现象，报警正常。

五、防汛设施巡视

（一）例行巡视内容及要求

（1）潜水泵、塑料布、塑料管、砂袋、铁锹完好。

（2）应急灯处于良好状态，电源充足，外观无破损。

（3）站内地面排水畅通、无积水。

（4）站内外排水沟（管、渠）道应完好、畅通，无杂物堵塞。

（5）变电站各处门窗完好，关闭严密。

（6）集水井（池）内无杂物、淤泥，雨水井盖板完整、无破损，安全标识齐全。

（7）防汛通信与交通工具完好。

（8）雨衣、雨靴外观完好。

（9）防汛器材检验不超周期，合格证齐全。

（10）变电站屋顶落水口无堵塞；落水管固定牢固，无破损。

（11）站内所有沟道、围墙无沉降、损坏。

（12）水泵运转正常（包括备用泵），主备电源、手自动切换正常。控制回路及元器件无过热，指示正常。

（13）变电站围墙排水孔护网完好，安装牢固。

（二）全面巡视内容及要求

全面巡视在例行巡视的基础上增加以下项目：

（1）地下室、电缆沟、电缆隧道排水畅通、无堵塞，设备室潮气过大时做好通风除湿。

（2）变电站围墙外周边沟道畅通，无堵塞。

（3）变电站房屋无渗漏、无积水；下水管排水畅通，无堵塞。

（4）变电站内外围墙、挡墙和护坡无开裂、坍塌。

六、采暖、通风、制冷、除湿设施巡视

（一）例行巡视内容及要求

（1）采暖器洁净完好、无破损，输暖管道完好，无堵塞、漏水。

（2）电暖器工作正常，无过热、异味、断线。

（3）空调室内、外机外观完好，无锈蚀、损伤；无结露或结霜；标识清晰。

（4）空调、除湿机运转平稳、无异常振动声响；冷凝水排放畅通。

（5）风机外观完好，无锈蚀、损伤；外壳接地良好；标识清晰。

（二）全面巡视内容及要求

全面巡视在例行巡视的基础上增加以下项目：

（1）通风口防小动物措施完善，通风管道、夹层无破损，隧道、通风口通畅，排风扇扇叶中无鸟窝或杂草等异物。

（2）空调、除湿机内空气过滤器（网）和空气热交换器翅片应清洁、完好。

（3）空调、除湿机管道穿墙处封堵严密，无雨水渗入。

（4）风机电源、控制回路完好，各元器件无异常。

（5）风机安装牢固，无破损、锈蚀。叶片无裂纹、断裂，无擦刮。

（6）空调、除湿机控制箱、接线盒、管道、支架等安装牢固，外表无损伤、锈蚀。

七、照明系统巡视

（一）例行巡视内容及要求

（1）事故、正常照明灯具完好，清洁，无灰尘。

（2）照明开关完好；操作灵活，无卡涩；室外照明开关防雨罩完好，无破损。

（3）照明灯具、控制开关标识清晰。

（二）全面巡视内容及要求

全面巡视在例行巡视的基础上增加以下项目：

（1）照明灯杆完好；灯杆无歪斜、锈蚀，基础完好，接地良好。

（2）照明电源箱完好，无损坏；封堵严密。

八、给排水系统巡视

（一）例行巡视内容及要求

（1）水泵房通风换气情况良好，环境卫生清洁。

（2）给排水设备阀门、管道完好，无冒、滴、漏现象；寒冷地区，保温措施齐全。

（3）水池、水箱水位正常，相关连接的供水管阀门状态正常。

（4）场地排水畅通，无积水。

（5）站内外排水沟（管、渠）道完好、畅通，无杂物堵塞。

（二）全面巡视内容及要求

全面巡视在例行巡视的基础上增加以下项目：

（1）水泵运转正常（包括备用泵），主备电源、手自动切换正常。

（2）水泵控制箱关闭严密，控制柜无异常，表计或指示灯显示正确。

（3）集水井（池）、雨水井、污水井、排水井内无杂物、淤泥，无堵塞。

（4）房屋屋顶落水口无堵塞；落水管固定牢固，无破损。

（5）给排水管道支吊架的安装平整、牢固，无松动、锈蚀。

（6）各水井的盖板无锈蚀、破损，盖严，安全标识齐全。

（7）电缆沟内过水槽排水通畅、沟内无积水，出水口无堵塞。

（8）围墙排水孔护网完好，安装牢固。

倒 闸 操 作

电网中电气设备的投运、退运以及检修、试验或改变电网运行方式都是通过倒闸操作来完成的。倒闸操作包括一次设备的状态变化、保护及安全自动装置的投退、直流回路的操作等。倒闸操作是变电站运维工作的重要组成部分，是保证设备、变电站甚至电网安全运行的重要环节，是变电运维人员贯彻调度意图、执行调度指令的具体行为。准确、熟练地进行倒闸操作是变电运维人员必须具备的基本素质与技能。

第一节 倒闸操作概述及原则

一、倒闸操作基本概念

电气设备分为运行、热备用、冷备用及检修四种状态。将设备由一种状态转变到另一种状态的过程是倒闸，所进行的操作是倒闸操作。

（一）电气设备的状态

（1）运行状态：设备间隔的断路器、隔离开关或熔断器均在合上位置，将电源送至电气设备（包括辅助设备，如电压互感器、避雷器等），使电气设备带电运行。

（2）热备用状态：设备与电源的连接仅用断路器断开，而隔离开关均在合上位置，即没有明显的断开点，断路器一经合闸即可将设备投入运行。仅有隔离开关或熔断器而无专用断路器的设备（如母线、电压互感器等）无热备用状态。

（3）冷备用状态：设备所属断路器、隔离开关和熔断器均在断开位置。

1）断路器冷备用是指断路器及两侧隔离开关拉开，操作、控制电源投入。

2）线路冷备用是指所有与线路连接的隔离开关在拉开状态，线路上的电压互感器二次快分开关（熔丝）断开（取下），电压互感器高压侧隔离开关应拉开。

3）母线冷备用是指母线所关联的断路器均在冷备用状态，接在母线上的电压互感器二次快分开关断开，电压互感器高压侧隔离开关应拉开。

（4）检修状态：设备的所有断路器、隔离开关均在断开位置，并对可能送电至停电设备的各方面都应装设接地线或合上接地开关。检修状态根据设备不同又可以分为以下几种情况：

1）断路器检修：指断路器及两侧隔离开关拉开，控制操作回路空气断路器断开（或熔丝取下）。断路器与线路隔离开关（或变压器隔离开关）之间有电压互感器的，则该电压互感器的隔离开关需拉开（或高低压两侧熔丝取下），两侧装设接地线或合上接地开关。

2）线路检修：指线路所关联的所有隔离开关均在分闸状态，线路电压互感器的隔离开关断开或高低压两侧熔丝取下，二次快分开关断开，在线路出线端装设接地线或合上接地开关。

3）主变压器检修：指变压器各侧隔离开关全部拉开（包括中性点接地开关），各侧电压互感器高低压熔丝取下，二次快分开关断开，并在各侧引出线处装设接地线或合上接地开关，同时断开变压器冷却装置电源。

4）母线检修：指该母线上的所有隔离开关均拉开（包括母线上的电压互感器高压侧隔离开关），电压互感器低压熔丝取下，二次快分开关断开，并在该母线上装设接地线或合上接地开关。

凡不符合上述运行状态的设备状态均为非正常工作状态，倒闸操作时应按调度发布的逐项操作指令执行。

（二）倒闸操作基本类型及内容

1. 倒闸操作的基本类型

（1）正常计划停电检修和试验的操作。

（2）调整负荷及改变运行方式的操作。

（3）异常及事故处理的操作。

（4）设备投运的操作。

2. 倒闸操作的基本内容

（1）线路的停、送电操作。

（2）变压器的停、送电操作。

（3）倒母线及母线停送电操作。

（4）装设和拆除接地线（或合上和拉开接地开关）的操作。

（5）电网的并列与解列操作。

（6）变压器的调压操作。

（7）站用电源的切换操作。

（8）继电保护及安全自动装置的投退操作，改变继电保护及安全自动装置定值的操作。

（9）其他特殊操作。

（三）倒闸操作的任务

1. 倒闸操作任务

倒闸操作的任务是由电网值班调度员下达的将一个电气设备单元由一种状态连续地转变为另一种状态的特定的操作内容。电气设备单元由一种状态转换为另一种状态有时只需要一个操作任务就可以完成，有时却需要经过多个操作任务来完成。

2. 调度指令

电网值班调度员向变电站运维人员下达一个倒闸操作任务的命令形式。调度操作指令分为综合操作指令、逐项操作指令和口头电话操作指令。

（1）综合操作指令。指值班调度员向变电站现场运维人员发布的不涉及其他厂站配合的综合操作任务。具体的操作步骤和内容以及安全措施均由现场运维人员按照调度及现场相关规程拟定执行。

（2）逐项操作指令。指值班调度员将操作任务按顺序逐项下达，受令单位按照指令的操作步骤和内容逐项进行操作。逐项操作指令一般适用于涉及两个及以上单位的操作。调度员必须事先按操作原则编写操作指令票。操作时由值班调度员逐项下达操作指令，现场运维人员按指令顺序逐项操作。

（3）口头电话操作指令。指调度员根据系统操作需要临时口头下达的调度指令。对此类指令，调度值班人员一般不填写操作指令票，如对变电站的临时电压调整、部分保护和安全自动装置的投退等。在事故处理的情况下，为加快事故处理的速度，也可以下达口头操作指令。变电站现场运维人员接到该类指令后不必填写操作票，立即进行相应的操作，但事后应填写相关操作记录。

值班调度员应对发布操作指令的正确性负责，而现场运维人员应对操作的正确性负责。

二、倒闸操作基本原则及一般规定

（一）停送电操作原则

在倒闸操作过程中，为防止误操作，制定以下基本原则：

（1）停电操作原则：先拉开断路器，然后拉开负荷侧隔离开关，再拉开电源侧隔离开关。

（2）送电操作原则：先合上电源侧隔离开关，然后合上负荷侧隔离开关，最后合上断路器。

（二）倒闸操作一般规定

为了保证倒闸操作的安全顺利进行，倒闸操作技术管理规定如下：

（1）正常倒闸操作必须根据调度值班人员或运维负责人的指令进行操作。

（2）正常倒闸操作必须填写操作票。

（3）倒闸操作必须两人进行，应全过程录音，录音应归档管理。

（4）正常倒闸操作尽量避免在下列情况下操作：

1）变电站交接班时间内。

2）负荷处于高峰时段。

3）系统稳定性薄弱期间。

4）雷雨、大风等天气。

5）系统发生事故时。

6）有特殊供电要求。

（5）电气设备操作后必须检查确认实际位置。

（6）下列情况下，变电站运维人员可不经调度许可自行操作，操作后须汇报调度：

1）将直接对人员生命有威胁的设备停电。

2）确定在无来电可能情况下，将已损坏的设备停电。

3）确认母线失电，拉开连接在失电母线上的所有断路器。

（7）设备送电前必须检查确认其有关保护装置已投入。

（8）操作中发生疑问时，应立即停止操作并向发令人报告，并禁止单人滞留在操作现场。弄清问题后，待发令人再行许可后方可继续进行操作。不准擅自更改操作票，不准随意解除闭锁装置进行操作。倒闸操作过程若因故中断，在恢复操作时运维人员应重新进行核对工作（核对设备名称、编号、实际位置），确认操作设备、操作步骤正确无误。操作中具体问题处理规定如下：

1）操作中如发现闭锁装置失灵时，不得擅自解锁。应按现场有关规定履行解锁操作程序进行解锁操作。

2）操作中出现影响操作安全的设备缺陷，应立即汇报值班调度员，并初步检查缺陷情况，由调度决定是否停止操作。

3）操作中发现系统异常，应立即汇报值班调度员，得到值班调度员同意后，才能继续操作。

4）操作中发生误操作事故，应立即汇报调度，采取有效措施，将事故控制在最小范围内，严禁隐瞒事故。

（9）事故处理时可不用操作票。

（10）倒闸操作必须具备下列条件才能进行操作：

1）变电站运维人员须经过安全教育培训、技术培训、熟悉工作业务和有关规程制度，经上岗考试合格，有关主管领导批准后方能接受调度指令，进行操作或监护工作。

2）要有与现场设备和运行方式一致的一次系统模拟图，要有与实际相符的现场运行规程，要有继电保护、安全自动装置的二次回路图纸及定值整定计算书。

3）设备应达到防误操作的要求，不能达到的须经上级部门批准。

4）倒闸操作必须使用统一的电网调度术语及操作术语。

5）要有合格的安全工器具、操作工具、接地线等设施，并设有专门的存放地点。

6）现场一次、二次设备应有正确、清晰的标示牌，设备的名称、编号、分合位指示、运动方向指示、切换位置指示以及相别标识齐全。

（11）断路器停、送电严禁就地操作。

（12）雷电时，禁止进行就地倒闸操作。

（13）停电、送电操作过程中，运维人员应远离瓷质、充油设备。

（14）倒闸操作过程中严防发生下列误操作：

1）误分、误合断路器。

2）带负荷拉、合隔离开关或手车触头。

3）带电装设（合）接地线（接地开关）。

4）带接地线（接地开关）合断路器（隔离开关）。

5）误入带电间隔。

6）非同期并列。

7）误投退（插拔）连接片（插把）、短路片，误切错定值区，误投退安全自动装置，误分合二次电源开关。

三、倒闸操作标准化流程

标准化作业是指严格执行现场运维标准化作业，细化工作步骤，量化关键工艺，工作前严格审核，工作中逐项执行，工作后责任追溯，确保作业质量。本标准化倒闸操作流程包括操作准备、操作票填写、接令、模拟预演、执行操作五大步骤，具体内容如下：

（一）操作准备

（1）根据调控人员的预令或操作预告等明确操作任务和停电范围，并做好分工。

（2）拟定操作顺序，确定装设地线部位、组数、编号及应设的遮栏、标示牌。明确工作现场临近带电部位，并制定相应措施。

（3）考虑保护和安全自动装置相应变化及应断开的交流、直流电源和防止电压互感器、站用变压器二次反送电的措施。

（4）分析操作过程中可能出现的危险点并采取相应措施。

（5）检查操作所用安全工器具、操作工具正常。包括防误装置电脑钥匙、录音设备、绝缘手套、绝缘靴、验电器、绝缘拉杆、接地线、对讲机、照明设备等。

（6）“五防”闭锁装置处于良好状态，当前运行方式与模拟图板对应。

（二）操作票填写

（1）倒闸操作由操作人员根据值班调控人员或运维负责人安排填写操作票。

（2）操作顺序应根据操作任务、现场运行方式、参照本站典型操作票内容进行填写。

（3）操作票填写后，由操作人和监护人共同审核，复杂的倒闸操作经班组专业工程师或班长审核执行。

（三）接令

（1）应由上级批准的人员接受调控指令，接令时发令人和受令人应先互报单位和姓名。

（2）接令时应随听随记，并记录在“变电运维工作日志”中，接令完毕，应将记录的全部内容向发令人复诵一遍，并得到发令人认可。

（3）对调控指令有疑问时，应向发令人询问清楚无误后执行。

（4）运维人员接受调控指令应全程录音。

（四）模拟预演

（1）模拟操作前应结合调控指令核对系统方式、设备名称、编号和位置。

（2）模拟操作由监护人在模拟图（或微机防误装置、微机监控装置），按操作顺序逐项下令，由操作人复令执行。

（3）模拟操作后应再次核对新运行方式与调控指令相符。

（4）由操作人和监护人共同核对操作票后分别签名。

（五）执行操作

（1）现场操作开始前，汇报调控中心监控人员，由监护人填写操作开始时间。

（2）操作地点转移前，监护人应提示，转移过程中操作人在前，监护人在后，到达操作位置，应认真核对。

（3）远方操作一次设备前，应对现场人员发出提示信号，提醒现场人员远离操作设备。

（4）监护人唱诵操作内容，操作人用手指向被操作设备并复诵。

（5）电脑钥匙开锁前，操作人应核对电脑钥匙上的操作内容与现场锁具名称编号一致，开锁后做好操作准备。

（6）监护人确认无误后发出“正确、执行”动令，操作人立即进行操作。操作人和监护人应注视相应设备的动作过程或表计、信号装置。

（7）监护人所站位置应能监视操作人的动作以及被操作设备的状态变化。

（8）操作人、监护人共同核对地线编号。

（9）操作人验电前，在临近相同电压等级带电设备测试验电器，确认验电器合格，验电器的伸缩式绝缘棒长度应拉足，手握在手柄处不得超过护环，人体与验电设备保持足够安全距离。

（10）为防止存在验电死区，有条件时应采取同相多点验电的方式进行验电，即每相验电至少 3 个点间距在 10cm 以上。

（11）操作人逐相验明确无电压后唱诵“×相无电”，监护人确认无误并唱诵“正确”后，操作人方可移开验电器。

（12）当验明设备已无电压后，应立即将检修设备接地并三相短路。

（13）每步骤操作完毕，监护人应核实操作结果无误后立即在对应的操作项目后打“√”。

（14）全部操作结束后，操作人、监护人对操作票按操作顺序复查，仔细检查所有项目全部执行并已打“√”（逐项令逐项复查）。

（15）检查监控后台与五防画面设备位置确实对应变位。

（16）在操作票上填入操作结束时间，加盖“已执行”章。

（17）向值班调控人员汇报操作情况。

（18）操作完毕后将安全工器具、操作工具等归位。

（19）将操作票、录音归档管理。

第二节　高压开关类设备倒闸操作

一、断路器的操作原则及注意事项

（一）断路器操作的一般原则

（1）系统的并列、解列操作：

1）系统并列条件：①相序、相位相同；②频率差不大于 0.1Hz；③并列点两侧电压幅值差在 5%以内。

2）特殊情况下，当频率差或电压幅值差超过允许偏差时，可经过计算确定允许值，并列操作应使用准同期并列装置。

3）解列操作前，应先将解列点有功潮流调至接近零，无功潮流调至尽量小，使解列后的两个系统频率、电压均在允许范围内。

（2）系统的解环、合环操作：

1）合环前应确认合环点两侧相位一致。

2）合环前应将合环点两侧电压幅值差调整到最小，500kV 系统不宜过 40kV，最大不应超过 50kV，220kV 系统不宜超过 30kV，最大不应超过 40kV。

3）合环时，合环点两侧相位角差不应大于 25°，合环操作宜经同期装置检定。

4）合环（或解环）操作前，应先核算相关设备（线路、变压器等）有功、无功潮流，确保合环（或解环）后系统各部分电压在规定范围以内，通过任一设备的功率不超过稳定规定、继电保护及安全自动装置要求的限值等。

5）合环（或解环）后应核实线路两侧断路器状态和潮流情况。

（3）断路器合闸前应确认相关设备的继电保护已按规定投入。断路器合闸后，应确认三相均已合上，三相电流基本平衡。

（4）当断路器冷备用时，应退出保护装置合闸连接片和母差、失灵保护有关连接片，以及远切、远跳、联切、联跳连接片；当断路器检修时，应拉开断路器合闸电源（储能电源或油泵电源）和控制电源，退出该断路器保护装置所有出口连接片及其他保护跳该断路器的保护连接片。

（5）对于 3/2 断路器接线方式线路运行，其中一台断路器退出运行，其重合闸退出；运行断路器的重合闸正常投入；对于按时间先后进行合闸的重合闸，一台断路器的重合闸退出时，另一台断路器的重合闸时间不作改动；对于采用回路优先进行合闸的重合闸，当整定为“先合”的重合闸退出时，另一台断路器的重合闸应由“后合”改为“先合”。

（6）断路器累计分闸或切断故障电流次数（或规定切断故障电流累计值）达到规定时，应停电检修。当断路器允许跳闸次数只剩一次时，应停用重合闸，以免故障重合时造成断路器跳闸引起断路器损坏。

（7）断路器的实际短路开断容量低于或接近运行地点的短路容量时，应停用自动重合闸，短路故障后禁止强送电。

（二）断路器操作的注意事项

（1）断路器经检修恢复运行，操作前应认真检查所有自设安全措施是否全部拆除，防误装置是否正常。

（2）操作前应检查控制回路、辅助回路控制电源、液压（气压）操动机构压力正常，储能机构已储能，即具备运行操作条件。对油断路器还应检查油色、油位正常；对 SF_6 断路器应检查 SF_6 气体压力在规定范围内。

（3）操作过程中，应同时监视有关电压、电流、功率等表计（实时显示）正常，断路器控制手柄指示灯及监控后台断路器遥信位置指标正确。

（4）当断路器检修（或断路器及线路检修）且其母差保护二次电流回路正在工作时，在断路器投入运行前，应征得调度同意先停用母差保护，再合上断路器，测量母差不平衡电流合格后，才能投入母差保护，以免合闸于故障线路或设备，造成母差保护误动，而扩大事故。

（5）断路器操作后的位置检查，应通过断路器电气指示或遥信信号变化、仪表（电流表、电压表、功率表）或遥测指示变化、断路器（三相）机械指示位置变化等方面判断。至少应有两个及以上元件指示位置已发生对应变化，才能确认该断路器已操作到位。装有三相表计的断路器应检查三相表计。

（6）断路器检修时必须拉开断路器交流、直流操作电源，弹簧操动机构应释放弹簧储能，以免检修时引起人员伤亡。检修后的断路器必须放在断开位置上，以免送电时造成带负荷合隔离开关的误操作事故。

（7）长期停运超过 6 个月的断路器，应经常规试验合格方可投运。在正式执行操作前应通过远方控制方式进行试操作 2～3 次，无异常后方能按操作票拟定的方式操作。

（8）对于常规变电站，操作控制手柄时，用力不能过猛，防止损坏控制手柄。

（9）当用 500kV 或 220kV 断路器进行并列或解列操作，因机构失灵造成两相断路器断开、一相断路器合上的情况时，一般不允许将断开的两相断路器合上，而应迅速将合上的一相断路器拉开。若断路器合上两相，应将断开的一相再合一次，若不成功即拉开合上的两相断路器。

（10）接入系统中的断路器由于某种原因造成 SF_6 压力下降，断路器操作压力异常并低于规定值时，严禁对断路器进行停电、送电操作。停电操作过程中如发现断路器已处于闭锁分闸状态，应立即拉开断路器的直流操作电源，并迅速报告值班调度员按相关异常处理原则进行处理。

（11）操作断路器出现非全相分闸时，应立即设法将未分闸相拉开，如拉不开应利用上一级断路器切除，之后通过隔离开关将故障断路器隔离。

二、隔离开关操作原则及注意事项

（一）隔离开关操作一般原则

（1）可用隔离开关进行下列操作：

1）拉、合电压互感器和避雷器（无雷雨、无故障时）。

2）拉、合电网无接地故障时的变压器中性点接地开关。

3）拉、合 220kV 及以下电压等级空载母线。

4）拉、合经断路器或隔离开关闭合的旁路电流（在拉、合经断路器闭合的旁路电流时，应先断开断路器操作电源）。

5）拉、合 3/2 断路器接线方式的母线环流。

6）未经计算，不得用 500kV 隔离开关进行拉合母线和短线操作。

7）严禁用隔离开关拉、合空载线路、空载变压器和运行中的 500kV 线路并联电抗器。

（2）停电操作隔离开关时，应先拉开负荷侧（线路侧）隔离开关，后拉开电源侧（母线侧）隔离开关。送电操作隔离开关时，应先合上电源侧（母线侧）隔离开关，后合上负荷侧（线路侧）隔离开关。母线侧隔离开关操作后，应检查母差保护模拟图及各间隔保护电压切换箱、计量切换继电器等是否变位，并进行隔离开关位置确认。

（3）隔离开关、接地开关和断路器等之间设置有防误操作的闭锁装置，在倒闸操作时，必须严格按操作顺序进行。如果闭锁装置失灵或隔离开关不能正常操作时，必须按闭锁要求的条件逐一检查相应的断路器、隔离开关和接地开关的位置状态，待条件满足，履行审批许可手续后方能解除闭锁进行操作。

（二）隔离开关操作注意事项

（1）操作隔离开关时，应先检查相应的断路器确在断开位置（倒母线时除外），严禁带负荷操作隔离开关。

（2）拉合隔离开关后，应以现场检查的机械位置为准，以免因控制回路或传动机构故障，出现拒分、拒合现象；同时应检查隔离开关触头位置是否符合规定要求，以防止出现不到位现象。

（3）电动隔离开关手动操作时，应断开其动力电源，将专用手柄插入转动轴，逆时针摇动为合闸，顺时针摇动为分闸。500kV 隔离开关不得带电进行手动操作。对于所有隔离开关和接地开关，手动操作完毕后，应将箱门关好，以防电动操作被闭锁。

（4）用绝缘棒拉合隔离开关或经传动机构拉合隔离开关，均应戴绝缘手套。雨天操作室外高压设备时，绝缘棒应有防雨罩，还应穿绝缘靴。隔离开关就地操作时，应做好支柱绝缘子断裂的风险分析与预控，操作人员应正确站位，避免站在隔离开关及引线正下方，操作中应严格监视隔离开关动作情况，并视情况做好及时撤离的准备。

（5）手动合上隔离开关时，必须迅速、果断。在隔离开关快合到底时，不能用力过猛，以免损坏支柱绝缘子。当合到底时发现有弧光或为误合时，不准再将隔离开关拉开，以免由于误操作而发生带负荷拉隔离开关，扩大事故。手动拉开隔离开关时，应慢而谨慎。如触头刚分离时发生弧光应迅速合上并停止操作，立即进行检查是否为误操作而引起电弧。

（6）分相操动机构隔离开关在失去操作电源或电动失灵需手动操作时，除按解锁规定履行必要手续外，在合闸操作时应先合 A、C 相，最后合 B 相，在分闸操作时应先拉开 B 相，再拉开其他两相。

（7）在操作隔离开关过程中，要特别注意绝缘子有断裂等异常时应迅速撤离现场，防止人身受伤；如果发现隔离开关支柱绝缘子严重破损、隔离开关传动杆严重损坏等严重缺陷时，不准对其进行操作。

（8）如果发生带负荷误拉隔离开关，在隔离开关动、静触头刚分离时，发现弧光应立即将隔离开关合上。已拉开时，不准再合上，防止造成带负荷合隔离开关，并将情况及时汇报上级。发现带负荷误合隔离开关，无论是否造成事故，均不准将误合的隔离开关再拉开，应迅速报告所属调度听候处理并报告上级。

（9）若隔离开关合不到位、三相不同期时，应拉开后试合一次，如果无法合到位，应停电处理，同时汇报上级领导。

三、高压开关类设备停送电操作危险点及预控措施

高压开关类设备停送电操作危险点及控制措施见表 4-1。

表 4-1　　高压开关类设备停送电操作危险点及控制措施

序号	危险点	预控措施	备注
1	误拉合断路器	认真核对设备名称、编号和实际位置，严格执行监护唱票复诵制度	
2	带负荷拉合隔离开关	拉合隔离开关前检查相应断路器三相电流指示为零，电气、机械位置指示在分位	
3	带电合接地开关（或装设接地线）	（1）检查确认被检修的设备两侧有明显断开点。 （2）合××接地开关或在××处装设三相短路接地线一组前在××接地开关静触头或××处验明三相确无电压	
4	带接地线或接地开关送电	合××隔离开关前检查××接地开关已拉开、××接地线已拆除、间隔无短路接地点	
5	隔离开关分合不到位	拉合隔离开关后要注意认真检查，确认隔离开关拉开后端口张开角或断开的距离应符合要求；合上后两触头完全进入刀嘴，触头之间接触良好	
6	拉合隔离开关时支柱绝缘子断裂	（1）在操作隔离开关前，检查设备支柱绝缘子无裂纹。 （2）操作前，应检查隔离开关一次部分无明显缺陷，如有，应立即停止操作。 （3）操作时，操作人、监护人应注意选择合适的操作站立位置，操作电动隔离开关时，应做好随时紧急停止操作的准备。 （4）发生断裂接地现象时，人员应注意防止跨步电压伤害	
7	电动操动机构的隔离开关操作失灵	应检查原因，检查是否由于机构异常引起失灵，只有在确保操作正确（即该隔离开关相关联的设备状态正确），根据相关规程规定允许手动操作前提下，才能手动操作，并注意操作方法正确，操作前戴好绝缘手套，并拉开电动隔离开关机构箱内控制电源	
8	误投或漏投保护连接片	操作前认清保护屏及连接片名称，根据运行方式、继电保护及安全自动装置定值通知单，核对有关保护投入正确，装置运行正常，投入的连接片接触良好	

第三节 线路倒闸操作

一、线路停、送电操作一般原则

（一）一般线路停、送电操作

（1）500kV线路停、送电操作时，如一侧为发电厂，一侧为变电站，宜在发电厂侧解、合环（或解、并列），变电站侧停、送电；如两侧均为变电站或发电厂，宜在短路容量大的一侧停、送电，短路容量小的一侧解环、合环。

（2）220kV单供线路和110kV及以下电压等级线路停电时，一般先停受电侧，后停送电侧。复电时操作顺序相反。

（3）220kV及以下电压等级停电操作应先断开线路断路器，然后拉开负荷侧（线路侧）隔离开关，最后拉开电源侧（母线侧）隔离开关，送电操作与此相反。在正常情况下，线路断路器确在断开位置时，先拉合线路侧隔离开关或母线侧隔离开关都不会造成影响。如断路器未断开，若先拉开负荷侧（线路侧）隔离开关时，发生带负荷拉隔离开关故障，线路保护动作，使断路器分闸，仅停本线路；若先拉开电源侧（母线侧）隔离开关，发生带负荷拉隔离开关故障，母线保护动作，将使整条母线上所有连接元件停电，扩大了事故范围。因此拉合隔离开关时应遵循以上原则。

（4）当线路停电转检修时，应在线路可能受电的各侧都停止运行，相关隔离开关均已拉开后，方可在线路上布置安全措施；反之在未全部拆除线路上安全措施之前，不允许线路任一侧恢复热备用。

（5）线路送电时，应先拆除线路上安全措施，核实线路保护按要求投入后，再合上母线侧隔离开关，后合上线路侧隔离开关，最后合上线路断路器。

（6）新建、改建或检修后相位可能变动的线路首次送电前应校对相位。

（二）3/2断路器接线方式线路停、送电操作

（1）线路停电操作时，先拉开中间断路器，后拉开母线侧断路器；拉开隔离开关时，由负荷侧逐步拉向电源侧。送电操作顺序与此相反。在正常情况下，先断开（合上）还是后断开（合上）中间断路器都没有关系，之所以要遵循一定顺序，主要是为了防止停、送电时发生故障，导致同串的线路或变压器停电。停电操作时，先拉开中间断路器，切断很小负荷电流；再拉开边断路器，切除全部负荷电流，这时若发生故障，则1号母线保护动作，跳开1号母线直接相连的断路器，切除母线故障，其他路线可以继续运行。若断开中间断路器，发生故障时，将导致本串另一条线路停电。

（2）在超高压电网中，为了降低线路电容效应引起的工频电压升高，在线路上并联电抗器，电抗器未装断路器。线路并联电抗器送电前，线路电抗器保护、过电压及远方跳闸保护应正常投入，线路电抗器停运或电抗器保护检修，应退出电抗器保护及启动远跳回路连接片。拉、合线路并联电抗器隔离开关应在线路检修状态下

进行。

（3）接线方式为线路、变压器串时，线路停运、断路器合环运行时，线路对应断路器的重合闸应退出。

（4）接线方式为两条线路串，一条线路停运、断路器合环运行时，应投入对应的短引线保护，其母线侧断路器的重合闸退出，中间断路器的重合闸正常投入。

（三）旁路代线路操作

（1）操作前，将旁路断路器保护按所代断路器保护定值调整投入，旁路断路器纵联保护和重合闸暂不投。

（2）退出被代断路器线路两侧的纵联保护和重合闸。

（3）将被代断路器可切换的纵联保护通道切换至旁路断路器，对切换后的通道进行交信。交信正常后进行旁路断路器代断路器一次部分的操作，运维操作人员应确认旁路断路器已代上被代断路器后，再断开被代断路器。

（4）投入该线路可以切换的纵联保护和重合闸。

二、线路停、送电操作注意事项

（1）电缆线路停电检修和装设接地线前，必须多次放电，才能接地。

（2）110kV 及以上的长距离输电线路停、送电操作，应注意以下几点：

1）对线路充电的断路器，应具有完备的继电保护，小电源侧应考虑继电保护装置的灵敏度。为了防止空载长线充电时线路末端电压的升高，对线路有电抗器的要求线路送电时应先合电抗器断路器，后合线路断路器。

2）应注意防止送电到故障线路上，造成其他正常运行线路的暂态稳定被破坏。

3）送电端必须有变压器中性点接地。

4）防止切除空载线路时，造成电压低于允许值。

5）线路停、送电操作中，涉及系统解列、并列或解环、合环时，应按断路器操作一般原则中的规定处理。

6）可能使线路相序发生紊乱的检修，在恢复送电前应进行核相工作。

7）线路停电时，对于配置有线路电压互感器二次快分开关的线路，应同时拉开线路电压互感器二次快分开关。

8）线路纵联保护在冲击受电前应投入跳闸，在冲击受电结束后应退出，在未经过带负荷检查证明接线正确之前，其功能连接片不能投入。

9）线路两端的纵联保护装置应同时投入或退出，不能只投一侧纵联保护装置，以免造成保护误动。纵联保护装置投运前要检测保护装置通道是否正常。

10）线路保护有检修工作时，线路复电前，应检查保护装置无异常，功能连接片投退正确。

三、线路停送电操作危险点分析及预控措施

线路停送电操作危险点及控制措施见表 4-2。

表 4-2　　线路停送电操作危险点及控制措施

序号	危险点	预控措施	备注
1	误拉合断路器	认真核对设备名称、编号和实际位置，严格执行监护唱票复诵制度	
2	带负荷拉合隔离开关	拉合隔离开关前检查相应断路器三相电流指示为零，电气、机械位置指示在分位	
3	带电合接地开关（或装设接地线）	（1）检查确认被检修的设备两侧有明显断开点。 （2）合××接地开关或在××处装设三相短路接地线一组前在××接地开关静触头或××处验明三相确无电压	
4	带接地线或接地开关送电	合××隔离开关前检查××接地开关已拉开、××接地线已拆除、间隔无短路接地点	
5	隔离开关分合不到位	拉合隔离开关后要注意认真检查，确认隔离开关拉开后端口张开角或断开的距离应符合要求；合上后两触头完全进入刀嘴，触头之间接触良好	
6	拉合隔离开关时支柱绝缘子断裂	（1）在操作隔离开关前检查设备支柱绝缘子无裂纹。 （2）操作前，应检查隔离开关一次部分无明显缺陷，如有，应立即停止操作。 （3）操作时，操作人、监护人应注意选择合适的操作站立位置，操作电动隔离开关时，应做好随时紧急停止操作的准备。 （4）发生断裂接地现象时，人员应注意防止跨步电压伤害	
7	电动操动机构的隔离开关操作失灵	应检查原因，检查是否由于机构异常引起失灵，只有在确保操作正确（即该隔离开关相关联的设备状态正确），根据相关规程规定允许手动操作前提下，才能手动操作，并注意操作方法正确，操作前戴好绝缘手套，并拉开电动隔离开关机构箱内控制电源	
8	误投或漏投保护连接片	操作前认清保护屏及连接片名称，根据运行方式、继电保护及安全自动装置定值通知单，核对本线路有关保护投入正确，装置运行正常，投入的连接片接触良好	
9	通道异常	线路停电检修，光纤通道可能工作，因此在断路器合闸前，两侧值班人员必须检查光纤纵差保护“通道异常”灯灭后，方可合闸	
10	非同期合闸	合断路器前应询问调度，充电时用非同期方式，合环时用同期方式	
11	无法验电的设备、联络线设备的电气闭锁装置不可靠，造成误操作	（1）对无法验电的设备应采取间接验电。 （2）间接验电必须通过对设备状态、信号、计量等信息采取两种以上状态的改变来判别	
12	保护、重合闸连接片误操作	（1）保护投停操作应由两人进行。 （2）应对设备二次连接片名称进行核对并确认无误。 （3）应认真掌握二次连接片、切换开关的作用。 （4）对于二次回路的切换，应根据原理图和现场规程的有关要求确定操作顺序。 （5）应考虑相关的二次切换及相应的联跳回路。 （6）防止误碰运行中的二次设备	
13	变更定值前未退保护出口连接片或定值变更后未投保护出口连接片	（1）调整定值前，应到现场检查相关保护连接片确已退出。 （2）查阅图纸确认应操作的对应连接片。 （3）调整定值后，应到现场检查相关保护连接片确已投入	
14	保护定值调整错误	（1）保护定值区调整应按现场规程要求进行操作。 （2）定值调整结束后，应打印确认并与定值单核对无误	

续表

序号	危险点	预控措施	备注
15	旁路代线路时，旁代断路器与所代线路断路器保护定值不符	旁路代线路前应核对保护定值	

第四节 变压器倒闸操作

一、变压器操作一般原则

（一）变压器并列运行条件

（1）联结组别相同。

（2）电压比相同（允许误差±0.5%）。

（3）短路电压相等（允许误差±10%）。

在任何一台变压器都不会过负荷时，必须事先经过计算，才可允许电压及短路电压不等的变压器并列运行。

（二）变压器停送电的操作顺序

变压器投入运行时，应选择保护完备、励磁涌流影响较小的电源侧进行充电。停运时，先停负荷侧，后停电源侧。500kV 变压器一般在 500kV 侧停（送）电，在 220kV 侧解（合）环或解列（并列）。

（三）变压器中性点接地运行方式操作规定

（1）500kV 自耦变压器中性点应接地运行。

（2）变压器充电或停运前，应合上变压器中性点接地开关或中性点接地小电抗器隔离开关。中性点接地开关合上的主要目的是防止单相接地产生过电压和避免产生某些操作过电压，危及变压器绝缘。

（3）并列运行的变压器倒换中性点接地开关时，应先合上未接地的变压器中性点接地开关，再拉开另一台变压器中性点接地开关。

（4）变压器中性点在直接接地和经小电抗器接地方式间倒换时，应先合上中性点小电抗器隔离开关（或中性点直接接地开关）后，再拉开中性点直接接地开关（或中性点小电抗器隔离开关）。

（5）除中性点倒换操作外，不允许同时合上同一台变压器中性点小电抗器隔离开关和中性点直接接地开关。

（6）拉、合变压器 110kV 及以上电压等级断路器时，操作侧的中性点应接地。

（四）变压器充电的操作原则

新安装、大修后的变压器投入运行前，应在额定电压下做空载全电压冲击合闸试验。加压前应将变压器全部保护投入。新变压器冲击 5 次，大修后的变压器冲击 3 次，第一次送电后运行时间 10min，停电 10min 后再继续第二次冲击合闸，以后每次间隔 5min。1000kV 变压器第一次冲击合闸后的带电运行时间不少于 30min。对空载变压器充电时，有以下要求：

（1）充电变压器应有完备的继电保护。

（2）变压器充电前，应检查充电侧母线电压及变压器分接头位置，保证充电后各侧电压不超过其相应分接头电压的 5%。

（3）拉合空载主变压器前，应先将主变压器 110kV 及以上系统侧的中性点接地开关合上，以防止出现操作过电压，危及变压器绝缘。

（五）变压器保护的相关规定

（1）原则上不应将差动保护和瓦斯保护同时退出。如需同时退出，应经有关主管领导批准。

（2）220kV 及以上的变压器中性点接地方式由省调确定，110kV 变压器中性点接地方式由地调确定，在操作过程中，允许短时超过规定数。

（3）差动保护电流回路设备更换或二次回路变更后，在变压器充电时，应投入差动保护；在带负荷前退出，带负荷检查证明接线正确之后再投入。

（4）差动保护在一侧断路器停电时仍可继续运行，但在差动电流互感器二次回路上有工作时，应退出差动保护。

（5）新投入或大修后的变压器、电抗器投入运行后，一般将其重瓦斯保护投入信号 48～72h 后，再投跳闸。

（6）遇下列情况之一时，重瓦斯应由跳闸改投信号：

1）滤油、加油、换硅胶、冷却器、潜油泵、呼吸器、油路检修及气体继电器探针检测等工作。

2）冷却器油回路、通向储油柜的各阀门由关闭位置旋转至开启位置。

3）油位计油面异常升高或呼吸系统有异常需要打开放油或放气阀门。

4）气体继电器及其二次回路上有工作时。

5）若运行中发现变压器大量漏油而使油面下降时，重瓦斯应维持投入跳闸。

（7）220kV 变压器中性点接地方式在切换操作时，变压器零序保护投退规定：

1）变压器中性点由“直接接地”方式改变为“间隙接地”方式。操作前，投入变压器的零序电压保护；操作结束后，将变压器中性点零序电流保护按“间隙接地”方式下的定值投入或投入间隙接地保护。

2）变压器中性点由“间隙接地”方式改为“直接接地”方式。在操作前，先将原“间隙接地”方式下的中性点零序电流保护退出，然后按规定投入中性点“直接接地”方式下的中性点零序电流保护。操作结束后，退出变压器的零序电压保护。

二、变压器操作注意事项

（一）变压器新投入或大修后操作注意事项

（1）操作前，应对变压器本体及绝缘油进行全面试验，合格后方具备送电条件。

（2）操作前，应对变压器外部进行检查：气体继电器外壳上的箭头应指向储油柜；所有阀门应置于正确位置；变压器上各带电体对地的距离以及相间距离应符合要求；分接开关位置符合有关规定，且三相一致；变压器上导线、母线以及连接线牢固可靠；密封垫的所有螺栓要足够紧固，密封处不渗油。

（3）操作前，应对变压器冷却系统进行检查：风扇、潜油泵的旋转方向符合规定，运行是否正常，自动启动冷却设备的控制系统动作正常，启动整定值正确，投入适当数量冷却设备；冷却设备备用电源切换试验正常；对于水冷变压器，水压不得大于最低油压，以免水渗入油中。

（4）操作前，应对监视、保护装置进行检查：所有指示元件应正常，如压力释放阀、油流指示器、油位指示器、温度指示器等应正常；变压器油箱上及其升高部位的积气、油气分离室积气要放净，以免气泡进入高电场引起电晕放电或进入气体继电器发生错误告警；各种指示、计量仪表配置齐全；继电保护配置齐全，并按规定投入，接线正确，整定无误。

（5）新投入或大修后变压器有可能改变相位时，合环前都要进行相位校核。

（6）倒换变压器时，应检查投入变压器确已带上负荷后，才允许退出需停运变压器。

（7）变压器电源侧断路器合上后，若发现下列情况之一者，应立即拉开变压器电源侧断路器，将其停运：

1）声响明显增大，很不正常，内部有爆裂声。

2）严重漏油或喷油，使油面下降到低于油位计的指示限度。

3）套管有严重的破损和放电现象。

4）变压器冒烟着火等。

（二）变压器调压操作注意事项

（1）无载调压变压器分接头的调整，应根据调度命令进行。分接头操作后应在分接头操作记录簿及值班操作记录簿中作记录。变压器分接头的位置应与模拟图相符。

（2）无载调压的操作，必须在变压器停电状态下进行。调整分接头应严格按制造厂规定的方法进行，防止将分接头调整错位。为消除触头上的氧化膜及油污，调压操作时必须在使用挡的前后挡次切换 2 次，以保证接触良好。分接头调整好后，应检查和核对三相分接头位置一致，并应测量绕组的直流电阻。各项绕组直流电阻的相间差别不应大于三相平均值的 2%，并与历史记录比较，相对变化也不应大于 2%。测得的数值应记入现场试验记录簿。

（3）有载调压变压器分接头的调整应根据调度颁发的电压曲线进行。分接头调压操作可以在变压器运行状态下进行，调整分接头后不必测量直流电阻，但调整分接头时应无异常声响，每调整一挡应检查相应三相电压表指示情况，电流和电压平衡。在分接头切换过程中，有载调压的气体继电器有规律地发出信号是正常的，可将继电器中聚集的气体放掉。如分接头切换次数很少即发出信号，应查明原因。调压装置操作 5000 次后，应进行检修。

（4）两台有载调压变压器并联运行时，允许在85%变压器额定负荷电流及以下的情况下进行分接变换操作，不得在单台变压器上连续进行两个分接变换操作，必须在一台变压器的分接变换完成后再进行另一台变压器的分接变换操作。每进行一次变换后，都要检查电压和电流的变化情况，防止误操作和过负荷。升压操作，应先操作负荷电流相对较少的一台，再操作负荷电流相对较大的一台，防止过大的环流；降压操作时与此相反。操作完毕，应再次检查并联的两台变压器的电流大小与分配情况。当有载调压变压器过载1.2倍运行时，禁止分接开关变换操作并闭锁。

（三）二次设备操作注意事项

（1）500kV 3/2断路器接线方式（出线配置隔离开关），主变压器检修而其500kV断路器作联络方式运行时，因主变压器检修需停用相关的本体保护（如本体瓦斯保护、有载调压瓦斯保护、压力释放保护、温度保护等），按现场运行规程的规定执行，特别应注意检修后必须检查本体保护的相关继电器不动作并复归。

（2）主变压器运行，其一侧断路器改为检修时，对于需要进行电流二次回路切换的保护，该断路器的电流互感器端子应退出并短接。断路器送电时应恢复正常。

（3）若后备过电流的复合电压闭锁回路采用各侧并联的接线方式，当一侧电压互感器停运时，应退出该侧复合电压闭锁元件的闭锁功能。

（4）主变压器间隙零序保护在主变压器中性点隔离开关合上时退出，断开时投入。主变压器零序过电流保护，在主变压器中性点隔离开关合上时投入，断开时退出。

（5）强迫油循环风冷变压器在充电过程中，应检查冷却系统运行正常；若异常应查明原因，处理正常后方可带负荷运行。

（6）变压器在送电时，若由于励磁涌流等原因，使差动保护动作跳闸，应立即停止操作并汇报调度及相关领导，按变压器事故处理相关流程进行处理。

三、变压器停、送电操作危险点分析及预控措施

变压器停、送电操作危险点及预控措施见表4-3，涉及高压开关类设备操作同表4-1。

表4-3　变压器停、送电操作危险点及预控措施

序号	危险点	预控措施	备注
1	操作顺序错误	变压器送电时，先合电源侧断路器，即应先从高压侧充电，再送低压侧，当两侧或三侧均有电源时，应先从高压侧充电，再送低压侧（500kV变电站根据站内实际情况另定）。停电时先断开负荷侧断路器，后停电源侧断路器；当两侧或三侧均有电源时，应先停低压侧，后停高压侧。500kV联络变压器，一般在220kV侧停（送）电后，在500kV侧解（合）环	
2	过负荷	两台变压器并列运行时停用其中一台变压器前，应检查两台变压器的负荷情况，防止一台变压器停电后，造成另一台变压器过负荷	
3	甩负荷	变压器中、低压侧由母联断路器分别合环前后，应仔细检查负荷分配情况，并现场检查断路器实际位置与断路器机械位置指示一致，以防止断路器触头没有合上，而造成下一步拉开变压器断路器时甩负荷	

续表

序号	危险点	预控措施	备注
4	电压差过大	电压差过大，将造成变压器合环时环流增大。在合环前，应检查两条母线电压情况，及时调整两台变压器的分接头，防止电压差过大	
5	站用电失电	如果主变压器低压侧接有站用变压器，应将该站用变负荷倒至另外一台站用变压器供电，防止主变压器停电造成站内0.38kV一段母线失去电压。倒站用电应先停后送，防止0.38kV低压侧合环运行。站用电切换会造成一段负荷短时停电，切换后需检查站内直流高频开关电源充电正常，主变压器和高压电抗器冷却系统以及UPS等自动化设备正常，开启站内停运的空调等	
6	变压器过热	如果停电主变压器冷却系统是强油风冷，在停主变压器前应将主变压器冷却器全停选择开关由运行切换至试验位置。这是为了防止主变压器三侧断路器停电后，停电主变压器的冷却器马上停运，造成主变压器过热减少使用寿命	
7	操作过电压	为防止断路器非同期分闸、合闸而产生过电压，在拉合空载变压器前，必须合上其中性点直接接地系统的中性点接地开关	
8	中性点方式错误	大电流接地系统中变压器投、退时，为防止中性点的运行方式错误，并列运行的变压器倒换中性点接地开关时，应先合上未接地的变压器中性点接地开关，再拉开另一台变压器中性点接地开关	
9	中性点保护切换错误	220kV并列运行的两台主变压器，应根据中性点方式的变化，及时正确投退中性点保护，防止中性点保护切换错误	
10	保护装置投退错误	主变压器停电转检修后退出主变压器保护跳其他运行中设备的连接片，退出主变压器保护装置出口连接片，其他保护（母差、失灵等）跳主变压器的连接片；送电前按照定值单要求投入主变压器所有保护	

第五节 母线及电压互感器倒闸操作

一、母线及电压互感器操作一般原则

（一）倒母线操作原则

1. 运行设备倒母线的操作

（1）设备运行中倒母线操作时，应先合上母联（或分段）断路器，投入母线互联连接片，然后拉开母联断路器的操作电源，进行倒母线的操作。操作结束后自行恢复母差运行方式与一次方式一致，合上母联断路器的操作电源，并退出母线互联连接片。恢复双母线正常运行方式时，应按调控机构预先规定的双母线接线方式进行倒闸（如有特殊要求值班调度员应在操作前下达）。

（2）在倒母线过程中，一旦由于某种原因使母联断路器分闸，此时母线隔离开关的拉、合操作实质上就是对两条母线进行带负荷解列、并列操作，在这种情况下，因电流较大，隔离开关灭弧能力有限，会造成弧光短路。母联断路器在合闸位置并拉开控制电源，可保证倒母线操作过程中母线隔离开关等电位。

（3）倒母线操作中，母线隔离开关的操作方法有两种：其一是合上一组备用的母线隔离开关之后，立即拉开相应的一组工作母线隔离开关；其二是先合上所要操作的全部备用的母线隔离开关后，再拉开全部的工作母线隔离开关。

（4）双母线分段接线方式倒母线操作时，应逐段进行。一段操作完毕，再进行另一段的倒母线操作。不得将与操作无关的母联、分段断路器改非自动。

（5）倒母线时，应考虑对母线保护的影响和二次回路相应的切换，包括线路保护、安全自动装置（如按频率减负荷）及电能表所用的电压互感器的相应切换。要严格检查各回路母线侧隔离开关的位置指示，确保保护回路电压可靠；对于不能自动切换的，应采用手动切换，并做好防止保护误动的措施。

2. 热备用设备倒母线的操作（冷倒）

热备用设备冷倒母线的操作，在检查本线路断路器在断开位置后，母线隔离开关的操作应遵循先拉后合的原则，以免发生通过母线隔离开关合环或解环的误操作事故。

（二）母线及电压互感器停送电操作原则

1. 3/2 断路器接线的母线操作原则

停电操作时，先将母线上所有运行断路器由运行状态转换成冷备用状态，即母线冷备用状态，再将母线由冷备用转检修状态；送电操作时，先将母线由检修状态转成冷备用状态，再选择一个断路器对母线进行充电操作，母线充电正常后，然后将母线上所有运行断路器由冷备用状态转换成运行状态。

2. 双母线接线的母线操作原则

（1）停电操作，先将要停电母线上所有运行设备倒至另一条母线上运行，母联及分段断路器由运行改为冷备用，即母线冷备用状态，再将停电母线由冷备用改为检修；送电操作时，停电母线由检修改为冷备用，母联及分段断路器由冷备用改为运行，按调令要求恢复正常运行方式。

（2）操作中，必须避免电压互感器二次侧反充电，即母线转热备用后，应先断开该母线上电压互感器的所有二次电压空气断路器，再拉开该母线上电压互感器的高压隔离开关。

3. 电压互感器二次并列的操作

二次电压回路并列时，对电压并列回路是经母联或分段回路运行启动的，应先将一次侧并列，再进行二次并列操作。

（三）母线充电操作原则

（1）有母联断路器时，应使用母联断路器向母线充电，应考虑充电断路器保护调整并投入，如果充电母线存在故障，可由母联断路器切除，防止扩大事故。母线充电正常后及时退出充电保护。3/2 断路器接线方式的母线正常充电操作，可不投入断路器充电保护。500kV 母线停电时，一般按断路器编号从小到大进行操作，复电时根据系统情况一般选择线路断路器对母线进行充电，不得用主变压器断路器进行充电，正常后再按断路器编号从小到大将其他断路器恢复运行。母联断路器正常运行时，充电保护投入连接片和跳闸出口连接片应取下。

（2）用主变压器断路器对母线进行充电。充电时应确保变压器保护确在投入位置，并且后备保护的方向应指向母线。

（3）母线充电操作后应检查母线及母线上的设备情况，包括母线所连电压互感器、避雷器应无异常响声，无放电、冒烟，支柱绝缘子无放电，检查充电断路器正常等，同时应检查母线电压指示正常。对GIS母线在充电后还应检查母线及母线上连接各设备的气室压力正常。

二、母线及电压互感器操作注意事项

（一）倒母线操作注意事项

（1）所有负荷倒完后，拉开母联断路器前，应再次检查要停电母线上所有设备是否均倒至运行母线上，并检查母联断路器电流表指示是否为零。

（2）在合上（或拉开）某回路母线侧隔离开关后，应及时检查该回路保护电压切换箱所对应的母线指示灯以及母差保护回路的位置指示灯指示正确。电压切换回路一般采用自动切换方式，由于隔离开关的辅助触点运行环境差，影响切换回路的可靠性，应注意检查隔离开关的一次、二次切换必须一致。母差保护装置一般都提供了与之配套的模拟盘以减小隔离开关辅助触点的不可靠性对保护的影响。当隔离开关位置发生异常时保护装置发出报警信号，需及时通知人员检修。此时，可以通过模拟盘用强制开关指定相应的隔离开关位置状态，保证保护正常运行。

（3）设备倒换至另一母线或母线上电压互感器停电，继电保护和安全自动装置的电压回路需要转换由另一电压互感器供电时，应防止继电保护及安全自动装置因失去电压而误动。避免电压回路接触不良以及通过电压互感器二次向不带电母线反充电而引起的电压回路熔断器熔断，造成继电保护装置误动等情况出现。

（4）为防止铁磁谐振，不宜使用带断口电容器的断路器投切带电磁式电压互感器的空母线，应先停用母线电压互感器，再拉开母联断路器。复电时相反。电压互感器发生铁磁谐振时通常会出现电压互感器响声异常、母线电压一相或两相升高、电压互感器开口三角形电压升高等现象，值班调度员应立即采取改变一次接线方式、切断谐振回路电源等措施破坏谐振条件。

（二）母线停送电操作中的注意事项

（1）当重合闸有优先回路时，边断路器停电前应先退出该断路器的重合闸，并根据现场运行规程及保护运行规程的要求改变相应中间断路器的重合闸配合方式。如果此项操作需要拉开边断路器的操作电源，则在拉开操作电源前应投入相应断路器的位置停信连接片或切换保护装置上的断路器状态开关。

（2）若母线停电将造成其他设备（高压电抗器、变压器、线路等）停电或充电运行的，应先将该设备操作停电或转为充电运行，然后操作母线停电。

（3）对于双母线接线方式，单条母线停电时，不允许退出全套母差保护。

（4）对不能直接验电的母线（如GIS母线），在合接地开关前，必须要确认连接在该母线上的全部隔离开关确已全部拉开，连接在该母线上的电压互感器的二次快分开关（熔断器）已全部拉开。

（三）电压互感器操作注意事项

（1）允许用隔离开关拉、合无故障的空载电压互感器。大修或新更换的电压互感器（含二次回路变动）在投入运行前应核相。

（2）对于电压互感器有异常，但高压侧绝缘未损坏可以用隔离开关将其退出运行。当发现电压互感器高压侧绝缘有损伤的征象，如喷油、冒烟，应用断路器将其电源切断，严禁用隔离开关或取下熔断器的方法拉开有故障的电压互感器。

（3）在发现电压互感器有明显异常时，对于双母线接线方式，不得将该电压互感器与正常运行电压互感器二次侧并列，不宜采用运行设备倒母线操作，如特殊情况，可采取防止电压互感器并列措施后进行倒母线，再用母联断路器断开电压互感器使其退出运行；对于 3/2 断路器接线方式，可拉开全部母线侧断路器后故障电压互感器退出运行；对于主变压器低压侧单母接线方式的应拉开主变压器低压侧断路器使故障互感器退出运行。

（4）电压互感器二次回路不能切换时，为防止误动，可申请将有关保护和安全自动装置停用。对于通过电压闭锁、电压启动等原理进行工作的保护及安全自动装置，在电压互感器停电操作时，根据现场运行规程和保护装置的要求进行相应操作，退出装置对停运电压互感器的电压判别功能。

（5）66kV 及以下中性点非有效接地系统发生单相接地或产生谐振时，严禁用隔离开关或高压熔断器拉、合电压互感器。

三、母线及电压互感器停送电操作危险点分析及预控措施

母线及电压互感器停送电操作危险点及预控措施见表 4-4，涉及高压开关类设备操作同表 4-1。

表 4-4　母线及电压互感器停送电操作危险点及预控措施

序号	危险点	预控措施	备注
1	未按要求投、退母线充电保护	在母线充电前投入母线充电保护，充电完成后退出充电保护投入连接片和跳闸出口连接片	
2	设备由一条母线倒至另一条母线运行，未切换电压回路，造成保护和安全自动装置失压	倒母线前根据站内保护及安全自动装置的具体情况进行电压二次切换，对无法切换并可能造成误动、拒动的保护及安全自动装置申请退出运行	
3	倒母线操作未对母差保护互联连接片进行切换，造成操作中母线故障时保护拒动	倒母线前应将母差保护的方式改为非选择（互联）方式，倒母线结束后立即恢复正常运行方式	
4	母联断路器的操作电源未拉开，母联断路器误跳闸，造成带负荷拉隔离开关	倒母线前必须检查母联断路器及其两侧隔离开关在合闸位置，断开母联断路器的操作电源，双母线分段接线方式倒母线时不得将与操作无关的母联或分段的操作电源断开	

续表

序号	危险点	预控措施	备注
5	倒母线过程未进行隔离开关二次切换检查	倒母线过程要及时对操作后的母线侧隔离开关进行二次切换检查，防止差动保护电流开入异常和保护误动	
6	负荷倒换完毕后未及时投入母联控制电源	负荷倒换完毕后，要尽快合上母联控制电源，退出互联连接片，避免母联断路器长时间为死开关状态，母差、失灵保护长时间判母线为单母线状态	
7	拉开母联断路器前未再次检查要停电母线上所有设备是否均倒至运行母线上，造成运行线路失电	拉开母联断路器前检查母联断路器电流指示为零，停运母线上所有设备均已倒至另一母线运行；拉开母联断路器后应检查停电母线的电压指示为零	
8	热备用设备冷倒母线的操作，先合后拉，造成通过母线隔离开关合环或解环的误操作事故	热备用设备冷倒母线操作，在检查本断路器在断开位置后，母线侧隔离开关的操作应遵循先拉后合的原则	
9	3/2 断路器接线母线停电，误投、退连接片，造成中间断路器运行中跳闸后不重合	母线停电将边断路器重合闸出口连接片退出，重合闸方式开关切至“停用”位置，将中间断路器的重合闸连接片投入，并确认	
10	未拉开停电母线电压互感器二次电源，造成二次反送电	在退出电压互感器前应检查母线电压指示为零；停电母线的电压互感器必须从一、二次侧完全断开	
11	母差保护有工作，未停用母差有关连接片，造成运行中断路器误跳闸	若母线停运后同时有母差保护或母差电流互感器和边断路器保护等二次回路工作，应将母差保护和边断路器保护退出运行，包括边断路器启动失灵保护连接片	
12	停、送电压互感器操作顺序错误，造成二次向一次反送电	停电时先停低压(二次)，再停高压(一次)，送电时与此相反	
13	电压互感器停电，有关的保护和安全自动装置电压回路未作切换，造成失压	停用电压互感器时，为防止误动，应首先考虑停用该电压互感器所带保护及安全自动装置，或作相应电压回路的切换	
14	用隔离开关拉合有故障的电压互感器，造成事故	禁止用隔离开关拉合有故障的电压互感器	
15	电压互感器二次故障直接进行二次并列	电压互感器二次回路有问题时严禁进行二次并列，故障电压互感器一、二次全部断开后方允许进行二次并列	
16	互感器一次未并列就进行二次并列，造成非同期并列	二次并列前必须检查确保一次在并列状态；对新投或接线变动的互感器，操作前二次必须经过核相正确方可投运	
17	互感器停电检修，接地线装设在母线侧而不是互感器侧，造成带电挂地线	操作前应认真核对设备名称、编号、位置，并加强监护	

第六节 站用电及直流系统倒闸操作

一、站用电及直流系统操作的一般原则

（一）站用交流系统操作的原则

（1）站用电系统属变电站管辖设备，站用电低压系统的操作由运维负责人发

令，高压侧的运行方式由调度操作指令确定，涉及站用变压器转运行或备用，应经调度许可。站用变压器停电时，应先切断负荷侧，后切断电源侧；送电则是先合电源侧，后合负荷侧。合电源侧隔离开关时，应检查站用变压器高压熔断器是否完好。

（2）两台站用变压器均运行时，由于二次存在电压差以及所接电源可能不同，为避免电磁环网，低压侧原则上不能并列运行，只能采用停电倒负荷，即先拉开需停运的站用变压器低压断路器，再合低压母联断路器，送电与此相反。站用变压器停电后，应检查相应站用电屏上的电压表无指示。在站用变压器改为检修后，应做好防止倒送电的安全措施。站用变压器倒闸操作要迅速，尽量缩短停电时间，若所接负荷较大，在倒换站用变压器前应先切除一部分非重要负荷。

（3）操作跌落式高压熔断器时，要戴好绝缘手套和护目眼镜，停电时应先拉中间相，后拉两边相。送电时则应先合两边相。遇到大风时应先拉中间相，再拉背风相，最后拉迎风相。

（二）站用直流系统操作的原则

（1）500kV 及 220kV 变电站直流系统一般配置 2～3 组高频开关充电装置和蓄电池组，并且直流母线的接线方式以及直流馈电网络的结构也相应按双重化的原则考虑，采用直流分屏单母线分段运行。

（2）在正常运行情况下，两段母线间的联络断路器打开，当任一组高频开关充电装置故障或交流电源失去时，若联络断路器处于“自动”则可自动将两段母线并列运行，若处于“手动”，则需手动合闸。每段母线上各接一组蓄电池和一台浮充电装置，主充电装置经两把隔离开关分别接到两组蓄电池的出口，可分别对其进行充放电。当其中一组蓄电池因检修或充、放电需要脱离母线时，分段隔离开关合上，两段母线的直流负荷由另一组蓄电池供电。

（3）正常情况下带控制负荷的直流母线电压变动范围不允许超过额定电压的±5%。运行中的直流Ⅰ、Ⅱ段母线，如因直流系统工作，需要转移负荷时，允许用母联断路器或隔离开关进行短时间并列。但必须注意的是两段电压值相等（电压差小于5%）、极性相同，且绝缘良好，无接地现象。工作完毕后及时恢复，以免降低直流系统的可靠性。

（4）直流系统的环式供电回路应设有开环点，不允许通过负荷回路将运行中的直流Ⅰ、Ⅱ母合环，避免因合环电流过大使空气断路器跳闸造成负荷回路失电，从而引起保护异常。

二、站用电及直流系统操作注意事项

（1）在两台站用变压器高压侧未并列时，严禁合上低压母联断路器；在低压母联断路器未合上时，严禁将分别接自站用电不同母线段的出线并列。对于外接电源的站用变压器，由于与站内电源的站用变压器相位不同，不能并列运行。

（2）合上站用变压器电源侧隔离开关前，应注意检查站用变压器高压熔断器熔丝是否配置合理，且已放好。若发生低压断路器合不上或拉不开时，应及时检查站用电源切换装置是否正常，低压断路器有无储能、操作方式是否与切换装置一致。

（3）直流Ⅰ、Ⅱ段母线分段运行时，严禁将高频开关充电装置并列运行，严禁将两组蓄电池长期并列运行。

（4）更换直流系统熔断器时应认真核对容量，并确保熔体本身与熔断器接触良好。操作过程中发生直流接地时，应立即停止操作，查找和消除接地故障。

（5）当蓄电池脱离母线后，退出带有电磁机构断路器的重合闸。

（6）取下直流电源熔断器时，应将正、负极熔断器都取下。操作顺序应为：先取正极，后取负极；装设顺序相反。目的是防止产生寄生回路，使继电保护及安全自动装置误动作。装、取直流熔断器时，应干脆迅速，同时要考虑对保护的影响，防止误动。

三、站用电及直流系统停送电操作危险点及预控措施

站用电及直流系统停送电操作危险点及预控措施表4-5。

表4-5 站用电及直流系统停送电操作危险点及预控措施

序号	危险点	预控措施	备注
1	两台联结组别不同的站用变压器并列	站用变压器二次存在电压差或联结组别不一致存在相角差时，严禁并列运行	
2	站用变压器停送电顺序错误	（1）停电时先停低压（二次）、再停高压（一次），送电顺序与此相反。 （2）高压侧装有熔断器的站用变压器，其高压熔断器必须在停电并采取安全措施后才能取下、合上	
3	操作跌落式熔断器时，未做好安全防范措施，操作顺序错误	（1）操作跌落式熔断器时，要戴好绝缘手套和护目眼镜。 （2）停电时应先拉中间相，后拉两边相；送电时则应先合两边相，后合中间相。 （3）遇到大风时应先拉中相，再拉背风相，最后拉迎风相	
4	工作变压器停电时，未检查备用变压器和备自投装置是否运行正常，造成全站交流失电	站用变压器停运前应先确保备用站用变压器运行正常，备自投装置运行正常	
5	站用变压器停电检修，未退出备自投装置	站用变压器停电检修，应退出备自投装置，防止将检修站用变再次投入	
6	站用变压器停电检修，未在低压侧做安全措施，造成二次反送电	站用变压器停电检修，应在高、低压侧有明显的断开点，并做好做安全措施	
7	站用变压器切换不当，引起主变压器冷却器全停	（1）操作前要考虑站用变压器切换对主变压器冷却器和直流系统的影响。 （2）一台站用变压器停用后，另一台站变压器容量是否满足要求。 （3）检查主变压器强油循环冷却器自投切功能是否完善	
8	操作不当，造成直流母线失压	（1）更换直流系统熔断器时应认真核对容量，并确保熔体本身与熔断器接触良好。	

续表

序号	危险点	预控措施	备注
8	操作不当，造成直流母线失压	（2）严格执行站用直流系统停送电操作有关规定	
9	操作不当，造成两组充电机、两组蓄电池长期并列运行	两套直流系统独立运行时，严禁将两台充电机并列运行，严禁两组蓄电池长期并列运行	
10	装、取直流操作熔断器顺序错误	取直流电源熔断器时，应将正、负极熔断器都取下。操作顺序应为先取正极，后取负极，装熔断器时顺序相反	

第七节　大型复杂操作

大型复杂操作是指安全风险较大，质量控制要求高，作业流程复杂，现场劳动组织复杂的综合类作业、多单位之间交叉作业、多地点配合作业等，如：500kV及以上主变压器、母线的停送电；110kV及以上系统改建、扩建工程新设备投产试运行等倒闸操作。

大型复杂操作需要由熟练的运维人员操作，值班负责人监护，并应组织全班人员事先对调度命令，投运方案进行讨论，拟写的操作票经过审查无误后方可执行。

一、大型复杂操作原则及步骤

（一）大型复杂操作的原则

（1）严格遵循电气设备倒闸操作的一般原则和状态改变的基本顺序。

（2）更换或大修后的电气设备送电时，必须进行全电压冲击合闸试验，新设备冲击次数：变压器、消弧线圈、电抗器为5次，线路、母线、电容器为3次。大修后更换了线圈的变压器、消弧线圈、电抗器冲击次数为3次。

（3）对于存在相位或相序可能变化的，要在并列或合环前核相。电流互感器或保护更换、二次回路接线变动，在断路器投入运行前，停用相关线路纵联、母差及主变压器差动保护，需带负荷检查相量正确后方可投入。

（二）500kV 3/2断路器接线母线停电操作

500kV 3/2断路器接线母线停电，应拉开该母线上所连接的所有断路器及两侧隔离开关，将母线电压互感器从低压侧断开，防止反送电，并合上母线接地开关。

（1）依次断开连接在该母线上所有的边断路器，并检查所操作断路器三相在分闸位置。

（2）按照现场设备实际位置，从近到远依次分别拉开停电断路器两侧的隔离开关，并检查相应隔离开关三相在分闸位置。

（3）取下停电断路器的操作电源，拉开停电母线电压互感器的二次快分开关，并检查相应隔离开关在分闸位置。

（4）按照检修任务的要求，在检修地点停电母线侧验明三相确无电压，合上该母线接地开关。

（5）保护装置的投退根据各地区的调度规程和现场运行规程规定执行。

（三）500kV主变压器停电操作

（1）检查相关的站用变压器电源已倒换。

（2）按照低、中、高的顺序依次拉开主变压器各侧断路器并检查相应断路器三相确在分闸位置。

（3）按照低、中、高的顺序依次拉开主变压器各侧隔离开关并检查相应隔离开关三相确在分闸位置。

（4）拉开主变压器高压侧及中压侧电压互感器二次快分开关。

（5）按照检修任务的要求，在主变压器各侧接地开关或装设接地线处分别验明三相确无电压后合上变压器各侧接地开关（或装设接地线）。

（6）拉开主变压器总控制箱内冷却电源二次快分开关。

（7）保护装置的投退根据各地区的调度规程和现场运行规程规定执行。

（四）新投设备操作

1. 新投设备操作的原则

（1）冲击合闸断路器应具有足够的遮断容量，故障跳闸次数在规定值以内，所有保护定值正确并投入。对变压器进行冲击合闸前，其中性点应接地。

（2）电气设备初次充电时，由于其保护电流、电压极性和相序未进行带负荷检查，保护正确动作可靠性有待证实，因此设备初充电时，保护配合要充分考虑，原则是：被充电设备上级保护Ⅱ、Ⅲ段作为本级主保护，保护范围应无死区。当变压器全电压初充电时，母联断路器的充电保护整定要考虑变压器任何地方故障时，保护能瞬时动作跳闸。尽量缩短充电断路器的保护动作时限，并停用重合闸。

（3）零起升压试验时，因升压系统自成一个独立系统，被试设备断路器失灵保护不得接跳其他运行设备；全压冲击合闸试验时，失灵保护要投入。

（4）新安装的母线保护投运前除带负荷检查母线保护极性正确外，还应检查确定母线保护相关回路正确。

（5）新安装的变压器保护投运前，应带负荷进行相位、极性、差流、差压检查，检查正确后方可投入运行。变压器充电时，变压器差动保护应投入跳闸。

（6）新、改扩建设备的电压互感器、电流互感器及相关二次回路接入运行中的保护装置，应有预防保护装置不正确动作的安全措施。

（7）新投产、长期备用状态和检修后的变压器、高压电抗器充电时，须将重瓦斯保护投入“跳闸”位置，充电良好后，切换到“信号”位置，经48h后检查无气体后再将重瓦斯保护投入跳闸。

2. 新投变压器的操作

（1）新投变压器送电注意事项。

1）按规定对变压器本体及绝缘油进行全面试验，合格后方具备送电条件。

2）对变压器外部进行检查：气体继电器外壳上的箭头应指向储油柜；所有阀门应置于正确位置；变压器上各带电体对地的距离以及相间距离应符合要求；分接

开关位置符合有关规定；变压器上导线、母线以及连接线牢固可靠；密封垫的所有螺栓要足够紧固，密封处不渗油。

3）对变压器冷却系统进行检查：风扇、潜油泵的旋转方向符合规定，运行正常，自动启动冷却设备的控制系统动作正常，启动整定值正确，投入适当数量冷却设备；冷却设备备用电源切换试验正常；对于水冷变压器，水压不得大于最低油压，以免水渗入油中。

4）对监视、保护装置进行检查：所有指示元件要正确，如压力释放阀、油流指示器、油位指示器、温度指示器等；变压器油箱上部的积气、油气分离室积气要放净，以免气泡进入电场引起电晕放电或进入气体继电器发生错误警告；各种指示、计量仪表配置齐全，并按规定投入，接线正确，整定无误。

（2）变压器初充电方法。变压器初充电方法有零起升压操作和全压冲击操作两种。

（3）变压器新投操作步骤。

1）变压器零起升压试验。大型设备（如变压器、电抗器等）为了防止初充电加压时设备存在缺陷而损坏，有条件的情况下应先采用零起升压试验，证明设备绝缘正常，然后再进行全电压冲击试验。以变压器 T1 初充电为例说明零起升压试验的方法和步骤，如图 4-1 所示。

a．主变压器冲击受电前应进行一系列倒闸操作，使电厂和变电站两侧母线上无其他连接元件，变压器 T1 高、低压侧断路器、隔离开关断开，形成如图 4-1 所示的独立系统。

b．投入变压器 T1 所有保护，将 L1 线路距离零序Ⅱ、Ⅲ段改为 0s 并投入。

c．启动发电机 G1，使之达到或接近额定转速，缓慢增加励磁，严密监视发电机励磁电流及电压、定子电流及电压。发电机励磁电流加上后，定子三相电流应无指示。

d．将发电机电压升至额定电压的 1.05 倍，经 5～10min 运行，检查被试设备，如无故障、无异常，则零起升压试验结束。

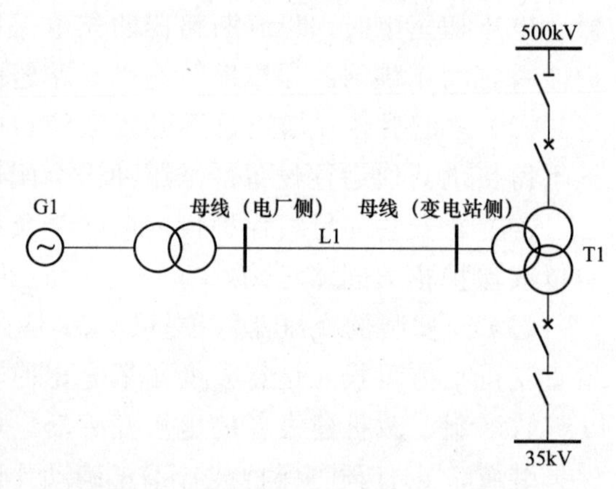

图 4-1　变压器零起升压试验一次结构图

若升压过程中发电机或线路电流表有指示，三相电流相等，但电压升不高，则设备可能发生三相短路；如三相电流不相等，其相电流上升，而电压升不高，说明设备可能存在不对称短路故障，这时应立即停止试验进行检查。

2）变压器全电压冲击合闸试验。以某变电站 500kV 变压器初充电为例，说明变压器全电压冲击合闸试验的方法和步骤，如图 4-2 所示。

a．试验前，220kV 出线倒闸到Ⅱ母线运行，25QF、27QF 断路器断开，50116 隔离开关拉开，变压器中性点可靠接地。

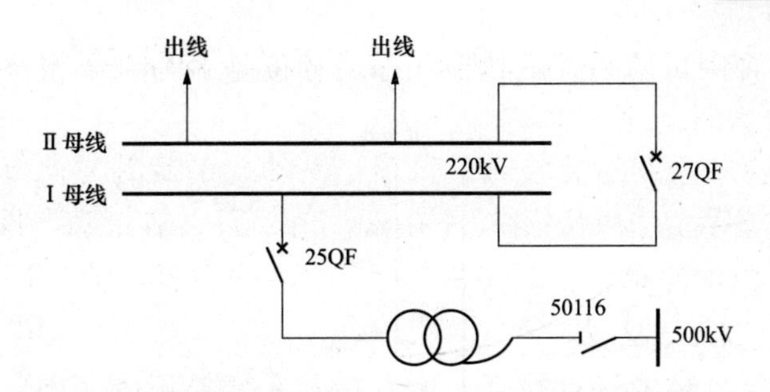

图 4-2 变压器全电压冲击合闸试验一次结构图

b．投入变压器全套保护，对变压器有关保护定值临时更改，如保护范围扩大、延时改短等，并投入 27QF 的充电保护；合上 27QF，对Ⅰ母线充电。退出 220kV 母差保护。

c．合上 25QF，检查变压器充电是否正常。变压器经过初充电试验合格后，还应经过 3～5 次全电压冲击试验，以检查绝缘薄弱地点。

d．变压器等设备经全电压冲击试验后，应核定相序、相位是否与系统相符。

3．新投线路的操作

（1）新线路送电的注意事项。

1）按规定对线路及保护进行检查、试验，如对线路断路器、隔离开关、电流互感器、电压互感器进行全面试验并合格，断路器、隔离开关分、合试验正常，遥信、遥测量正确。

2）检查导线连接牢固、可靠。

3）检查断路器、隔离开关、电流互感器、电压互感器等设备及其连接导线的导电部分对地距离、相间距离符合要求。

4）充油设备无渗油，油位正常，油试验合格；充气设备压力值正常；储能机构已储能。

5）线路保护定值已按调度下达定值单整定正确，并投入。

6）送电时应核对相序、相位，确认正确后方可继续进行其他操作。

（2）线路初充电的方法和步骤。线路初次充电一般采用全电压合闸试验来检查线路的绝缘，而当线路上装有并联电抗器时，可采用零起升压试验。

用线路 L1 初充电的全电压冲击合闸试验来说明线路初次带电的方法和步骤。

1）如图 4-3 所示双母线分段一次结构图。将双母线倒成单母线运行，Ⅱ母线停电作备用，母联断路器 QF3 断开。

2）投入母联断路器的充电过电流保护，并将时间整定为 0s。

3）投入线路 L1 的保护，并调整零序电流保护Ⅱ、Ⅲ段定值。

4）合上母联断路器 QF3，对Ⅱ母线充电，母线充电正常后退出母差保护。

5）合上 L1 线路断路器两侧隔离开关，合上线路断路器 QF2，对线路充电。检查线路充电正常时，充电电流应很小。运行 3～5min，拉开 QF3，再次合上 QF3，如此冲击 3 次，线路无故障，则说明线路绝缘正常。

6）线路冲击合闸试验后，应核定相序、相位是否与系统相符。

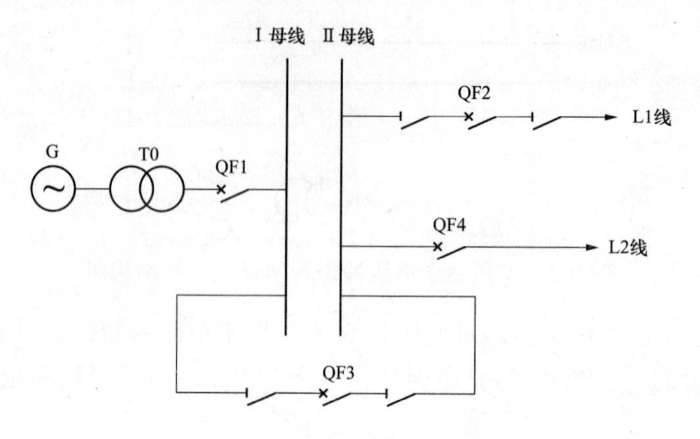

图 4-3　双母线分段一次结构图

二、大型复杂操作危险点及预控措施

大型复杂操作危险点及预控措施见表 4-6。

表 4-6　　大型复杂操作危险点及预控措施

序号	危险点	预控措施	备注
1	旁路代操作，旁路母线启用前未对旁路母线充电，充电前未投入旁路充电保护	（1）旁路代线路操作，旁路母线启用前应对旁路母线充电。 （2）充电前应投入旁路充电保护。 （3）充电后应及时退出充电保护	
2	零起升压试验时，被试设备断路器失灵保护接跳其他运行设备	零起升压实验时，因升压系统自成一个独立系统，被试设备断路器失灵保护不得接跳其他运行设备；全压冲击合闸试验时，失灵保护要投入	
3	当变压器或线路全电压初充电时，母联断路器的充电保护未投入	当变压器或线路全电压初充电时，母联断路器的充电保护应正确投入	
4	新投变压器、线路初充电，未将双母线倒成单母线运行，无备用母线，母联断路器未断开	新投变压器、线路初充电，应将双母线倒成单母线运行，停电母线备用，母联断路器断开，并退出母差保护	
5	送电前，未与调度核对保护定值单	送电前，应与所辖调度核对保护定值单及涉及送电操作的所有一次设备状态	
6	未进行核相，未测相量是否正确即投入母线差动保护，造成保护误动作	新投线路充电核相无异常，测相量正确后方可投入母线差动保护	
7	新投变压器、线路初充电，未投入主变压器保护、线路保护，造成设备无保护运行	新投变压器、线路初充电前，应投入主变压器保护、线路保护	

第五章

设备异常及处理

变电站设备异常处理是变电站运维人员应该掌握的基本技能之一。设备异常在运行过程中将产生安全隐患，如果不能及时得到处理，将发展成为安全事故，进而威胁到人身安全及设备和电力系统的安全稳定运行。运维人员在运行中发现设备有异常现象时，应根据现场实际分析判断。如果影响设备正常运行或是需要调度配合时，运维人员应立即汇报调度，并尽快将其消除；如不能尽快消除的，应采取隔离措施，通知检修人员处理。

第一节　一次设备异常及处理

一、变压器异常及处理

变电站变压器异常主要表现在本体异常、冷却装置异常、调压装置异常和套管异常等方面，如图 5-1 所示。

（一）变压器声音异常及处理

正常运行时，变压器应发出连续、均匀的“嗡嗡”声音。发生异常时，声音会发生变化。异常声响的来源可分为变压器的内部和外部，必要时可使用听棒（金属棒加绝缘柄）来进行区分。

（1）变压器产生连续的金属撞击声音，可能是外部附件振动造成的。主要有气体继电器外部防雨罩、防爆装置外罩、冷却器风扇、油泵电动机的轴承磨损，风扇刮叶等发出机械摩擦声。

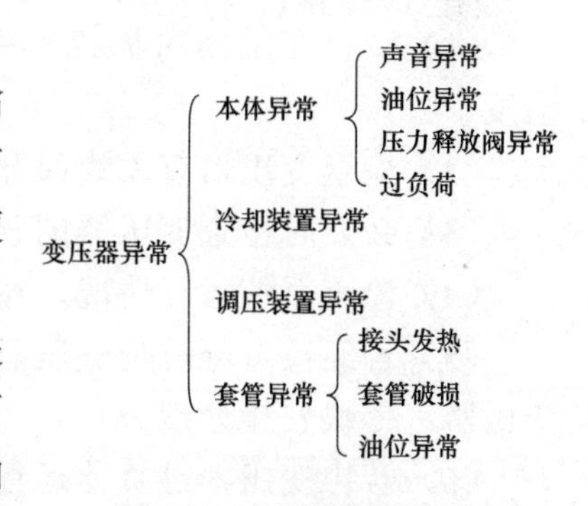

图 5-1　变压器异常现象

（2）变压器产生不连续尖锐的声音，可能是内部造成的。变压器内部绝缘击穿、接触不良等，会发出放电声音，此声音随变压器负荷的变化而变化，声源位置相对固定，声音大小与距离故障点位置有关。此类异常需要结合对变压器油色谱分析及带电检测结果进行确定。

（3）变压器产生短时沉闷的“嗡嗡”声，可能是变压器过负荷、系统出现短路故障（尤其是变压器近区短路）或者谐波增大等，造成铁芯励磁发生变化。此类异常应根据监控后台负荷情况，结合系统有无故障或谐波在线监测装置加以判定。

当变压器声音发现异常时无法确定原因时，应结合变压器油色谱分析和带电检测进行综合判断。期间，应对变压器加强监视。

（二）变压器油位异常及处理

正常运行时，变压器油位应满足“油位/温度曲线”关系，油位高低与温度相关。

造成变压器油位低的原因主要有：运行过程中长期渗漏油、安装过程中注油不足、油位指示装置故障、环境温度下降等。变压器出现油位低时应尽快补油，当油位低到一定程度时，会造成轻瓦斯保护动作告警；严重缺油时，会使油箱内绝缘暴露受潮，降低绝缘性能，影响散热，严重时引起绝缘故障。

造成变压器油位高的原因主要有运行过程中呼吸器堵塞、安装过程中注油过多、油位指示装置故障、环境温度升高等。变压器出现油位高时应分析原因，必要时放油处理。

（三）变压器温度异常及处理

变压器温度分为油温和绕温。正常运行时，变压器温度随负荷电流及环境温度的变化而变化。自然循环冷却变压器的油温一般不宜经常超过85℃，最高油温限值为95℃，最高绕组温度限值为105℃。强迫油循环风冷变压器最高油温限值为85℃，最高绕组温度限值为105℃。

变压器温度指示异常时，应通过检查主变压器本体温度计与综合自动化后台温度指示是否一致，充分考虑气温、负荷、冷却装置的因素，并采用红外测温等带电检测手段进行数据分析，判断是否为变压器温升异常。

变压器油温异常时进行的检查工作：

（1）检查变压器的负载和冷却器状况，并对此相同负载和冷却条件下的正常温度。

（2）检查变压器有关蝶阀开闭位置及变压器油位情况。

（3）必要时检查变压器的气体继电器内是否积聚了可燃气体。

（4）检查系统运行情况，注意系统谐波电流情况。

（5）若经检查分析是变压器内部故障引起的温度异常，则立即经调度许可停运变压器，尽快安排处理。

（6）若由变压器过负荷运行引起温度异常时，应向调度申请立即降低负荷。

（7）在正常负载和冷却条件下，变压器油温不正常并不断上升，且经检查证明温度指示正确，则认为变压器已发生内部故障，应立即向调度申请将变压器停运。

（8）变压器的很多故障都有可能伴随急剧的温升，应检查运行电压是否过高、套管各个端子和母线或电缆的连接是否紧密，有无发热迹象。冷却风扇和油泵出现故障、温度计损坏、散热器阀门没有打开等均有可能导致变压器油温异常。

（9）变压器油温明显异常时，如出现−255℃等现象时，应检查温度变送器电源是否正常，检查温度变送器回路是否异常。

（四）变压器压力释放阀异常及处理

正常运行时，变压器压力释放阀应可靠关闭，当变压器内部压力增大后，压力释放阀动作泄压，保护变压器。压力释放阀异常现象主要有渗油、喷油、误发信号。可能的原因有压力释放阀密封不严、变压器内部压力过高、压力释放阀故障及二次回路异常等。

（1）压力释放阀渗油时，应检查变压器本体与储油柜连接阀是否已开启、吸湿器是否畅通、压力释放阀的密封是良好，防止由于呼吸不畅变压器内部过压或压力释放阀密封不严导致压力释放阀渗油。

（2）压力释放阀喷油时，检查变压器是否存在异常运行内部产生压力，压力释放阀厂家整定值是否正确，压力释放阀是否故障等。必要时，可安排申请停电检修，对压力释放阀进行开启和关闭动作试验。

（3）压力释放阀误发信时，检查变压器压力释放阀是否确已动作，二次回路是否异常。如是压力释放阀未动作误发信，联系检修人员进行维修；如是二次回路异常引起，检查二次回路绝缘是否良好，必要时用备用芯更换异常的芯线。

（五）变压器轻瓦斯发信异常及处理

正常运行时，变压器气体继电器含轻瓦斯和重瓦斯两套保护，分别由各自触点输出，彼此间完全电气隔离。轻瓦斯保护动作发出报警信号，重瓦斯保护动作于断路器跳闸。当主变压器轻瓦斯保护动作告警时，主要原因有：

（1）主变压器内部有气体产生。

（2）主油箱油位下降严重。

（3）轻瓦斯保护动作信号回路故障误发信号。

轻瓦斯保护动作发信时，应立即对变压器进行检查，查明动作原因。如气体继电器内有气体，则应记录气体量，观察气体的颜色及试验是否可燃，并取气样及油样做色谱分析，根据有关规程和导则判断变压器的故障性质。

（1）若气体继电器内的气体为无色、无味且不可燃，色谱分析判断为空气，则变压器可继续运行，并及时消除进气缺陷。

（2）若气体是可燃的或油中熔解气体分析结果异常，应综合判断确定变压器是否停运。

（3）轻瓦斯保护动作发信后，如一时不能对气体继电器内的气体进行色谱分析，则可按下面方法鉴别：

1）无色、不可燃的是空气。

2）黄色、可燃的是木质故障产生的气体。

3）淡灰色、可燃并有臭味的是纸质故障产生的气体。

4）灰黑色、易燃的是铁质故障使绝缘油分解产生的气体。

如果轻瓦斯保护动作发信后经分析已判为变压器内部存在故障，且发信间隔时间逐次缩短，则说明故障正在发展，这时应立即停运该变压器。

（六）变压器过负荷

变压器过负荷的主要原因有：并列运行的两台及以上变压器，其中一台及以上发生故障退出运行，造成运行的变压器过负荷；系统事故状态下，系统运行方式发生变化，导致部分变压器短时过负荷运行。当变压器过负荷运行时，应尽快采取措施，调整电网运行方式，降低负荷。

变压器发生过负荷运行时运维人员应做好以下工作：

（1）立即汇报调度变压器过负荷多少倍，按变压器过负荷倍数控制能运行多长时间。请求尽快调整方式，降低变压器负荷。

（2）记录过负荷运行开始时间、负荷值及当时环境温度，手动投入全部冷却器。

（3）开展变压器过负荷特殊巡视，严密监视变压器负荷和温度，进行红外测温，检查变压器间隔设备及接头是否发热。

（4）安排专人监视过负荷变压器的负荷及温度，若过负荷运行时间已超过允许值时，应立即汇报调度考虑将变压器停运。

（5）装有有载调压装置的变压器，在过负荷运行程度较大时，应尽量避免使用有载调压装置调节分接头。

（七）变压器过励磁

变压器过励磁运行时会使变压器的铁芯产生饱和现象，导致励磁电流激增、铁芯温度升高、损耗增加、波形畸变，严重时会造成变压器局部过热，危及绝缘甚至引发故障。变压器的过励磁是由于铁芯的非线性磁感应特性造成的，与变压器的工作电压和频率有关，由于电力系统的频率相对稳定，可近似地视作与系统的电压升高有关。

变压器产生过励磁的主要原因有电力系统因事故解列后，部分系统的甩负荷过电压；铁磁谐振过电压；变压器分接头调整不当；长线路末端带空载变压器或其他误操作；发电机频率未到额定值过早增加励磁电流、发电机自励等。

变压器过励磁运行时，过励磁保护将会动作发信，运维人员必须及时向调度报告并记录发生时间和过励磁倍数，并按现场运行规程中的有关限值与允许时间规定进行严密监控。逾值时应及时向调度汇报，申请调度采取降低系统电压的措施或按调度指令进行处理。与此同时，严密监视变压器的油温、绕组温度的升高情况和变化速率，当发现其变化速率很高时，即使未达到变压器的温度限值也必须申请调度立即采取降低系统电压的措施。

（八）变压器套管触点发热温度高

变压器套管触点发热主要有两个原因：一个是变压器套管触点接触不良，包括接触面处理不好，接触面积小，接触面压力不够；另一个是变压器套管本身发热引起变压器套管触点发热。值班员可以用红外成像仪对变压器套管进行成像拍摄，判别发热点在什么部位，变压器套管触点发热为变压器套管内部发热，应停电处理。变压器套管触点发热极易造成变压器套管渗漏油及变压器发生火灾事故，要对变压器加强监视，如变压器套管触点发热加变压器套管渗漏油，应及时处理，降低负荷使套管触点不发热或停电处理。

（九）冷却装置异常

冷却装置包括控制部分、散热器、风扇和循环油泵，通过变压器油循环帮助绕组和铁芯散热。因此，冷却装置运行正常是变压器正常运行的重要条件。

冷却装置异常的原因包括：

（1）冷却装置的风扇或油泵电动机过载，热继电器动作。

（2）风扇、油泵本身故障（轴承损坏、摩擦过大等）。

（3）电动机故障（缺相或断线）。

（4）热继电器整定值过小或在运行中发生变化。

（5）控制回路继电器故障。

（6）冷却装置动力电源消失。

（7）冷却装置自动切换回路有问题而不能自动投入。

发现冷却装置故障或发出冷却器故障信号时，运维人员必须迅速做出反应，首先应判明是冷却器故障还是整个冷却系统故障。

当发现冷却装置整组停运、个别风扇停转以及潜油泵停运时，应检查电源，查找故障原因，迅速处理。若电源已恢复正常，风扇或潜油泵仍不能运转，则尝试复位热继电器。若电源故障来不及恢复，且变压器负荷又很大，可用临时电源使冷却装置先运行起来，再去检查和处理电源故障。

若是一组或两组冷却器故障，无论是风扇电动机故障还是油泵故障，均应立即将该组冷却器停用，并视不同情况调整剩余冷却器的工作状态，确保有一组处于正常工作状态。然后对故障冷却器进行检查处理或报修。在一组或两组冷却器停运期间，运维人员必须按现场运行规程中规定的相应允许负荷率对变压器的负载进行监控。

冷却器全停时，若为站用电失电所致，按站用电有关规定处理；若是备用电源自动投入回路失灵，手动合上备用电源；若是直流控制电源失电，将冷却器控制改为手动方式后恢复冷却器运行。

如果一时无法恢复冷却器运行时，应于无冷却器允许运行时间到达前报告调度，要求停用变压器，而不管上层油温或绕组温度是否已超过限值因为在潜油泵运转的情况下，热传导过程极为缓慢，在温度上升的过程中绕组和铁芯的温度上升速度远高于油温的上升速度，此时的油温指示已不能正确反映变压器内部的温度升高情况，只能通过负荷与时间来进行控制，以避免变压器温度过高。风冷系统的温度或温升限额见表 5-1。

表 5-1　风冷系统的温度或温升限额　℃

名称	环境温度	允许温度	环境最高温度	允许温度
绕组温度	20	65	40	85～105
上层油温	20	55	40	75～95

强迫油循环风冷变压器运行中，当冷却系统发生故障，冷却器全部停止工作时，允许带额定负载下运行 20min。20min 后顶层油温未达到 75℃，则允许上升到 75℃，但切除全部冷却器的最长时间在任何情况下不得超过 1h。

（十）调压装置异常

对有载调压变压器，在调整分接头过程中，如出现异常，应立即停止操作，待查明原因后方可进行。常见的异常及处理方法主要有：

（1）电动操作时，如电动机保护开关跳开，如无明显故障时，可试合一次，如试合不成功，未查清原因前，不得再合。

（2）切换过程中切换指示灯不亮，如此时电动机未启动，应检查控制电源是否正常，电动机接触器是否接触良好，继电器是否正常。

（3）远方电动操作失灵，可以现场进行电动操作。

（4）三相分接头不在同一挡位置，应立即采取措施保持一致。

（5）有载调压装置出现机械故障，严禁操作。

（6）操作中发生连动时，在指示盘上出现第二个分接位置时立即切断操作电源（按下机构箱上中间红色按钮）。

（7）远方电气控制操作时，计数器及分接位置指示正常而电压表又无相应变化时，应查明原因再继续操作。

（8）分接开关发生拒动、误动，电压表和电流表变化异常，电动机构或传动机械故障，分接位置指示不一致，内部切换声音异常，过电压保护装置动作，看不见油位或大量喷油、漏油及危及分接开关和变压器安全运行的其他异常情况时，应中止操作。

二、断路器异常及处理

根据断路器的结构，断路器的异常主要分为本体异常、机构异常、附件异常等，如图 5-2 所示。

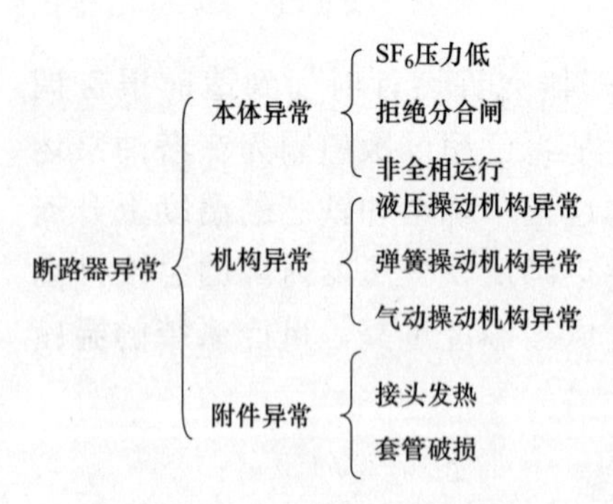

图 5-2　断路器异常现象

（一）断路器本体异常及处理

1. 断路器 SF_6 压力低

当断路器 SF_6 系统有漏气、压力低，将发出 SF_6 压力低告警或 SF_6 压力低闭锁分/合闸、控制回路断线信号，SF_6 密度继电器异常、压力表失灵损坏或误指示也会造成 SF_6 压力低的误判断。

断路器发出 SF_6 压力低信号时，运维人员应及时检查断路器 SF_6 压力指示情况，检查系统有无明显漏气现象，密切监视压力并迅速汇报相关单位。进行断路器 SF_6 气体泄漏检查及处理时，应注意站在上风口，并采取相应的安全保护措施。若 SF_6 压力值监视明显下降，压力未达到闭锁值时汇报相关单位尽快派人进行补气处理，并申请调度是否停电处理；当压力值已降至闭锁时，则立即汇报调度和工区，停用断路器的操作电源，在手动操作把手上挂禁止操作的标示牌，根据调度指令采取相应方法隔离断路器处理。

2. 断路器拒绝分闸、合闸

在倒闸操作中有时会发生断路器拒绝分闸、合闸的现象，造成断路器拒绝分闸、合闸的原因主要有两方面：一是电气控制回路原因；二是本体机构卡死或操动机构动力方面原因。

如果是本体机构卡死或操动机构压力异常、SF_6压力异常、弹簧未储能原因，可结合上述断路器SF_6压力低闭锁和操动机构压力异常闭锁进行检查分析和处理。

电气控制回路原因主要有防误闭锁装置回路异常、控制直流回路断线或熔丝熔断、直流电压过低、“远方/就地”切换开关方式不正确、分闸（合闸）线圈烧坏、回路中继电器线圈烧坏或触点接触不良、有自保持回路的保护未复归。

当断路器拒绝分闸、合闸时，应首先检查核对操作设备编号名称是否正确、有无异常闭锁信号发出，然后对电气控制回路和本体机构或动力机械回路逐一查找处理，不能处理的汇报有关部门派专业人员进行处理。

如果是因为带自保持的保护动作后未复归引起合闸闭锁，待查明原因后，复归保护动作信号解除闭锁，根据调度的命令进行操作。

当出现“跳闸线圈Ⅰ或Ⅱ断线”信号，同时相应跳闸线圈监视灯熄灭时，应立即检查该组控制电源是否失电；如两组跳闸线圈同时发出断线信号时，应检查断路器控制箱内“远方/就地”选择开关是否在“远方”位置，如不能找到原因并加以消除时，应立即申请将该断路器停役处理。

当同时出现“控制回路断线”“断路器继电器故障”“跳闸线圈断线”和“SF_6低气压”信号时，可判定为控制电源失电，此时应迅速检查控制电源空气开关是否跳开或熔丝是否熔断，有无接头松脱，并迅速加以排除。

对于保护装置来说，它认为断路器只应该处在一个状态，即要么在跳位，要么在合位，如果装置检测到跳位和合位开入均没有或者是均有，那么装置会报控制回路异常。

有些断路器是将其辅助开关引入到保护装置以反映其位置状态，通常断路器实际分合状态变化的时间要比其辅助触点来得快，也就是说断路器状态在变化时，会在短时内出现跳位和合位开入均没有或者是均有的情况，因此软件报控制回路异常通常都需要一个固定的延时以躲过这种情况。某些变电站在操作断路器时，会出现控制回路断线告警，往往是由于延时没有配合好，这种情况下只要复归光字牌就可以了，并不影响操作。

调度对不同接线方式下的断路器拒绝分闸、合闸异常处理规定如下：

（1）对双母线及带旁路的主接线的线路断路器，可采用倒母线的方法，用母联串供拉停闭锁断路器，或采用旁路带出线解锁解环隔离的方法，将闭锁断路器隔离处理，但要注意当异常断路器和旁路断路器合环后，拉开异常断路器两侧隔离开关前应断开旁路断路器控制电源；如闭锁断路器为母联断路器则可以采取隔离开关双跨或倒空一条母线解锁隔离的方法。

（2）对 3/2 主接线方式的断路器分闸闭锁的处理方法。

1）若本站仅有两串，当闭锁断路器为母线侧断路器时，可采用断开该母线的其他断路器，再解故障断路器两侧隔离开关的闭锁条件，拉开故障断路器两侧隔离开关，然后恢复该母线上其他断路器的运行若闭锁断路器为中间断路器，则应采取按调度命令拉停相关线路，使闭锁断路器停电的方法退出运行。

2）若主接线方式超过三串，可根据调度令采取解锁用隔离开关远程操作解合环的方式将闭锁断路器隔离。

3. 断路器非全相运行

正常方式下断路器因某些原因偷跳或其他原因发生非全相运行时，500kV 及 220kV 断路器的三相不一致保护或零序保护会反应或动作跳闸。若三相不一致保护未正确动作，应立即汇报调度和有关部门。

500kV 断路器发生非全相运行，运维人员应立即拉开该开关，并汇报省调控中心，通知维修单位进行处理。

220kV 断路器正常合闸操作中，断路器两相合上，一相未合上，应立即再合一次未合上相；仍不成功，应立即将合上的两相拉开，并拉开断路器的控制电源快分开关，汇报省调控中心，通知维修单位进行处理；220kV 断路器正常分闸操作中，两相断路器断开，一相未分开，应立即拉开未分开相，汇报省调控中心，通知维修单位进行处理。220kV 断路器运行中，断路器“偷跳”或人员误碰，以及线路瞬时故障，重合闸动作，断路器拒动，造成两相运行，一相断开，此时且无其他异常情况，应立即合上该断路器，以防事故扩大；若是两相跳闸，造成单相运行，则立即拉开未跳闸相。

若非全相运行断路器采取以上措施无法恢复全相运行时，则需要把该断路器隔离，隔离的方法可参照断路器分闸、合闸闭锁的处理方法。

（二）断路器机构异常及处理

1. 液压操动机构异常

液压操动机构的异常主要有油泵频繁打压、机构漏氮告警、打压超时等现象。

（1）断路器液压操动机构压力低。断路器液压操动机构压力降低异常主要分为重合闸闭锁、合闸闭锁、分合闸闭锁。当断路器操动机构压力降低闭锁重合闸告警信号发出后，油泵未启动或补不上压力的原因可能有启泵触点不良、时间继电器故障、交流电源消失、交流回路故障、电动机故障、连接管阀渗漏和内漏等。此时值班员首先要汇报调度断路器重合闸功能已闭锁，要求停用断路器重合闸，到现场检查机构端子箱内储能电源开关是否跳开，如跳开可试合一次。检查电动机是否正常，如电源正常、交流回路正常、电动机正常，可判断为启泵触点不良或时间继电器故障。手动按接触器启泵，使泵启动打压，注意观察能否正常建压，如能到达正常压力并保持，可汇报有关部门对回路触点进行维修或更换继电器，必要时停电处理或带电补气。

若是回路泄漏、油路安全阀调整不当、电动机故障引起，均应停电处理；高压油（气）路有泄漏时，机构内有泄漏声，严禁拉开储能电源；若是电源控制回路故障、电动机缺相运行，检查处理时应拉开储能回路电源，防止人身伤害。

断路器操动机构压力降低，闭锁重合闸告警、闭锁合闸告警、闭锁分/合闸告警相继发出，说明操动机构泄压较快，可能存在严重泄漏，断路器在合闸位置时发生闭锁，运维人员应立即汇报调度先停用断路器操作电源，将断路器改为非自动，防止发生慢分，再对断路器进行现场检查，确认断路器闭锁是由于操动机构明显泄漏造成，然后对断路器隔离停电处理。

（2）断路器油泵频繁打压。运行中断路器频繁发出油泵启动告警信号时，应引起值班员的重视。首先要判别是否是误告警，现场观察油泵是否启动，观察油泵运行时间，一般正常运行时间为 10s 左右。如果运行时间过短，可能是时间继电器有问题，应更换继电器。如果运行时间正常，断路器刚操作过，说明球阀关闭不严，可将断路器重新操作一次；如果断路器未操作过，说明逆止阀关闭不严。油泵频繁启动主要反映在油路系统泄漏内部高压油向低压油渗漏或外部有明显渗漏，运维人员发现此现象后，应及时汇报有关部门做进一步检查处理。处理时可将油压升到额定压力后，切断油泵电源，将箱中油放尽，打开油箱盖，仔细观察何处泄漏。在查明原因后，将油压释放到零，并有的放矢地解体检查。另外，对液压油需要进行过滤处理，以减少杂质影响。其次要注意天气的影响，对于天气原因引起，则按规定投入加热器。

（3）液压操动机构漏氮告警。断路器液压操动机构漏氮会发油泵启动告警信号。断路器液压操动机构压力由压力表监视，断路器油泵运转不停止或氮泄漏，会引起断路器液压操动机构压力上升。当压力达到一定值时，氮压力监视器回路断开油泵运转电源，并发出氮气泄漏报警光字牌，同时闭锁合闸。判断是否真漏氮只要判断油泵运行时间即可，不漏氮从启泵打压到停泵，需时 1min 左右，验收时可试验；如果漏氮，油泵补压时间一般在 10～40min 一定小于正常时间，视漏氮多少决定时间长短，漏氮越多时间越短。如漏氮动作，闭锁开关合闸并自保持。延时 3h 闭锁分闸，运维人员发现后，应迅速检查断路器的油压表及断路器油泵电动机是否停转。如发现油压过高，油泵电动机未停止转动时，运维人员应迅速拉开油泵电动机电源开关，将检查情况迅速向调及相关部门汇报，派专业人员处理。

2. 液压操动机构打压超时

对于液压操动机构断路器，油泵打压时间继电器一般整定在 3min，如果断路器连续打压时间超过此整定值，为保护油泵及电动机，控制回路自动切断并发打压超时信号。运维人员应立即到现场立即断开油泵电动机电源小开关，检查电动机有无发热现象，并监视压力表指示，重点检查油泵交流电源有无缺相、有无渗漏油等现象。对于三相交流电源，如有缺相（如熔断器熔断、接触不良、端子松动等），立即进行更换或检修处理；如管道严重漏油、电机和油泵故障，应报危急缺陷申请检修，并采取相应的措施。

3. 弹簧操动机构异常

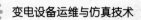

弹簧操动机构一般分为纯弹簧、液压弹簧、气动弹簧等几种形式，机构出现异常时，就会直接发分闸、合闸闭锁。

对于出现弹簧未储能时，应立即到现场检查电机电源是否正常或是否电机本身故障，如是电源故障，则试合一次电源开关，一般可以恢复，若为电机本身故障，可断开储能电机电源后，手动储能。

断路器弹簧储能不能停止或不到位的处理：限位开关错位，运维人员应立即断开电动机电源，使电动机停止运转；储能不到位时，可断开储能电机电源后，手动储能。

4. 气动操动机构异常

气动操动机构断路器异常主要有空气压力低闭锁、空气压力低闭锁重合闸、空气压力过高等。

（1）空气压力低闭锁。当断路器的气动操动机构的空气压力降至闭锁值时，将闭锁断路器的跳闸、合闸回路，此时应立即到现场检查断路器的气压；如气压确降至跳闸、合闸闭锁值时，应立即拉开该断路器 220V 直流控制电源，使之变为“死”开关；向调度申请停电处理。

（2）空气压力低闭锁重合闸。当断路器的气动操动机构的空气压力降至“闭锁重合闸”值时，将闭锁断路器重合闸回路，此时应立即到现场检查断路器的气压；如气压确降至闭锁重合闸值时，应立即向调度申请退出重合闸。

（3）空气压力过高。当断路器的气动操动机构的空气压力超过高定值时，将发出“空气压力过高”信号，此时应立即到现场检查断路器的气压；如气压确超过报警值时，应打开排泄阀放气至额定压力后关闭排泄阀。

（三）断路器附件异常及处理

1. 断路器接头发热

断路器接头（或触头）发热主要通过接头金属变色或测温仪、红外成像仪发现。导流部分发热的原因有：一是断路器接头接触不良，包括接触面处理不好，接触面积小，接触面压力不够等；二是断路器接头表面烧伤及氧化造成接触不良，接触行程不够使接触位置不到，接触压紧弹簧变形，弹簧失效等都会导致接触电阻增大而发热。主要通过控制负荷电流来控制断路器接头温度，寻找合适机会停电处理断路器接头发热温度过高时，为防止出现接头烧牢，可立即降低负荷电流或拉开对侧断路器，通过旁带、串供、等电位解锁操作等方法隔离断路器。

2. 断路器瓷套破损有放电现象

造成断路器瓷套破损的主要原因有瓷套在安装和运行过程中受到外力撞击，或因天气热胀冷缩和瓷套质量问题，造成绝缘能力降低或破坏而产生放电现象，一旦发现此类现象应尽快汇报调度和有关部门进行停电处理，严重的应予更换。

三、隔离开关异常及处理

隔离开关常见异常有拒合、拒分、合闸不到位或三相不同期、过热、绝缘子断裂、辅助触点异常等。

（一）隔离开关拒合

隔离开关拒绝合闸，应通过检查监控后台是否已开出操作令，现场观察接触器动作与否、电动机转动与否、传动机构动作情况来判断是监控系统还是隔离开关机构本身的原因，以便有针对性地进行检查处理。

（1）若接触器不动作，属回路不通，应做如下检查：

1）核对设备编号，操作程序是否有误，检查操作回路是否防误闭锁回路闭锁。

2）检查操作电源是否正常，熔断器是否熔断或接触不良。

3）检查“远方/就地”切换开关是否正常，是否在远方位置。

4）机构箱内门闭锁触点、行程位置触点是否闭锁。

5）监控后台到测控装置通信是否正常，测控装置、机构箱内接线是否良好。

（2）若接触器已动作，问题可能是接触卡滞或接触不良，也可能是电动机问题，这种情况下若不能自行处理，又必须送电时，可用手动操作合闸。向监控中心（调度）汇报并告检修单位。

（3）若电动机转动，机构因机械卡滞合不上，应暂停操作：

1）检查接地开关是否完全拉开到位，将接地开关拉开到位后，可继续操作。无上述问题，应检查电动机是否缺相，三相电源恢复后，可继续操作。

2）如不是缺相故障，检查是否电动机空转，在发现电动机空转时应立即断开操作电源，以防止电动机烧坏，若无明显原因应告调度和检修单位。

（4）应检查项目包括：

1）操作电源回路是否良好。

2）操作是否恰当，条件是否满足，闭锁回路是否正常。

3）热耦继电器动作后是否未复归；本站 220kV 系统主隔离开关操动机构回路设有电动机保护装置，当回路出现断相、故障时此装置会动作，运维人员查找故障时应先检查此装置是否动作。

4）操作回路有无断线或端子松动。

5）接触器或电动机是否故障。

6）隔离开关机构箱内手动操作的闭锁开关未打开，造成防误闭锁。

7）主隔离开关与接地开关之间的机械闭锁是否未解除。

8）机械传动部分的各元件有无明显的松脱、损坏、卡阻和变形等现象。

9）动、静触头是否变形阻卡。

（二）隔离开关拒分

隔离开关在拒绝分闸时，应观察接触器动作与否、电动机转动与否、传动机构动作情况，禁止盲目强行操作，不同的故障原因应采取不同的方法处理。

（1）若系防误装置（机械闭锁、电气回路闭锁、测控闭锁）失灵，运维人员应检查其操作程序是否正确。若其程序正确应停止操作，严禁擅自解除闭锁条件操作。汇报运维班长或当值值班负责人，运维班长或当值运维负责人判断确系防误装置失灵，方可向运行管理部门申请解锁操作，待防误操作装置专责人到现场核实无误并签字后，由运维人员汇报当值调度员，方能使用解锁工具（钥匙）解除其闭锁进行操作。或将其视作缺陷处理，待检修人员处理正常后，方可操作。

（2）若系隔离开关操动机构故障，应将其处理恢复正常后进行操作，当不能处理或电动操动机构的电动机故障时，可以改为手动操作。

（3）若系隔离开关本身传动机械故障而不能操作，应向监控中心（调度）汇报，要求将其停电处理。

（4）若系冰冻或锈蚀影响正常操作，不要用很大的冲击力量，而应用较小的推动力量去克服不正常的阻力。

（5）当发现隔离开关的刀刃与刀嘴接触部分有抵触时，不应强行操作，否则可能造成支持绝缘子的破坏而造成事故，此时应申请将其停用进行处理。

（三）合闸不到位或三相不同期

当隔离开关合闸不到位或三相不同期，应拉开后再次合上（宜采用远方操作方式），必要时可用绝缘棒分别调整，但须注意相间的距离以及使用合格的安全工器具；如确实合闸不到位或三相不同期时，应申请停电处理。

（四）电动分、合闸时中途自动停止

（1）现场位置核对人员在发现隔离开关分、合闸到位后电动机仍继续转动，应立即按下“停止”按钮或切断控制电源和操作电源，并检查位置开关是否卡死。

（2）隔离开关在电动分、合闸过程中自动停止时，运维人员须根据隔离开关的起弧情况将隔离开关尽可能恢复到操作前运行状态，并通知检修人员进行处理。

（五）过热处理

隔离开关在运行中发热时，主要是负荷过重、触头接触不良、操作时没有完全合好所引起，母线侧隔离开关在运行中发热，应报告给调度，必须降低或转移负荷，并加强监视或用旁路断路器替代。

1. 母线侧发热

双母线方式运行时，采用倒母线后拉开发热的隔离开关。检修时，将母线停电，本断路器也应停电后处理；当隔离开关发热严重、三相电流不平衡时，严禁倒母线处理。

单母线方式运行时，应要求减负荷或停电，如不能减负荷应加强监视，发热严重时，应断开断路器作事故处理。

2. 线路侧发热

线路侧发热的处理方法与单母线隔离开关相同，所不同的是该隔离开关有串联的断路器，可以防止事故的发展，因此，隔离开关可以继续运行，但需加强监视，直到可以停电检修为止。检修该隔离开关时，其所在线路应停电。

（六）绝缘子断裂处理

当隔离开关绝缘子损伤、放电现象严重、绝缘子炸裂或断裂时，应立即申请停电处理，并通知检修人员。损坏程度不严重时，可以继续运行，但是隔离开关绝缘

子有放电现象或者其损坏程度严重时，应将其停电。注意：该隔离开关在操作时，不要带电拉开，防止操作时绝缘子断裂造成母线或线路事故。例如，某回路的母线侧隔离开关绝缘子严重损坏，应该将其所在母线停电，断开该回路断路器和线路侧隔离开关，最后拉开该隔离开关。

（七）辅助触点异常处理

操作过程当中，辅助触点不到位时，造成相关二次回路异常：母差保护和失灵保护屏装置显示隔离开关位置与实际不对应、综合自动化后台机显示隔离开关分合不到位，确认隔离开关现场位置后，通过强制对位开关使保护与实际设备位置一致，并通知检修人员。运行过程中，辅助触点不到位时，造成二次相关回路异常，运维人员严禁进行母差保护、失灵保护强制对位。

四、互感器异常及处理

互感器分为电流互感器和电压互感器，根据其原理及共性，分为典型异常和二次异常。典型异常主要有发热、异常声响、外绝缘放电、漏油或漏气等，二次异常分为电流互感器二次开路、电压互感器二次电压异常等。

（一）互感器典型异常

1. 发热

电压互感器发热一般为电压致热型，属于严重及以上缺陷，主要表现为：整体温升偏高，油浸式电压互感器中上部温度高。利用红外检测手段，对电压互感器进行全面检查，检查有无其他异常情况，查看二次电压是否正常。油浸式电压互感器整体温升偏高，且中上部温度高，温差超过 2K，可判断为内部绝缘能力降低，应立即汇报值班调控人员申请停运处理。

电流互感器发热分为本体及引线接头发热，一般属于电流致热型缺陷，主要表现为：引线接头处有变色发热迹象，红外检测本体及引线接头温度和温升超出规定值。发现本体或引线接头有过热迹象时，应使用红外热像仪进行检测，确认发热部位和程度。对电流互感器进行全面检查，检查有无其他异常情况，查看负荷情况，判断发热原因；本体热点温度超过 55℃，引线接头温度超过 90℃，应加强监视，按缺陷处理流程上报；本体热点温度超过 80℃，引线接头温度超过 130℃，应立即汇报值班调控人员申请停运处理；油浸式电流互感器瓷套等整体温升增大且上部温度偏高，温差为 2～3K 时，可判断为内部绝缘能力降低，应立即汇报值班调控人员申请停运处理。

2. 异常声响

正常运行时，互感器应无声音。当互感器声响与正常运行时对比有明显增大且伴有各种噪音时，应立即进行处理：

（1）内部伴有“嗡嗡”较大噪声时，检查二次回路有无异常现象。

（2）声响比平常增大而均匀时，检查是否为过电压、过负荷、铁磁共振、谐波作用引起，汇报值班调控人员并联系检修人员进一步检查。

（3）内部伴有“噼啪”放电声响时，可判断为本体内部故障，应立即汇报值班调控人员申请停运处理。

（4）外部伴有“噼啪”放电声响时，应检查外绝缘表面是否有局部放电或电晕，若因外绝缘损坏造成放电，应立即汇报值班调控人员申请停运处理。

（5）若异常声响较轻，不需立即停电检修的，应加强监视，按缺陷处理流程上报。

3. 外绝缘放电

互感器外部有放电声响或夜间熄灯可见放电火花、电晕，应检查外绝缘表面，有无破损、裂纹、严重污秽情况；外绝缘表面严重损坏的，应立即汇报值班调控人员申请停运处理；外绝缘未见明显损坏，放电未超过第二伞裙的，应加强监视，按缺陷处理流程上报；超过第二伞裙的，应立即汇报值班调控人员申请停运处理。

4. 漏油或漏气

油浸式互感器，本体外部有油污痕迹或油珠滴落现象、器身下部地面有油渍、油位下降，应检查本体外绝缘、油嘴阀门、法兰、金属膨胀器、引线接头等处有无渗漏油现象，确定渗漏油部位；根据渗漏油及油位情况，判断缺陷的严重程度，渗油及漏油速度不快于5s/滴，且油位正常的，应加强监视，按缺陷处理流程上报；漏油速度虽不快于5s/滴，但油位低于下限的，应立即汇报值班调控人员申请停运处理；漏油速度快于5s/滴，应立即汇报值班调控人员申请停运处理。

SF_6绝缘互感器的监控系统发出SF_6气体压力低告警信息或SF_6密度继电器气体压力指示低于报警值时，应现场检查表计外观是否完好，指针是否正常，记录气体压力值；检查表计压力是否降低至报警值，若为误报警，应查找原因，必要时联系检修人员处理；若确定是气体压力异常，应检查各密封部件有无明显漏气现象并联系检修人员处理；气体压力恢复前应加强监视，因漏气较严重一时无法进行补气或SF_6气体压力为零时，应立即汇报值班调控人员申请停运处理；检查中应做好防护措施，从上风向接近设备，防止SF_6气体中毒。

（二）互感器二次异常

1. 电流互感器二次回路开路

（1）电流互感器二次回路开路现象如下：

1）有功、无功功率表指示不正常，电流表三相指示不一致，电能表计量不正常。

2）监控系统相关数据显示不正常。

3）电流互感器存在有“嗡嗡”声。

4）开路故障点有火花放电声、冒烟和烧焦等现象，故障点出现异常高的电压。

5）电流互感器本体有严重发热，并伴有异味、变色、冒烟现象。

6）继电保护及自动装置发生误动或拒动。

7）仪表、电能表、继电保护等装置冒烟烧坏。

（2）电流互感器二次回路开路原因如下：

1）交流电流回路中的接线端子接触不良，造成开路。

2）检修工作中失误，误断开了电流互感器二次回路，或对电流互感器本体试验后未将二次接线接上等。

3）二次线端子触头压接不紧，回路中电流很大时，发热烧断或氧化过热而造成开路。

4）室外端子箱、接线盒受潮，端子螺钉和垫片锈蚀过重，接触不良或造成开路。

（3）电流互感器二次回路开路处置方法如下：

1）检查当地监控系统告警信息，相关电流、功率指示。

2）检查相关电流表、功率表、电能表指示有无异常。

3）检查本体有无异常声响、有无异常振动。

4）检查二次回路有无放电打火、开路现象，查找开路点。

5）检查相关继电保护及自动装置有无异常，必要时申请停用有关电流保护及自动装置。

6）二次回路开路，应申请降低负荷；如不能消除，应立即汇报值班调控人员申请停运处理。

7）查找电流互感器二次开路点时应注意安全，应穿绝缘靴，戴绝缘手套，至少两人一起。禁止用导线缠绕的方式消除电流互感器二次回路开路。

2. 电压互感器二次电压异常

（1）电压互感器二次电压异常现象如下：

1）监控系统发出电压异常越限告警信息，相关电压指示降低、波动或升高。

2）变电站现场相关电压表指示降低、波动或升高。相关继电保护及自动装置发“TV 断线”告警信息。

（2）电压互感器二次电压异常原因如下：

1）电容式电压互感器二次电压波动，二次连接松动，分压器低压端子未接地或未接载波线圈，如果阻尼器是速饱和电抗器，则有可能是参数配合不当；二次电压输出低，二次连接不良；电磁单元故障或电容器 C2 元件损坏；二次输出电压高，可能是电容器 C1 有元件损坏，或电容单元低压末端接地；电磁单元油位过高。下节电容单元漏油或电磁单元进水。

2）电压互感器一次侧熔断器熔断。造成高压侧熔断器熔断的原因可能有几个方面：电压互感器内部绕组发生匝间、层间或相间短路及一相接地等现象；电压互感器一、二次绕组回路故障，可能造成电压互感器过电流；电压互感器二次侧熔断器容量选择不合理，也有可能造成一次侧熔断器熔断；过电压会使互感器严重饱和，使电流急剧增加而造成熔断器熔断；系统发生铁磁谐振；熔断器接触部位锈蚀造成接触不良。

3）电压互感器二次回路空气断路器跳闸。电压互感器二次回路出现二次回路短路、绕组匝间短路、空气断路器本身故障等原因时，将会造成空气断路器跳闸。

（3）电压互感器二次电压异常处置如下：

1）测量二次空气断路器（二次熔断器）进线侧电压，如电压正常，检查二次回路空气断路器及二次回路；如电压异常，检查设备本体及高压熔断器。

2）处理过程中应注意二次电压异常对继电保护、安全自动装置的影响，采取相应的措施，防止误动、拒动。

3）中性点非有效接地系统，应检查现场有无接地现象、互感器有无异常声响，并汇报值班调控人员，采取措施将其消除或隔离故障点。

4）二次熔断器熔断或二次空气断路器跳开，应试送二次空气断路器（更换二次熔断器），试送不成汇报值班调控人员申请停运处理。

5）二次电压波动、二次电压低，应检查二次回路有无松动及设备本体有无异常，电压无法恢复时，联系检修人员处理。

6）二次电压高、开口三角电压高，应检查设备本体有无异常，联系检修人员处理。

五、母线异常及处理

母线常见异常主要有母线接头过热、绝缘子故障等。

（一）母线接头过热

母线接头过热主要表现在管母线软连接等各种母线连接部位，其原因主要是施工工艺不良造成连接螺栓未拧紧、接触面未打磨、连接部位未涂抹导电膏、铜铝对接面未采用过渡板或采用搪锡等措施、连接金具尺寸及通流量不满足要求等。对双母线接线方式，可以采用负荷倒换的方式，减少流经母线接头处的负荷电流，从而降低发热温度。对单母线接线方式，只能利用停电机会进行处理。在发热未消除之前必须加强红外测温跟踪，对发热情况进行对比分析。

（二）母线绝缘子故障

母线绝缘子故障有绝缘子闪络放电、支柱绝缘子断裂、支柱绝缘子引线脱落、悬式绝缘子破损、悬式绝缘子金具脱落。因施工工艺或材质原因，造成母线支柱绝缘子断裂、支柱绝缘子引线脱落、悬式绝缘子金具脱落等现象时，应尽快报告调度员，请求停电处理；受运行环境的影响，绝缘子出现闪络放电现象时，应及时联系有关检修部门尽快处理，加强巡视和测温；悬式绝缘子串内破损片数满足爬电比距、干弧距离要求时，可以继续运行，否则停电更换。

六、电力电缆异常及处理

电力电缆常见异常主要有电缆发热、电晕放电、电缆终端接头故障等。

（一）电缆发热

（1）因终端接头盒密封不好或施工不良，使水分浸入盒内或因电缆铅皮被腐蚀而穿孔或外物刺穿使得电缆绝缘受潮。

（2）因电缆长期散热不良或长期过负荷运行，导致电缆绝缘老化变质。

（3）因电缆本身存在严重缺陷，雷击或其他冲击过电压时造成电缆的损伤。

（4）电缆过热故障。

（二）电晕放电

户内干包式电缆头、环氧树脂电缆头、小手套塑料电缆头、尼龙电缆头在三芯分支处电缆芯引包部位发生电晕放电。这是因为三芯分支处的距离小，芯与芯之间的空隙形成一个电容，在电压的作用下，空气发生游离所致。另外，通风不良、空气潮湿、绝缘能力降低也会导致产生电晕放电。为了防止这类故障，必须改进电缆终端头的设计。如干包式电缆头可在各电缆芯绝缘表面包上一段金属带，并互相连接在一起，使其等电位，以消除电晕放电。另外，可将附加绝缘包成一个应力锥，改善电场的分布。而室内电缆通风不良、空气受潮，可采用改善通风的办法解决。

（三）电缆终端接头故障

电缆终端接头发生下列故障时，应立即切断故障电缆的电源，然后进行检查和修理，待修理好后，再恢复送电。

（1）户外终端头铅封及绝缘剂灌注孔密封不良，使水分浸入盒内，导致绝缘受潮而击穿。

（2）户内终端头电缆芯直接引至盒外，使外界潮气沿着电缆芯绝缘侵入盒内，致使绝缘受潮而击穿。

（3）电缆头三芯分支处距离小，所包绝缘物脏污容易引起泄漏电流，日久使绝缘破坏，导致电缆头爆炸。

（4）引出线接触不良，造成过热、烧断现象。

（5）终端盒有砂眼或细小裂痕，使水分浸入盒内，导致绝缘受潮而被击穿。

（6）铅封不严密，水分浸入盒内，致使绝缘受潮。

第二节　继电保护及安全自动装置异常及处理

一、继电保护设备异常及处理

（一）典型异常及处理

1. 装置面板显示异常

继电保护装置运行过程中出现面板显示不亮或黑屏情况时，首先应检查面板指示灯有无异常，运行指示灯是否在闪烁，有无装置异常灯亮，指示灯异常时一般监控后台会伴有声光信号，确认指示灯正常后，应仔细检查装置显示屏幕，一般有两种情况：

（1）完全黑屏。按动装置按键时显示面板无任何反应。此时有条件可检查装置＋5V 输出是否正常，如不正常，则说明装置电源故障，无法提供显示面板所需的电源，但保护装置的其他功能仍能运行，应尽快汇报调度，申请退出全套保护，通知检修人员更换装置的开关电源插件。

（2）屏幕严重花屏，无法看清菜单内容，或者接近于黑屏但仍有一定的亮度。对于这种情况，基本可判定装置屏幕损坏，保护装置功能正常，有备件时并向调度申请退出保护，更换显示面板即可。

2. TV 断线

交流电压回路发生断线不能尽快恢复或切换到正常电压时，如该保护为双重化配置且只有一套受影响，则运维人员应申请退出受影响的全套保护装置。其他情况下，应按以下原则处理并尽快通知检修人员：

（1）对于配置双套闭锁式、允许式纵联保护（含纵联距离、纵联零序或纵联方向）的线路保护，宜暂不退出保护，但应立即汇报值班调度员。

（2）对于配置一套闭锁式纵联保护和一套光纤电流差动的线路保护，宜申请值班调度员退出闭锁式纵联保护全套保护装置，光纤电流差动保护装置不退出。

（3）对于配置双套光纤电流差动的线路保护，不退出保护装置，但应汇报值班调度员。

（4）对于变压器保护、母线保护和失灵保护，宜不退出保护装置，但应汇报值班调度员。

（5）对于低频、低压减载保护，应申请值班调度员退出该保护装置所有出口连接片和启动连接片。

现场检查保护屏背后及端子箱 TV 二次快分开关是否跳闸，如确实由二次快分开关跳闸引起，则应试合一次 TV 二次快分开关，此时若信号消失，则汇报调度，投入相关保护。试合 TV 二次快分开关仍跳开，则检查电压二次回路有无明显接地、短路、接触不良现象，无法处理时联系检修人员进行检查处理。

3. TA 断线

保护装置发“TA 断线”信号且不能复归时，应立即申请值班调度员退出全套保护装置，并尽快通知检修人员处理，同时应加强保护屏、TA 端子箱、TA 本体等设备的监视。对于双重化配置的保护，只一套发“TA 断线”且不能复归时，退出异常保护，一次设备可以继续运行；对于单套保护装置或双重化配置的两套保护均发异常时，应将该一次设备退出运行。

装置发“TA 断线”信息时，打印采样报告，并检查电流回路各个接线端子、线头是否松脱，连接片是否可靠，有无放电、烧焦现象（应注意可能产生的高电压）。如运维人员不能处理，应通知检修人员处理。

保护装置“TA 断线”告警信号能复归，也要通知检修人员尽快查明原因。

4. 装置异常

保护装置异常指示灯亮时，如“告警”灯亮，应认真查看装置告警信息报告，不能复归，立即向调度汇报，必要时申请退出保护或拉开断路器，通知检修人员进行处理。

（二）纵联保护通道异常

线路保护装置发“通道异常”信号且不能复归时，及时向调度进行汇报，并申请退出通道相关的主保护，如差动保护投入、主保护投入、线路纵联保护等连接片。纵联保护双通道其中一个通道异常时，可不退出保护但应加强监视，并立即通知检修人员进行处理。双通道同时异常或单通道发生异常时，应同时退出线路两侧的纵联保护及共通道的远跳及过电压保护。

对于专用光纤的线路保护，发“通道异常”时，应检查线路保护装置光缆连接是否可靠，必要时由检修人员在光纤配线架上进行自环，分别确认传输通道和保护装置通道是否正常。

对于复用光纤的线路保护，发“通道异常”时，应检查复用通信接口装置是否正常，有无通道故障信号。

对于载波或高频通道的线路保护，发“通道异常”时，应检查载波机或高频收发信机是否工作正常，有无异常信号。交信中收发信机通道 3dB 告警灯亮时，可以不退保护，应汇报值班调度员并尽快通知检修人员处理。当交信中收发信机裕度告警灯亮时，应立即申请值班调度员退出纵联保护。

（三）主变压器非电量保护发信

变压器本体“轻瓦斯发信”或“压力释放阀发信”等非电量保护发信时，立即对变压器本体、瓦斯继电器或压力释放阀和二次回路进行检查，查明动作原因。通知检修人员提取本体油样和继电器气样、油样分别做色谱分析。装置误发信后立即复归也应查明原因。

（四）母线保护装置异常

1. 隔离开关变位

母线保护装置出现“隔离开关变位”信号时，检查隔离开关位置是否与一次系统变位一致，若一致按确认按钮即可消失；若不一致应查明原因，确认现场隔离开关实际位置后，将模拟盘上隔离开关位置强制置位。母线保护隔离开关位置辅助触点异常或母线保护隔离开关位置开入采样不正确。

2. 互联状态

母线保护装置出现“互联状态”信号时，检查装置的运行方式应与一次相符，否则使用面板上小纽子开关强制恢复装置正确的运行方式，另检查隔离开关辅助触点。当一次系统处于互联状态时，应手动投入互联连接片或把手，该信号无需干预，待倒闸操作结束后及时恢复。

3. 差流越限

母线保护装置发出“差流越限”告警信号时，应立即汇报调度申请退出母差保护并查看保护装置差流值是否平衡，与定值核对差流是否越限。对保护范围内一次进行检查，重点检查 TA 是否有异音等。

二、故障录波装置异常及处理

故障录波装置常见的异常主要有装置故障、频繁启动录波、不能启动录波、对时异常等。

（一）装置故障

装置后台机死机或故障告警，应检查电源是否正常，电源线、数据线是否接触完好，若无法复归，应向调度申请，将后台机断电重启一次（此时不要动前置机，以免丢失数据）；如仍不能正常工作，应立即联系检修人员检查处理。若某台故障录波装置后台死机，可以由其他录波装置通过录波网络，远程登录访问，调取录波信息。

装置各工作电源灯不亮时，应检查屏后电源快分开关是否跳闸。如站内电源正常，而录波装置电源无法投入，应汇报值班调度员，并通知检修人员处理。

（二）频繁启动录波

录波装置频繁启动，应检查频繁启动原因，并核对录波定值通知单，若为某项定值引起频繁启动，应及时联系定值通知单下达部门。

（三）不能启动录波

线路故障而故障录波装置没有启动时，应核对录波定值通知单，并手动启动一次录波检查相关通道波形，及时通知检修人员检查。

（四）对时异常

录波装置时钟对时不正确，若对时系统无异常时，手动修正录波装置时间。检查录波装置通信是否正常，必要时向调度申请将故障录波装置断电重启一次。以上方法均不复归，则通知检修人员检查处理。

三、安全自动装置异常及处理

（一）安全稳定控制装置

安全稳定装置发生故障时，应退出该故障装置，并退出对侧厂站相应的通信连接片。安全稳定装置常见的异常主要有装置面板显示异常、TV 断线、TA 断线、通道异常、装置异常等。

1. 装置面板显示异常

保护装置运行过程中出现面板显示不亮或黑屏情况时，首先应检查面板指示灯有无异常，运行指示灯是否正常，确认指示灯正常后，应仔细检查装置显示屏幕，一般有两种情况：

（1）完全黑屏，按动装置按键时显示面板无任何反应。应尽快汇报调度，申请退出稳控装置，通知检修人员处理。

（2）屏幕严重花屏，无法看清菜单内容，或者接近于黑屏但仍有一定的亮度。对于这种情况，基本可判定装置屏幕损坏，保护装置功能正常，有备件时并向调度申请退出保护，由检修人员更换显示面板即可。

2. TV 断线

稳控装置电压回路断线，发告警信号，闭锁部分保护。运维人员应申请退出受影响的保护，检查二次回路是否存在异常，并尽快通知检修人员处理。

3. TA 断线

稳控装置电流回路断线，发告警信号，一般不闭锁保护。运维人员应申请退出受影响的保护，检查二次回路是否存在异常，并尽快通知检修人员处理。

4. 通道异常

应退出相应异常通道两侧稳控装置对应的通信连接片，装置对应的通信功能退出，同时不再监测该通道的运行情况。处理通道异常时，应退出该异常通道对应的稳控装置。

5. 装置异常

稳控装置报异常时，应检查装置自检出错信息及装置面板显示，根据异常情况向调度申请退出该故障装置，并退出所接通道对侧厂站稳控装置相应的通信连接片，并通知检修人员处理。

（二）低频减载装置

低频减载装置在有功缺频引起系统频率下降及无功不足引起系统电压下降时，自动按定值切除部分负荷，使系统趋向平衡。当系统发生频率或电压事故时，应检查装置动作情况是否正确，记录动作后的指示和事故记录内容，复归动作信号，把装置动作情况上报调度部门。低频减载装置常见的异常主要有装置面板显示异常、TV断线、TA断线等。

1. 装置面板显示异常

保护装置运行过程中出现面板显示不亮或黑屏情况时，首先应检查面板指示灯有无异常，运行指示灯是否正常，确认指示灯正常后，应仔细检查装置显示屏幕，一般有两种情况：

（1）完全黑屏，按动装置按键时显示面板无任何反应。应尽快汇报调度，申请退出低频减载装置，通知检修人员处理。

（2）屏幕严重花屏，对于这种情况，基本可判定装置屏幕损坏，保护装置功能正常，有备件时并向调度申请退出保护，由检修人员更换显示面板即可。

2. TV断线

低频减载装置电压回路断线，装置发告警信号，是否闭锁保护可选。运维人员应立即检查二次电压回路是否存在异常，并尽快通知检修人员处理。若一段母线试验时，一定要注意先断开保护屏后上方的TV空气断路器，核对装置显示的母线电压确已消失，再进行母线的有关操作。

3. TA断线

低频减载装置电流回路断线，装置发告警信号，是否闭锁保护可选。运维人员应立即检查二次电流回路是否存在异常，并尽快通知检修人员处理。

4. 控制回路断线

低频减载装置控制回路断线，KTP（跳闸位置继电器）和KCP（合闸位置继电器）线圈均失电，重合闸放电，运维人员应立即检查相应回路的断路器辅助触点是否异常，退出该回路出口连接片，并尽快通知检修人员处理。

5. 装置异常

低频减载装置报异常时，应检查装置自检出错信息及装置面板显示，根据异常情况向调度申请退出该故障装置，并退出所有跳闸出口连接片，同时通知检修人员处理。

第三节　常见二次回路及异常分析

在电力系统中，变电站二次回路是电气系统中的一个重要组成部分，二次回路一旦发生故障，直接影响电气设备和电力系统的安全稳定运行，甚至造成极其严重的后果。因此，二次回路一旦发生故障能迅速准确作出判断并排除故障，因此能快速准确地识别电气二次回路图是运行维护人员必备的基本功之一，也是分析二次回路异常或故障的基础。

二次回路一般包括控制回路、继电保护回路、测量回路、信号回路、自动装置回路。按交流、直流来分，又可分为交流电流回路和交流电压回路以及直流回路。根据二次回路图各部分不同的特点和作用，以常见的及重要的二次回路为例分别进行介绍。

一、交流电流回路

（一）220kV 二次电流回路

220kV 电流互感器一般有 6 个二次绕组，分别用于本线路保护（2 个）、母差保护（2 个）、测量、计量。某一 220kV 线路保护典型电流回路如图 5-3 所示。

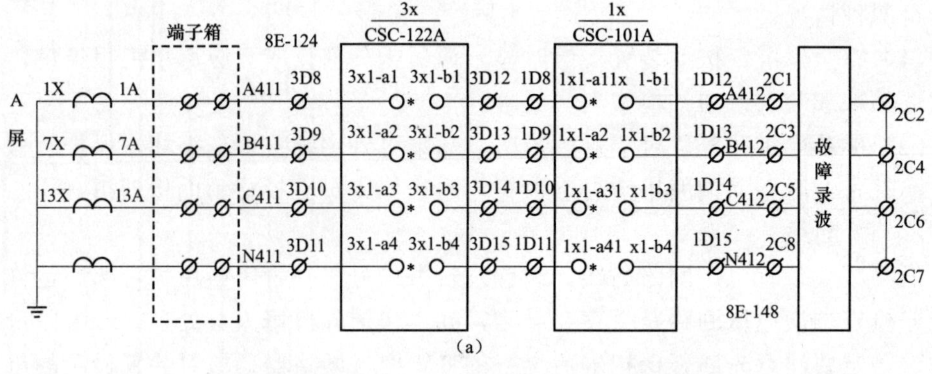

（a）

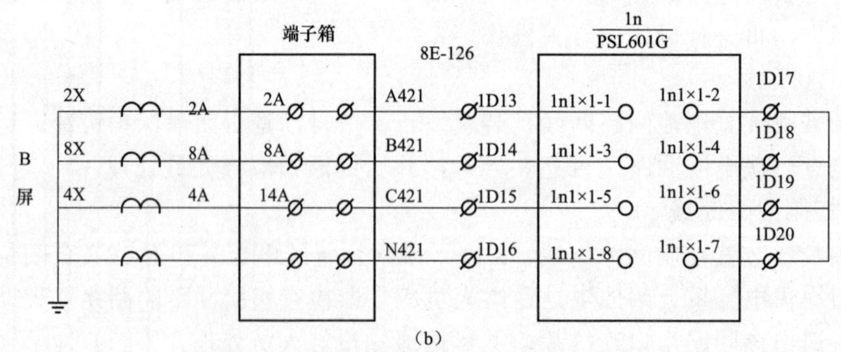

（b）

图 5-3　220kV 线路保护典型电流回路图

（a）220kV 线路保护 A 屏电流回路；（b）220kV 线路保护 B 屏电流回路

通常录波装置电流串接在保护装置之后，电流流出录波装置后 2C2、2C4、2C6、

2C7 短接回零，注意不可再在此处接地，电流回路只能有一个接地点，在断路器端子箱中用黄绿接地线接入接地铜牌，铜牌再用 100mm 铜缆接入地网，电流互感器回路两点接地有可能引起保护装置误动作。

（二）500kV 二次电流回路

500kV 系统一般为 3/2 断路器接线，接入线路保护的电流为两个断路器电流之和，如某一线路进入保护装置的电流为边断路器（5043）TA 与中断路器（5042）TA 相应二次绕组的和电流如图 5-4 所示，通常该绕组电流接地点在两个断路器和电流点处（即保护小室）接地，其余电流回路接地点分别在各自断路器端子箱中接地，在断路器端子箱中用黄绿接地线接入接地铜排，铜排再用 100mm 铜缆接入地网，同样电流互感器回路两点接地有可能引起保护装置误动作。安全稳定控制装置通常串接在保护装置之后，线路停电检修时要特别注意不可误启动该稳控装置。

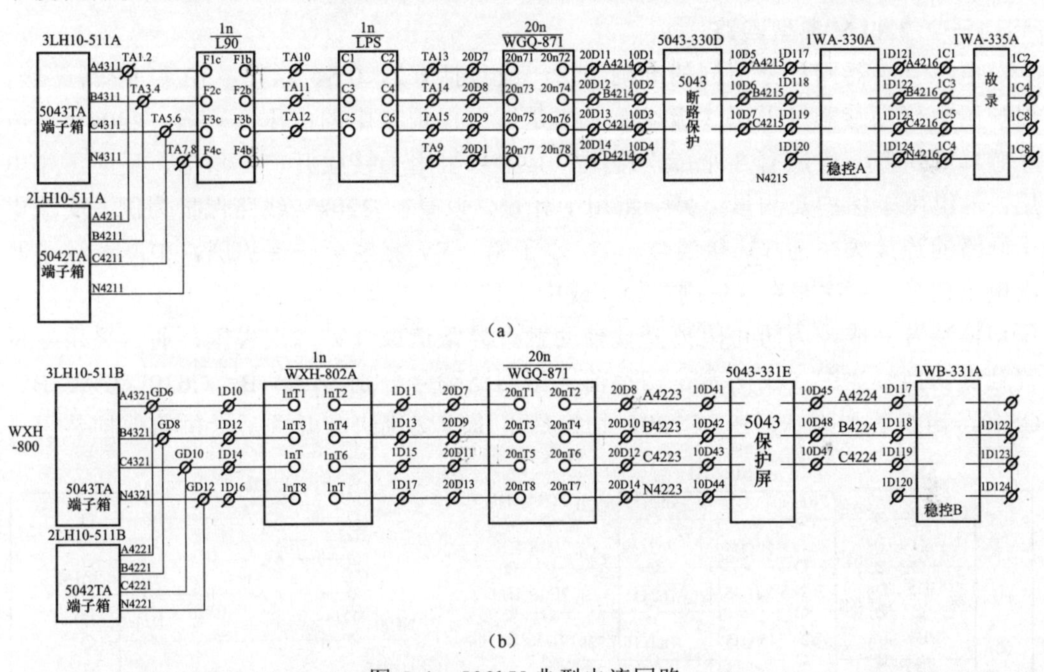

图 5-4　500kV 典型电流回路

（a）L90 保护电流回路；（b）WXH-800 保护电流回路

（三）注意事项

（1）电流回路开路将产生危险的高电压，威胁人身和设备的安全。因为电流互感器二次回路在运行中开路时，其一次电流均成为励磁电流，使铁芯中的磁通密度急剧上升，从而在二次绕组中感应高达数千伏的感应电动势，严重威胁设备本身和人身的安全。运维人员可根据回路接地点要求在设备巡视过程中发现问题，当发现电流互感器回路有异常时及时汇报，必要时可申请拉开有关断路器。

（2）电流互感器的二次回路一点直接接地，这是为了避免当一次、二次绕组间绝缘击穿后，使二次绕组对地出现高电压而威胁人身和设备的安全。同时二次回路中只允许有一点接地，不能有多点接地。由于地电位差将产生电流，轻则造成测量的不准确，严重时会导致继电保护装置误动。运维人员可结合巡视、定期检验等方式进行必要的检查。

（3）电流互感器的二次引出端，如果电流互感器的极性接反，会导致继电保护拒动或误动。应结合电流互感器一次安装情况对二次绕组极性仔细加以判别，务必确保接入与方向和极性有关的主变压器保护、线路保护、母差保护电流互感器回路正确性，这种极性投运后也可发现，通过差流采样值进行分析。

（4）二次绕组的准确级。电流互感器二次的各个绕组有不同的准确级别，分为保护级（P 级、TP 级）及其他。严禁将其他准确级（如计量、测量级）的二次绕组用于保护，特别注意用于母差保护的所有二次绕组准确级必须一致。

二、交流电压回路

（一）220kV 典型回路

电压互感器同样分不同的准确级，一般包括 0.2、0.5、1、3、3P 和 6P 等各级，保护用电压互感器可采用 3 级，而 P 级是继电保护专用的电压互感器。220kV 电压互感器二次侧一般应有 3 个二次绕组，其中一组用于接成开口三角形，反应零序电压；一组用于保护及测量；另一组用于计量。以某一 220kV 线路保护为例，交流电压回路的连接关系为 TV 接线盒→TV 端子箱→TV 测控柜→保护屏，中间经过了两次电压切换，一次是在 TV 测控柜（或中央信号继电器屏），另一次由保护屏内的电压切换装置完成，为防止隔离开关辅助触点异常造成 TV 二次失压，通常采用双位置触点切换。如图 5-5 所示，切换前电压回路编号分别为 A、B、C630 及 A、B、C640，切换后则为 A、B、C720，切换后电压经交流快分开关后提供给保护装置。

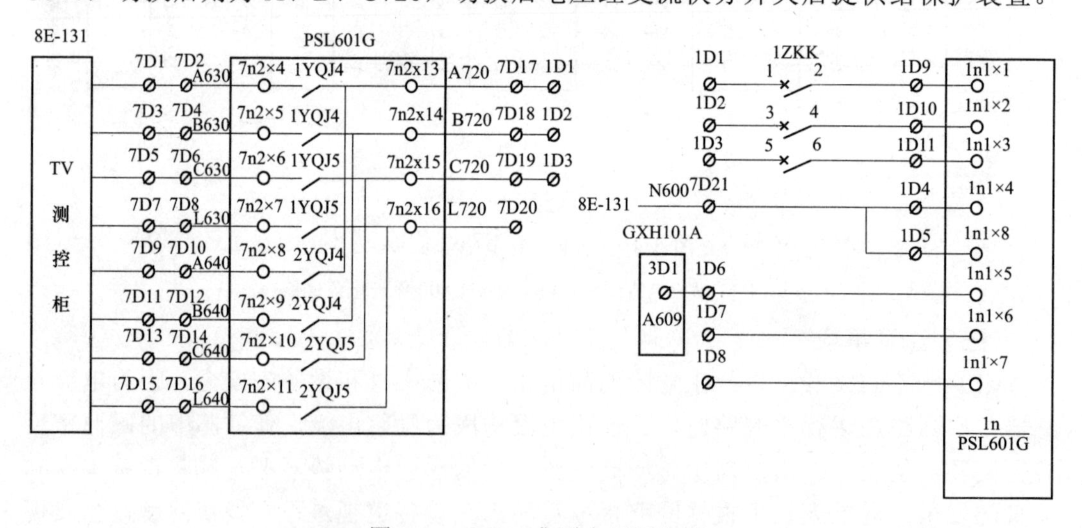

图 5-5　220kV 典型电压回路图

（二）500kV 二次电压回路

在 500kV 系统中，设置线路专用三相电容式电压互感器（CVT），不同于 220kV 系统的母线上所有出线均共用母线 CVT 二次电压的模式。500kV 母线只设 A 相

CVT，其二次电压回路主要用于测量及同期。图 5-6 所示为某线第一套保护 CVT 二次交流电压连接图，由图可知，CVT 二次回路连接情况为：线路 TV 端子箱→保护屏，经交流快分开关 4SA、5SA、6SA 后分别提供给 L90、LPS、WGQ-871 保护装置。同时该组电压回路还从 L90 保护屏并接至稳控屏和故障录波屏。图 5-7 为线

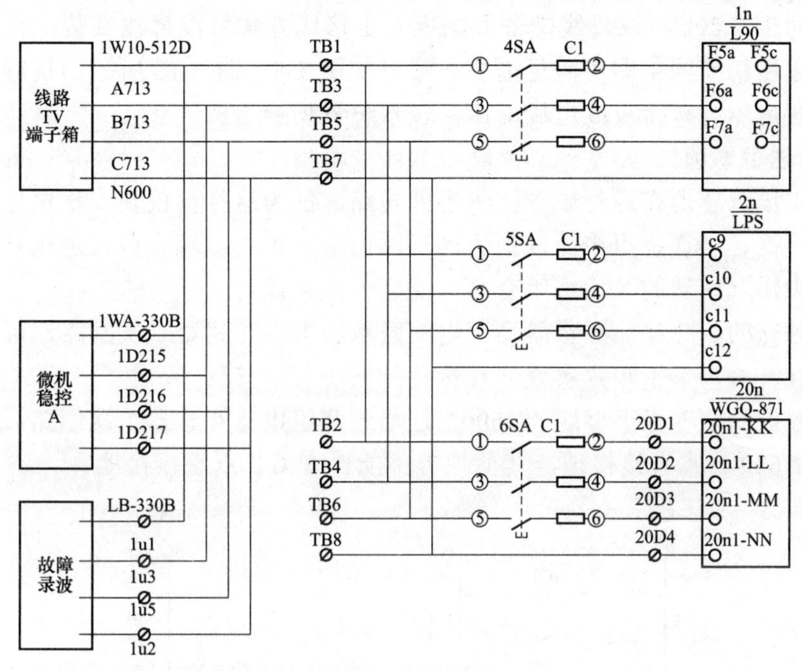

图 5-6　500kV 典型二次电压回路（一）

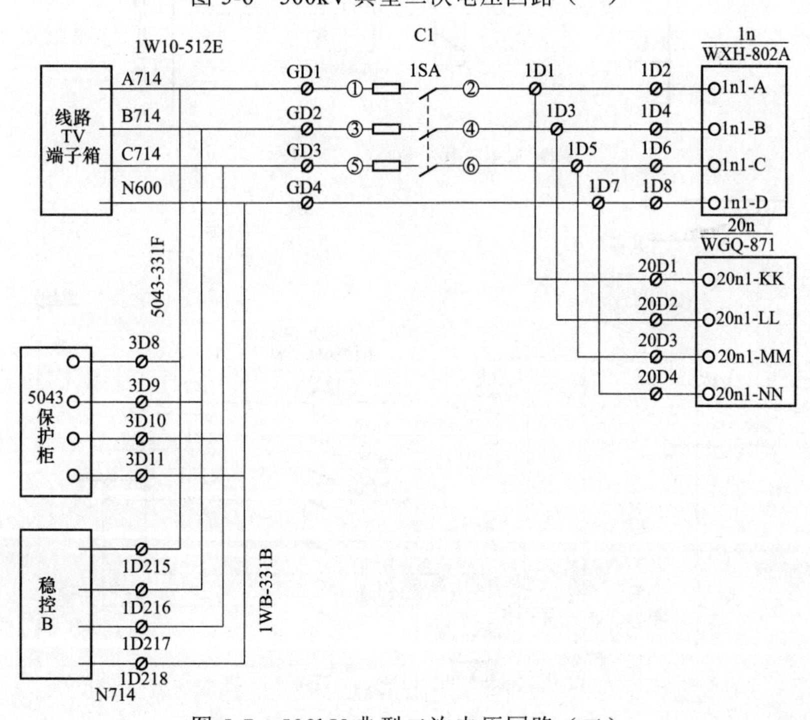

图 5-7　500kV 典型二次电压回路（二）

路第二套保护 CVT 二次交流电压连接图，其连接情况为：线路 TV 端子箱→保护屏，经交流快分开关 1SA 后提供给 WXH-802A、WGQ-871 保护装置。同时该组电压回路还从 WXH-802A 保护屏并接至 5043 保护屏和稳控 B 屏。

（三）电压互感器二次切换回路

通常对于 220kV 双母线带分段的电气主接线方式每段母线安装一组电压互感器，通过电压切换回来即可满足需要。通过如图 5-8～图 5-10 所示切换继电器来实现保护装置电压与所接母线电压对应，以双位置切换为例。

（四）注意事项

（1）电压互感器在运行中二次侧不能短路，因为这样不仅使二次电压降为零，而且要在一次、二次绕组中流过很大的短路电流，短路电流会烧毁电压互感器。

（2）电压互感器的二次绕组有且只能有一点接地。

（3）独立的、与其他互感器没有电的联系的电压互感器二次回路，可以在控制室内也可在开关场端子箱内实现一点接地。

（4）经控制室零相小母线（N600）连通的几组电压互感器二次回路，只应在控制室实现 N600 一点直接接地，其他地方不能再有第二点直接接地。

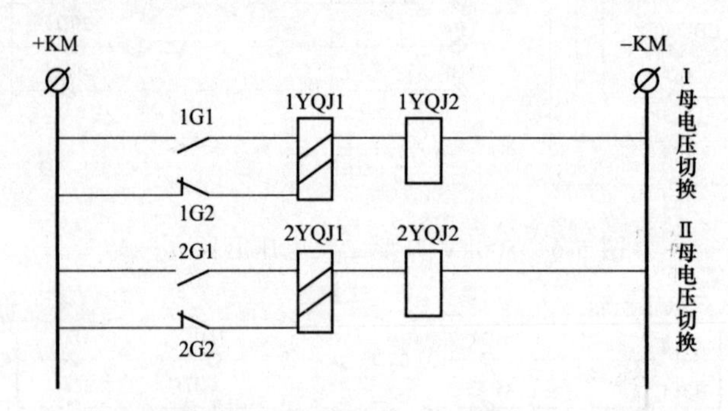

图 5-8　电压切换二次回路

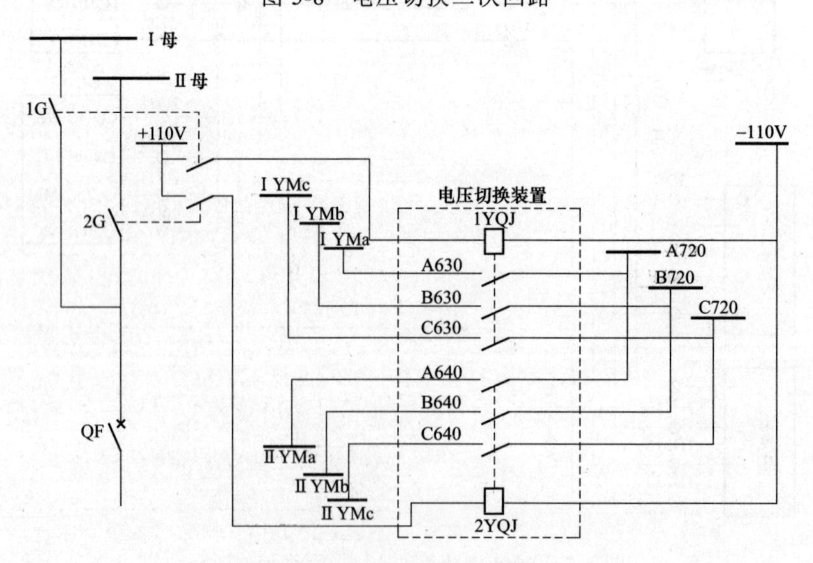

图 5-9　电压切换继电器回路

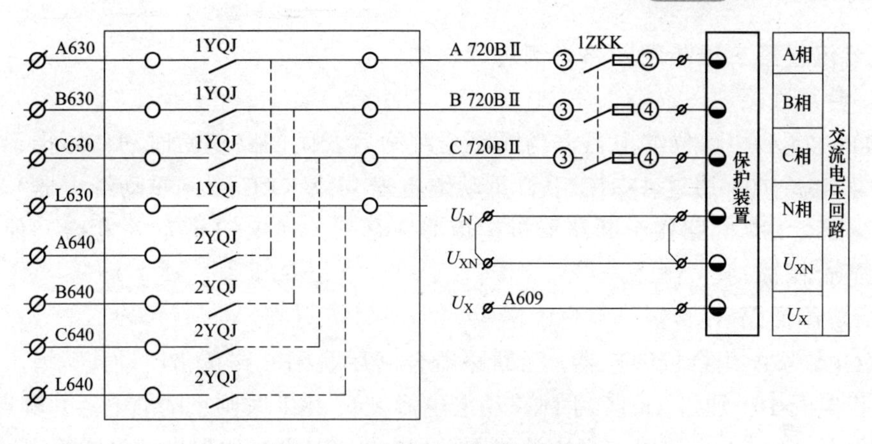

图 5-10 交流电压切换回路图

（5）必须严防二次回路反充电。通过电压互感器二次侧向不带电的母线充电称为反充电。由于反充电电流较大（反充电电流主要决定于电缆电阻及两个电压互感器的漏抗），将造成运行中电压互感器二次侧快分开关跳开或熔断器熔断，使运行中的保护装置失去电压，可能造成保护装置的误动或拒动，运维人员进行电压互感器二次并列时要特别注意，电压零回路是不经熔断器或快分开关的。

三、直流回路

直流回路主要有设备控制、操作、保护、信号、事故照明等回路，以下根据不同用途分别介绍。

（一）断路器分闸、合闸回路及防跳回路

图 5-11 所示为断路器控制回路图，220kV 级以上电压等级操作箱有两个跳闸线

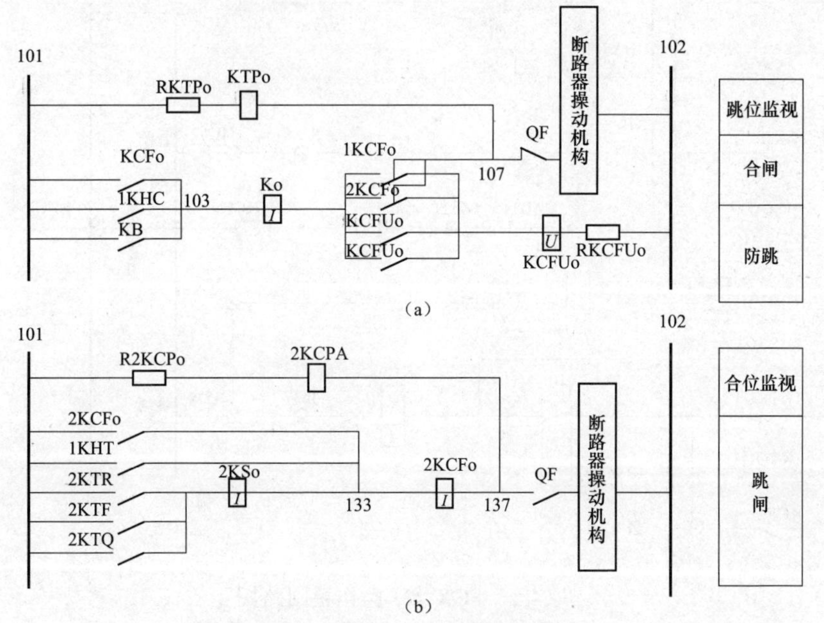

图 5-11 断路器控制回路图
（a）合闸回路图；（b）跳闸回路图

圈，本节仅取第二组跳闸回路为例进行说明。

1. 合闸回路

KTPa 为 A 相跳位继电器，当断路器跳闸后合闸回路正常时动作，指示在跳闸位置。正电源 101 通过 1KHC 手合重动继电器（或 KRC 合闸重动继电器）触点、KCLa 线圈、107 回路接至断路器机构箱实现合闸，而 KCLa 为 A 相合闸保持继电器，保证合闸成功。

2. 跳闸回路

2KCPa 为 A 相合位继电器，当断路器合闸后跳闸回路正常时动作，指示在合闸位置。正电源 101 通过 1KTC 手跳重动继电器（或 2KT 跳闸重动继电器）触点、2KS 信号继电器、2KCF 防跳继电器电流线圈，137 回路接至断路器操动机构箱实现跳闸。而 2KCFa 为防跳继电器触点，同时实现 A 相跳闸保持，保证跳闸成功。

3. 防跳回路

（1）断路器操作箱（或操作插件）中的防跳回路。防跳功能通过断路器操作箱（或操作插件）中的防跳继电器实现，当跳闸命令发出后，启动防跳继电器电流线圈 KCFI，通过防跳继电器电流线圈辅助触点启动跳闸保持继电器，使 KCFa 电压继电器保持励磁，从而使 KCFa3、KCFa4 断开，这种方式是以往传统变电站普遍采用的方式，以北京四方继保自动化股份有限公司（简称四方公司）生产的 FCX-22J 为例，其操作箱防跳回路如图 5-12 所示。

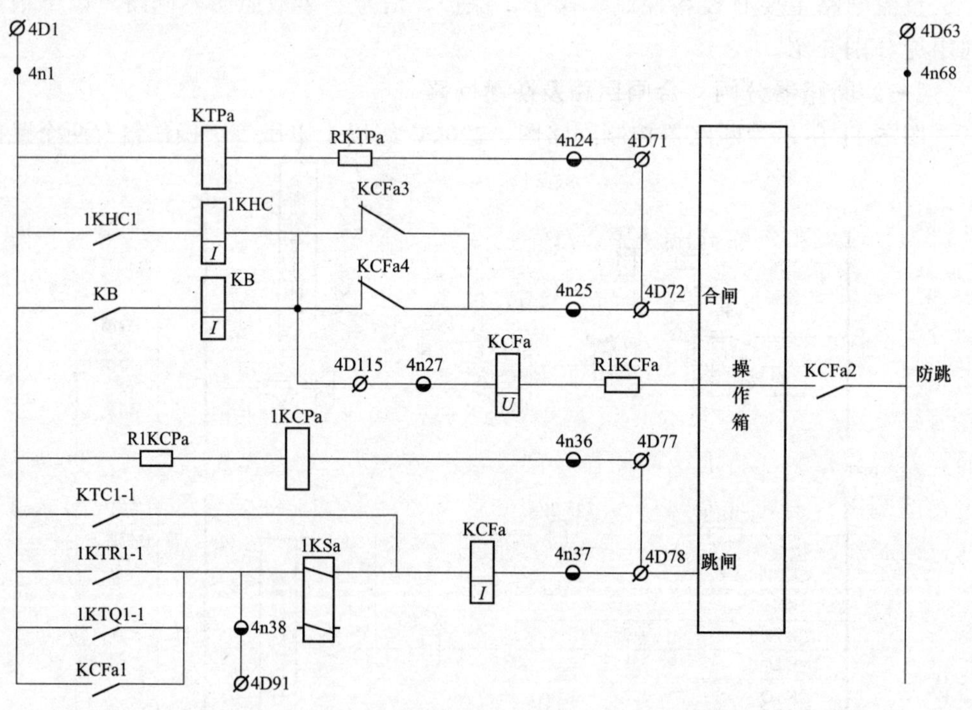

图 5-12　FCX-22J 操作箱回路图

红灯、绿灯不但指示了断路器的位置，而且对控制电源是否正常，分闸、合闸回路是否断线及断路器操作的压力均有监视作用，当断路器操作的液压或气体压力不正常时，压力继电器会断开断路器的分闸、合闸回路，同时发告警。

（2）断路器机构内的防跳回路。防跳功能通过使用断路器机构内的防跳继电器，也就是常说的防跳就地实现，其原理是当分闸回路导通时，同时启动机构内的防跳继电器，而防跳继电器的动断触点串接于机构内的合闸回路中，防跳继电器动作后动断触点断开，从而使合闸回路断开，防止断路器再次合上。这种防跳方式目前广泛应用于国家电网“六统一”变电站，如图 5-13 所示。

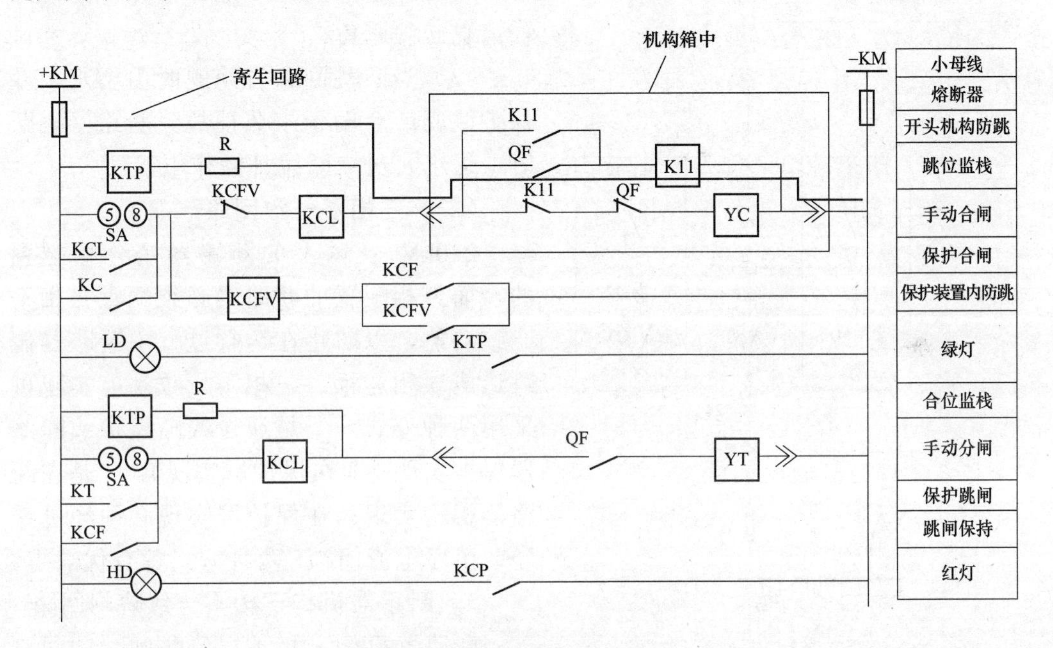

图 5-13 断路器中的防跳回路

正常情况下，断路器在分位，合断路器，则＋KM→SA⑤⑧→KCF 动断触点→KCL→K11 动断触点→QF 动断触点→YC→-KM 构成合闸回路；断路器合闸，QF 动合触点闭合。此时＋KM→KTP→R→QF 动合触点→K11 线圈→－KM 构成一个寄生回路。对于这个回路，如果回路的参数配合不好，就有可能使跳位监视继电器线圈 KTP 励磁，进而导致绿灯亮。这样，就会出现开关在合位，但红灯、绿灯一起亮的异常现象。另一方面，断路器合闸过程中，如果回路参数配合不好，机构防跳继电器线圈 K11 有可能励磁，K11 的动合触点闭合并形成自保持，K11 的动断触点断开，切断断路器合闸回路。这样，在断路器下次分闸后，虽然 QF 的动合触点打开，但＋KM→KTP→R→K11 动合触点→K11→－KM 仍然形成寄生回路，使得 K11 继电器不能返回，K11 的动断触点依然断开，产生断路器分开后不能再手动合上的异常现象。

两种防跳方式不能同时使用，只能选取一种，如果选用操作箱（操作插件）实现，则应该在断路器机构内拆开防跳继电器的启动回路，并短接其动断触点；如果使用断路器机构内防跳回路，则应该取消操作箱（操作插件）内的合闸回路中防跳。

不管采用哪种防跳，都必须保留操作箱内的 KCL，由于保护装置的出口触点是瞬时动作返回的，通动断合时间只有 10ms 左右，不能完成一次分闸，必须依靠 HBJ 的辅助触点进行保持，然后通过断路器机构的动合触点切断跳闸回路，也就是说分闸回路中的动合触点因为其容量足够大，所以它还起着熄弧的作用，如果防跳回路配合不好，会造成操作箱（操作插件）内的 KCL 触点去息弧，由于其触点容量小，常常会烧坏触点甚至会烧坏插件，因此这种情况必须避免。

（3）当防跳回路有问题时由于永久性保护跳闸或合闸于永久性故障断路器跳跃时，运维人员立即拉开操作电源。

（二）三相不一致回路

220kV 及以上的断路器是分相配置的，而分相配置的断路器必须配置三相不一致功能，以防止在运行过程中断路器偷跳造成缺相运行。三相不一致功能实现可采用两种方式，一是通过线路保护或断路器保护实现（即在保护屏实现），二是在断路器机构实现。在保护屏实现必须经过零序或负序电流闭锁，两种方式各有优缺点。

1. 断路器机构三相不一致跳闸回路

断路器机构三相不一致跳闸启动回路如图 5-14 所示。断路器位置辅助触点 Q3 提供的动断串动合触点再 ABC 三相并接，实现三相不一致位置状态输出，再经过三相不一致连接片 XB2 启动时间继电器 KT1，开始计时，当达到时间定值，时间继电器 KT1㉕-㉘触点闭合，使三相不一致继电器 KL1 励磁，KL1 触点闭合，实现跳闸功能，图 5-14 只画出单相，其余两相类同。

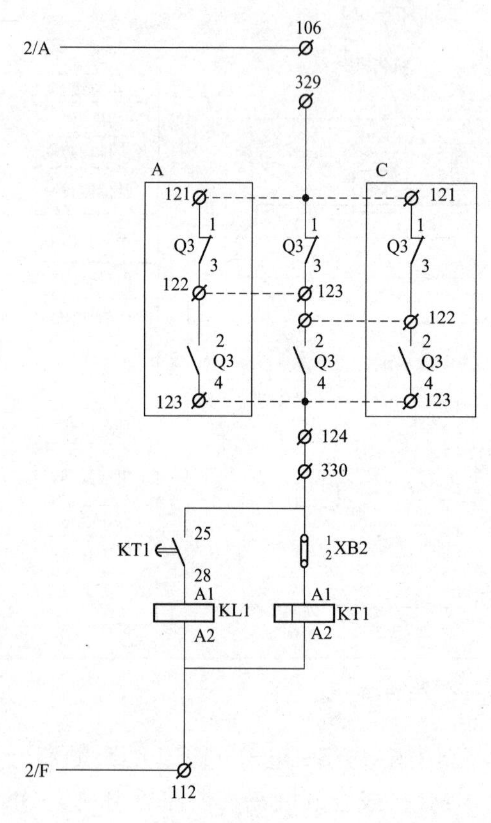

图 5-14 断路器机构三相不一致启动回路

Q3—断路器动断辅助触点；KT1—三相不一致时间继电器；KL1—三相不一致跳闸继电器；XB2—三相不一致连接片

三相不一致继电器 KL1 励磁启动分闸线圈回路，如图 5-15 所示。

三相不一致跳闸若不在断路器机构内实现，应取消图 5-15 中带××回路（即取消 KL1 继电器及触点两端连线）。

2. 保护装置三相不一致跳闸回路

当三相不一致功能由断路器保护来实现时，三相不一致节点开入至断路器保护装置，结合装置内的零序电流或负序电流判据，经整定延时后，由断路器保护装置开出跳闸节点，实现三相跳闸。

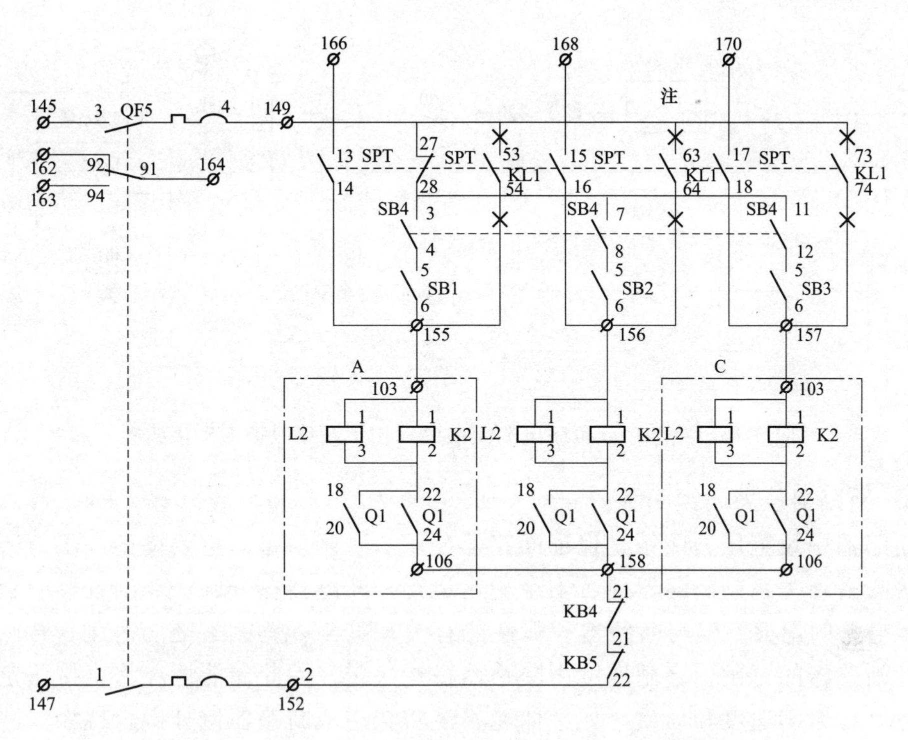

图 5-15　三相不一致继电器 KL1 励磁启动分闸线圈回路图

Q1—断路器动断辅助触点；SPT—远/近控开关；K2—分闸线圈；KL1—三相不一致跳闸继电器；SB1、SB2、SB3—分闸按钮；SB4—主分/副分

断路器三相辅助触点分别开入到线路保护装置，线路保护装置根据开入量情况判断是否为不一致状态，然后结合保护零负序判据，经延时后，由线路保护装置出口跳闸，当断路器中没有三相不一致保护时，也可以安装独立的三相不一致保护装置来实现这一功能。独立的三相不一致保护除了用断路器辅助触点或位置触点构成判断三相不一致的启动回路外，还可以用零序电流与负序电流闭锁回路，用以提高该回路的可靠性。当出现三相不一致的异常运行情况时，只要有电流，就一定会出现零序电流或负序电流，当三相不一致启动回路沟通，同时又有零序电流或负序电流时，经过一定延时才发三相不一致的跳闸命令。图 5-16 为经零序或负序电流闭锁的三相不一致保护原理接线图，图中在判断三相位置不对应回路后串入了负序及零序电流继电器的触点 KAl、KAO，这时只有负序或零序继电器同时动作才能启动继电器 KC。零序与负序闭锁电流的整定要有足够的灵敏度，一般考虑躲过可能出现的最大不平衡电流即可。

三相不一致保护的跳闸回路：“六统一”实施细则要求三相不一致保护功能应由断路器本体机构实现，目前三相不一致保护功能还有很多由断路器保护装置实现的，断路器本体应具有方便取消三相不一致保护功能的连线或连片，运维人员必须引起注意的是在整定非全相定值时机构内实现非全相时间定值容易漏整定。

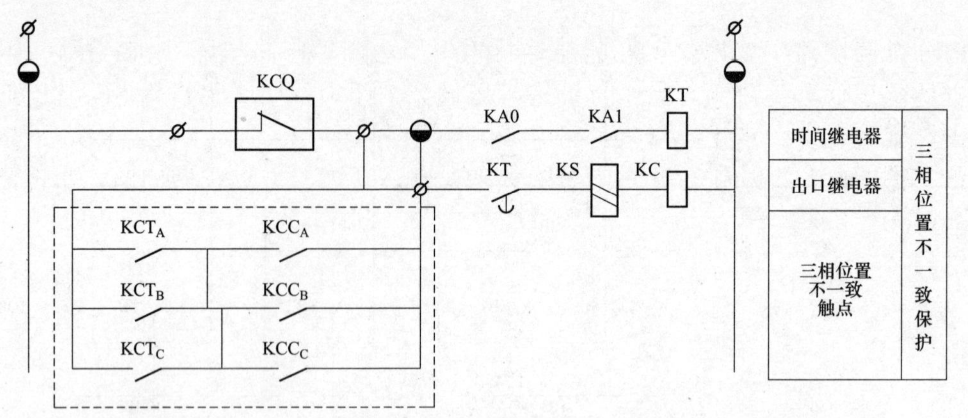

图 5-16 经零序或负序电流闭锁的三相不一致保护原理接线图

3. 断路器压力闭锁回路

断路器中设置压力闭锁是保证断路器分闸、合闸质量的重要措施。压力闭锁回路完善与否，关系到断路器能否安全稳定运行。断路器在分闸、合闸过程中会产生电弧，电弧的熄灭不仅与断路器灭弧性能有关（即 SF_6 密度），还与分闸、合闸速度有关。断路器的分闸、合闸速度由断路器机构决定，因此储能情况将直接决定断路器的分闸、合闸速度和质量。如果储能不足将会造成断路器慢分慢合现象，严重时甚至会造成断路器爆炸，因此必须在断路器的控制回路中加入压力异常报警和闭锁功能。

（1）操作箱压力闭锁回路。以液压操动机构断路器为例，断路器操作箱中设置有断路器液压压力低闭锁重合闸、合闸、分闸及 SF_6 压力低禁止操作的继电器，如图 5-15 所示，正常运行时，这些继电器处于励磁状态，当断路器压力降低时，断路器机构中相应的压力闭锁触点导通，将操作箱中相应的闭锁继电器短接，使其失磁，从而断开串接于操作箱内分闸、合闸回路中的闭锁触点。

断路器液压压力降低闭锁跳闸、闭锁合闸、闭锁重合闸的开入回路如图 5-17 所示，当压力低闭锁跳闸开入触点闭合时，1K1、1K2、1K3 继电器线圈因被短接而失磁，其串在跳闸回路的动合触点将打开，导致跳闸回路断开，从而闭锁跳闸。同理，当闭锁合闸、闭锁重合闸的开入触点闭合时，3K、2K 继电器线圈被短接失磁，3K 继电器的触点将合闸回路断开，以此闭锁断路器合闸，2K 的动断触点闭合开入至线路保护装置的重合闸闭锁端子，使重合闸放电，实现重合闸闭锁。

其中 4K 为 SF_6 压力低禁止操作继电器，当 SF_6 断路器 A、B、C 任一相 SF_6 压力低，则使 4K 继电器线圈励磁，其并接 1K、2K、3K 继电器线圈两端的动合触点闭合，同时将 1K、2K、3K 继电器线圈短接，从而闭锁断路器的跳闸、合闸及重合闸回路。

（2）断路器机构压力闭锁回路。在操作箱中实现压力闭锁会导致压力闭锁二次回路线缆过长，容易误动，现在绝大部分断路器压力闭锁回路均直接在断路器机构分合闸回路中就地实现。断路器机构中压力闭锁回路如图 5-18 所示。KP1 为机构气压低分闸闭锁，KP3 为机构气压低分闸闭锁，KD2 为机构 SF_6 气压低分闸闭锁微动开关，当上述微动开关闭合，则图 5-19 中 KB1、KB2、KB3 继电器导通，其串接在分闸、合闸回路中的动断触点，从而断开分合闸回路，实现闭锁功能。

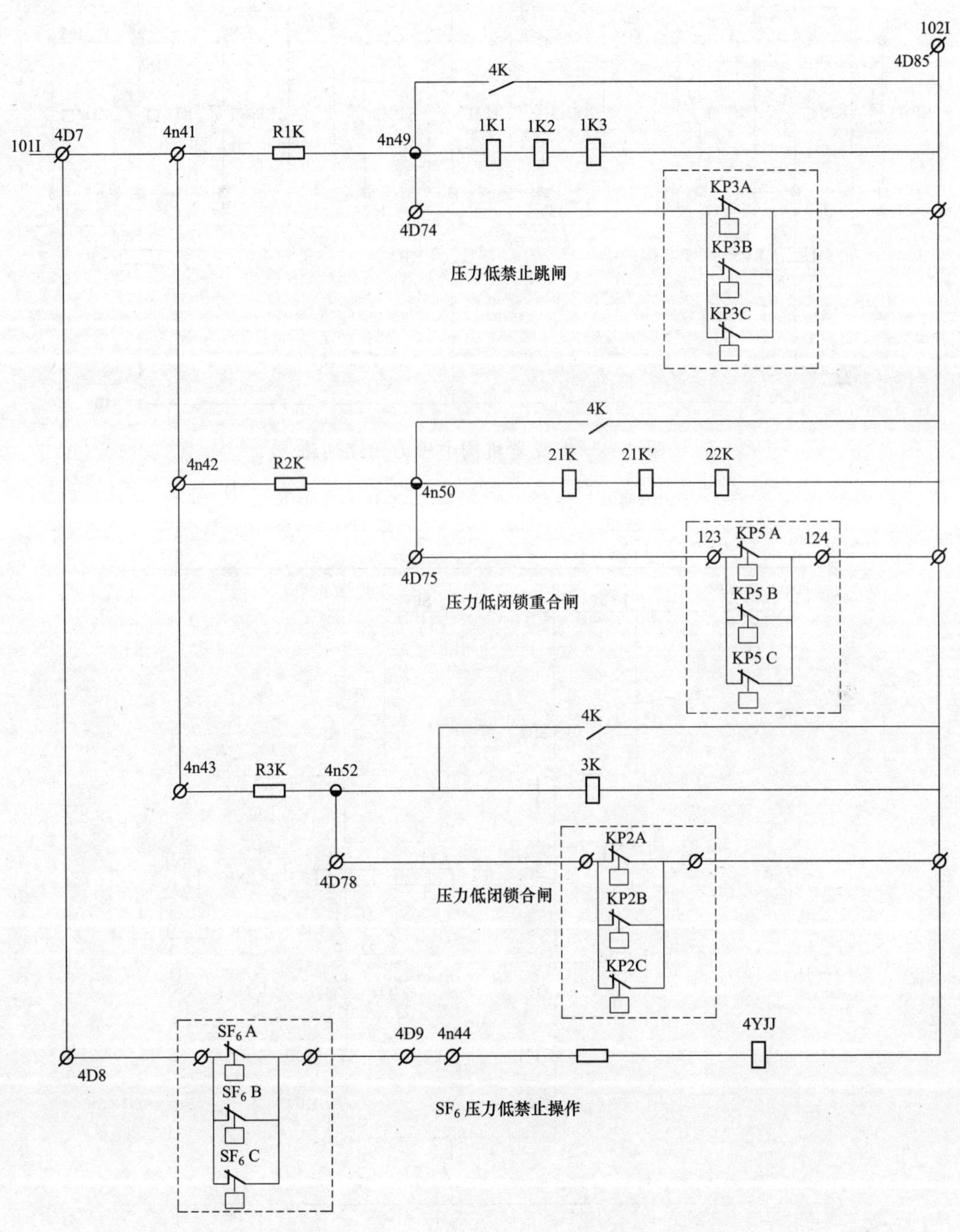

图 5-17 操作箱中压力降低闭锁回路图

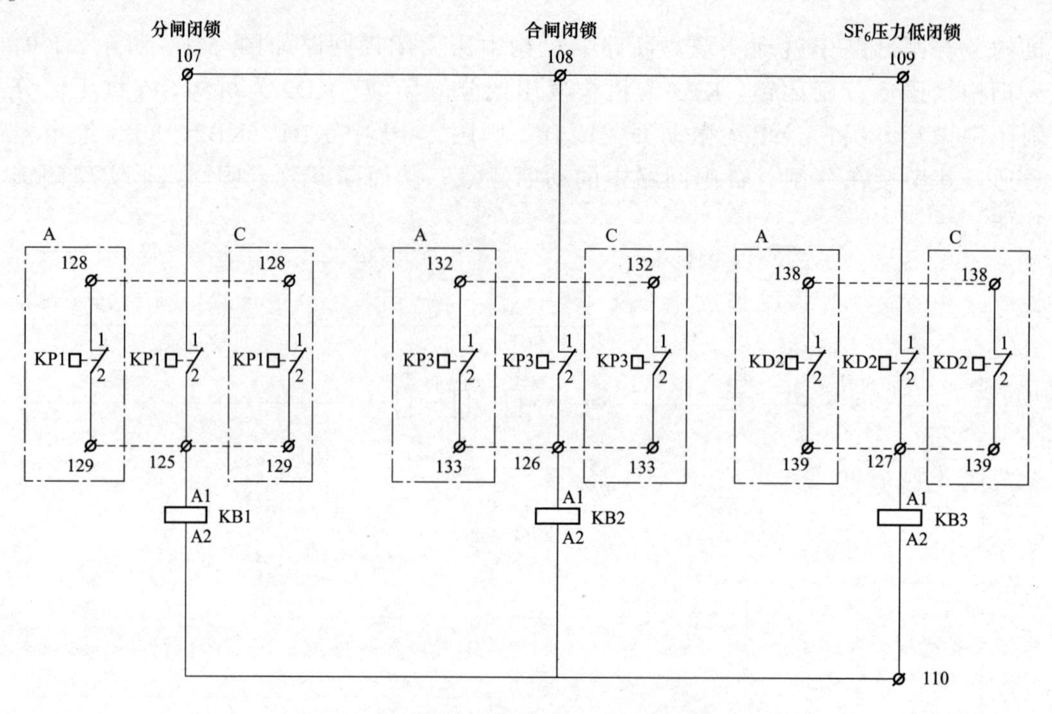

图 5-18　断路器机构中压力闭锁回路

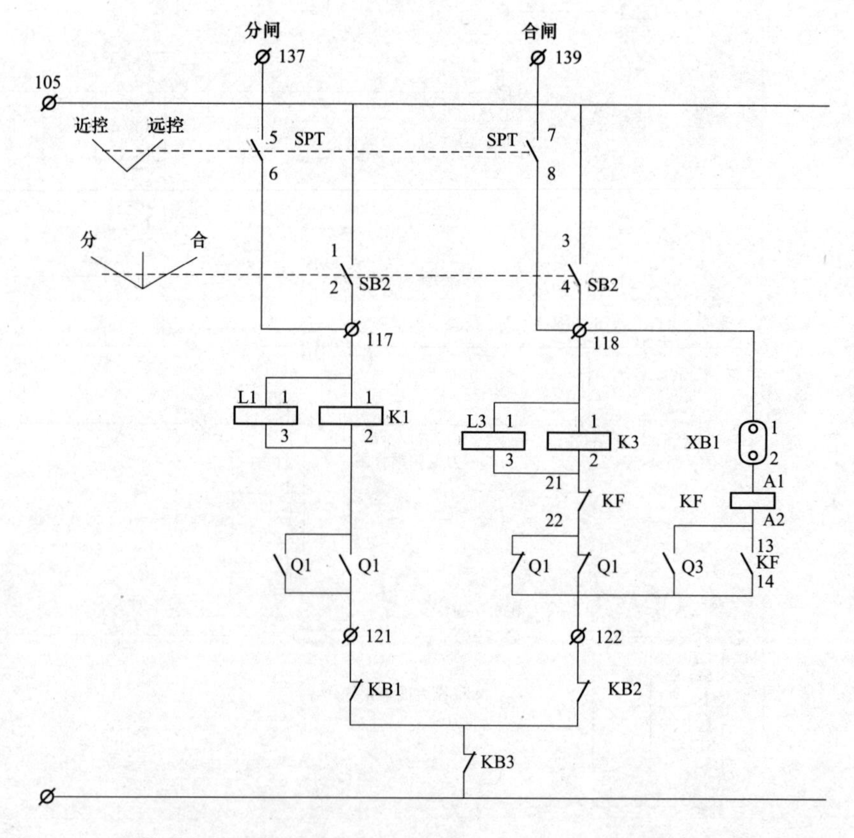

图 5-19　串接在断路器机构分/合闸回路中的合闸、分闸闭锁及 SF_6 闭锁触点

（三）断路器失灵保护回路

1. 220kV 线路断路器失灵回路

220kV 线路断路器失灵启动回路如图 5-20 所示，正电源 01 取自 220kV 失灵保护屏，串接电流启动触点（SLA-2、SLB-2、SLC-2、SL-2）和保护动作触点（KTA、KTB、KTC、KTQ、KTR），再通过 024、025 回到失灵保护屏，构成一个完整的回路。其中电流启动触点取自线路保护屏中的断路器保护装置，单相跳闸触点取自线路保护装置，三相跳闸触点 KTQ、KTR 取自操作箱。反措要求相电流判别元件的动作时间和返回时间要快，均不能大于 20ms；对于双母线断路器失灵保护，复合电压闭锁元件应设置两套。当一条母线上的 TV 检修时，两套复合电压闭锁元件应由同一个 TV 供电。为了确保失灵保护能够可靠切除故障，复合电压闭锁元件应该有 1s 左右的延时返回时间。

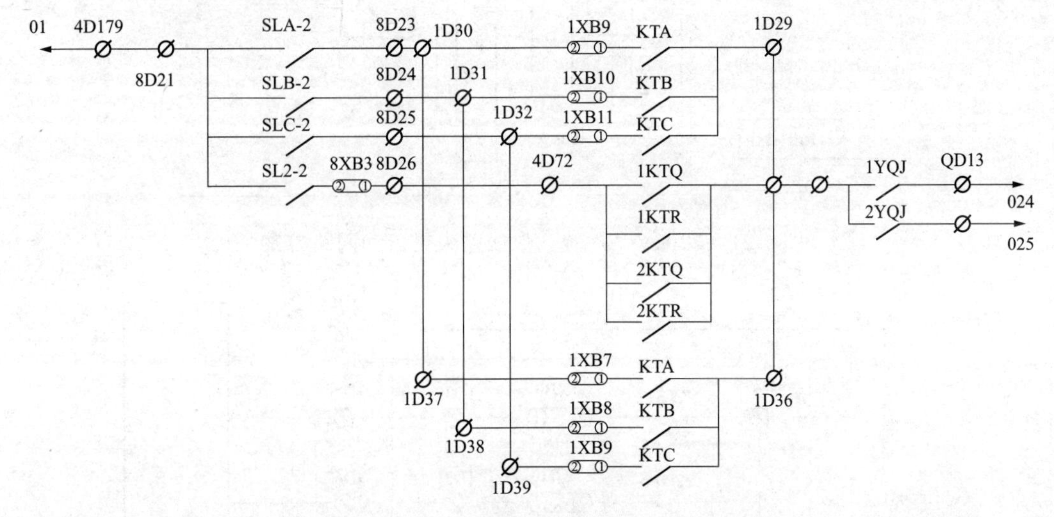

图 5-20 220kV 线路断路器失灵启动回路老方案

220kV 系统多采用双母线接线方式，对带有母联断路器或分段断路器的母线，要求断路器失灵保护应首先动作于断开母联断路器或分段断路器，然后动作于断开与拒动断路器连接在同一母线上的所有电源支路断路器，同时还应考虑运行方式来选定跳闸方式。对于非“六统一”220kV 线路断路器失灵启动回路电流判别在线路保护中进行，“六统一”220kV 线路断路器失灵启动回路如图 5-21 所示电流判别在母差失灵保护中进行。

2. 500kV 线路断路器失灵回路

500kV 线路断路器失灵保护一般按相启动，相电流元件按相判别，这样既起到了拒动相选择作用，也起到了保护动作触点未能返回时防止失灵保护误动的作用。本节以 RCS-921A 型断路器失灵保护装置为例，介绍其基本原理和实现方法。

500kV 线路断路器失灵保护是在断路器保护 RCS-921 中实现的，如图 5-22 所示。第一套线路保护 RCS-931 和第二套线路保护 RCS-902 的分相跳闸命令及来自操作箱的三相跳闸命令 KTR 开入至 RCS-921 断路器保护中，经 RCS-921 断路器保护内部过电流逻辑判断（失灵高定值 0.6A，失灵低定值 0.4A），满足失灵条件时经第一时限 0.13s 跳本断路器，0.2s 跳相邻断路器。

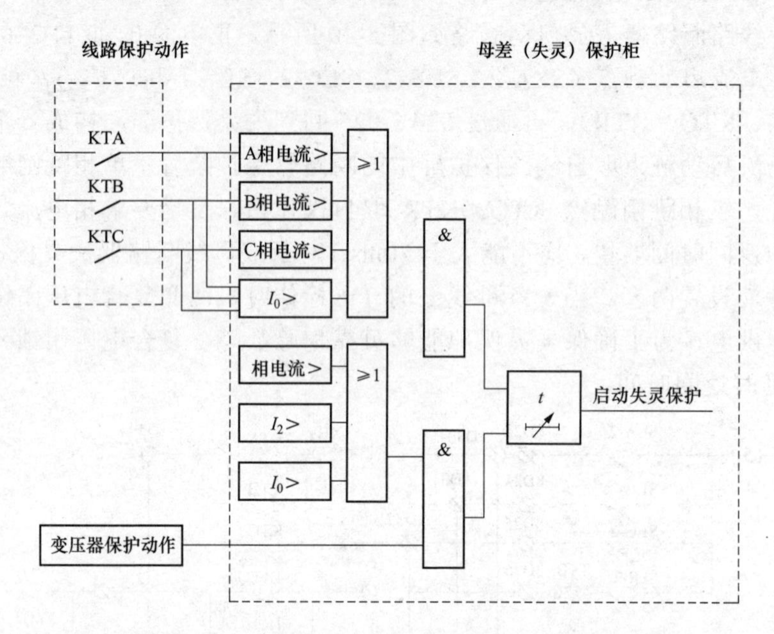

图 5-21　220kV“六统一”线路失灵启动回路方案

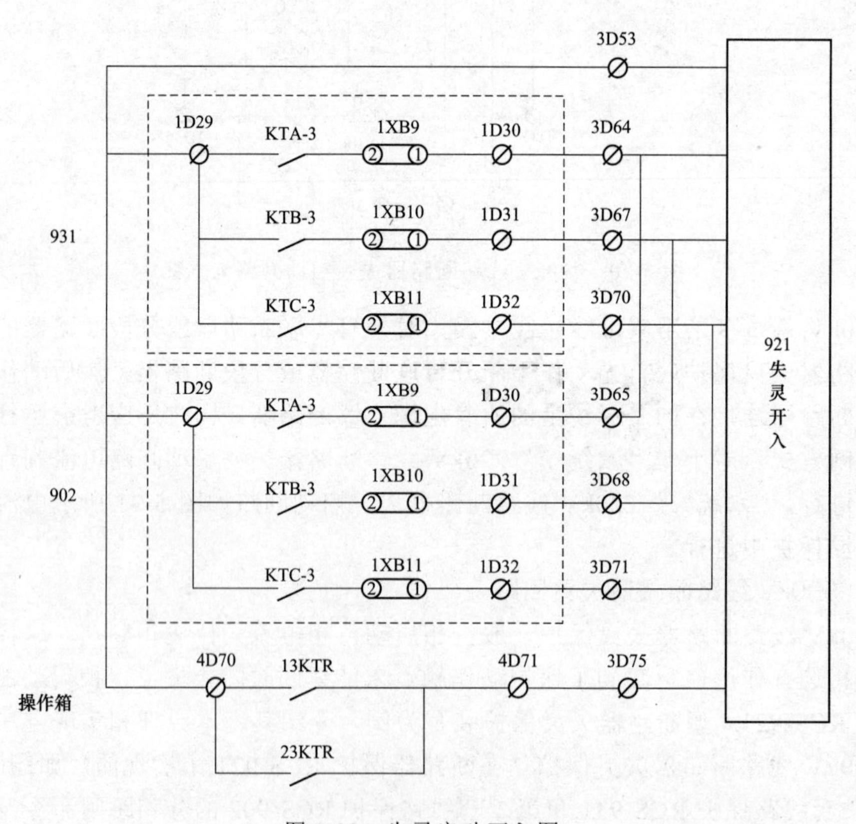

图 5-22　失灵启动开入图

以常规 500kV 变电站第三串设备为例分析失灵及跳闸回路，一次接线如图 5-23 所示。

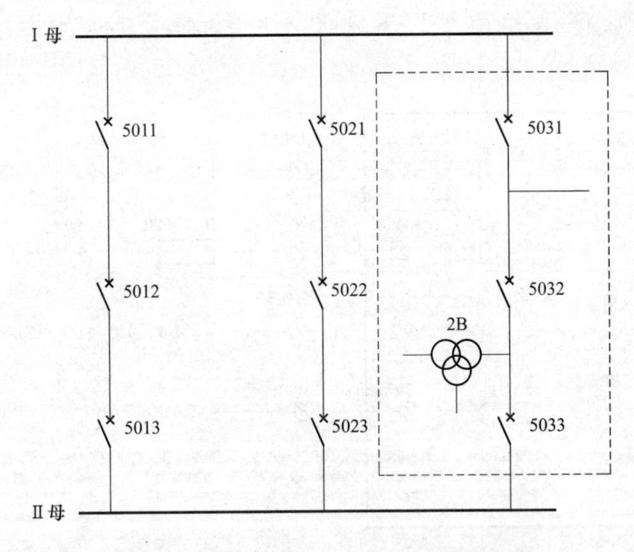

图 5-23　某 500kV 变电站一次接线图

对 5031 边断路器（如图 5-24 所示）来说，2 个 KSL（失灵继电器）触点跳相邻中断路器；2 个 KSL 触点启动母差失灵；另有 4 个 KSL 触点开入至 FOX-41 载波机Ⅰ和Ⅱ启动远跳。

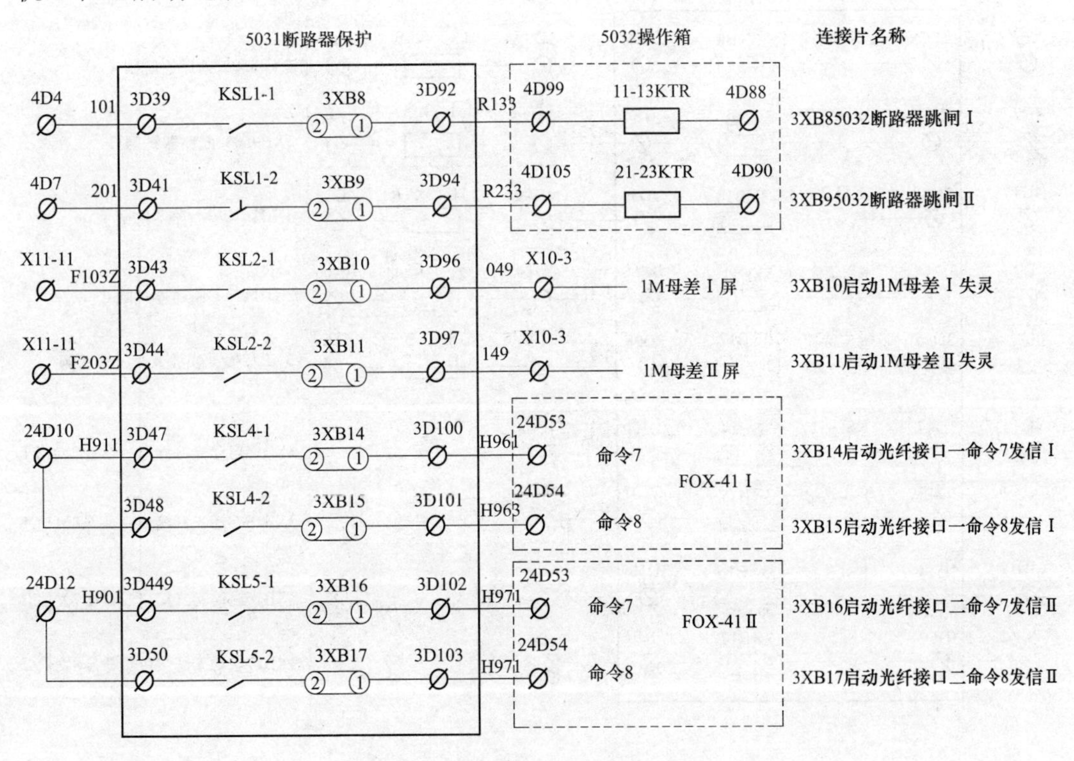

图 5-24　5031 边断路器失灵出口

对 5033 边断路器（如图 5-25 所示）来说，2 个 KSL 触点跳相邻中断路器；2 个 KSL 触点启动母差失灵；另有一个 KSL 触点开入至变压器保护 C 屏，借助 RCS-974 的压力释放跳闸继电器 KT8 联跳变压器三侧。

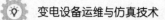

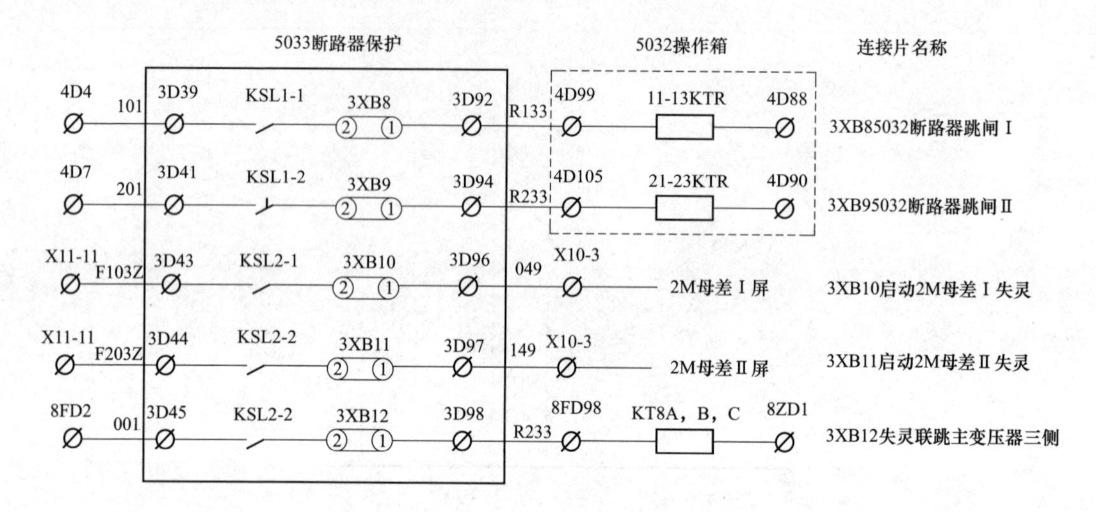

图 5-25　5033 边断路器失灵出口

对 5032 中断路器（如图 5-26 所示）来说，2 个 SLJ 触点跳相邻 5031 边断路器；

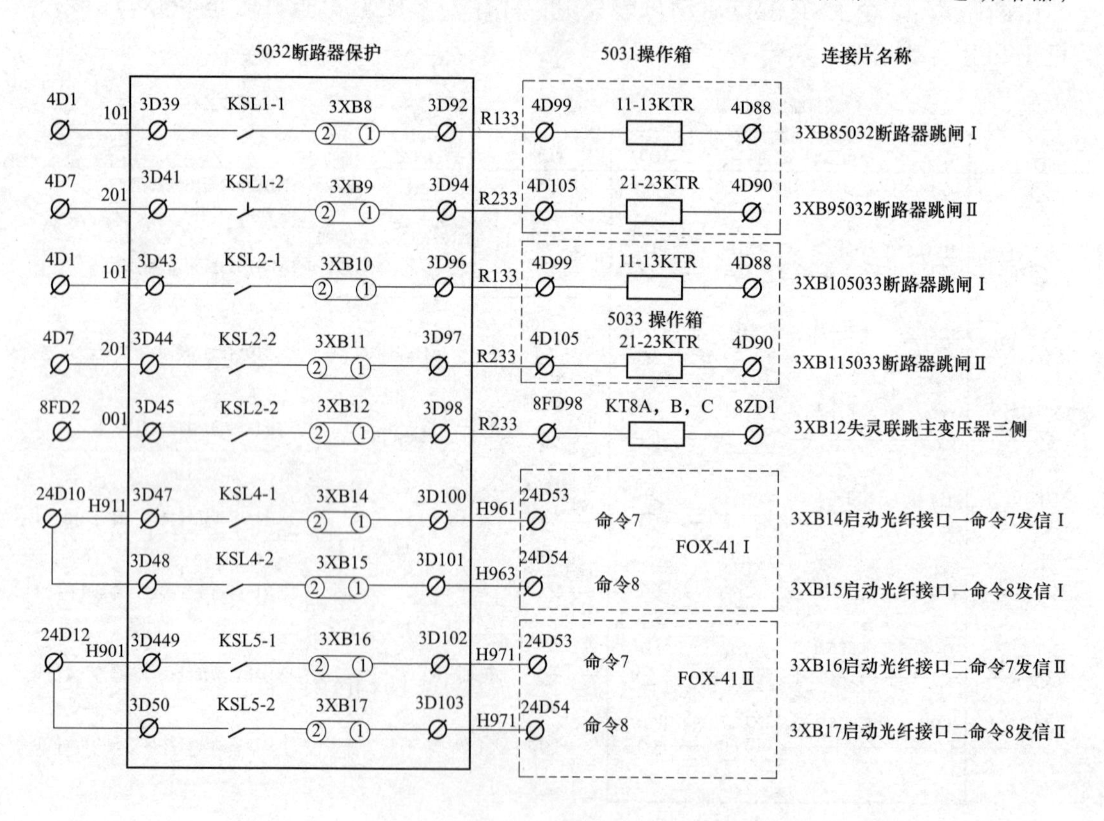

图 5-26　5032 中断路器失灵出口

2个KSL触点跳相邻5033边断路器；1个KSL触点与5033的KSL触点并联开入至变压器保护C屏，实现联跳变压器三侧；另有4个KSL触点开入至FOX-41Ⅰ和Ⅱ启动远跳。

3. 变压器断路器失灵回路

（1）变压器启动失灵和解除复压逻辑。变压器启动失灵和解除复压如图5-27所示，目前，微机变压器保护一般采用“相电流”或“零序、负序电流”动作，配合“断路器合闸位置”“保护动作”三个条件组成的“与门”逻辑启动断路器失灵保护。

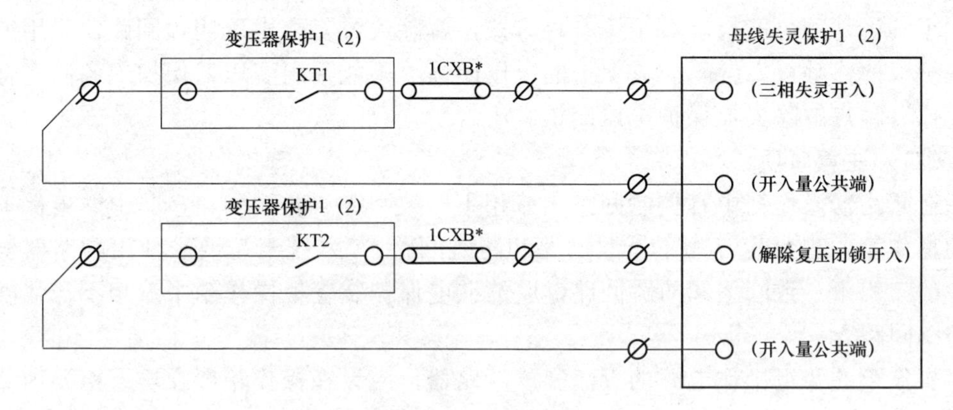

图5-27 变压器启动失灵和解除复压逻辑

对于非“六统一”220kV变压器断路器失灵，启动回路电流判别在变压器保护中实现。“六统一”220kV变压器断路器失灵启动回路如图5-28所示，电流判别在母差失灵保护中进行。

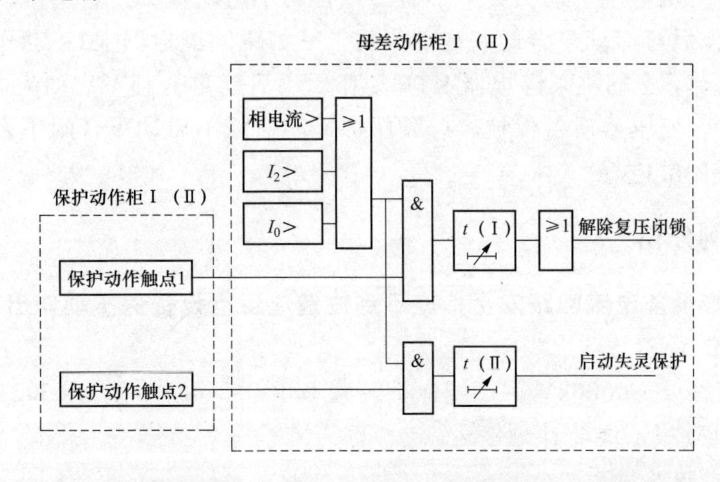

图5-28 变压器“六统一”启动失灵和解除复压逻辑新方案

（2）变压器断路器失灵解除复压方案。复合电压闭锁明显提高了失灵保护的安全性，但也为变压器高压侧断路器失灵保护带来了麻烦，当变压器中、低压侧故障时，变压器高压侧母线电压下降较小，复合电压闭锁的灵敏度可能不够，由此可能造成失灵保护误闭锁。国家电网公司《十八项电网重大反事故措施》中明确指出：220kV及以上电压等级变压器、发电机保护，在保护跳闸接点和电流判别元件同时动作时去解除复合电压闭锁，故障电流切断、保护收回跳闸命令后应重新闭锁断路器失灵保护。

解除的方式有两种，一是利用故障电流及保护动作解除，其定值与失灵启动的电流判别定值一致，灵敏度也能满足要求，因为只要保护动作并且失灵启动，复压闭锁就能解除；二是利用变压器三侧的复合电压或门解除失灵闭锁，即变压器任意一侧电压降低，就可启动，克服了电压降低较小的一侧灵敏度不够的问题，但是却增加了其误动的可能性。对于第二种方式，解除失灵复合电压闭锁回路，采用变压器保护“动作触点”解除失灵保护的电压闭锁，不能采用变压器保护“各侧复合电压动作”触点解除失灵保护电压闭锁。

（四）注意事项

在断路器操作箱中有控制回路、三相不一致回路、防跳回路，其中继电保护装置的操作箱中也包含三相不一致回路和防跳回路，“六统一”要求使用断路器操作箱中的三相不一致回路和防跳回路，取消继电保护装置柜操作箱中三相不一致回路和防跳回路。

操作箱的两组操作电源的直流空气断路器，应设在操作箱所在屏（柜）内，不设置两组操作电源的切换回路，操作箱应设有断路器合闸位置、跳闸位置和电源指示灯。操作箱的防跳功能应方便取消，跳闸位置监视与合闸回路的连接应便于断开，端子按跳闸位置监视与合闸回路依次排列。

操作箱应具备保护分相跳闸、保护三相跳闸回路，其跳闸接入有启动重合闸启动失灵、不启动重合闸启动失灵、不启动重合闸不启动失灵三种情况，三相跳闸继电器KTQ动作后可启动重合闸和启动失灵，三相跳闸继电器KTR动作后不启动重合闸可启动失灵，三相跳闸继电器KTF动作后不启动重合闸不启动失灵。对于如三相不一致保护、变压器后备保护、母联保护等动作后不启动重合闸不启动失灵可接入TJF三相跳闸继电器。

四、案例分析

（一）检修设备电流回路安全措施不到位造成运行设备保护动作出口

1. 情况介绍

某500kV变电站500kV甲乙线保护装置B套出口动作，跳开5021、5022断路器，导致500kV甲乙线非计划停运。

2. 原因查找及分析

通过调查分析，当时站内有检修人员进行500kV线路行波测距装置调试工作。工作许可后，工作人员在布置安全措施时，先用电流回路短接线将行波测距屏端子排上500kV甲乙线线路电流回路从端子排外侧短接，然后断开A462、B462、C462端子连片，但忘记将中性线N462电流回路断开（如图5-29所示），导致测试仪电流输出公共端“IN”端与 5021、5022 断路器和电流回路接地点连通，使甲乙线 B 套保护装置的电流回路出现两点接地。由于电流互感器接地点在设备区端子箱内，距主控室距离较远，两点间存在电位差，造成零回路电流增大，再叠加线路运行时的不平衡电流，最终使保护装置感受到的 $3I_0$ 值（0.56A）超过零序电流Ⅵ段定值（0.25A），从而零序电流Ⅵ保护段动作跳闸，跳开 5021、5022 断路器。

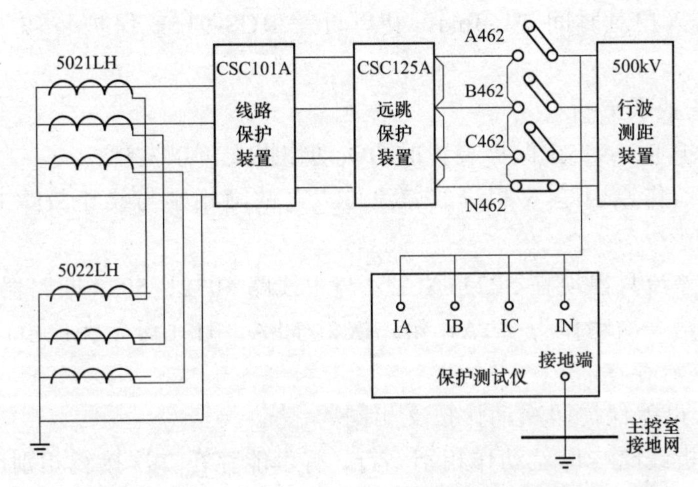

图 5-29　相关电流互感器二次回路及实验接线

3. 问题处理

将中性线零序电流回路可靠断开，防止电流回路两点接地。

4. 结论及建议

（1）在运行的电流二次回路工作中，应将试验回路与运行的电流互感器二次回路完全断开，中性线零序电流回路也应彻底断开。对短接电流互感器时可能造成保护误动的，有必要时应临时退出相关保护，再进行工作。

（2）可用钳形电流表对运行中的电流回路进行检查，如果发现中性线电流回路与电流接地黄绿线电流有较大数值差别，应引起足够重视，可能有两点接地的现象。

（3）可用对电流互感器二次回路两点接地的危害应有足够的认识，特别是在执行安全措施时，应防止电流回路两点接地。

（二）电流回路问题引起母差失灵保护误动作

1. 情况介绍

500kV 本侧某变电站本侧 3/2 断路器接线如图 5-30 所示，第一串备用；第二串 5023、5022 断路器带 1 号主变压器运行；第三串 5031、5032、5033 断路器带 2 号主变压器、乙线运行；第四串 5041、5042 断路器带甲线运行；第五串

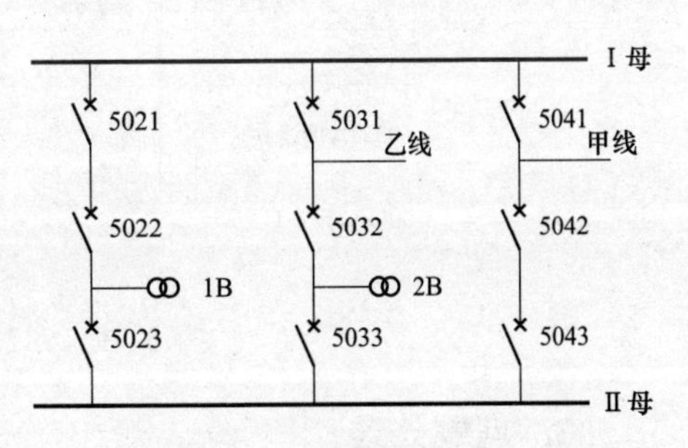

图 5-30　本侧 500kV 一次接线

备用，动作前500kV甲线路为对侧500kV站仅有的电源进线。

××月××日20:00:02.583，500kV本侧某变电站500kV甲线路保护RCS931BM、CSC102A装置C相差动保护出口；相对时间50ms后，Ⅱ母母差RCS-915E保护装置A相差动出口；相对时间1390ms，5032断路器保护CSC121A装置自动重合闸出口；相对时间1421ms，甲线路保护RCS931BM、CSC102A装置三相差动保护出口；相对时间1453ms，Ⅱ母母差RCS-915E保护装置A相母差二次出口。

2. 原因查找及分析

由母差保护RCS915E保护装置的两次动作报文可以发现：

（1）母差动作原因是A相母线差流过大，故障相别与线路故障C相接地故障不符。

（2）母差差流只出现在5023TA上，与甲线路5032、5033断路器无关。

（3）母差第一次动作为2.1A，第二次为1.8A，且在母差保护出口后A相依然有约0.4A的差流存在。

（4）915E母差保护两次动作报文相同。

由报文分析线路与母差动作相别不符，有可能存在二次接线相别出错；5023TA母差电流回路A相出现了较大差流，可能存在寄生回路或是两点接地情况。

对此，检修人员立即对TA接线盒→TA端子箱→保护屏的电流回路，进行了单相对芯查找。重点查找5023 TA的母差电流A相回路，发现二次接线正确，且无寄生回路，进一步对5023TA的电流回路进行绝缘检查。通过检查发现，5023TA母差电流回路A相对地导通。经查发现在5023TA相接线盒内，TA末屏接线端子与母差回路线圈的中抽头搭接，以至A相电流出现两点接地。图5-31为5023TA二次回路故障示意图，当线路C相接地故障时，接地电流通过500kV变压器中性点，直接接地点流出站用接地网，在5023TA A相母差回路形成故障虚拟电动势，在二次电流回路形成分流，以至于A相差流过大母差保护动作。

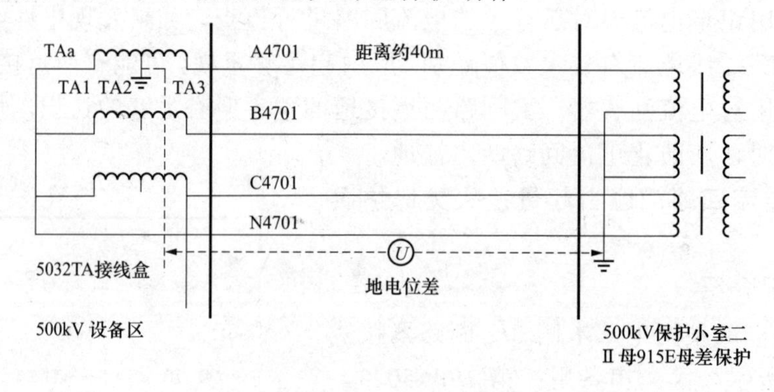

图5-31　5023TA二次回路故障示意图

3. 问题处理

根据反事故措施规定电流互感器的二次回路必须分别且只能有一点接地。查找并排除出两点接地点。

（1）中性线上的两点接地。在电流回路中，三相电流的中性线上的两点接地，在系统的正常运行时不会造成三相电流的变化，二次回路能够正常运行。但是，当地网出现大电流时，在电流回路形成分流，电流互感器三相电流都会变大，以至保护误动作。

（2）单相线芯上的两点接地。电流回路中，除去中性线上正常接地点外，在单相电流回路的线芯或绕组上出现第二个接地点。在这种情况下，严重影响二次系统的正常运行，将会增大或减小接地相的正常运行电流。若正常运行电流较大，将会形成差流有可能导致保护装置误动。若此时有大电流侵入地网，将会在故障相出线较大的差流，以至保护误动，计量不准确，甚至损坏保护装置。

4. 结论及建议

设计人员没有按照《电力系统继电保护及安全自动化装置反事故措施》要点设计，以致出现了电流回路两点接地现象。

对于部分电流互感器，厂家在出厂时都已经将电流互感器各线圈尾端连接至互感器外壳直接接地。设计时在保护屏上再次接地。

（1）二次电流回路是通过二次电缆连接的。在二次电缆敷设的过程中，被划、砸、拉伤，可能使得二次电缆的线芯接地，不规范的误接地现象也时有发生。

（2）二次电缆多敷设于室外，在长期的严寒、酷热环境下，二次电缆的老化程度比较严重。特别是二次电缆芯线与屏蔽层交接处及电流互感器接线盒上的末屏接地线跨接过程中有接触，绝缘老化后，电流互感器二次回路直接短路接地。

建议：

（1）设计、施工人员应学习反措以及相应的规程；在设计和施工过程中应严格按照设备及现场情况设计和施工；如发现有图实不符，必须立即提出，并修改处理。

（2）新投设备在验收过程中认真检查回路各端子、连接片、接线柱，消除误接地现象。严格执行电流回路的绝缘验收，认真检查芯-地、芯-芯之间的绝缘情况。

（3）为消除隐藏的两点接地，在电流互感器一次侧A相通入交流电流，电流二次回路用钳形电流表监测A相及N线，如A相与N线电流相等，则电流回路一点接地，同时也检验了接线的正确性。

（4）运行巡视过程中对已投运设备，巡视过程中，应当注意电流回路各相电流大小和相位是否平衡（应特别注意串联有多个装置的电流回路），若有不平衡现象应该作好记录并上报。

（三）电压切换回路异常造成保护失压

1. 情况介绍

某220kV变电站220kV侧采用双母线接线方式，220kV线甲乙612线挂在Ⅰ母运行，220kVⅠ母因检修需停运，停运前将220kV线甲乙线倒闸至Ⅱ母运行。现场运行人员先合上6122隔离开关，然后拉开6121隔离开关，当断开母联600断路器时，报全站220kV保护失压。

2. 原因查找及分析

220kV 系统中Ⅰ母、Ⅱ母的母线电压经过电压切换回路的选择切换以后才能进入保护装置如图 5-32 所示，切换触点为切换继电器的触点，切换继电器由线路间隔相应的母线隔离开关辅助触点控制。电压切换回路确保二次保护装置所采样的母线电压与一次系统保持一致。在 220kV 线路倒闸操作过程中，当合上 6122 隔离开关，尚未拉开 6121 隔离开关时，隔离开关的辅助触点（2G1、2G2）动作，使得 2KQ1、1KQ1 励磁，双母线二次电压并列运行。随后拉开 6121 隔离开关，由于 6121 隔离开关辅助触点 1G1、1G2 接触不良没有正确动作，导致 1KQ1 未能复归。造成一次设备挂Ⅱ母运行，而二次电压仍然并列运行。但“切换继电器同时动作”的光字牌信号（如图 5-33 所示）并未点亮。

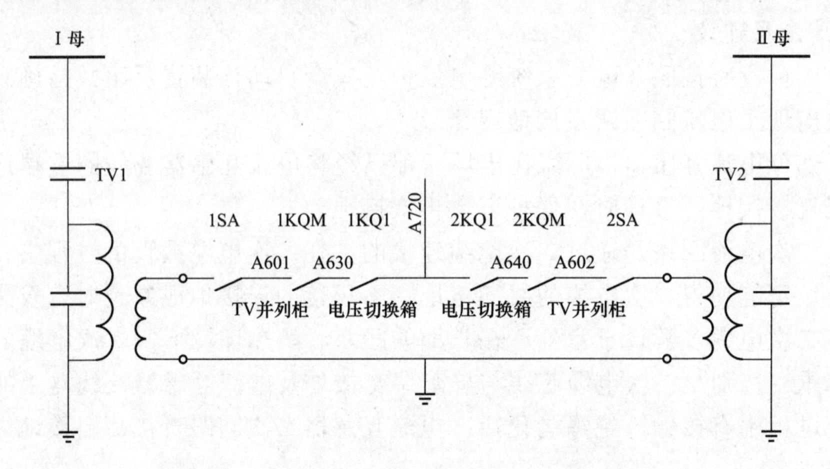

图 5-32　电压互感器 A 相反充电二次回路

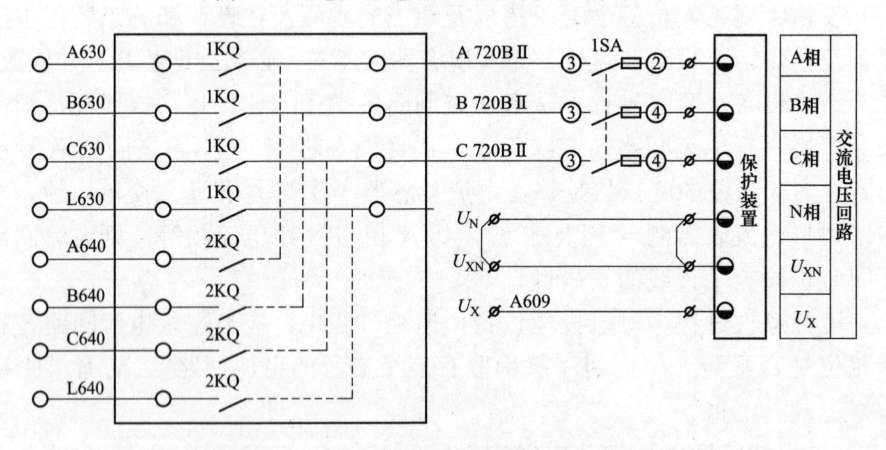

图 5-33　电压切换继电器同时动作信号图

运维人员根据后台光字牌信号指示，认为倒闸操作已经完成。此时拉开母联 600 断路器，Ⅰ母线停电退出运行，而二次电压回路仍然连通，如图 5-32 所示，1KQ1、1KQM、2KQ1、2KQM 触点均闭合，致使Ⅱ母通过电压回路对Ⅰ母反充电，如图 5-34 所示由于电压互感器的二次侧阻抗非常小，充电电流过大，从而烧毁了电压切换回路，导致保护失压。

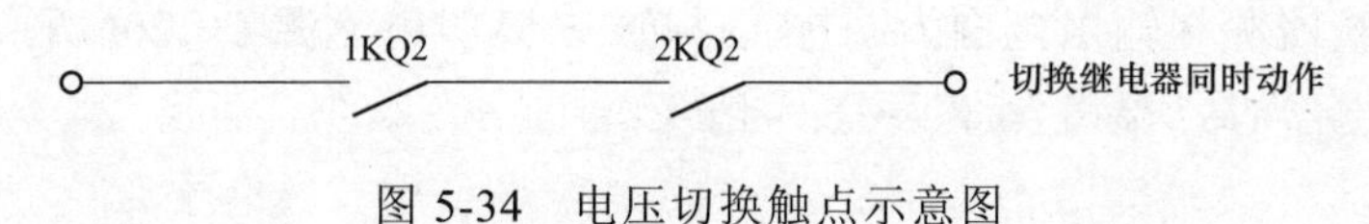

图 5-34 电压切换触点示意图

3. 问题处理

隔离开关的辅助触点由于运行环境差、可靠性差，随着运行时间的加长、操作次数的增多，可能会造成某些触点转换不到位或者接触不良等情况，检查隔离开关机构，确保辅助触点转换到位。检查确认信号回路正常。

4. 结论及建议

（1）选用性能良好的隔离开关转换辅助机构，保证辅助触点正常闭合，在安装时，可考虑两组及以上切换触点并联，提高可靠性。

（2）确认两组母线电压的切换继电器 1KQ、2KQ 同时动作时，应发出“切换继电器同时动作”信号，1KQ、2KQ 处于失磁状态，应发出“交流电压回路断线”信号及时提醒运维人员进行处理。

（3）运维人员投入检修后电压互感器二次回路空气断路器时，应测量空气断路器下桩头，确认下桩头不带电后，方可投入电压互感器二次回路空气断路器，否则有可能造成电压互感器二次回路反充电。

第四节 设备异常典型案例分析

一、一次设备异常典型案例分析

（一）主变压器油温异常案例分析

1. 基本情况

某公司监控中心人员在 SCADA 中发现××变电站 2 号主变压器油温突然下降到－13.7℃并保持静止状态，数据无任何波动、刷新情况，如图 5-35 所示。变电二次运检班人员到现场对该故障情况进行检查，发现有如下情况：

（1）现场主变压器油温表显示正常，指针指示在 45℃。

（2）主变压器测控屏内，解开 TV100 电阻接线，测量电阻为 117.45Ω，参考 PT100 电阻对照表为 45℃，与高压场油温表读数一致。

（3）重新接好 TV 100 电阻线，测量温度变送器输出电压（量程为 0～150℃，0～5V）为 1.5V，对应温度为 45℃，同样与现场油温表读数一致；初步判定为高压侧测控装置 CPU 插件采集出现问题。

2. 原因分析

110kV××变电站 2 号主变压器高压侧测控装置型号为 FCK-801，出厂日期为 2007 年 08 月 08 日，投运日期为 2008 年 08 月 19 日。其 CPU 插件集成 6 路脉冲电度、3 路直流输入、1 路 GPS 对时脉冲输入、RS-232/RS-485 方式的同步时钟秒对时一路。其中直流测量输入范围为：电压源 0～+5V，电流源 4～20mA，精度：±0.5%（外接温度变送器时，温度测量误差：±2℃）。

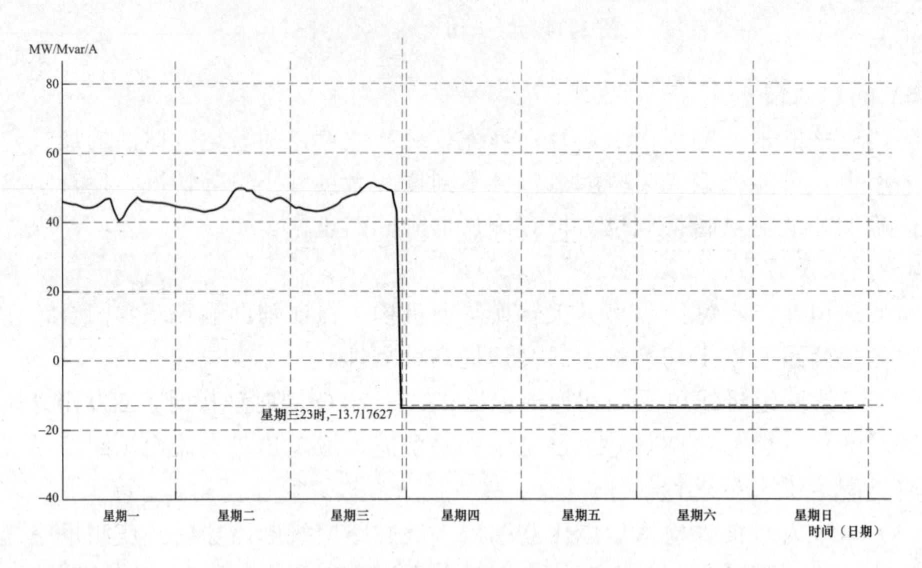

图 5-35　2 号主变压器油温发生骤降

在前面的检查中发现，进入 2 号主变压器高压侧测控 CPU 插件的电压为 1.5V，与现场油温表保持一致，已初步判定为高压侧测控装置 CPU 插件故障。读取高压侧测控 CPU 插件的实时直流参数，变送器 1 采集到的输出电压仅为−0.49V，按照量程折算成温度为−13.729℃，正是 SCADA 中表现出来的故障现象，确定为 CPU 插件故障，造成直流量采集错误，从而影响后台及主站的温度数据监控。

3. 问题处理

插件备件到货后，检修人员立即安排进行了更换。CPU 插件更换完毕并将测控装置上电后，再次读取高压侧测控 CPU 插件的实时直流参数，如图 5-36 所示。变送器 1 采集到的输出电压为 1.551V，与温度变送器输出保持一致；按照量程折算成温度为 43.434℃，与现场油温保持一致，SCADA 数据库中的温度采集也恢复正常。

4. 结论

此次故障更换 FCK-801 测控装置 CPU 插件一块，发现及处理较为及时。虽然该缺陷不影响站内设备正常运行，但时值迎峰度夏时期，不利于监控及运维部门及时掌握主变压器温度和主变压器负荷情况，从而不利于提前安排对主变压器在高负荷下的降温措施，具有一定的不良影响。因此应该从以下几个方面加强提高关注力度，防止此类故障重复发生：

（1）加强对同型号老旧的、故障率高的测控及自动化装置的专业化巡视，保持足够的专业敏感性，对遥测数据不正常、不刷新情况予以重视，对告警信号给予特别关注，发现问题立即汇报、分析、处理，保证电网安全。

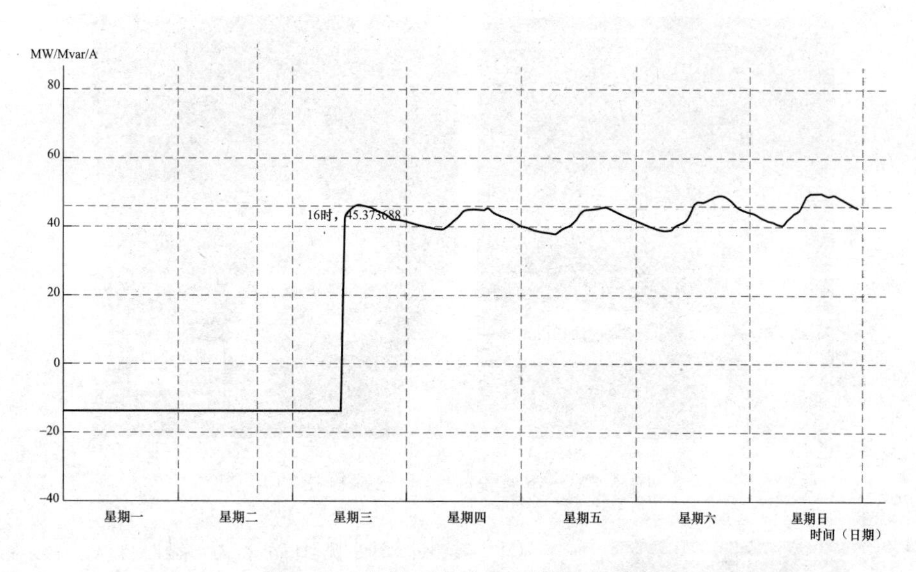

图 5-36 主站 2 号主变压器油温曲线

（2）完善备品备件的管理工作，针对年久超期且故障率较高的产品，包括面板、电源插件、开入开出插件、CPU 插件等，及时备货，一旦发生故障及时进行更换，缩短故障持续时间，避免故障恶化，保证设备及电网的安全稳定运行。

（二）断路器不能合闸异常案例分析

1. 基本情况

某公司变电检修室对 220kV 某变电站 110kV 某线 504 间隔进行 C 类检修，在对断路器进行验收合闸操作时，发现断路器无法合闸，现场分析判断为断路器分闸脱扣器失效引起，通过将螺栓紧固后恢复正常。

该断路器为河南平高电气股份有限公司 LW35-126W 型产品，配弹簧操动机构，型号为 CT27-1 型，2009 年 8 月出厂，2009 年 12 月投运。

2. 原因分析

对断路器进行验收合闸操作时，发现断路器电动储能正常但无法合闸，之后对断路器连杆、机械部位、合闸电磁铁进行逐个排查，均没有发现异常，动作结果依然无法合闸，进一步检查发现，分闸脱扣器下方螺栓松动严重，如图 5-37 所示。

当断路器进行合闸操作时，由于分闸脱扣器下方螺栓松动，造成分闸脱扣器无法将主拐臂上的分闸止位销锁住，从而使断路器无法保持在合闸位置。后将分闸脱扣器下方松动螺栓进行紧固，分闸脱扣器成功将主拐臂上的分闸止位销锁住，断路器本体保持在合闸位置，如图 5-38 所示。

因此判断造成该断路器不能合闸的主要原因为：

（1）断路器分闸、合闸次数过多，造成内部元件松动。

（2）关键部位的螺栓没有防松动措施。

3. 问题处理

针对该断路器合闸不到位的问题，为保证断路器可靠运行，采取了以下处理措施：

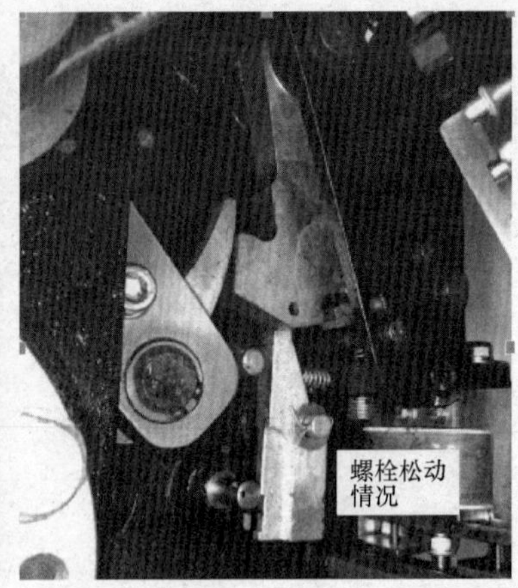

图 5-37　分闸脱扣器下方螺栓松动

图 5-38　恢复后的分闸脱扣器状态

（1）紧固分闸脱扣器下方螺栓。

（2）对关键部位的螺栓涂抹厌氧胶水，防止螺栓再次松动。

4. 结论

（1）断路器的日常维护方面。正常运行的断路器和操动机构的轴销处应定期检查并润滑，以防受潮、锈蚀；操作 2000 次后需对弹簧机构各部位间隙检查、测量或紧固螺栓及更换轴用挡圈。

（2）检修试验方面。结合停电检修对断路器进行多次分闸、合闸，检查断路器机械部件是否有卡涩，对转动、传动部件注润滑脂，检查分闸、合闸弹簧是否疲劳；断路器机械特性试验建议同步进行分、合闸速度测试。

（三）避雷器运行泄漏电流异常案例分析

1. 基本情况

35kV××变电站 4×14 避雷器型号为 HY5W-51/134，2006 年 12 月投入运行。2016 年 9 月 24 日运维人员进行巡视时发现 B 相泄漏电流明显增大（为 0.8mA），A、C 相为 0.25mA，上次巡视数据三相均为 0.25mA。随后检修人员开展带电检测，泄漏电流测试结果和表计相符，红外精准测温发现 B 相避雷器存在异常。随后申请停电进行诊断检测，试验数据不合格，更换 B 相避雷器。在解体过程中发现了避雷器内部存在不同材料热膨胀系数不同造成放电和阀片受潮劣化现象。

2. 原因分析

（1）红外测温。从图 5-39 可以明显看出，B 相避雷器本体中部和下部有明显两处热点，下部热点 1 温度为 35.2℃，中部热点 2 温度为 33.2℃，较正常部位 28.9℃最大相对温差为：6.3℃，根据 DL/T 664—2016《带电设备红外诊断应用规范测量

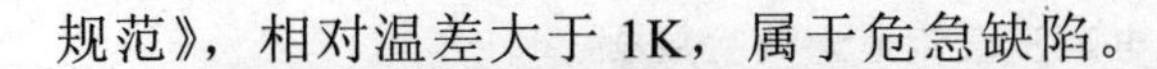
规范》，相对温差大于1K，属于危急缺陷。

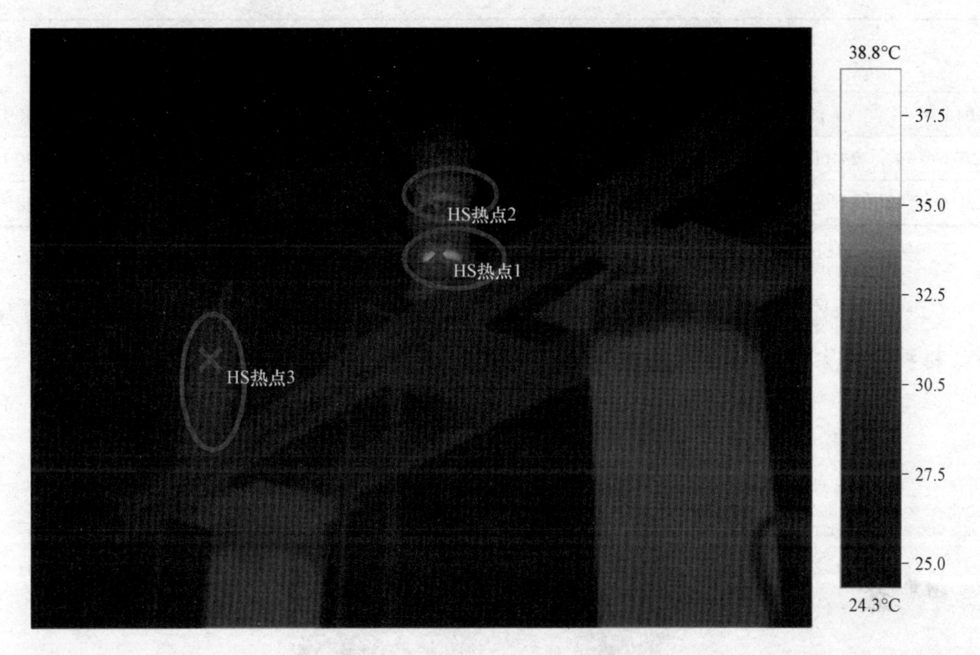

图 5-39　B 相避雷器红外图谱

（2）全电流、阻性电流测试。测试数据见表 5-2。

表 5-2　　全电流、阻性电流数据

测试日期	相别	电压（kV）	全电流 I_x（mA）	阻性电流 I_{rp}（mA）	测试部门
2016 年 9 月 24 日	A		0.25	—	运行人员巡视表计数据
	B		0.8	—	
	C		0.25	—	
2016 年 9 月 24 日	A	20.9	0.257	0.042	检修人员现场测量
	B	20.9	0.804	0.134	
	C	20.9	0.257	0.042	

虽然 B 相避雷器泄漏电流全电流小于 1mA，但是为正常相（A、C 相）3.13 倍，明显增大，阻性电流为正常相 3.19 倍。根据 Q/GDW 1168—2013《输变电设备状态检修试验规程》，当阻性电流增加 1 倍时应停电检查。

（3）停电试验。停电后对该避雷器进行了绝缘电阻、直流 1mA 电压 U_{1mA}、直流泄漏试验，测量数据见表 5-3。

B 相现场测试数据与初值数据对比，发现避雷器的绝缘电阻与初值相比无明显变化，直流泄漏试验 U_{1mA} 初值差达到了－40.1%，$0.75U_{1mA}$ 泄漏电流是初值的 49.6 倍，根据 Q/GDW 1168—2013《输变电设备状态检修试验规程》诊断为避雷器已经损坏，内部阀片受潮或老化。

表 5-3　　4X14 避雷器绝缘电阻及直流泄漏试验数据

测试日期	温度（℃）	湿度	相别	U_{1mA}（kV）	75% U_{1mA} 泄漏电流（μA）	主绝缘电阻（MΩ）
2014 年 11 月 14 日	16	60%	B	75.3	11	100000
2016 年 9 月 24 日	28	54%	B	45.1	546	100000
2016 年 9 月 24 日	28	54%	A	77.2	8.5	100000

注　U_{1mA} 为直流 1mA 电压。

（4）解体检查。避雷器解体检查，解剖过程中，发现该避雷器内部结构较为复杂，材料层次较多，且环氧树脂浇注密封层不均匀，如图 5-40 所示。

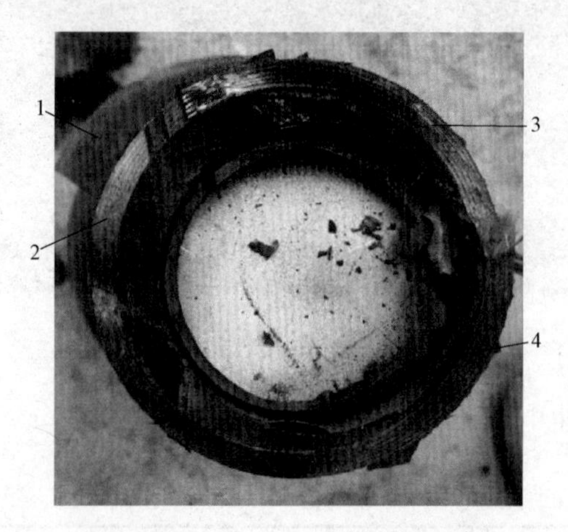

图 5-40　避雷器内部层次结构图

1—复合绝缘外套；2—树脂绝缘护筒；3—环氧树脂浇注密封层；4—热缩套

在底部最下面一片阀片处发现放电点一处，热缩套以及环氧树脂浇注层已被烧穿，树脂绝缘护筒有烧伤痕迹。此放电点处于最下层阀片与浇筑金属结合部，如图 5-41 所示。从图 5-40 可以发现此避雷器内部层次复杂，不同材料间存在热膨胀系数不匹配的隐患，从放电痕迹分析，发现放电烧痕从内而外，怀疑为材料间不同热膨胀系数引起材料间产生气隙，从而产生局部放电，长期局部放电累积所致。

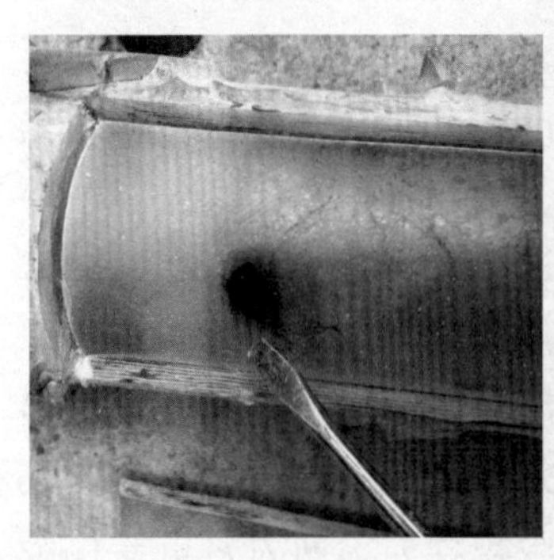

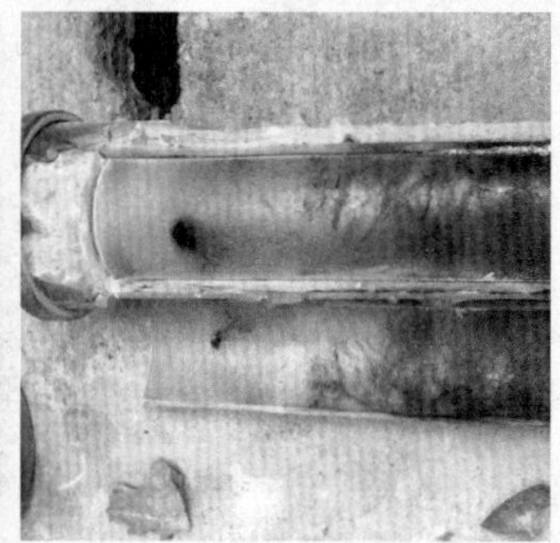

图 5-41　避雷器底部放电情况图

为发现整体直流泄漏试验不合格以及红外发热原因，对阀片进行了检查试验，检查发现阀片外观良好，无明显受潮或破损情况，如图 5-42 所示。

图 5-42 解体后阀片

将阀片解体后进行表面处理后单独叠放起来进行直流泄漏试验，试验结果见表 5-4。

表 5-4 阀片叠放后直流泄漏试验结果

测试日期	温度（℃）	湿度	相别	直流 1mA 电压 U_{1mA}（kV）	75% U_{1mA} 泄漏电流（μA）	主绝缘电阻（MΩ）
2016 年 9 月 25 日	29	45%	B	47.1	485	100000

从数据可以看出，避雷器整体直流泄漏试验是阀片整体老化或部分阀片性能失效所致，将阀片从上往下编号 1～13 号，单个阀片进行直流 2500V 下绝缘电阻测试，数据见表 5-5。

表 5-5 单个阀片绝缘电阻数据

编号	1	2	3	4	5	6	7
绝缘电阻（MΩ）	3.5	3.7	2.9	4.2	49.6	75.2	56.7
编号	8	9	10	11	12	13	—
绝缘电阻（MΩ）	2.9	4.2	3.1	2300	2400	2.3	—

从单个阀片数据可发现编号 11、12 阀片性能完好，编号 5、6、7 阀片性能较好，其他阀片性能劣化严重，从原理上分析，避雷器电压分布基本呈阻性分布，性能好的阀片承受电压较大，性能差的承受电压小，编号 11、12 阀片发热量最大，编号 5、6、7 阀片发热量较大，对比图 5-38 避雷器红外图谱，热点 1 对应编号 11、12 阀片位置，热点 2 对应编号 5、6、7 阀片位置。

3. 问题处理

停电后对异常的 B 相避雷器进行了整体更换，更换后设备运行正常。

4. 结论

综上所述，该避雷器缺陷原因初步分析为不同材料热膨胀系数不匹配，在热胀冷缩情况下产生气隙，造成底部阀片处存在局部放电；放电将树脂浇注密封层以及热缩套烧穿，密封失效，在热胀冷缩作用下，致使空气更容易携带水分进入阀片处，造成阀片受潮或老化，导致电压分布异常引起温度分布异常。

（四）电流互感器二次端子开路导致整体发热异常案例分析

1. 基本情况

2016年8月迎峰度夏专业化巡视期间，试验人员对110kV××变电站进行红外精确测温时，发现35kV 412电流互感器C相红外热像图明显异常。该电流互感器热像图以本体为中心整体发热属电压致热型，正常相温差高达8.4K，属危急缺陷。发现保护室测控保护屏电流三相不平衡较为明显，其中C相电流接近为0，判断为电流二次回路出现开路。

该电流互感器型号为LZZBJ71-35，2014年09月出厂，2015年1月投运。

2. 原因分析

对412电流互感器进行红外精确测温，发现C相本体中下部靠右侧部位发热最为明显，热场分布很不均匀，进一步确定该电流互感器存在异常发热缺陷，红外测温图谱如图5-43所示。

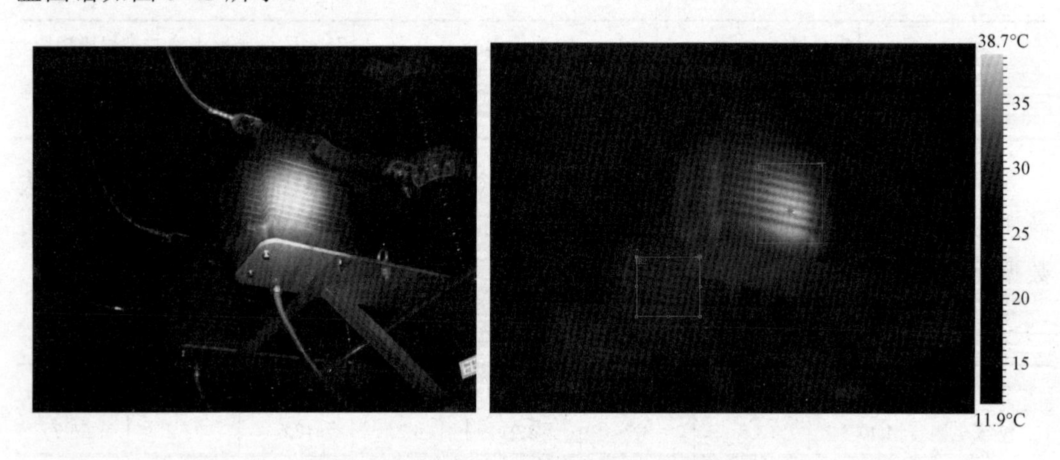

图5-43 412电流互感器红外测温图谱

表5-6为软件处理的图片标记温度，可以看出C相热点最高温度达到38.7℃，而正常相B相同一部位最高温度30.3℃，温差达8.4K，根据DL/T 664—2016《带电设备红外诊断应用规范》，浇注式电流互感器以本体为中心整体发热属电压致热型，温差大于4K，缺陷性质定性为危急缺陷。

表5-6 软件处理的图片标记

标记	辐射率	最小温度（℃）	平均温度（℃）	最大温度（℃）
R1	0.92	26.4	33.3	38.7
R2	0.92	26.8	28.5	30.3

分析图谱特征，电流互感器发热可能由几种原因引起：

（1）二次开路。正常运行时一次侧的电流所产生的磁通大部分被二次电流所产生的反向磁通抵消，使铁芯内的磁通保持在设计的正常范围内，若二次电流消失，使铁芯的磁通急剧增加，达到饱和，磁滞损耗剧增，导致铁芯发热。

（2）匝间短路。二次绕组匝间短路会出现短路电流，而且短路的匝数越多、短路电流就越大，损耗增加，导致铁芯发热。

（3）表面绝缘劣化或污秽。导致表面泄漏电流增大，引起发热。

每种原因有不同的故障现象：

（1）二次开路。测控保护装置对应的测量、计量、保护电流为0。

（2）匝间短路。导致电流互感器变比发生变化，因此测控保护装置对应的测量、计量、保护电流不为0，且三相电流值不平衡。

（3）表面绝缘劣化或污秽。测控保护装置对应的测量、计量、保护电流不为0，且三相电流值基本平衡，观察电流互感器表面污秽与劣化情况。

分析原因后，立即到保护室412测控保护装置查看二次电流值，412电流互感器二次侧测量电流 I_{am}=0.366A，I_{bm}=0.395A，I_{cm}=0.407A，三相基本平衡。而保护电流 I_{ap}=0.36A，I_{bp}=0.39A，I_{cp}=0.01A，C相保护绕组电流几乎为0。因此判断电流互感器发热原因为保护二次绕组回路存在开路或接触不良。

第二日，会同继电保护技术人员前往变电站查找故障点，验证发热原因。在412端子箱内部，发现电流互感器C相保护绕组端子排连接片紧固螺栓松动，连接片向上翘起，导致二次回路开路故障，如图5-44所示。

图5-44 端子排连接片紧固螺栓松动

3. 问题处理

松动螺栓经紧固后，复查测控保护装置中二次保护电流值，C相电流恢复到正常值，三相电流基本平衡。隔日，对412间隔电流互感器进行红外复测（日间进行），如图5-45所示。从图谱中可以看出，C相电流互感器发热情况消失，本体温度分布较为均匀，相间温度基本一致，发热故障消除。

图5-45　412间隔电流互感器红外复测

4. 结论

应从以下几个方面加强电流互感器的运维管理：

（1）加强设备安装、检修质量，严格验收标准，杜绝电流互感器二次回路接触不良或开路等情况的发生。对站内其他间隔端子箱进行排查，及时消除此类问题隐患。

（2）红外精确测温能够在设备不停电情况下，有效发现电流致热型、电压致热型及综合致热型等缺陷，诊断效果明显，应加强这方面工作开展。

（3）电流互感器本体发热属电压致热型，红外测温发现异常时，应及时分析原因，必要时退出运行并进行诊断性试验，防止出现设备事故。

二、二次设备异常典型案例分析

（一）110kV母差保护装置“位置异常”告警案例分析

1. 基本情况

1月19日，在A变电站维护时发现110kV母差保护装置“位置异常”告警灯亮，现场检查母联500断路器在合位，“分列软压板”在投入位置。

经询问调度：因方式安排，故A变电站母联500断路器在合位合。

2. 原因分析

因A变电站正常方式为母联500断路器在分位，因此投入110kV母差保护“分列软压板”，而调度通过断路器合解环操作由监控执行，并未通知运维人员，因此合上母联500断路器后，110kV母线并列运行，而“分列软压板”依然在投入位置，此时，母差保护装置“位置异常”指示灯亮。

母联死区故障示意如图5-46所示，在此异常方式影响母差死区保护动作：两段母线并列运行时，k点发生故障，对Ⅱ母差动保护来说为外部故障，Ⅱ母差动保护

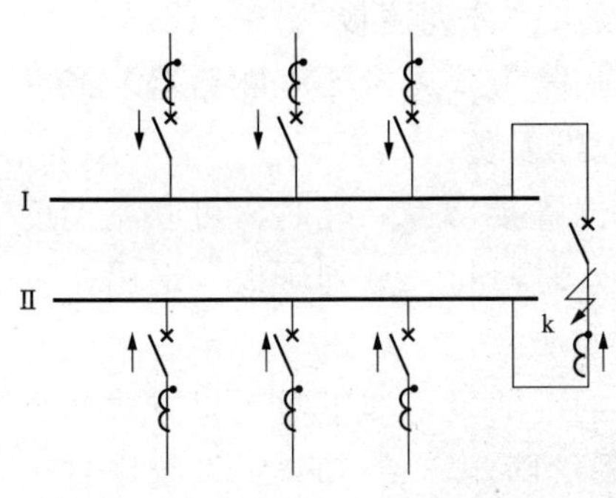

图 5-46 母联死区故障示意图

不动；对Ⅰ母差动保护为内部故障，Ⅰ母差动保护动作，跳开Ⅰ母上的连接元件及母联断路器。但此时故障仍不能切除，针对这种情况，装置采用Ⅰ母母差动作后经死区保护延时后检测母联断路器位置，若母联处于跳位，并且母联电流大于定值时，母联电流不再计算入差动保护，从而破坏Ⅱ母电流平衡，使Ⅱ母差动动作，最终切除故障。

若没有把母联的跳位触点引入保护装置，或者保护没有识别到母联断路器的位置，则母联死区故障时保护自动按母联失灵来处理。

在母联（分位）热备用情况下（母联隔离开关闭合、断路器断开、两段母线都有电压），运行方式识别认为母联是不运行的，发生死区故障时母联电流不计入小差，只跳故障母线。

母联跳位（KTP）为三相动合触点（母联断路器在跳闸位置时触点闭合）串联。图 5-47 是母联死区保护的逻辑框图。

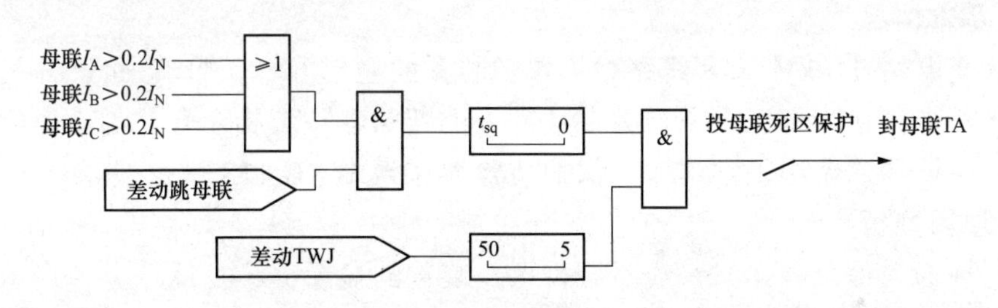

图 5-47 母联死区保护逻辑框图

母差保护装置判断母线运行方式有两种（见表 5-7），现有母差保护装置一般按“六统一”要求，设置“分列压板”和“母线互联压板”，但是最终以母联位置为准。

表 5-7 母差保护装置判断母线运行方式示例

母联位置	分列压板位置	运行方式		备注
		B 变电站	A 变电站	A 变电站
合位	投分列	分列运行	并列运行	报“位置异常”
合位	退分列	并列运行	并列运行	
分位	投分列	分列运行	分列运行	
分位	退分列	分列运行	分列运行	报“位置异常”

3. 问题处理

综上所述，B 变电站 110kV 母差保护“分列压板”退出，A 变电站“分列压板”可投入也可退出。针对 A 变电站方式调整频繁，采取了以下措施：

（1）“分列压板”按照正常运行方式下要求，投入“分列压板”。

（2）如果方式需求要长时间改变运行方式（非正常方式，合500断路器）或者恢复正常方式（正常方式，拉500断路器），告知运维人员。

（3）运维人员通过巡视，发现母差保护装置“位置异常”灯亮时，可联系调度进行核实，若长时间在非正常方式（合500断路器）时，将“分列压板”退出，复归“位置异常”告警。

（4）本次“位置异常”告警，经询问调控中心，近期采用非正常运行方式（合500断路器），且一条500kV线路正在进行操作，系统脆弱，待500kV系统恢复正常方式后再退出“分列压板”操作，因此，待检修人员“500kV系统恢复正常方式”的答复后，安排退出该压板。

4. 结论

（1）母差保护装置判断母线运行方式存在不同方式。

（2）变电站现场“分列压板”的投退方式应结合系统运行方式的特点及母差保护装置判断母线运行方式来决定。

（二）线路保护装置开关插件故障异常案例分析

1. 基本情况

××变电站110kV ××线路微机保护装置的显示屏幕、直流24V开关电源插件上的各级电源指示灯以及出口控制插件上的断路器位置指示灯，都不停的闪动，××线路保护装置无法正常工作。保护装置型号为WXB-11S微机型。

2. 原因分析

（1）现场人员反映，××线路微机保护装置的显示屏幕各插件上的指示灯都不停的闪动。

（2）继电保护人员投入××断路器控制电源开关后，发现××线路保护装置液晶显示屏幕，24V开关电源插件上的24V、＋12V、－12V、5V指示灯，距离保护、零序保护、重合闸插件上投入“运行”指示灯，操作插件上断路器位置指示灯，都在频繁而有规律地闪动。断开24V开关电源后，将保护装置插件箱内其他插件全部拔出，只留下24V开关电源插件。合上电源插件开关，发现24V、＋12V、－12V电压等级指示灯都恢复正常，而5V电压指示灯却还在闪动，基本上判断24V开关电源插件中5V电源有故障。

（3）用备用间隔上同型号保护装置的24V开关电源插件更换到××线路保护装置，24V开关电源插件正常，再将××线路保护插件全部恢复，合上电源插件开关，××线路保护装置工作正常，液晶显示屏及各插件上的指示灯正常，不再闪动。因此确定××线路保护装置异常的原因为电源开关插件损坏。

3. 问题处理

更换24V开关电源插件后，××线路保护装置恢复正常。

4. 结论

继电保护装置异常时，应按照正确的方法和步骤进行查找。

（1）根据故障信号现状查找故障。现场的光字牌信号、微机事件记录、故障录波器的录波图形、装置的灯光显示信号、保护动作信号等是继电保护事故处理的重要依据，认真分析，根据有用的信息作出正确判断是解决问题的关键。

（2）根据一次线索查找故障。根据信号指示来判断是否一次设备发生了故障，是电气事故分析的基本思维方法。在无法分清是一次系统故障还是继电保护二次设备误动作时，一次、二次方面应同时开展检查、检测工作，以确定故障性质。

（三）公用测控装置误发信号异常案例分析

1. 基本情况

9月20日凌晨，运维人员接监控电话告××变电站突发大量异常信号，装置显示异常如图5-48所示。到现场检查后发现后台机确有大量异常信号上送，但检查信号所描述的相应装置却无异常。另1号主变压器综合测控屏中的1号站用变压器、1号主变压器公用测控装置屏幕已无内容显示，联系检修人员后，判断该装置插件已损坏，导致误发信号，并不影响保护装置正常运行。联系调控中心后，将该装置所发信号监控权移交至现场。

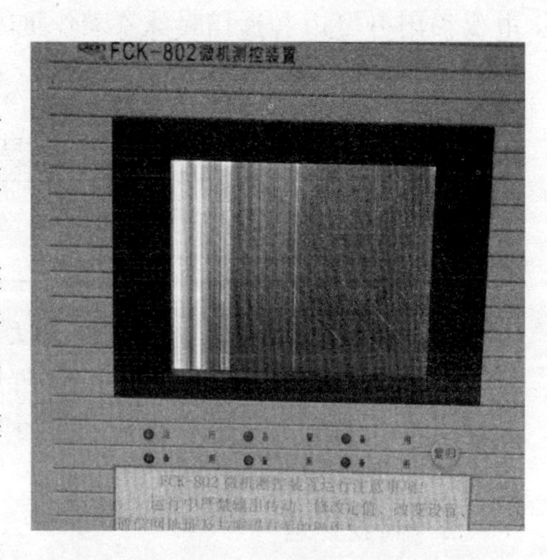

图 5-48　装置显示异常

2. 原因分析

原因为1号站用变压器、1号主变压器公用测控装置中的遥信开入、开出插件损坏，导致误发信号。

3. 问题处理

当日下午，检修人员联系厂家人员到现场进行了检查处理，判断为1号站用变压器、1号主变压器公用测控装置中的遥信开入、开出插件损坏，导致误发信号。更换插件后，信号恢复正常，将相应信号监控权移交回调控中心。

4. 结论

针对装置异常导致频发告警信号的异常情况，变电运维人员应引起重视，因频发信号会导致监控信号被刷屏，影响运维人员对异常信号的监视，应及时进行核实处理，判断造成频发信号的原因，检查所发信号是否为误发，是否有其他异常信号等。

（四）保护测控装置“5V电源越限”告警异常案例分析

1. 基本情况

某公司变电检修室二次人员在专业化巡视过程中，发现110kV××变电站（智能变电站）10kV××线344断路器间隔线路保护测控装置（常规变电站配置）重复发“5V电源越限告警”和“5V电源越限告警返回”信号。经进一步检查，10kV共有5个间隔有类似告警现象。经向厂家人员咨询，“5V电源越限告警”暂不影响装置正常运行，但是必须密切关注“5V电源自检告警”，如果低于4.75V，将闭锁保

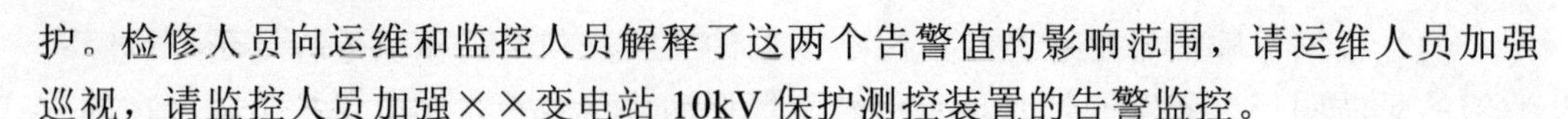

护。检修人员向运维和监控人员解释了这两个告警值的影响范围，请运维人员加强巡视，请监控人员加强××变电站 10kV 保护测控装置的告警监控。

2. 原因分析

（1）设备信息。保护装置为 WXH-821B/G3 型装置。

（2）5V 电源要求。保护装置电源插件工作原理为将 220V 的直流电源转换成 5V 直流电源，供给 CPU 芯片工作。根据装置说明书的要求，5V 电源告警上限为 5.15V，5V 电源告警下限为 4.9V，当装置电源电压大于电源电压告警上限或小于电源电压告警下限时，延时 10s 报电源电压越限告警。依据企业标准 Q/XJ 79.0019—2012《继电保护用开关电源通用技术条件》要求，对电源电压稳定度提出了相关要求，见表 5-8。

表 5-8　电压稳定度

额定值	+5V（+5.3V）、（+3.3V）	+5V（+12V）	−15V（−12V）	+24V
稳定度	−1%～+5%	≤±5%	≤±5%	−2.5%～10%

（3）插件检测。经返厂检测，用万用表测量插件 5V 电源输出值为 4.88～4.90V，低于保护装置“5V 电源”告警下限门槛 4.90V。通过进一步检查，发现引起 5V 电源输出降低的原因为电位器漂移，如图 5-49 所示，图中圈内为电位器，型号为 3296 系列。

3. 问题处理

经过厂家的专业检测，已明确“5V 电源越限告警”的原因为电位器漂移。连线厂家制定解决方案，取消了电源转换过程中的电位器。插件到货后，检修人员根据运行条件分批次对告警插件进行了预防性的更换。

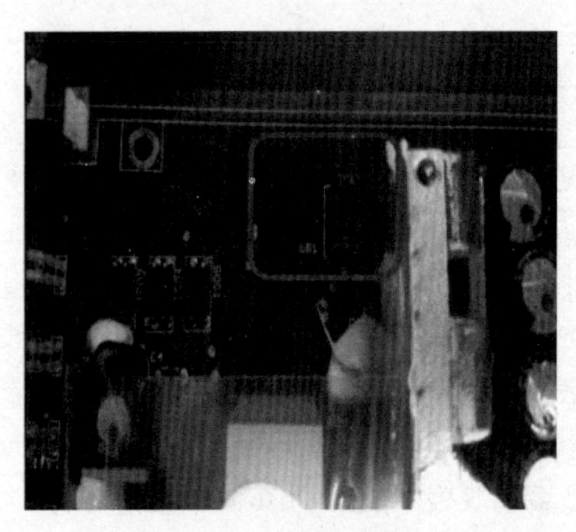

图 5-49　电源插件

4. 结论

电位器在某一温度区间调零完成后，随着温度的变化和运行时间的延长，还可能带来新的失调。在高精度、高稳定性要求的场合，应选择漂移系数较小的电位器或取消电位器，取消可调环节，可避免电位器漂移导致 5V 电源告警和闭锁保护的风险。

运维人员对于装置发“电源异常”类告警，应提高警惕，及时通知检修人员以便确定告警的严重性。

事故分析及处理

电力系统事故危及人身、设备及电网安全，可造成电力系统的安全稳定破坏，减少对用户的供电。发生事故时运维人员应立即处理，隔离故障，防止事故的扩大，尽快恢复停电设备的送电，尽量减少对用户的电量损失。要求运维人员熟练掌握变电站事故处理的基本原则和处理步骤，提高处理事故的应变能力，确保电网安全、稳定运行。

第一节　基本概念与处理原则

一、基本概念

电力系统事故处理是指消除电力系统事故，调整电力系统运行方式和恢复供电的一系列操作和处置。

电力系统事故按性质分类如图 6-1 所示。

电力系统接地短路的典型特征如图 6-2 所示。

事故性质分类
- 单相接地
- 相间短路
- 相间短路接地
- 三相短路
- 三相短路接地
- 短路断线

图 6-1　电力系统事故按性质分类

当电力系统发生事故时，运维人员应根据断路器跳闸情况、保护动作情况、遥测遥信数据变化、监控后台报文信息、现场设备故障状况等现象，迅速准确判断事故性质，尽快处理（隔离故障，恢复正常设备供电），控制事故范围，减少事故造成的损失。

二、事故原因及现象

1. 主要原因

电力系统事故主要原因分设备因素、人为因素、自然灾害三类，如图 6-3 所示。

2. 主要现象

电力系统事故发生时主要现象如下：

（1）有较大的电气量变化，电流增大或减小，电压降低或升高，频率降低或表计严重抖动。

（2）站内短路事故有较大的爆炸声，甚至燃烧，设备有故障痕迹；设备损坏，绝缘损坏，断线，设备上有电弧烧伤痕迹或绝缘子闪络痕迹；室内故障有较大的浓烟，注油设备出现喷油、变形、焦味、火灾等。

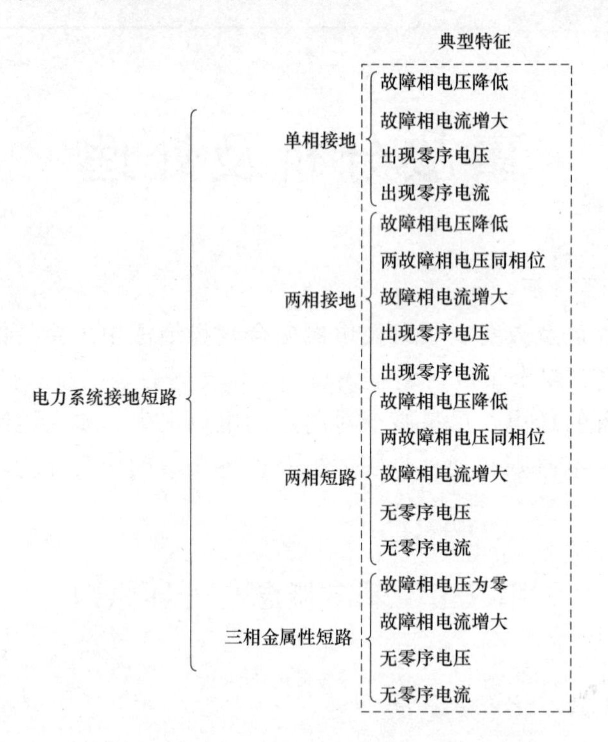

图 6-2　电力系统接地短路的典型特征

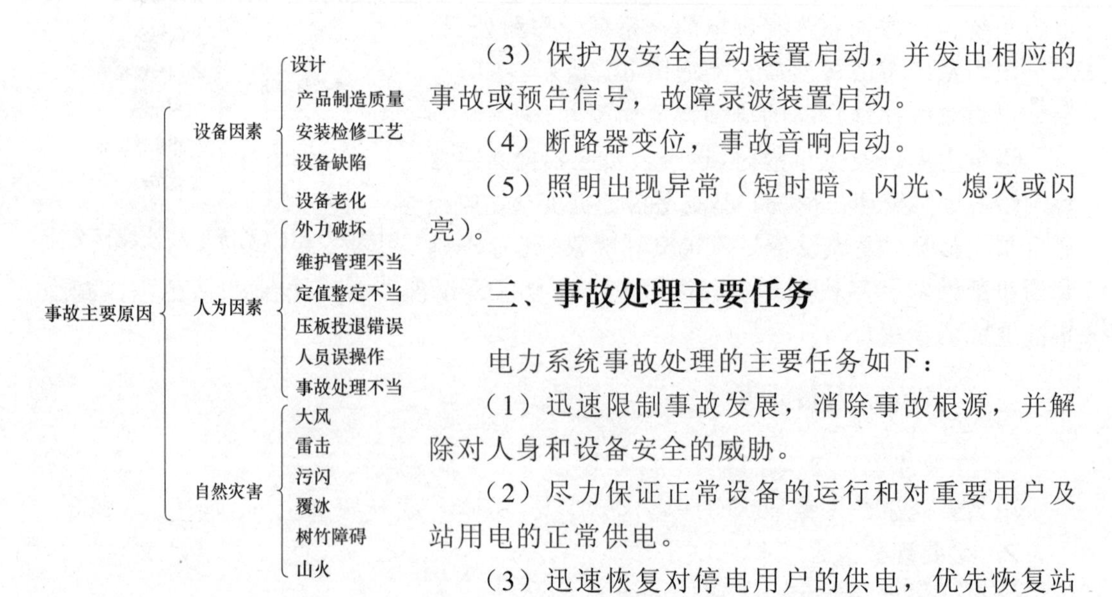

图 6-3　电力系统事故主要原因

（3）保护及安全自动装置启动，并发出相应的事故或预告信号，故障录波装置启动。

（4）断路器变位，事故音响启动。

（5）照明出现异常（短时暗、闪光、熄灭或闪亮）。

三、事故处理主要任务

电力系统事故处理的主要任务如下：

（1）迅速限制事故发展，消除事故根源，并解除对人身和设备安全的威胁。

（2）尽力保证正常设备的运行和对重要用户及站用电的正常供电。

（3）迅速恢复对停电用户的供电，优先恢复站用电、直流系统和重要用户的保安用电。

（4）调整运行方式使其恢复正常。

四、事故处理步骤

电力系统事故处理的步骤如下：

（1）迅速收集事故的以下直接信息向调度简要汇报：

1）事故发生的时间；

2）跳闸断路器的名称编号；

3）人身是否安全；

4）系统潮流情况；

5）保护及自动装置动作情况；

6）故障的主要特征。

（2）进一步收集事故的以下具体信息向调度详细汇报：

1）事故发生的时间；

2）跳闸断路器的实际位置；

3）现场设备故障或损坏等异常情况；

4）保护及安全自动装置动作的详细情况；

5）故障报告及故障录波报告的初步分析情况；

6）故障性质、故障测距及故障电流大小；

7）自行处理情况。

（3）在值班调度员的指挥下进行后续事故处理：

1）根据事故特征，分析判断故障范围和事故停电范围；

2）采取措施，限制事故的发展，解除对人身和设备安全的威胁；

3）对故障设备迅速排除故障或隔离；

4）隔离故障点后对无故障设备恢复送电；

5）对故障的设备转检修状态，做好安全措施。

（4）事故应急处理的一切操作可不用操作票，但应在运维日志中作好详细记录，至少两人进行操作（其中对设备较为熟悉者监护）。

（5）及时对事故处理过程记录、保护及安全自动装置的动作进行认真分析，判定其动作行为是否正确，如有异常立即向上级汇报。整理事故处理过程记录及报告，以备事故调查时查阅。

（6）事故处理告一段落时，应及时将事故情况向上级部门汇报。

（7）现场运维人员可不必待调度指令自行处理紧急情况有：

1）对人身和设备安全有威胁时，根据现场规程采取措施；

2）厂（站）用电部分或全部停电时，恢复其电源；

3）安全自动装置达到启动条件而未动作，手动启动部分或全部所控制的断路器和设备；

4）其他在厂（站）现场规程中规定可不待调度指令自行处理的紧急情况。

以上操作事后必须向调度汇报。

五、事故处理原则

电力系统事故处理原则如下：

（1）事故处理时，运维人员必须坚守岗位，集中注意力，保持冷静，在值班负责人的领导下，按事故处理有关规定进行事故处理，全力保证设备的正常运行。运维人员在接到直接领导命令或对人身有直接威胁时，需离开工作岗位，应征得运维负责人的同意，并向有关调度值班员汇报。

（2）运维负责人是本站事故处理的组织者和领导者，其他所有人员都要迅速而正确的执行值班负责人的指令和安排。

（3）事故处理操作可不用操作票，但至少两人进行。

（4）交接班时发生事故，而交接手续尚未完成时，由交班人员负责处理，接班人员协助处理，直至事故基本处理完毕，方可交接班。

（5）发生事故时，非事故单位或其他非事故处理人员应立即退出控制室，并不得询问事故情况和占用通信电话。如果运维人员不能与值班调度员取得联系，应按照规程中的有关规定进行处理；并应尽可能的与调度取得联系。

（6）发生事故时，高一级调度必要时可越级发布调度命令。

（7）发生事故时，变电站内所进行的一切检修工作立即停止，保持现状，特别是与事故可能有关的工作现场，要经有关人员现场调查后，方可继续工作。当某些设备需及时恢复送电，应由运维和现场工作负责人检查并记录后方可操作送电。

六、事故处理注意事项

电力系统事故处理应注意以下事项：

（1）迅速准确判断事故的性质和范围。

1）运维人员在事故处理时应全面收集各类故障信息，准确判断事故的范围和性质。如断路器跳闸情况、潮流变化情况、保护及安全自动装置动作的详细情况、设备的异常情况、信号及报文情况，作好事故处理过程中的详细记录并及时向调度汇报。

2）事故设备关系到下级电网调度的方式时，事故情况应先后向两级调度汇报。

3）检查保护及安全自动装置的动作情况时应依次检查，作好记录，防止漏查、漏记信号，影响对事故的判断。

4）为准确分析事故原因，在不影响事故处理和停送电的情况下，应尽可能保留事故现场和故障设备的原状。

（2）限制事故的发展和扩大。

1）事故发生后，出现着火、持续异味、声音或振动异常等危及人身或设备安全时，应迅速进行处理，防止事故进一步扩大。如火势迅猛无法控制，立即报火警 119。

2）发生越级跳闸事故时，在检查拒动断路器确已停电后，应立即拉开保护的拒动断路器或拒分断路器的两侧隔离开关。在操作隔离开关前，需履行解除五防闭锁手续。

3）断路器试送时，如发生跳闸，不得再次合闸，应汇报调度，听候处理。防止多次合闸于故障线路或设备，导致事故的扩大。

4）加强故障后运行设备的监视和带电检测，防止因故障致使负荷转移造成其他设备过载运行或发热，如有异常，及时联系调度调整负荷，消除异常。

5）站用交流系统故障切换后，应检查直流系统、冷却系统、空调系统的运行情况，防止直流系统、冷却系统、空调系统异常导致设备停用或电网事故的发生。

6）中性点直接接地运行的变压器跳闸后，应合上未接地变压器的中性点接地开关，防止中性点接地数量的变化，引起零序电流保护动作不可靠。

（3）事故处理时防止误操作。

1）事故处理时可不用操作票，但应参考典型操作票填写事故处理步骤。操作中严格执行监护制度，认真进行三核对，注意操作设备的动作方向，防止误操作。

2）恢复送电前，故障设备已全部隔离，防止送电到故障设备引起事故扩大。

3）恢复送电时，应听从调度指挥，运维人员应按调度命令，填写操作票，经三级审核正确，执行标准化作业。

4）发现母线失压时，确认母线无压后，将连接在该母线上的断路器断开。处理后应立即汇报调度。

5）事故及其处理过程应分别在运维日志、事故跳闸记录、断路器跳闸记录等作好相应的记录。关注可靠性系统的推送数据，及时登记确认。

第二节 线路事故处理

输电线路架设在室外，环境状况复杂，容易受各种自然灾害和人为因素的影响，发生接地、短路或断线等事故，如单相接地、两相短路、两相接地短路、三相短路、线路断线等，有瞬时性故障和永久性故障之分。输电线路事故在电力系统事故中最为常见，其中单相接地故障占输电线路故障的80%左右，且单相接地故障绝大多数为单相瞬时性故障。为提高供电可靠性，在线路上普遍采用自动重合闸，线路跳闸后自动合闸一次，使线路在极短的时间内恢复运行。如重合与永久性故障加速三相跳闸，不再次重合。

一、线路事故主要原因

线路事故的主要原因有自然灾害、人为因素、设备缺陷等方面，如图6-4所示。

二、线路事故主要特征

线路事故的主要特征如下：

（1）监控系统事故音响、预告警铃响。

（2）跳闸断路器变位闪亮。

（3）跳闸线路的电流、功率等遥测值为零（重合不成功时），系统的潮流情况。.

（4）监控系统显示线路保护动作、重合闸动作、故障录波启动等光字牌亮。

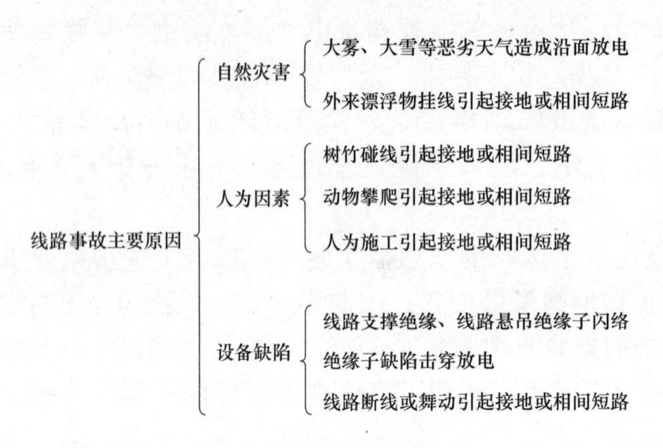

图 6-4 线路事故主要原因

（5）监控系统告警窗显示储能电机运转、保护动作出口、断路器分或合、事故总信号等报文。

（6）故障线路保护装置保护动作、跳闸相别、重合闸动作等指示灯变化。

三、线路事故处理原则

线路事故的处理原则如下：

（1）线路故障跳闸，重合闸重合成功，运维人员应检查一次、二次设备动作情况，故障录波和故障测距情况，汇报调度。

（2）线路故障跳闸重合闸动作不成功，运维人员应对跳闸线路的有关设备（包括断路器、隔离开关、电流互感器、电压互感器、耦合电容器、阻波器、继电保护、引线等）进行全面检查。如站内设备无异常，确认线路故障，保护正确动作，可根据调度命令进行强送或试送。电缆线路跳闸不能进行强送。

（3）线路故障，因保护或断路器拒动而越级跳闸时，应立即查明保护动作范围内的站内设备是否正常，判断越级原因，然后报告调度，隔离拒动的断路器。在调度指令下，恢复其他停电设备供电，有条件时可通过旁路断路器试送越级跳闸的线路。

（4）带有高压电抗器的线路，当线路和高压电抗器保护同时动作时，应按线路和高压电抗器同时故障来考虑事故处理。未查明高压电抗器保护动作原因和消除故障之前不得进行强送，如系统急需对故障线路送电，在强送前应将高压电抗器隔离，同时该线路应具备无高压电抗器运行的条件。

（5）如断路器跳闸次数差一次到规定跳闸次数限额时，应向调度员提出该断路器不具备强送功能并停用该线路重合闸。

（6）如果线路跳闸，重合闸动作重合成功，但无故障波形，且线路对侧的断路器未跳闸，应是本侧保护误动或断路器偷跳。若有保护动作可判断为保护误动，在保证有一套主保护运行的情况下可申请将误动的保护退出运行，若没有保护动作，则是断路器偷跳，查明偷跳原因并排除偷跳根源。

（7）如继电保护人员在线路保护二次回路工作时，该线路断路器跳闸，不论跳闸是否是工作人员引起，应立即中止继电保护人员工作。保护动作断路器跳闸又无故障录波，且对侧线路保护未动作，则有可能是保护误动，应查明原因，向调度员汇报，采取相应的措施后申请试送（此时可能是继电保护人员工作中误碰或直流接地造成）。

四、线路事故处理步骤

线路事故的处理步骤如下：

（1）检查光字牌信号、简报信息，线路断路器跳闸情况，将故障发生的时间、设备状态情况和潮流等概况向相应调控机构值班调度人员汇报。

（2）检查线路保护动作情况，重合闸动作情况，录波器动作情况，并到设备区检查断路器实际位置及相关设备状况。

（3）分析判断断路器跳闸的原因及影响范围，判断重合闸是否动作正确。

（4）巡视检查站内跳闸线路设备，并结合故障测距判断故障的距离。

（5）将上述情况汇报调度。根据调度命令试送或停电检修。

（6）若线路停电检修，按线路停电检修操作票完成操作。

（7）汇报上级有关部门，并作好相关记录。

第三节 母线事故处理

母线安装在变电站室外，环境条件优于输电线路，故障率比线路低得多。据相关资料统计，约占系统所有短路故障的 6%～7%。母线有单母线、双母线和 3/2 接线母线等典型接线方式，接线方式不同，故障的影响不同。单母线或双母线接线方式母线故障对电力系统影响较大，有时造成十分严重的后果。母线事故发生后，应立即组织处理，隔离故障，恢复正常设备供电。处理母线故障，要根据故障的现象、保护及安全自动装置的动作情况、断路器的跳闸情况，迅速、准确地查找出故障点并进行隔离，恢复其他跳闸设备送电。

一、母线事故主要原因

母线事故的主要原因如下：

（1）误操作或操作时设备损坏。

（2）母线及连接设备的绝缘子发生污闪事故，或外力破坏、小动物等造成母线短路。

（3）运行中母线设备绝缘损坏。如母线、隔离开关、断路器、避雷器、互感器等发生接地或短路故障，使母线保护或电源进线保护动作跳闸。

（4）线路上发生故障，线路保护拒动或断路器拒跳，造成越级跳闸。线路故障时，线路断路器不跳闸，一般由失灵保护动作，使故障线路所在母线上断路器全部跳闸。未装失灵保护的，由电源进线后备保护动作跳闸，母线失压。

（5）母线保护误动作。

（6）二次回路故障。

二、母线事故主要特征

母线事故的主要特征如下：

（1）监控系统事故音响、预告警铃响。失压母线上断路器变位闪亮，失压母线电压为零。

（2）监控系统显示母差（失灵）保护动作、故障录波启动等光字牌。

（3）监控系统告警窗显示母差（失灵）保护动作出口、断路器分、事故总信号等报文。

（4）故障线路保护装置保护动作、故障线路断路器在合位（线路故障越级造成母线失压）。

（5）单电源进线变电站，由于上级电源故障跳闸，造成母线失压，本站无任何保护动作及断路器跳闸。

三、母线事故处理原则

母线事故的处理原则如下：

（1）母线事故可能造成系统的解列、负荷的损失和频率、电压的波动，是电力系统中较为严重的事故，所以当母线失压后，现场运维人员应立即报告值班调度员。

（2）变压器保护动作变压器三侧断路器跳开，造成中、低压侧母线停电的。经调度许可后可将母线上的断路器全部断开。

（3）若母线差动保护动作母线失压时，现场运维人员应对停电的母线进行外部检查，并将检查情况报告值班调度员。值班调度员应按下述原则进行处理。

1）找到故障点并能迅速隔离，在隔离故障后对停电母线恢复送电。

2）找到故障点但不能很快隔离，若系双母线中的一组母线故障时，应对故障母线的各元件进行检查并确认无故障后，均倒至运行母线并恢复送电。

3）经过检查不能找到故障点时，可对故障母线进行试送，试送断路器必须完好，并至少有一套完善的继电保护。

（4）当母线因断路器失灵保护或出线、变压器后备保护动作造成母线失压，现场运维人员应将故障开关隔离后方可送电。

（5）若系电源进线后备保护动作跳闸的，如果有备用电源则进行备用电源切换，恢复母线送电；如果没有备用电源，则等待调度将系统故障隔离后恢复送电。

（6）若系母差保护误动作，则向值班调度员申请退出误动的母差保护，并按调令逐步恢复送电。

（7）母线故障未经检查不得强送。

四、母线事故处理步骤

母线事故的处理步骤如下：

（1）记录时间、断路器跳闸情况、系统潮流情况并汇报调度及相关领导。

（2）检查记录监控系统保护室保护动作情况并复归信号。

（3）对故障作初步判断，到现场检查故障母线上所有设备，发现放电闪络或其他故障后迅速隔离故障点。

（4）将故障及检查情况汇报调度，根据调令，若能隔离，隔离故障后恢复其他正常设备供电。若不能隔离，通过母线倒换等方式恢复其他设备供电。

（5）若找不到明显故障点，应根据母差回路有无异常，直流有无接地判断是否保护误动。

（6）事故处理完毕后，运维人员应作好各项纪录，整理详细的事故处理经过。

第四节　变压器事故处理

变压器故障在电力系统中的故障中所占比例很少。变压器故障对变电站对外的供电及整个系统影响较大，单台变压器运行时后果尤为严重。处理变压器故障，要根据故障的现象、保护及安全自动装置的动作情况、断路器的跳闸情况，迅速、准确地查找出故障点并进行隔离。恢复正常设备的供电。

一、变压器事故主要原因

变压器事故的主要原因如下：

（1）误操作或操作时设备损坏。

（2）变压器及变压器各侧断路器电流互感器之间，连接设备的绝缘子发生污闪事故，或外力破坏、小动物等造成短路或接地。

（3）运行中变压器内部故障（如线圈匝间、相间短路、绝缘损坏）、外部设备故障（如外壳及各阀门破损造成大量漏油，避雷器、互感器破损和引线等发生接地或短路故障），使变压器保护动作跳闸。

（4）线路或变压器各侧母线上发生故障，线路或母线保护拒动、断路器拒动，造成越级跳闸，此时若变压器故障电压侧后备保护拒动或断路器拒动，使变压器保护动作跳闸。

（5）变压器保护误动作。

二、变压器事故主要特征

变压器事故的主要特征如下：

（1）监控系统事故音响、预告警铃响。变压器三侧断路器变位闪亮，变压器三侧断路器及变压器电流、功率等遥测值为零。

（2）监控系统显示变压器保护动作、故障录波启动等光字牌。

（3）监控系统告警窗显示变压器保护动作出口、断路器分、事故总信号等报文。

（4）故障变压器保护装置保护动作、变压器各侧断路器在分闸位置。

三、变压器事故处理原则

变压器事故的处理原则如下：

（1）变压器的主保护（包括重瓦斯、差动保护）动作跳闸，未经查明原因和消除故障之前，不得进行强送。

（2）当一台变压器跳闸后应密切关注另一台变压器压器的正常运行。

（3）两套差动保护都投入运行，若只一套差动保护动作，应检查是否为保护误动，若是因某套差动保护误动引起，应停用误动差动保护，汇报调度，根据调度命令恢复变压器运行。

（4）变压器重瓦斯保护动作，如检查是因保护或二次回路故障引起变压器断路器跳闸，应根据调度命令，停用变压器重瓦斯保护，将变压器送电。

（5）变压器的瓦斯保护或差动保护之一动作跳闸，在检查变压器外部无明显故障，检查瓦斯气体证明变压器内部无明显故障者，在系统急需时可以试送一次，有条件时应尽量进行零起升压。

（6）如因变压器后备保护误动作造成变压器故障跳闸，汇报调度根据其命令停用变压器后备保护，恢复变压器送电。

（7）如因线路或母线等外部故障，保护越级动作，引起变压器跳闸，则在故障隔离后，可立即恢复变压器运行。如变压器本身故障引起失灵保护动作或后备保护动作越级跳闸，应找到越级的原因，尽快隔离故障变压器和拒动断路器，恢复无故障设备运行。

（8）变压器跳闸后应注意检查站用电的供电情况，及时调整站用电运行方式，确保站用电的可靠运行。

（9）变压器主保护动作，在未查明故障原因前，运维人员可不复归保护屏信号，作好相关记录以便专业人员进一步分析和检查。

四、变压器事故处理步骤

变压器事故的处理步骤如下：

（1）记录时间、跳闸设备名称和编号、断路器变位情况、系统潮流情况、主要保护和安全自动装置动作信号等，并汇报调度及相关领导。

（2）检查记录保护动作情况并复归信号，打印保护报告、故障录波报告。

（3）检查故障变压器及三侧设备状况，检查受事故影响的运行设备状况，如并列运行的另一台变压器、站用变压器等；检查主变压器中性点的情况，根据实际情况完成接地操作。

（4）检查站用电的切换情况，直流系统、冷却系统是否正常。

（5）根据一次、二次设备的检查情况，对故障作初步判断。

（6）将故障及检查情况详细汇报调度及有关部门，根据调令指令进行处理。

（7）若找不到明显故障点，应根据保护及二次回路有无异常，直流有无接地，保护及故障录波的动作情况判断是否保护误动。

（8）事故处理完毕后，运维人员应作好各项纪录，整理详细的事故处理经过。

五、变压器保护动作处理要点

（一）变压器差动保护动作处理要点

变压器差动保护动作跳闸，应检查变压器本体及差动保护范围内一次设备有无异常及故障迹象，检查变压器瓦斯保护是否动作，检查保护装置及故障录波器动作记录情况，检查变压器的油温、油位，检查气体继电器集气盒内是否有气体，分析判断差动保护动作原因。

（1）确认差动保护动作非变压器本体故障，而是由变压器外部引线、绝缘子、绝缘支柱等差动保护范围内的设备故障引起，根据故障性质做如下处理：

1）若是变压器外部绝缘子等闪络放电引起，发生轻微的短路故障，变压器油温、油位无异常变化，气体继电器集气盒内无气体。汇报调度，按调度命令将变压器转冷备用，将故障设备转检修。故障隔离后，按调度命令是否将变压器及其三侧间隔正常的设备投入运行。通知检修人员对变压器进行油色谱分析试验，对故障设备进行检修。

2）若是变压器外部设备故障、导引线短路引起，发生严重的短路故障。汇报调度，按调度命令将变压器及故障设备转检修。

（2）确认差动保护动作系变压器本体故障引起，汇报调度，按调度命令将变压器转检修。通知检修人员对变压器进行油色谱分析试验，进行变压器绕组变形试验等检测。

（3）确认系差动保护误动作（瓦斯保护未动作），有两套差动保护，其中一套误动时，退出误动的差动保护，根据调度命令对变压器进行试送；两套差动保护均误动或只有一套差动保护误动时，应查明原因，消除保护故障后，根据调度命令对变压器进行试送。

（二）变压器重瓦斯保护动作处理要点

重瓦斯保护动作，检查变压器本体外观有无异常及故障迹象，如箱体及附件是否发生形变，压力释放阀、呼吸器是否喷油，各法兰连接处和导油管有无渗漏油，油温、油位、油色是否正常，气体继电器有无气体，气体继电器接线盒内是否进水或受潮等；检查保护装置气体保护、压力释放等保护动作情况；若气体继电器内有气体，取气进行试验，根据气体的颜色、气味和可燃性初步判断故障性质。根据检查试验情况，综合分析做如下处理：

（1）经变压器外观检查及气体继电器内气体试验，确认重瓦斯保护动作，是变压器内部故障引起。汇报调度，将变压器转检修，通知检修人员对变压器进行检修。

（2）经变压器外观检查无异常，气体继电器内气体分析无异常，变压器内部无明显故障，是气体继电器内进入空气所致，查明原因，消除故障。汇报调度，根据调度命令，可以试送一次。如未查找到进气原因，变压器应投入运行时，根据调度命令，在变压器试送成功后将重瓦斯暂时改投信号。

（3）经变压器外观检查无异常，气体继电器内无气体，是气体继电器接线盒内进水或受潮等二次回路异常引起，查明原因，消除故障。汇报调度，根据调度命令，可以试送一次。

（4）经变压器外观检查无异常，气体继电器内无气体，可能是振动过大而误动或变压器油流波动大时因油流而致误动。汇报调度，根据调度命令，可以试送一次。

（三）变压器后备保护动作处理要点

变压器后备保护动作跳闸时，应根据哪种后备保护动作，变压器是否过负荷，同时变电站其他设备有无异常及故障情况，具体分析变压器跳闸原因，做出相应的处理：

1. 变压器高压侧后备保护动作

变压器高压侧后备保护作为线路和母线故障时的后备保护，变压器高压侧后备保护动作，可能是高压侧线路故障断路器拒动引起，也可能是高压侧母线故障而保护拒动引起。根据具体情况做出相应处理：

（1）线路故障而该线路断路器拒动引起，检查故障线路保护动作情况，检查故障线路断路器三相未正常断开，与调度联系确认线路发生故障，本侧断路器拒动。将故障线路断路器隔离（拉开其两侧隔离开关），恢复变压器送电。

（2）高压侧母线故障而母线保护拒动引起，查明该母线故障及保护拒动的原因后，隔离故障。恢复变压器送电（注意变压器运行到正常的母线上），恢复正常设备送电。

2. 变压器中、低压侧后备保护动作

变压器中、低压侧后备保护作为中、低压侧线路（含无功设备及站用变压器等）或母线后备保护，动作后应检查相应母线及线路（含无功设备及站用变压器等）设备。隔离故障后，恢复变压器送电，恢复正常设备送电。

第五节　站用母线失压事故处理

站用交流系统是供给变电站内大型变压冷却装置电源、断路器储能及隔离开关操作电源、交流充电机电源等重要设备的电源。如站用母线失压不能尽快的处理恢复，将使设备不能正常操作，在设备发生故障时有可能造成越级跳闸扩大事故停电范围，严重威胁设备、系统的安全运行。

一、站用母线失压事故主要原因

站用母线失压事故的主要原因如下：

（1）主供电源消失后，备自投装置未动作或备用电源不正常，备用电源未能自投。

（2）小动物攀爬引起接地或相间短路，造成低压母线故障，站用变压器低压侧断路器跳闸或熔断器熔断。

（3）站用电低压负荷回路故障，负荷开关损坏越级跳站用变压器低压侧断路器等。

（4）倒站用电过程中误操作引起低压侧合环。

（5）低压总开关误动跳闸。

（6）人为施工引起相间短路。

二、站用母线失压事故主要特征

站用母线失压事故的主要特征如下：

（1）监控系统事故音响、预告警铃响。监控系统中站用变压器高压侧断路器（低压侧断路器）位置闪亮，失压母线的电流、功率等遥测值为零。

（2）监控系统显示站用变压器保护动作。

（3）监控系统告警窗显示保护动作出口、断路器分或合。

（4）故障站用变压器保护装置保护动作、跳闸相别等指示灯变化。

（5）正常照明灯全部或部分熄灭。

（6）直流系统充电机电源切换或交流电源故障。

（7）变压器冷却电源切换或故障，全部或部分风扇、油泵停止运行。

（8）UPS 切换或告警（报市电消失）。

三、站用母线失压事故处理原则

站用母线失压事故的处理原则如下：

（1）站用母线失压后，应立即检查失压原因，站用变压器低压侧操作可根据运维负责人下令进行。

（2）站用变压器的保护动作跳闸，未经查明原因和消除故障之前，不得进行强送。

（3）站用母线失压后应注意检查另一台站用变压器的供电情况，及时调整站用电运行方式，恢复失压线的供电。

（4）站用母线失压后，应检查直流充电机电源切换，如切换不成功或充电机为单电源供电，充电机失去电源，直流负荷转蓄电池供，长时间不能恢复，会造成蓄电池过放电，如发展至直流电压严重降低或消失。

（5）站用母线电压恢复后，应开启停止运行的空调，防止设备运行环境恶化，影响设备正常运行。

四、站用母线失压事故处理步骤

站用母线失压事故的处理步骤如下：

（1）详细记录站用母线失压发生的时间、保护及安全自动装置和综合自动化系统信号、现场一次设备的状况，初步判明异常或故障性质，征得运维负责人许可后，复归各种信号。

（2）对变压器温度进行监视和分析。如站用母线失压造成变压器冷却器全停，对于强迫油循环冷却方式投入了冷却器全停跳闸的变压器，有条件时应派专人现场监视油温并记录异常运行的时间，如快至冷却器全停跳闸时间（冷却器全停后油温超过75℃经20min，75℃以下1h）还不能恢复冷却器电源，可向调度申请将变压器停运。

（3）若站用母线失压是主供站用变压器失压，备用自投装置未正确动作所致。应立即拉开失压变压器高压、低压侧断路器，手动投入备用变压器，恢复失压母线电源。检查站用负荷运行正常，向备用站用电源管辖调度申请保电，然后查明站用电失压原因并排除后，恢复站用电系统正常运行方式。

（4）若备用自投装置投入备用变压器后再次跳闸，说明站用电系统存在永久性故障。应拉开失压母线上的所有断路器，检查母线无异常，退出失压母线的备用自投装置压板，用主供站用变压器进行试送，如试送成功，可确定故障在负荷回路，再对每个负荷回路进行检查判断，按负荷的重要程度逐一排查试送，恢复站用负荷并处置故障回路，直至站用电恢复正常。

（5）若母线发生永久性故障，不能恢复供电。应立即检查变压器冷却电源、直流系统电源等能自动切换的回路已自动切至另一段母线且运行正常，将重要负荷（如断路器操作电源等环式供电回路）转至另外一段母线供电，检查全站用空调是否已自启动，如未启动则手动启动。将故障母线转检修，消除故障后恢复站用电至正常运行方式。

（6）主供站用电源故障，外接备用站用电投入运行后，应立即向调度申请外接电源保电。如短时间内不能处理好主供电源，恢复备用电源，应申请发电车到站作为备用电源。

（7）事故处理完毕后，运维人员应作好各项记录，整理详细的事故处理经过。

第六节　二次设备事故处理

二次设备事故主要是保护装置及其二次回路故障引起的误动或拒动事故，误动会造成设备跳闸，可能发生负荷损失（跳闸后未重合时）；拒动必将扩大停电范围，甚至引发大面积停电事故，后果更加严重。误动或拒动均将无故障设备退出了运行，尽快判明故障，找到原因并迅速隔离故障，快速恢复正常设备的供电。

一、保护装置引起误动或拒动原因和现象

（一）保护装置误动或拒动主要原因

（1）保护装置接线错误。因保护装置接线错误，在正常的负荷电流、区外故障、系统电压波动、系统震荡时保护发生误动作。在设备故障时无法启动保护或保护启动后无法出口跳闸，发生拒动。

（2）保护装置定值整定错误。因保护定值整定错误，定值过小或与其他元件定值配合不当，在正常的负荷电流、区外故障时保护动作跳闸。定值过大或与其他元件定值配合不当，在区外故障时保护不能正确动作使上级保护动作跳闸。

（3）保护装置元件故障。因保护装置插件、出口继电器等故障，保护误动作跳闸或保护自动退出发生拒动。

（4）保护装置抗干扰能力弱。因保护装置抗干扰能力弱，受到电磁、高频信号等干扰时保护动作跳闸。

（5）保护装置误碰、误动。人为触动保护装置或其内部接线，保护动作跳闸；操作失误使保护停用，保护不能启动出口跳闸。

（6）运行误操作。误投入或未及时退出应当退出的保护，致使保护动作跳闸发生误动。误退出或未及时投入应当投入的保护，致使保护无法启动出口跳闸发生拒动。

（7）保护回路短路或接地。保护回路金属物搭接、绝缘受潮或老化击穿、两点接地等，保护动作出口跳闸或偷跳，发生误动；或使启动元件、出口元件等被短接而无法出口跳闸，发生拒动。

（二）保护装置误动事故的现象

（1）事故音响、警铃响。

（2）综合自动化系统监控图跳闸断路器遥信指示闪亮。如断路器单相跳闸后重合成功，断路器遥信指示红闪，重合不成功或直接三跳时遥信指示绿闪。

（3）综合自动化系统监控图跳闸后断路器的电流、功率指示为零。

（4）综合自动化系统告警窗显示某某保护动作、某某断路器分闸、重合闸动作或闭锁等信息。

（5）综合自动化系统光字牌“某某保护动作”“重合闸动作或闭锁”“电机运转”等点亮。

（6）双重配置的保护，只有其中一套保护动作。

（7）线路保护误动，对侧断路器不跳闸。

（8）母线电压开放不动作，故障录波不启动或启动但显示区内无故障。

（三）保护装置拒动事故的现象

1. 线路或无功设备等元件保护拒动现象

（1）单套保护配置拒动或双套保护配置全部拒动的将越级跳闸，故障元件所在母线失压。

（2）220kV 及以上双母线接线方式，某线路保护全部拒动时，失灵保护不会动作，电源线路对侧断路器均跳闸，主变压器后备保护动作第一时限跳母联（分段）断路器，第二时限跳本侧断路器，故障元件所在母线失压。

（3）3/2 接线方式，某线路保护拒动时，失灵保护不会动作，与该线路共串的线路停电（由对侧保护启动跳闸），线路的边断路器跳闸。

2. 主变压器保护拒动现象

主变压器保护全部拒动时，变压器运行所在的各侧（如高、中、低压）母线均失压，3/2 接线方式与主变压器共串的线路停电（由对侧保护启动跳闸），线路的边断路器跳闸。

3. 母线保护拒动现象

主变压器高压侧母线故障，母差保护拒动时该母线所有电源线路跳闸，主变压器后备保护动作，第一时限跳母联（分段）断路器，第二时限条本侧断路器，故障母线失压。

主变压器中压侧或低压侧母线故障，母差保护拒动时，越级跳母线电源线路对侧断路器，主变压器后备保护动作，第一时限跳母联（分段）断路器，第二时限条本侧断路器，故障母线失压。

二、二次回路引起误动或拒动原因和现象

（一）二次回路事故的可能原因

（1）交流电压回路断线。交流电压回路断线时继电保护及安全自动装置可能误动或拒动，表计指示不正确。引起交流电压回路断线的主要原因有电压互感器二次空气开关跳闸或熔断器熔断、母线侧隔离开关辅助触点切换异常、电压重动继电器未正常动作、电压回路电缆断线及接线端子和触点接触不良等。

（2）交流电流回路断线。电流互感器回路任意元件或连接点（端子）开路或接触不良将造成电流回路断线或电流异常，如电缆断线、保护装置或测量回路断线、连接端子或连接片接触不良等。

（3）控制回路断线、短路或接地。控制回路断线，断路器无法分闸、合闸，控制回路短路或接地，根据短路或接地点的不同，可造成断路器误分闸或拒动。控制回路断线的主要原因有控制电源断开、断路器辅助触点接触不良、储能机构异常闭锁合闸回路、防跳继电器触点接触不良、跳闸位置继电器故障或其回路接线端子松动、机构远方/就地切换开关置“就地”、灭弧介质异常闭锁分闸、合闸回路等。

（4）直流系统误分合断路器。人员误操作、人员误碰、接线错误、控制回路绝缘击穿或两点接地、发生交串直异常情况等，导致断路器误分合。

（二）二次回路事故的现象

1. 交流电压回路断线的现象

（1）测量、计量交流电压回路断线，电压、功率指示降低或为零，电能计量表计告警，显示电压降低或为零，失压仪动作。

（2）保护及安全自动装置交流电压回路断线，保护及安全自动装置告警，发“交流电压回路断线”告警信息，装置显示“TV 断线”。

（3）单一设备交流电压回路断线，应是该设备单元交流电压回路断线。多个设备同时交流电压回路断线，应是母线交流电压回路断线。

2. 交流电流回路断线的现象

（1）保护装置发“TA 断线”或类似信号，综合自动化系统发某装置“交流电

流回路断线”告警信息。

（2）综合自动化系统某回路或某装置（测控、电能表等）电流一相或多相为零或非正常降低，综合自动化系统及测控装置遥测值降低或电能表转速变缓等。

（3）情况严重时，电流互感器出现异常声音或其接线盒、端子箱、屏柜等之一的接线端子（开路处）出现冒烟打火现象。

3. 控制回路断线的现象

电气指示灯熄灭，遥信位置变为不定状态（灰色）。综合自动化系统发某断路器控制回路断线信号。

三、二次设备事故处理原则

二次设备事故的处理原则如下：

（1）停用继电保护及安全自动装置应经调度同意。

（2）在电压互感器二次回路上工作，应考虑对继电保护及安全自动装置的影响，防止保护误动或拒动。

（3）设备传动试验时，应查明试验范围内的设备状况，退出联跳其他设备的压板及通道等，如设备的失灵及远方跳闸保护的启动回路，然后才能开始试验。

（4）双重配置的保护，如只有一套发生误动时，可汇报调度退出误动的保护，恢复正常设备的运行。

（5）继电保护及安全自动装置发生下列异常时，应退出有关的装置，汇报调度和有关单位或部门：

1）装置冒烟或着火；

2）装置内部有放电声或其他异响；

3）装置发出严重故障信号；

4）电压回路断线，装置告警；

5）电流回路异常；

6）通道严重告警或故障。

四、二次设备事故处理步骤

二次设备事故的处理步骤如下：

（1）汇报调度。

（2）重点检查保护动作情况，尤其是根据保护动作情况判断是否是误动或拒动。

（3）根据调度命令投退保护装置或压板。

（4）恢复正常设备的供电。

（5）做好故障分析。

（6）配合做好二次设备检修的安全措施。

（7）做好 PMS（电力生产管理系统）记录，如运行日志、断路器跳闸、事故跳闸记录等，整理存档保护动作报告、故障录波报告，编写事故分析报告。

第七节 事故案例分析

一、220kV线路单相永久性故障案例分析

（一）案例基本情况

××年××月18日10时06分，××变电站220kV线路YGⅠ线618线A相永久性故障，线路保护第一套RCS-902GPV、第二套CSC103B动作，A相跳闸，重合闸动作不成功，三相跳闸。负荷30MW转YGⅡ线622供，系统潮流正常。YGⅠ线618线路全长14.5km，线路及保护配置如图6-5所示。

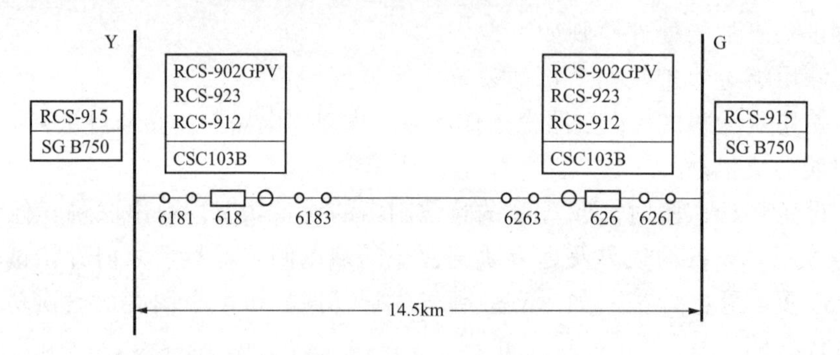

图6-5 YCⅠ线618线路及保护配置

1. 综合自动化系统主要信号

综合自动化系统发出事故信号及预告信号音响，618断路器闪亮，618线路电流、有功功率、无功功率为零，线路TV二次电压为零。表6-1为618间隔光字牌点亮情况。

表6-1　YGⅠ线618间隔所亮光字牌

YGⅠ线PCS-912收发信机动作	220kV 3号故障录波动作
YGⅠ线RCS-902GPV保护动作	220kV母差保护电压开放
YGⅠ线CSC103B保护动作	220kV失灵保护电压开放
YGⅠ线RCS-902GPV重合闸动作	618断路器C相分闸
YGⅠ线CSC103B重合闸动作	618断路器A相分闸
618断路器非全相运行	618断路器B相分闸
618断路器电机运转	

2. 618间隔一次设备状态

618断路器（平高LW10B-252W）ABC三相在分位；

618断路器SF_6压力：A相0.61MPa，B相0.62MPa，C相0.61MPa；

618断路器液压机构：A相27.2MPa，B相27.3MPa，C相27.1MPa；

间隔内其他设备无异常。

3. 继电保护装置信号（见表 6-2）

表 6-2 继电保护装置信号

装置名称	信号灯
RCS-902GPV	跳 A、跳 B、跳 C、重合闸红灯亮
RCS-923	A 相过电流、B 相过电流、C 相过电流灯亮
CZX-12R	TA、TB、TC、CH 灯亮
CSC103B	跳 A、跳 B、跳 C、重合闸灯亮
RCS-918	电压开放

4. 打印报告信息

打印报告信息见表 6-3 和表 6-4，故障录波动作报告见表 6-5 和表 6-6。

表 6-3 第一套保护 RCS-902GPV 保护动作报告

报告序号	启动时间	相对时间	动作相别	动作元件
734	2017-07-18 10:06:51.819	00000ms		保护启动
		00025ms	A	纵联距离动作
		00025ms	A	纵联零序方向动作
		00765ms		重合闸动作
		00863ms	ABC	距离加速
		00898ms	ABC	零序加速
		00900ms	ABC	纵联距离加速

故障相别：A
故障测距结果：0009.0km
故障相电流：038.5A
零序电流：036.39A
故障相电压：048.20V

表 6-4 第二套保护 CSC-103B 保护动作报告

相对时间	动作元件	跳闸相别	动作参数
2ms	保护启动		
12ms	纵联差动保护动作		
12ms	分相差动动作	跳 A 相	$I_{CDa}=19.63A$ $I_{CDb}=0.0270A$ $I_{CDc}=0.0270A$
74ms	单跳启动重合		
83ms	三相不一致启动		
774ms	重合闸动作		
858ms	距离相近加速动作	跳 ABC 相	$X=0.5039\Omega$ $R=0.4043\Omega$ A 相

续表

相对时间	动作元件	跳闸相别	动作参数
858ms	距离加速动作	跳 ABC 相	$X=0.5039\Omega$　$R=0.4043\Omega$　A 相
858ms	三跳闭锁重合闸		
865ms	纵联差动保护动作		
865ms	分相差动动作	跳 ABC 相	$I_{CDa}=53.75A$ $I_{CDb}=0.0540A$ $I_{CDc}=0.0811A$
908ms	零序加速段动作	跳 ABC 相	$3I_0=21.38A$　A 相
故障相电压			$U_A=49.00V$ $U_B=60.25V$ $U_C=59.75V$
故障相电流			$I_A=53.75A$ $I_B=1.352A$ $I_C=1.242A$
测距阻抗			$X=0.3867\Omega$　$R=0.6367\Omega$　A 相
故障测距			$L=8.563km$

相对时间：0ms（对应 2017-07-18　10:06:51.819）

第 0001 段：（－100.0～400.0ms）

表 6-5　　第一次故障报告

故障描述	参数名称	相别	一次值（kV/kA）	二次值（V/A）
故障相别：AN 故障结束时间：45.8ms 断路器跳闸时间：45.8ms 故障距离：8.925km 二次侧阻抗：0.40894Ω	故障前一周波的母线电压有效值	A	130.886	59.494
		B	131.462	59.755
		C	131.374	59.716
		N	0.173	0.079
	故障前一周波的故障电流有效值	A	0.084	0.349
		B	0.085	0.355
		C	0.082	0.342
		N	0.002	0.008
	故障时的母线电压有效值	A	103.845	47.202
		B	131.011	59.551
		C	129.680	58.946
		N	27.702	12.592
	故障时的故障电流有效值	A	8.937	37.236
		B	0.275	1.148
		C	0.252	1.051
		N	8.432	35.133

续表

故障描述	参数名称	相别	一次值（kV/kA）	二次值（V/A）
故障相别：AN 故障结束时间：45.8ms 断路器跳闸时间：45.8ms 故障距离：8.925km 二次侧阻抗：0.40894Ω	故障后一周波母线电压有效值	A	105.103	47.774
		B	130.233	59.197
		C	129.075	58.670
		N	33.260	15.118
	故障后一周波故障电流有效值	A	9.433	39.305
		B	0.344	1.434
		C	0.322	1.358
		N	8.819	36.745

第 0002 段：（401.0～650.0ms），本段无故障

第 0003 段：（650.2～1150.0ms）再次故障报告

表 6-6　第二次故障报告

故障描述	参数名称	相别	一次值（kV/kA）	二次值（V/A）
故障开始时间：835.2ms 故障相别：AN 故障结束时间：896.0ms 断路器跳闸时间：896.0ms 故障距离：8.840km 二次侧阻抗：0.4053Ω	再次故障后一周波的母线电压有效值	A	103.682	47.128
		B	130.522	59.328
		C	129.426	58.830
		N	31.332	14.242
	再次故障后一周波的故障电流有效值	A	11.848	49.366
		B	1.133	4.721
		C	0.884	3.681
		N	9.837	40.987

（二）事故分析

1. 根据综合自动化系统信息初步分析

××年××月 18 日 10 时 06 分：YT 变电站 220kV YGⅠ线 618 断路器三相跳闸，第一套 RCS-902GPV 线路保护、第二套 CSC103B 线路保护、重合闸动作，故障录波动作。YGⅡ线 622 负荷 64MW，系统潮流正常。

2. 根据现场检查情况综合分析

（1）保护动作时序分析。YGⅠ线 Y618 A 相故障后，第一套保护 RCS-902GPV、第二套保护 CSC103B 动作情况，见表 6-7。

表 6-7　两套保护动作情况

RCS-902GPV（高频保护）		CSC103B（光纤差动保护）	
时间（ms）	动作行为	时间（ms）	动作行为
0	保护启动	2	保护启动

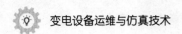

续表

RCS-902GPV（高频保护）		CSC103B（光纤差动保护）	
时间（ms）	动作行为	时间（ms）	动作行为
19	纵联距离、纵联零序方向动作出口	12	纵联差动保护、分相差动保护动作出口
765	重合闸动作	774	重合闸动作
863	距离加速出口	858	相近加速、距离加速出口
898	零序加速出口	865	分相差动出口
900	纵联距离加速出口	908	零序加速出口

两套保护正确动作，灵敏快速。对比光纤差动保护比高频保护动作时间快 5～7ms，动作出口时间更短。

（2）故障性质：YGⅠ线 Y618-G626 线路 A 相永久性接地故障。

（3）故障距离：YGⅠ线 Y618-G626 线路 A 相故障距离距 Y 侧约 8.5km。

YT 变电站 YGⅠ线 Y618 第一套保护、第二套保护、故障录波测距分别是：9.0km、8.563km、8.9km，三套装置测距基本一致。

（4）保护录波分析。图 6-6 为 CSC103B 保护录波图，表 6-8 为录波图序号对应的模量与开关量。

表 6-8　CSC103B 保护录波图序号对应的模量与开关量

序号	1	2	3	4	5	6	7	8	9	10
模拟量	I_a	I_b	I_c	$3I_0$	U_a	U_b	U_c	$3U_0$	U_x	
开关量	保护启动	跳 A	跳 B	跳 C	永跳	跳位 A	跳位 B	跳位 C	重合	沟通三跳

保护录波模拟量波形及开关量的记录分析如下：

1）故障相为 A 相。故障时 A 相电压降低，电流增大，产生零序电压、零序电流。

2）保护启动时间 2ms。

3）保护动作时间 12ms。

4）断路器 A 相跳闸切除故障时间约为 52ms。

5）断路器重合时间为 839ms。

6）后加速动作时间 858ms。

7）断路器三相跳闸切除故障时间约为 900ms。

3. 故障录波情况分析

YGⅠ线 618 线路 A 相接地故障录波图如图 6-7 所示。

从故障录波图模拟量波形及开关量变位情况可以看出，记录的动作行与保护录波基本一致，进一步验证保护动作正确。

（三）分析结论

（1）××年××月××日 10 时 06 分，YT 变电站 220kV YGⅠ线 618 线 A 相永

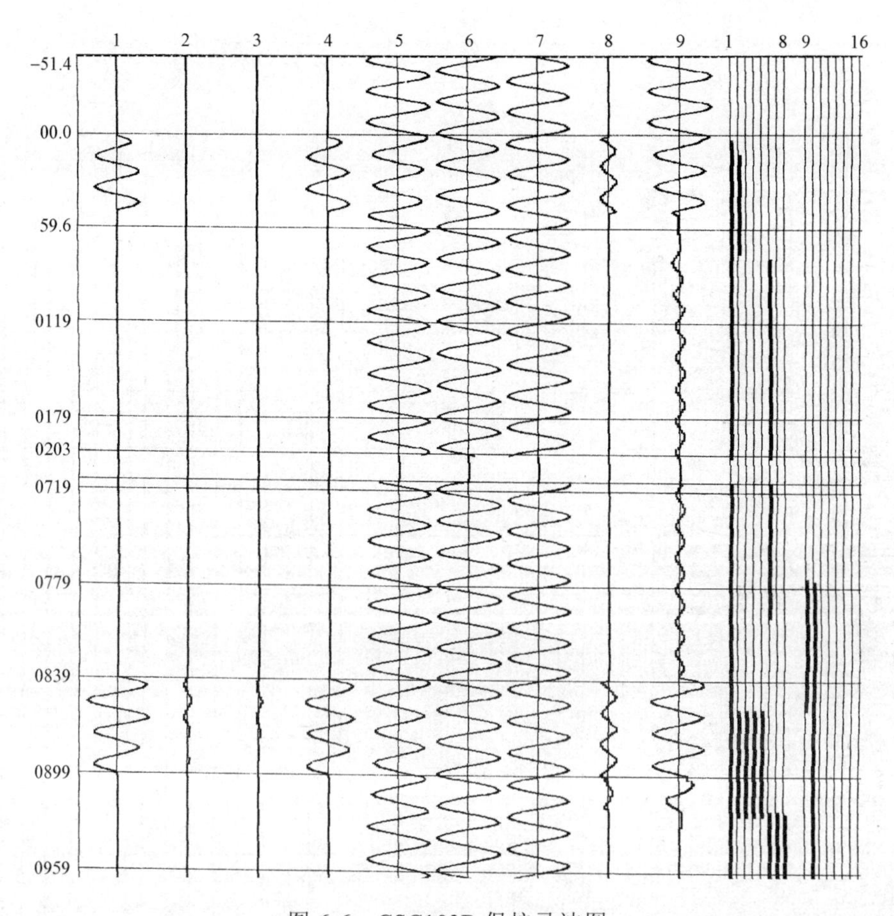

图 6-6 CSC103B 保护录波图

久性接地故障，第一套保护 RCS-902GPV、第二套保护 CSC103B 动作，618 断路器 A 相跳闸，重合于永久性故障后三相跳闸，故障点距离 YT 变电站约 8.5km。现场检查一次、二次设备无异常，YGⅠ线 618 线路负荷已由 YGⅡ线 626 转供，无负荷损失。

（2）YT 变电站 220kV YGⅠ线 618 线路第一、二套线路保护动作正确，故障录波器动作正确，录波完好，断路器正确动作，综合自动化系统信号正确。

二、220kV 母联 6002 隔离开关 C 相线夹断裂处理导致主变压器跳闸案例分析

（一）案例基本情况

××年××月××日 08：00，220kV MS 变电站 220kV 母联 6002 隔离开关 C 相线夹断裂，600 母联保护发“TA 缺相”信号。15：00，操作人员转移 2 号主变压器负荷完毕，欲将 2 号主变压器停电，消除 6002 隔离开关 C 相线夹断裂缺陷。由于 2 号主变压器中性点接地隔离开关在分位，为防止操作过电压，操作 2 号主变压器停电时应先合上 2 号主变压器中性点接地隔离开关。操作人员在合上 5×26 中性

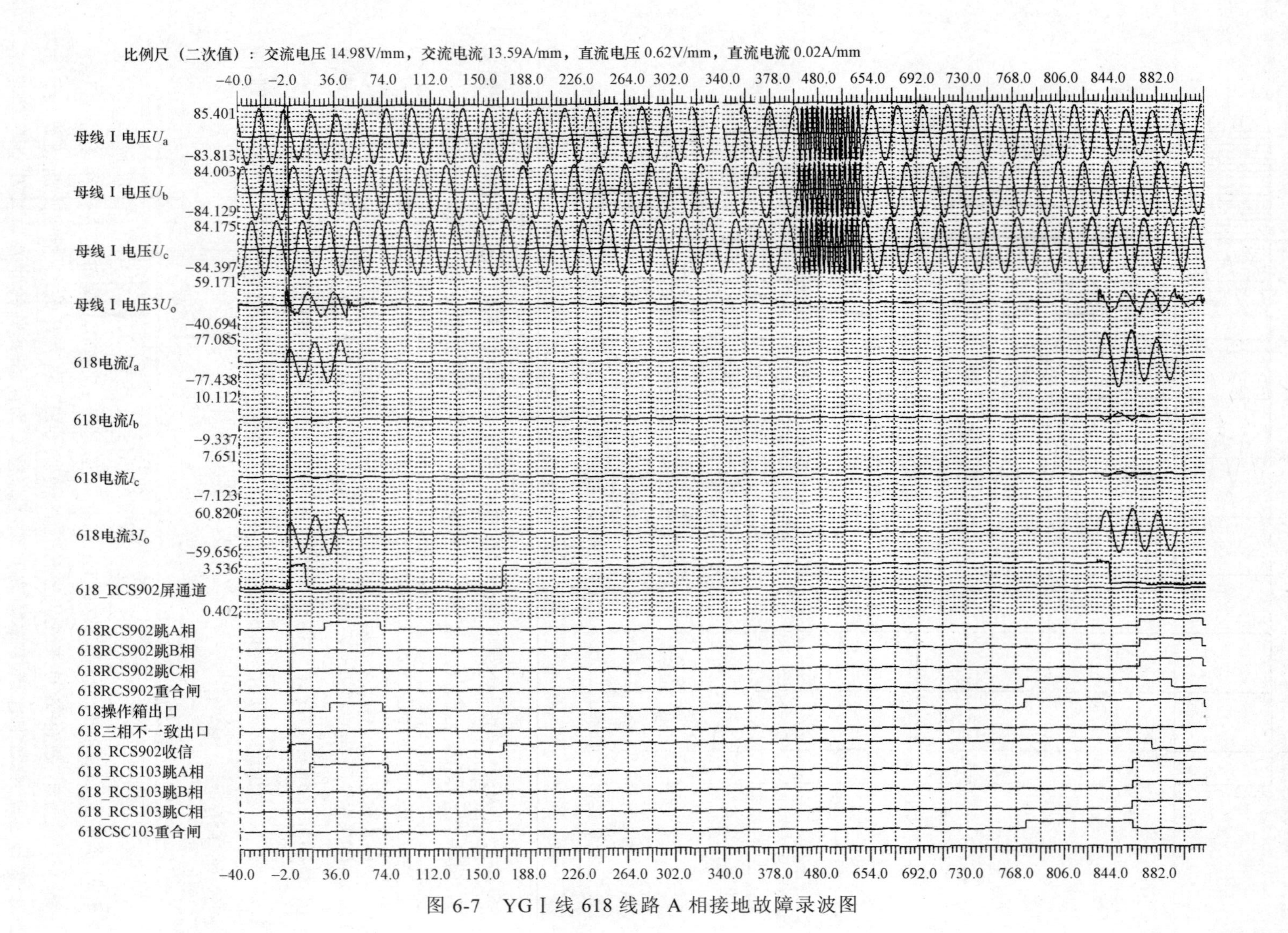

图 6-7　YG I 线 618 线路 A 相接地故障录波图

点接地隔离开关后，操作合上6×26中性点接地隔离开关时，2号主变压器保护A、B两套高压侧中性点零序过电流保护动作，2号主变压器三侧断路器跳闸。因2号主变压器负荷已转供，未造成负荷损失。

跳闸前的运行方式：1、2号主变压器并列运行，600断路器、6002隔离开关、6005隔离开关合位，6001隔离开关分位，600断路器作为220kVⅡ母、Ⅰ母母联使用。1号、2号主变压器中性点运行方式为2号主变压器高、中压侧中性点接地隔离开关6×26和5×26在分位，1号主变压器高、中压侧中性点隔离开关6×16和5×16处于合位。变电站一次设备接线如图6-8所示。跳闸前1号主变压器负荷为17.16MW，2号主变压器负荷为0.8MW。

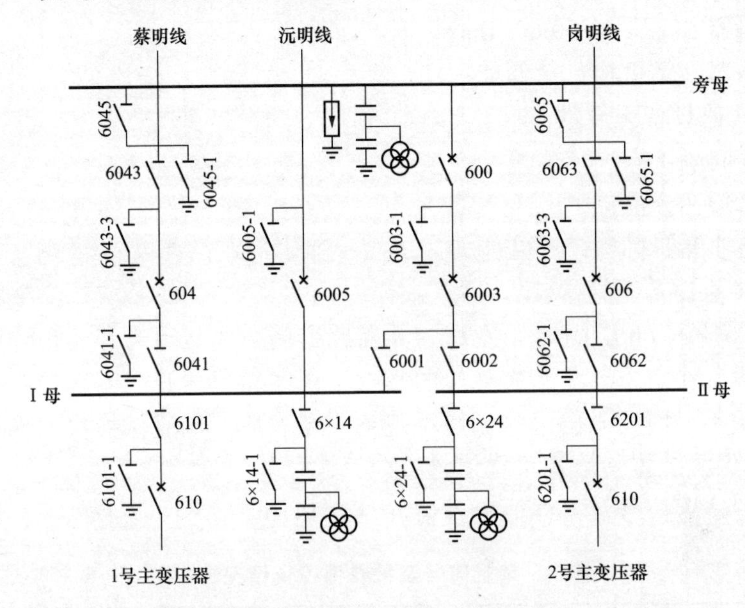

图6-8 变电站一次设备接线图

1. 综合自动化系统主要信息

××年××月××日08时01分：综合自动化系统发出预告信号音响，600母联保护“TA缺相”信号，母联600断路器C相电流为零，A相电流为24.6A，B相电流为22 A。

××年××月××日15时12分：综合自动化系统发出事故信号及预告信号音响，2号主变压器三侧620、520、320断路器闪亮，2号主变压器三侧电流、有功功率、无功功率为零。光字牌点亮情况见表6-9。

表6-9 2号主变压器间隔所亮光字牌

A套保护WBH-801保护动作	主变压器故障录波动作
B套保护WBH-801保护动作	620断路器电机运转
620断路器ABC分闸	520断路器电机运转
520断路器ABC分闸	320断路器ABC分闸

2. 现场设备检查情况

（1）2号主变压器：本体及三侧套管、导引线等无异常。

（2）620间隔：

620断路器（平高LW6B-252W）ABC三相在分位；

620断路器SF_6压力：A相0.61MPa，B相0.61MPa，C相0.60MPa；

620断路器液压机构：A相27.0MPa，B相27.1MPa，C相27.2MPa；

间隔内其他设备无异常。

（3）520间隔：

520断路器ABC三相在分位；

520断路器SF_6压力：0.60MPa；

520断路器弹簧机构：已储能；

间隔内其他设备无异常。

（4）320间隔：

320断路器在分位；

320断路器弹簧机构：已储能。

间隔内其他设备无异常。

（5）600间隔。6002隔离开关C相靠断路器侧引线与隔离开关相连的接线板已经断裂，引线悬在空中。在恶劣天气的影响下引线靠隔离开关侧线夹断裂。由于当时600负荷较小，因此未出现电弧烧蚀现象，断裂后，母联保护报C相缺相。

3. 继电保护装置信号及采样值检查

继电保护装置信号及采样值检查情况见表6-10。

表6-10　装置信号及采样值检查情况

装置名称	检查情况
WBH-801（A屏）	保护CPU绿灯亮、启动CPU绿灯亮、启动黄灯亮、信号红灯亮、跳闸红灯亮
WBH-801（B屏）	保护CPU绿灯亮、启动CPU绿灯亮、启动黄灯亮、信号红灯亮、跳闸红灯亮
采样值检查	母联保护、母线保护、母联测控装置母联电流C相均为0，但母差各项差流无异常

4. 保护动作报告

保护动作报告见表6-11和表6-12。

表6-11　2号主变压器A屏保护动作报告

<table>
<tr><td>报告序号</td><td>启动时间</td><td>相对时间</td><td>动作相别</td><td>动作元件</td></tr>
<tr><td>2552</td><td>×年×月×日　15:00:50.483</td><td>4203ms</td><td>ABC</td><td>01高压侧中性点零序电流
（1.54∠282°A）</td></tr>
<tr><td></td><td colspan="2">高压侧失灵启动 t_1 动作：15:00:50.483
保护动作时间：12ms
保护故障序号：2553</td><td colspan="2">高压侧失灵启动 t_2 动作：15:00:50.484
保护动作时间：13ms
保护故障序号：2554</td></tr>
</table>

续表

	01 高压侧 A 相电流：0.21∠204°A 02 高压侧 B 相电流：0.22∠079°A 03 高压侧 C 相电流：0.70∠293°A 04 零序电流：0.53∠284°A 05 负序电流：0.17A	01 高压侧 A 相电流：0.21∠204°A 02 高压侧 B 相电流：0.22∠079°A 03 高压侧 C 相电流：0.70∠293°A 04 零序电流：0.53∠284°A 05 负序电流：0.17A

表 6-12　　2 号主变压器 B 屏保护动作报告

报告序号	启动时间	相对时间	动作相别	动作元件
1636	×年×月×日　15:00:50.122	4202ms	ABC	01 高压侧中性点零序电流（1.53∠138°A）
	高压侧失灵启动 t_1 动作：15:00:50.135 保护动作时间：12ms 保护故障序号：1637 01 高压侧 A 相电流：0.22∠268°A 02 高压侧 B 相电流：0.22∠148°A 03 高压侧 C 相电流：0.69∠358°A 04 零序电流：0.51∠346°A 05 负序电流：0.17A		高压侧失灵启动 t_2 动作：15:00:50.135 保护动作时间：12ms 保护故障序号：1638 01 高压侧 A 相电流：0.22∠268°A 02 高压侧 B 相电流：0.22∠148°A 03 高压侧 C 相电流：0.69∠358°A 04 零序电流：0.51∠346°A 05 负序电流：0.17A	

5. 故障录波器动作

2 号主变压器中性点零序电流为 1.55A，保护动作出口。录波如图 6-9 所示。

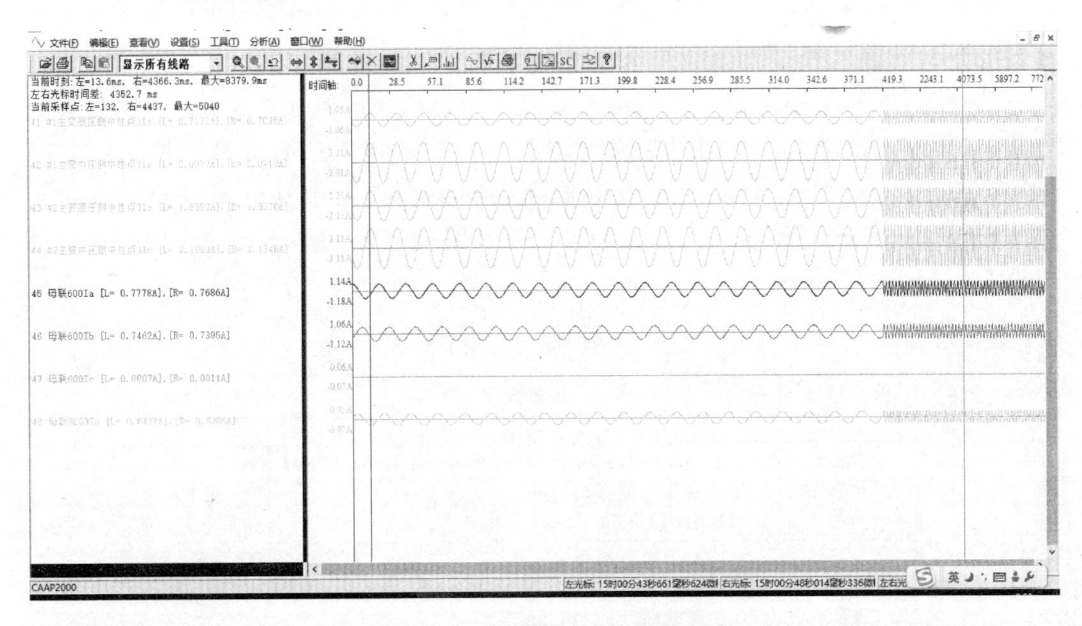

图 6-9　2 号主变压器跳闸录波图

（二）事故分析

1. MS 变电站 600 母联保护“TA 缺相”分析

（1）根据综合自动化系统信息初步分析。××年××月××日 08 时 01 分，MS 变电站综合自动化系统预告警铃响，发 600 母联保护“TA 缺相”信号，母联 600

断路器C相电流遥信值为零，A相电流为24.6A，B相电流为22A。判断为母联600一次回路C相断相或600TA C相二次无电流。

（2）二次设备检查情况分析。××年××月××日08时02分，MS变电站运维人员检查二次设备，母联保护、600断路器保护报电流互感器回路异常，母联保护、母线保护、母联测控装置母联电流C相均为0，但母差各项差流无异常。

（3）一次设备检查情况分析。××年××月××日08时05分，MS变电站运维人员检查一次设备，发现6002隔离开关C相靠断路器侧引线与隔离开关相连的接线板断裂，引线悬在空中。

综合以上分析，母联6002隔离开关C相引线折断，C相无流，与该回路有关的保护及测控装置C相采样值为零，保护装置发“TA缺相”信号。

2. 2号主变压器三侧跳闸分析

（1）根据综合自动化系统信息初步分析。××年××月××日15时01分，MS变电站综合自动化系统事故音响及预告警铃响，2号主变压器三侧断路器跳闸。A套保护WBH-801保护动作、B套保护WBH-801保护动作。2号主变压器负荷已转移，未造成负荷损失。

（2）二次设备检查情况分析。根据2号主变压器A、B两套保护动作报告及现场操作情况，运维人员进行2号主变压器停电操作，合上了2号主变压器中压侧中性点接地隔离开关和高压侧中性点接地隔离开关后，变电站内主变压器中性点接地数量增加，接地点数量和位置的变化导致系统零序阻抗的变化，改变了站内零序电流的分布。2号主变压器中性点接地后零序网络构成回路，变电站零序阻抗大幅度减小，零序电流增大，2号主变压器中性点零序电流达1.54A（A套保护）和1.53A（B套保护），超过2号主变压器保护高压侧中性点零序过电流保护动作定值（1.2A），保护正确动作出口，保护装置采样及跳闸二次回路均无误。保护动作情况见表6-13。

表6-13　　保护动作情况

跳闸设备	保护型号	装置报文	备注
2号主变压器	WBH-801（A套）	高压侧零序过电流 t_2 动作 报文动作时刻：2017年02月21日15:00:50.483 保护动作时间：4203ms 动作电流：1.54∠282°	2号主变压器高压侧零序过电流定值：I=1.2A，t_2=4.2s；跳三侧
	WBH-801（B套）	高压侧零序过电流 t_2 动作 报文动作时刻：2017年02月21日15:00:50.122 保护动作时间：4202ms 动作电流：1.53∠138°A	

（3）一次设备检查情况分析。2号主变压器及三侧断路器均无异常。

（4）故障录波动作情况分析。2号主变压器故障录波正确动作，录波显示，跳闸时2号主变压器高压侧中性点零序电流达1.55A，超过2号主变压器保护高压侧中性点零序过电流保护动作定值（1.2A），高压侧中性点零序电流保护正确动作出口。

综合以上分析：母联 6002 隔离开关 C 相引线折断，产生零序电流，零序电流大小与负荷电流及零序阻抗有关。当运维人员操作合上 2 号主变压器高压侧中性点接地隔离开关后，零序阻抗下降，零序电流增大，A 套保护电流值达 1.54A，B 套保护电流值达 1.53A，超过保护整定值 1.2A，2 号主变压器高压侧中性点零序电流保护动作出口，2 号主变压器三侧断路器跳闸。

（三）分析结论

（1）MS 变电站 220kV 母联 6002 隔离开关线夹折断（查综合自动化系统后台报文折断时间是凌晨 00 时 50 分），当时负荷电流较低，母联零序电流较小，未达母联保护“TA 缺相”告警定值 0.5A。08 时 01 分，负荷电流较凌晨增大，母联保护装置告警，发“TA 缺相”告警信号。值班调度员将 2 号主变压器负荷转移，降低到 0.8WM，操作过程中当运维人员合上 2 号主变压器高压侧中性点接地隔离开关后，零序阻抗下降，零序电流增大，超过 2 号主变压器高压侧中性点零序电流整定值，保护动作，2 号主变压器三侧跳闸。

（2）2 号主变压器保护动作正确；断路器保护动作正确；监控系统信号正确；故障录波器动作正确，录波完好。

三、变电站二次保护拒动案例分析

（一）案例基本情况

×年×月×日 12 点 45 分，220kV WT 变电站 WZ 线 512 因山火引发线路 C 相长时间、间歇性的接地故障，故障距离 14km。12 点 46 分 57 秒，3 号主变压器保护中压侧零序过电流 t_2、中压侧零压闭锁零流同时动作跳三侧，紧接着 WZ 线 512 线路保护接地距离Ⅰ段动作三跳、重合并后加速跳闸。

跳闸前的运行方式：220kV WT 变电站有 4 台主变压器，1、2 号主变压器为 110kV 主变压器，3、4 号主变压器为 220kV 主变压器，其中 1、2、3 号主变压器 110kV 侧中性点接地。1、3 号主变压器 110kV 侧运行于Ⅰ母，2、4 号主变压器 110kV 侧运行于Ⅱ母；110kV 为分段母线带旁母方式，母联 500 断路器合；WZ 线 512 运行于 110kVⅠ母。一次主接线如图 6-10 所示。

1. 综合自动化系统主要信息

××年××月××日 12 时 46 分：综合自动化系统发出事故信号、预告信号音响，3 号主变压器保护中压侧零序过电流 t_2、中压侧零压闭锁零流动作，3 号主变压器三侧 630、530、330 断路器闪亮。WZ 线 512 线路保护动作，512 断路器闪亮。

2. 二次设备动作信息

（1）3 号主变压器保护（WBH-801A）动作信息。3 号主变压器Ⅰ、Ⅱ屏两套电量保护装置均为许继 WBH-801A，与事故相关定值：中压侧零压闭锁零流（$I_{zd}=1.38$A，$t=4.8$s 跳三侧，零压开放、自产零流，TA 变比 1200:5）、中压侧零序过电流（$I_{zd}=3.3$A，$t=4.8$s 跳三侧，外接零流，TA 变比 500:5）、中压侧零序方向过电流（$I_{zd}=1.38$A，$t_1=3.9$s 跳 500，$t_2=4.2$s 跳 530，自产零压、自产零流，TA 变比 1200:5A）。

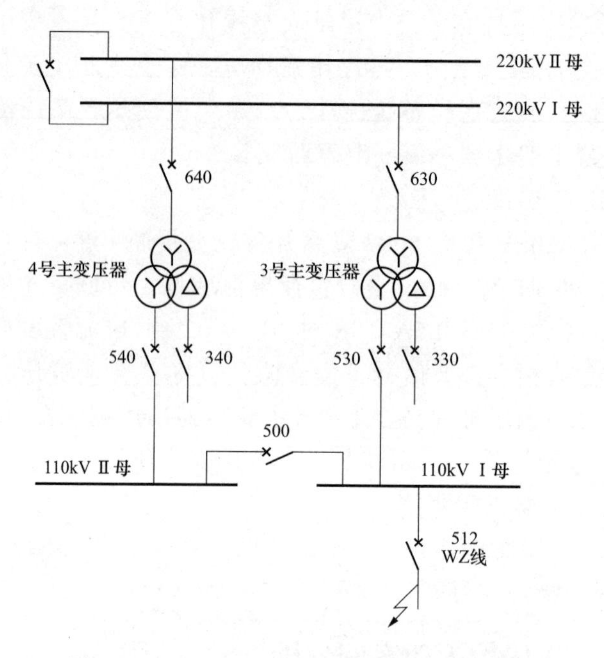

图 6-10　220kV WT 变电站相关一次接线图

3 号主变压器两套保护的中压侧零压闭锁零流和中压侧零序过电流 t_2 同时动作，动作矩阵均跳 3 号主变压器三侧断路器，保护动作情况见表 6-14 和表 6-15。

表 6-14　　第一套 WBH-801A 主变压器保护动作情况

类别	时　间	内　容	描　述
保护动作	××年××月××日 12:46:57.896		保护启动
	4002ms	中压侧零压闭锁零流动作	跳 3 号主变压器三侧
		保护故障序号	548

表 6-15　　第二套 WBH-801A 主变压器保护动作情况

类别	时　间	内　容	描　述
保护动作	××年××月××日 12:46:57.896		保护启动
	4002ms	中压侧零序过电流 t_2 动作	跳 3 号主变压器三侧
		保护故障序号	549

（2）WZ 线 512 线路保护 WXH-815 动作情况。线路保护为许继 WXH-815，与事故相关定值为：接地距离Ⅰ段（Z＝0.59Ω，无延时）；零序方向过电流Ⅳ段（I_{zd}＝5A，t＝3.6s，自产零压、自产零流，TA 变比 300:5）。保护第一次动作情况见

表 6-16，保护重合闸后动作情况见表 6-17。

表 6-16　　WXH-815 线路保护第一次动作情况

类别	时　间	内　容	描　述
保护动作	××年××月××日 12:46:57.968		保护启动
	24116ms	接地距离 I 段 C 相动作	跳 512
		保护故障序号	391

表 6-17　　WXH-815 保护重合闸后动作情况

类别	时　间	内　容	描　述
保护动作	××年××月××日 12:47:02.096		保护启动
	20242ms	重合后接地距离 I 段 C 相动作	跳 512
		保护故障序号	396

（3）故障录波记录。主变压器保护故障录波及 110kV 故障录波屏记录如图 6-11～图 6-13 所示。

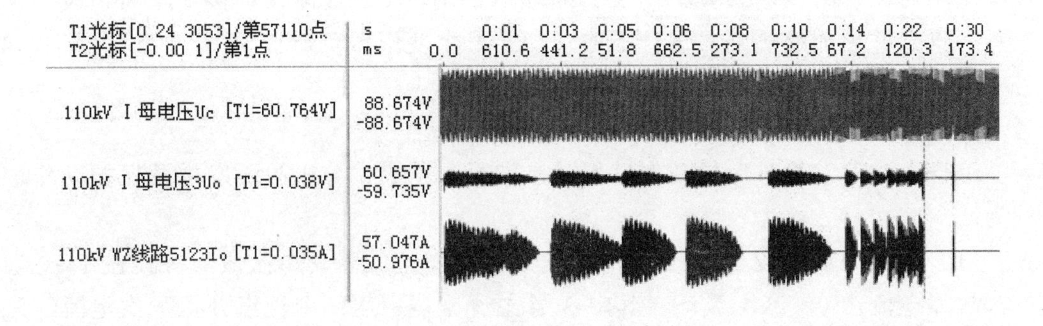

图 6-11　WZ 线路 512 超长、间断故障波形

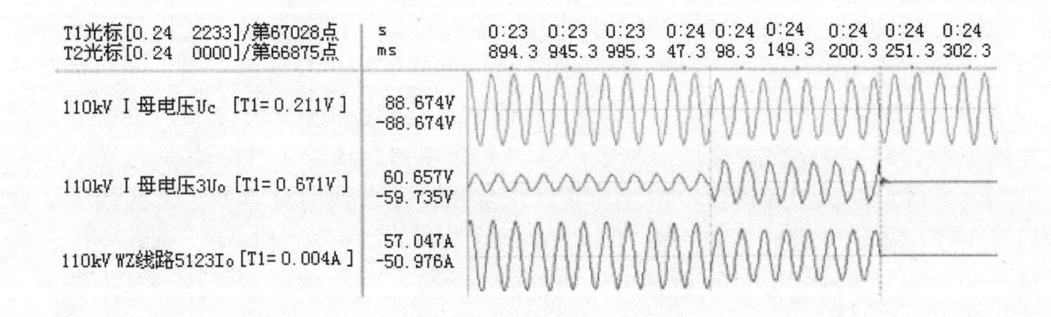

图 6-12　故障波形对应保护动作变化图

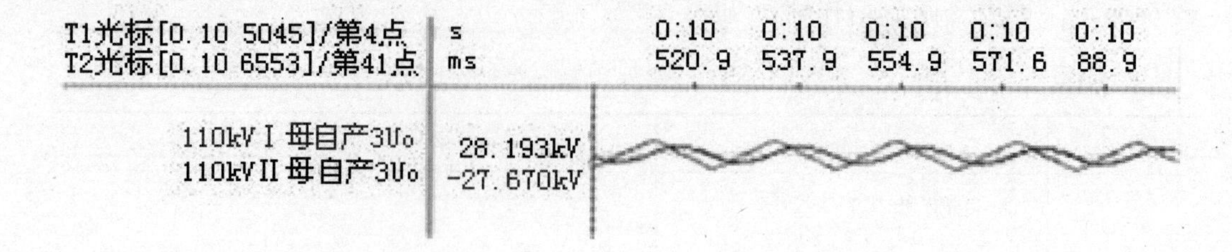

图 6-13　110kV Ⅰ、Ⅱ自产零序对比图

3. 变电站一次设备状况

3 号主变压器高中低压断路器 630、530、330 在分位，灭弧介质压力正常，储能正常；3 号主变压器及 630、530、330 间隔内其他设备正常；4 号主变压器负荷正常。

WZ 线 512 断路器在分位，灭弧介质压力正常，储能正常；512 间隔内其他设备正常。

（二）故障分析

1. 根据综合自动化系统信息初步分析

××年××月××日 12 时 46 分，220kV WT 变电站 3 号主变压器高中低压断路器 630、530、330 跳闸，3 号主变压器保护中压侧零序过电流 t_2、中压侧零压闭锁零流同时动作跳三侧。WZ 线 512 断路器跳闸，512 线路保护接地距离Ⅰ段动作三跳、重合并后加速跳闸，重合不成功。3 号主变压器负荷转 4 号主变压器供，4 号主变压器负荷正常。

2. 根据保护动作及录波报告综合分析

综合上故障发生时保护动作过程及录波报告信息，分析故障发生及保护动作过程为：

（1）12:45:18，WZ 线 512 线路上发生 C 相接地故障，单次故障持续在 1～2s，一次故障电流在 0～2kA 波动（其中 3 号主变压器中压侧中性点分担一次电流约为 630A），且存在明显的故障-恢复-故障现象，持续约 2min，故障波形如图 6-12 所示。由于故障间歇性特点，期间导致 512 线路保护多次启动-返回。

（2）12:46:40 左右，故障持续时间达到最长的 5s，超过 3 号主变压器保护零序过电流和零压闭锁零流保护 4.8s 的延时定值，跳开 3 号主变压器三侧。此时故障点尚未切断，故障电流通过 500 断路器由其他主变压器提供。3 号主变压器跳开三侧断路器后，512 线路保护接地距离Ⅰ段瞬时动作出口，切除了故障点。

（3）WZ 线 512 线路保护拒动异常情况分析。本案例的故障点在 WZ 线 512 线路保护接地距离Ⅰ段和零序方向过电流保护范围，但在故障过程中，WZ 线 512 线路保护和 3 号主变压器保护的带方向元件的保护（主变压器保护中压侧零序方向过电流 t_1、t_2 和 512 线路保护零序方向过电流Ⅳ段）均没有启动和动作记录，可能存在线路保护和主变压器保护方向元件逻辑和电压互感器二次电压异常。

1）保护方向元件逻辑检查。3 号主变压器和 WZ 线 512 线路转检修后，对 3 号主变压器保护装置和 512 线路保护装置进行了检查测试，保护相关逻辑正常，方向元件判断正确，保护装置正常。

2）TV 二次电压检查。故障录波中 110kV Ⅰ、Ⅱ母自产和外接零序电压波形进行比对分析，发现Ⅱ母自产 $3U_0$（由母线三相 TV 电压经软件合成）与Ⅰ母、Ⅱ母外接 $3U_0$（TV 开口三角电压）波形基本吻合，Ⅰ母自产 $3U_0$ 却在故障时超前于Ⅱ母自产 $3U_0$ 和Ⅰ、Ⅱ母外接 $3U_0$ 约 80°角差，如图 6-13 所示。检查Ⅰ母三相线电压无异常，判断Ⅰ母自产零序电压随故障时间存在相电压漂移导致角度偏差现象。这有可能导致保护的方向元件计算故障方向在动作区边缘甚至进入不动作区域。

3）故障录波回放试验，验证 512 线路保护动作行为。电流取 512 故障电流，电压分别取 110kV Ⅰ母和Ⅱ母三相电压，验证Ⅰ母和Ⅱ母 TV 电压角差对保护动作情况的影响。情况见表 6-18。

表 6-18　Ⅰ母、Ⅱ母电压差异对保护动作特性的影响

检查项目	电压选取	动作情况	验证结果
线路保护动作前 5s 故障波形（时长 5s）	Ⅰ母电压	接地距离Ⅰ段 C 相动作 4889ms	与实际动作情况一致
	Ⅱ母电压	接地距离Ⅰ段 C 相动作 37ms 零序Ⅰ V 段动作 3603ms	快于实际动作情况
线路保护动作前 24s 故障波形（时长 2s）	Ⅰ母电压	不动作	与实际动作情况一致
	Ⅱ母电压	接地距离Ⅰ段 C 相动作 42ms	快于实际动作情况

故障过程中，3 号主变压器跳闸后，改变了 110kV 的零序阻抗网络，使 512 线路故障阻抗进入接地距离Ⅰ段动作区，从而跳开 512 线路断路器。当自产 $3U_0$ 正常时，512 线路保护能够远早于实际动作时间动作，则可避免主变压器保护动作问题。

通过故障录波分析和故障回放，完整还原了整个故障发展过程和保护动作行为特性，验证了电压互感器二次检查分析中关于自产 $3U_0$ 电压角差影响保护动作特性的正确性。

4）110kV Ⅰ母电压互感器二次回路排查。110kV Ⅰ母电压互感器保护自产 $3U_0$ 电压角差有可能是 N 点对地接触不良或 N 线多点接地引起，在 110kV Ⅰ母电压互感器退出运行后，相关二次回路转移，对该段回路接地和绝缘进行检查，发现 110kV Ⅰ母三相电压互感器本体接线盒均有保护电压的接地点，与在电压并列柜屏的安全接地点构成两点接地，如图 6-14 所示。

5）WZ 线 512 线路保护拒动的原因。110kV Ⅰ母三相电压互感器本体接线盒存在接地点，造成Ⅰ母电压 N 线两点接地，导致保护方向元件判断不准，512 线路保护拒动。

（三）分析结论

（1）××年××月××日 12 时 46 分，WT 变电站 110kV WZ 线 512 因山火引发线路 C 相长时间、间歇性的接地故障。512 线路 WXH-815 保护因 110kV Ⅰ母三

相电压互感器二次 N 线存在两点接地，导致保护方向元件判断不准发生拒动。12 时 46 分 57 秒，3 号主变压器保护中压侧零序过电流 t_2、中压侧零压闭锁零流同时动作跳三侧，紧接着 WZ 线 512 线路保护接地距离Ⅰ段动作跳闸、重合不成功。变电站现场检查一次、二次设备无异常，3 号主变压器负荷转 4 号主变压器供，未造成负荷损失。

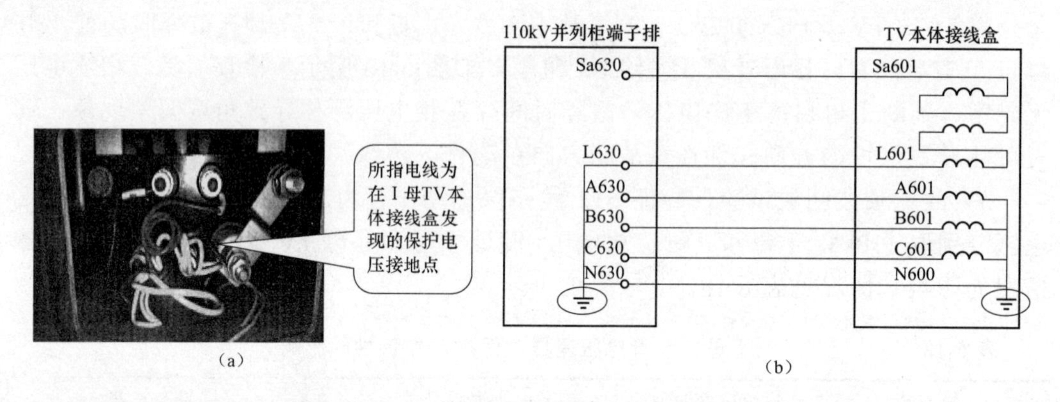

图 6-14　110kVⅠ母二次回路 N600 接地分析图

（a）现场接地图；（b）N600 两点接地示意图

（2）110kV 512 线路保护在方向元件判断不准的情况下拒动，并造成越级跳闸，在 3 号主变压器跳闸后才出口切除故障，为不正确动作；3 号主变压器保护在方向元件判断不准的情况下，由中压侧零序过电流和零压闭锁零流保护跳开主变压器三侧，避免了故障的进一步发展，为正确动作。故障录波正确。

设备维护性作业

变电运维专业既包含传统的变电运行工作，又增加了维护性检修工作，它要求运维人员在完成本职运行岗位工作的同时，同时承担变电站站内及设备的日常维护性检修工作。设备维护性检修包含变电站一次、二次设备维护性检修项目以及一次、二次设备的带电检测项目。通过开展设备维护性作业，将降低设备检修维护的成本，快速消除缺陷，优化人员结构、解决结构性缺员的矛盾，有效地提高了生产效率和效益。

第一节　一次设备维护性检修作业

一、变压器冷却系统维护性检修

（一）变压器冷却系统

1．变压器冷却系统作用

当变压器运行时，其上层油温与下层油温产生温差时，形成油温对流，使其通过冷却器的冷却作用后流回油箱，起到降低变压器运行温度的作用，防止变压器长期处于高温状态，造成绝缘老化，影响设备的供电可靠性。变压器冷却系统的作用如图 7-1 所示。

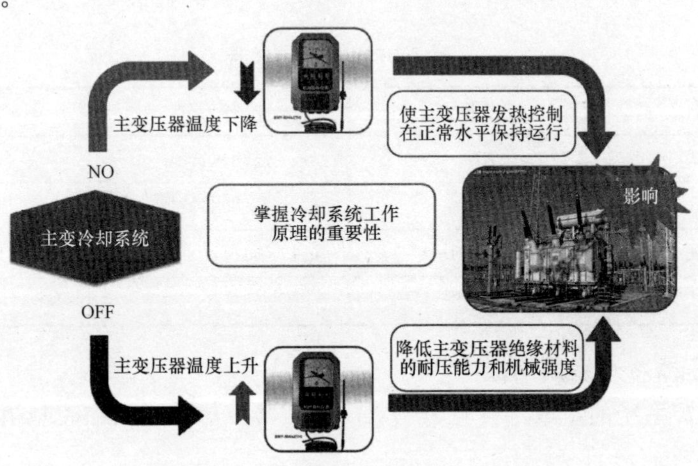

图 7-1　变压器冷却系统的作用示意图

当变压器绕组温度在 80～140℃范围内，温度每升高 6℃，其绝缘老化速度将增加一倍，即温度每升高 6℃，其绝缘寿命就降低 1/2。

2. 变压器冷却方式

（1）油浸式自冷：将变压器的铁芯和绕组直接浸入变压器油中，经过油的对流和散热器的辐射作用，达到散热的目的。

（2）油浸式风冷：在油浸式自冷的基础上，散热片上加装风扇，在变压器的油温达到规定值时，启动风扇，达到散热的目的。

（3）强迫油循环式：

1）强迫油循环风冷式：用油泵强迫油加速循环，经散热器风扇使变压器的油得到冷却。

2）强迫油循环水冷式：用油泵强迫油加速循环，通过水冷却器散热，使变压器的油得到冷却。

3）强迫油循环导向冷却式：以强迫油循环的方式，使冷油沿着一定路径通过绕组和铁芯内部以提高散热效率的冷却方式。

（4）水内冷式：水内冷变压器的绕组是用空心铜线或铝线绕制成的，变压器运行时，将水打入绕组的空心导线中，借助水的循环，将变压器中产生的热量带走。

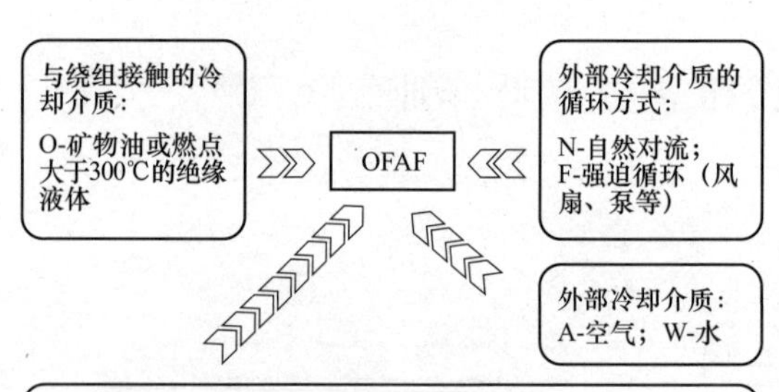

图 7-2　变压器冷却系统冷却方式定义

（5）风冷式：风机冷却一般用于室内干式电力变压器。

3. 变压器冷却方式字母含义

如图 7-2 和表 7-1 所示，变压器的冷却方式由冷却介质及其循环方式来标志，一般由两个或四个字母代号标志，依次为绕组冷却方式及其种类，外部冷却介质及其种类。

表 7-1　冷却方式及标志代号

冷却方式	代号标志	冷却方式	代号标志
干式自冷式	AN	强油风冷式	OFAF
干式风冷式	AF	强油水冷式	OFWF
油浸自冷式	ONAN	强油导向风冷和水冷式	ODAF 或 ODWF
油浸风冷式	ONAF		

（二）变压器冷却系统组成

变压器冷却系统的组成部件见表 7-2，变压器冷却系统风冷控制箱的组成部件见表 7-3。

表 7-2 变压器冷却系统的组成部件

序号	变压器冷却系统的主要组成部件	现场实际图片
1	散热片及油流管道	
2	油流继电器	
3	油流阀门	
4	散热器（风扇）	
5	潜油泵（强迫油循环）	
6	风冷控制箱	

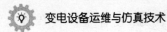

表 7-3　　变压器冷却系统风冷控制箱的组成部件

序号	风冷控制箱二次设备的组成	现场实际图片
1	风冷电源指示灯及控制面板	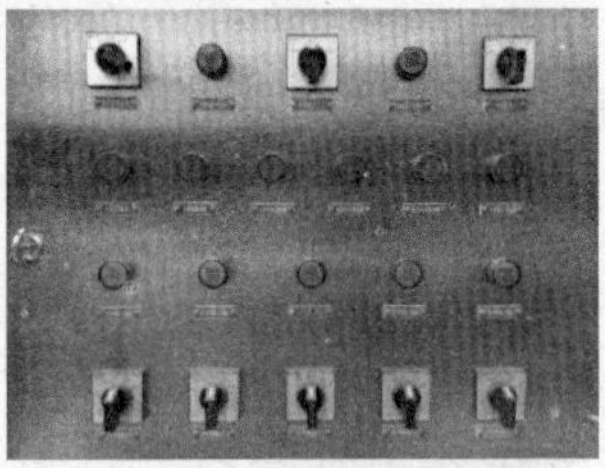
2	延时继电器 中间继电器	
3	转换开关	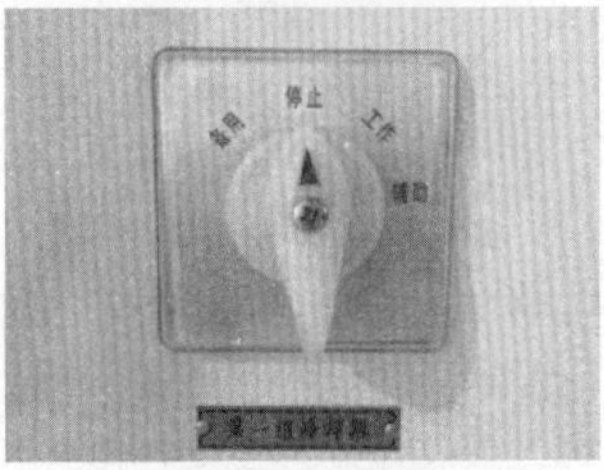
4	电源快分开关	
5	三相交流接触器	

（三）冷却系统元件更换维护性检修作业

冷却器的冷控系统是维持变压器冷却功能的控制系统，其功能主要有：设定冷却器的工作状态（工作、停止、辅助或备用），自动控制冷却器的投入、退出，防止风机、油泵烧损，当风机或油泵出现故障时，变压器顶层油温过高及电源故障时能及时发出告警信号。如果冷却器控制箱内的空气断路器、热继电器、交流接触器等元件损坏将大大影响风冷控制箱的控制效果甚至造成冷却器全停故障的发生，所以要重视冷却器系统上述元件的维护性检修工作。

1. 危险点分析及预控措施

（1）变压器冷却系统正常运行是保证变压器运行温度控制在安全范围内的必要条件，当控制箱内元器件发生故障时需尽快修复。日常维护性检修中必须掌握空气断路器、热继电器、信号指示灯、接触器等元器件的更换方法。

（2）变压器冷却系统元件更换维护性检修作业风险辨识见表 7-4。

表 7-4　变压器冷却系统元件更换维护性检修作业风险辨识

序号	风险辨识	预控措施
1	低压触电	正确着装，使用合格的工器具，加强监护，戴干燥、清洁的棉纱手套，工作衣袖口应扣住，不得佩戴手表或其他金属饰物。断开上一级电源，解拆线时进行测量确无电压
2	高压触电	与带电部位保持足够的安全距离，500kV：≥5m，220kV：≥3m，110kV：≥1.5m，35kV：≥1m，10kV：≥0.7m，作业人员身体及工器具严禁超过设备构架
3	误接线引起交直流短路	在运行的冷却器控制箱内工作时应加强监护，拆线、接线时应逐根拆除、包扎、标记，恢复时按标记逐根进行
4	误碰引起事故	工作中应注意动作幅度不要过大，不要触及有可能引起事故的设备部件
5	远方操作引起人员伤害	开始工作前要向监控人员通报工作内容，交待监控人员进行远方操作前应与现场人员联系
6	误拉合电源	核对快分开关名称，防止误拉运行中冷却器控制电源

2. 更换维护性检修作业要求

（1）工器具材料准备。万用表、尖嘴钳、十字螺丝刀、一字螺丝刀、缘胶带、废品袋、需要更换的同型号空气断路器、指示灯、热继电器和交流接触器。

要求：毛刷的金属裸露部分应用绝缘带包扎严实，应使用干燥的棉布，禁用湿布。

（2）维护性检修作业人员要求。至少由两人进行，工作人员应按规定正确着装，戴安全帽。一人专职监护，一人进行更换检修。

要求：两人进行，应熟悉工作内容、带电部位、风险点并且交代签字确认后，才能开始该项目的维护性检修工作。

3. 维护性检修流程及工序要求

变压器冷却系统更换维护性检修流程及工序要求如下：

（1）断开相关回路电源。

（2）选择与待更换元器件相同型号的合格元器件，或者更换的元器件各项指标能符合控制回路要求。

（3）拆除元器件接线，做好端子标记。

（4）更换元器件。

（5）正确恢复接线，紧固。

（6）调整元器件的各种定值，使之与原来元器件相同，或者符合设计要求，如热继电器的动作电流值、时间继电器的动作时间等。

4. 注意事项

更换控制箱内元器件尽量在元器件各端子不带电压的条件下进行，或者通过拉开相关开关使需更换的元件各端子无电压，但前提条件是不能影响冷却器的正常运行。更换元器件前应熟悉控制回路。

具体元件维护性检修的作业流程如图 7-3～图 7-5 所示。

二、变压器呼吸器维护性检修

（一）变压器呼吸器作用

变压器呼吸器也叫变压器吸湿器、变压器干燥剂，呼吸器是变压器储油柜与外界进行气体交换时的干燥过滤装置，其作用为吸附空气中进入储油柜胶囊、隔膜中的潮气，清除和干燥由于变压器油温的变化而进入变压器储油柜胶囊的空气中的杂物和潮气，以免变压器受潮，以保证变压器油的绝缘强度。一旦变压器油受潮且长期不维护，变压器油绝缘降低，将会导致变压器内部故障，从而殃及其他带电线路的安全、可靠、稳定运行。

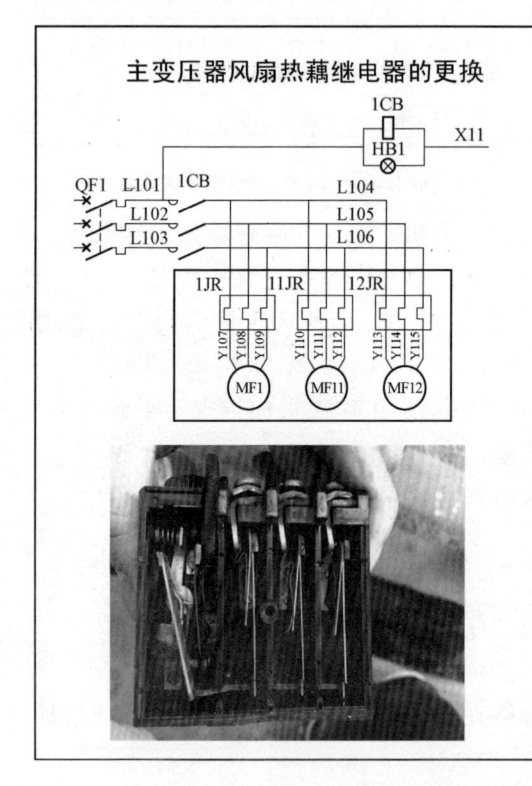

作业流程

1. 分析回路图纸中接触器所在位置。

2. 确认热偶继电器的实际接线，画出回路图和端子号，做好更换前的准备。

3. 拉开主变压器风扇电机电源快分开关（注意拉开更换风机的电源快分开关）。

4. 按图纸标注，用万用表交流挡测量热元件和触点是否有电。

5. 解线完毕，拆除热偶继电器进行更换。

6. 核对新的热藕继电器与需要更换的继电器型号一致，对需要更换的继电器进行导通测试，确认动合、动断触点的动作正确完好。

7. 安装热偶继电器，并且按照接线图原样恢复接线。

8. 检查接线是否接触牢固，用万用表检查热偶继电器上端头电压正常。

9. 恢复电源送电并且用万用表检查热偶继电器下端电压正常。

图 7-3　热偶继电器更换维护性检修作业流程

接触器的拆除和更换

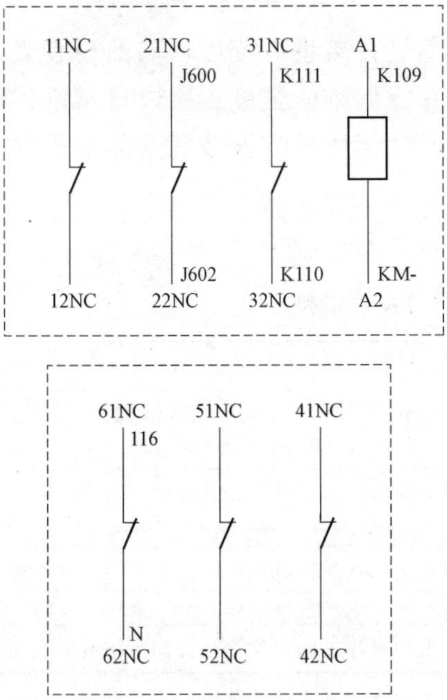

11NC
21NC
31NC
A1
J600
K111
K109
J602
K110
KM-
12NC
22NC
32NC
A2
61NC
51NC
41NC
116
N
62NC
52NC
42NC

作业流程

1. 分析回路图纸中接触器所在位置。
2. 确认接触器的线圈和触点的实际接线，画出回路图和端子号。
3. 按图纸核实标注，断开线圈和触点的上级电源，并用万用表直流挡和交流挡测量线圈和触点是否带电。
4. 按安全措施要求将接触器上的端子接线拆除后用红胶布立即包好，防止触电和短路接地。
5. 拆线完毕，拆除该接触器进行更换。
6. 对要更换的接触器参数型号与老的接触器进行核对，并对新接触器进行触点导通测试，确认动合、动断触点的动作正确完好；线圈电阻正常。
7. 安装新接触器，并且按照接线图原样恢复接线。
8. 检查接线是否接触牢固，恢复电源送电并且测量接触器的上级和下级电压正常，线圈和触点的直流控制回路电压正常。

图 7-4 交流接触器更换维护性检修作业流程

风冷控制箱指示灯更换

I
SS
II
11
12
K114
K1
K2
K4
K5
KT5
KT11
K115
K116
K117
K118
K119
K120
LR1
LR2
LR3
LR4
LR5
LR6
冷却器故障指示
I 段电源故障指示
II 段电源故障指示
工作冷却器故障指示
辅助冷却器故障指示
备用冷却器故障指示
冷却器全停故障指示

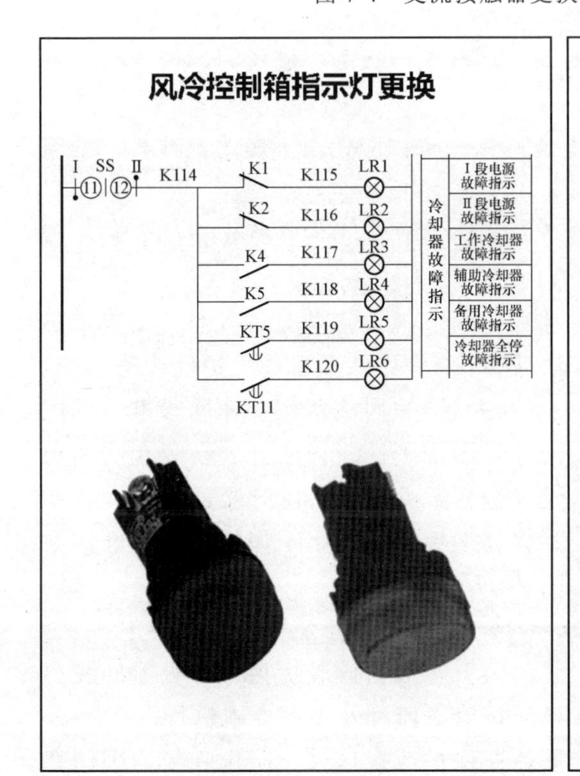

作业流程

1. 分析回路图纸中指示灯所在位置。
2. 确认指示灯的实际接线，画出回路图和端子号。
3. 按图纸核实标注，断开指示灯上级电源，并用万用表测量指示灯两端是否带电。
4. 按安全措施要求将指示灯的两端接线拆除后用红胶布立即包好，防止触电和短路接地。
5. 拆线完毕，拆除该指示灯进行更换。
6. 对要更换的指示灯参数型号与老的接触器进行核对，并对新指示灯进行电阻值测试是否正常。
7. 安装新指示灯，并且按照接线图原样恢复接线。
8. 检查接线是否接触牢固，恢复电源送电并且测量指示灯的两端电压正常是否指示正常。

图 7-5 风冷控制箱指示灯更换维护检修作业流程

（二）变压器呼吸器的维护性检修

1. 危险点分析及预控措施

（1）在变压器储油柜内，若与未经净化的空气直接进入变压器储油柜胶囊，吸入了空气中的杂质和水分后，变压器油将受潮并降低绝缘强度。所以日常维护性检修中必重视对变压器呼吸器受潮硅胶的更换、油封杯和呼吸器玻璃壁的维护以及油封补油工作的开展。

（2）变压器呼吸器维护性检修风险辨识见表 7-5。

表 7-5　　变压器呼吸器维护性检修风险辨识

序号	风险辨识	预　控　措　施
1	高压触电	与带电部位保持足够的安全距离，500kV：≥5m，220kV：≥3m，110kV：≥1.5m，35kV：≥1m，10kV：≥0.7m
2	氧化钴中毒	正确着装，穿戴好防护手套，防止硅胶进入眼中、口中，工作完毕后立即洗手
3	瓦斯保护误动、拒动	工作前应向调度申请将重瓦斯保护改投信号，工作结束应检修瓦斯保护信号正常后及时向调度申请将重瓦斯改投跳闸
4	油封杯、硅胶桶损坏	使用合格的工器具，小心操作，固定螺栓松开和紧固应对角进行
5	水气杂质进入引起油绝缘强度降低	变压器呼吸器维护性工作的开展必须在晴朗的天气进行，并且在拆除呼吸器后，应该立刻将储油柜连接管用干燥的毛巾包好

2. 维护性检修要求

（1）工器具材料准备。硅胶、变压器油、清洗剂、扳手、螺丝刀、棉纱布、毛刷、小盆或者废品袋。

要求：毛刷的金属裸露部分应用绝缘带包扎严实；应使用干燥的棉纱布，禁用湿棉纱布。

（2）维护性检修人员要求。至少由 3 人进行，工作人员应按规定正确着装，戴安全帽。1 人专职监护，2 人进行更换检修。

要求：3 人进行，应熟悉工作内容、带电部位、风险点并且进行交代与签字确认后，才能开始该项目的维护性检修工作。

图 7-6　呼吸器拆除后与储油柜连接管的包扎

（3）维护性检修作业开展要求。变压器呼吸器维护性工作的开展必须在晴朗的天气进行，并且在拆除呼吸器后，应该立刻将储油柜连接管用干燥的毛巾包好，如图 7-6 所示。

3. 维护性检修流程及工序要求

（1）呼吸器硅胶更换。呼吸器硅胶更换应按以下流程及工序要求进行：

1）将运行中变压器的本体（调压）重瓦斯保护改投信号，防止呼吸器因堵塞导致本体内部压力增大，打开呼吸管道时压力释放引起重瓦斯保护动作。

2）对图 7-7（a）型呼吸器，无需拆卸呼吸器。更换硅胶时打开上、下密封盖，让变色硅胶自动流出。待变色硅胶全部流出后，盖好下部密封盖，从上部密封盖位置处倒入新的硅胶，并保留 1/5～1/6 高度的空隙，紧固密封上、下两个密封盖即可。

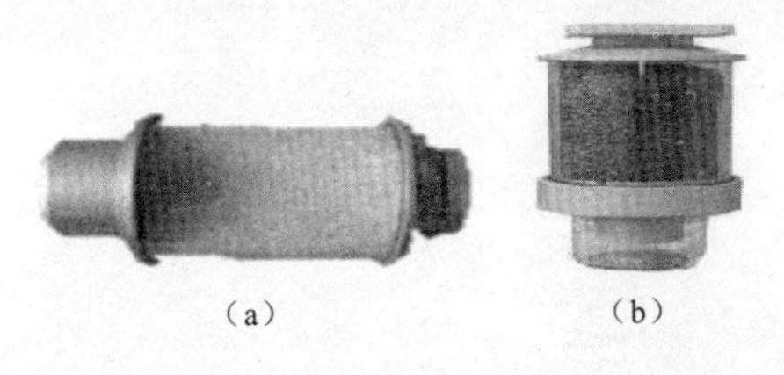

（a）　　　　　　（b）

图 7-7　呼吸器

（a）无需拆卸的呼吸器；（b）需要拆卸的呼吸器

3）对图 7-7（b）型呼吸器，工序要求如下：

a）如图 7-8 所示，更换硅胶前需先拆卸油封杯，然后拆除呼吸器上部法兰 4 颗固定螺栓，取下呼吸器后倒出内部硅胶。并检修玻璃罩是否完好，上下密封胶垫是否良好，并进行清抹（若玻璃罩及密封圈有破损需对呼吸器进行解体检修，即松开拉杆螺栓，取下玻璃罩及密封圈进行清扫和更换，组装后紧固拉杆螺栓并密封可靠，必要时整体更换呼吸器）。

（a）

（b）

图 7-8　呼吸器的拆除与清洗

（a）呼吸器的拆除；（b）呼吸器的清洗

b）如图 7-9 所示，将干燥的变色硅胶倒入玻璃罩内，顶盖下面留出 1/5～1/6 高度的空隙。

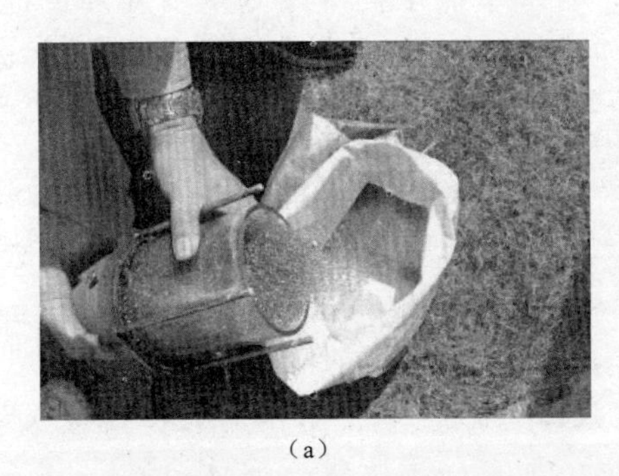

（a）

（b）

图 7-9　呼吸器的硅胶更换

（a）变色硅胶清理；（b）新硅胶更换

c）呼吸器安装，连接部位密封胶垫正确摆放，呼吸器上部法兰 4 颗固定螺栓均匀紧固。

d）对油封杯进行清洗，补充或更换合格的密封油，油位填充至油位线，油封杯安装后应保证油位高于挡气圈。

（2）呼吸器油封杯补油。如图 7-10 和图 7-11 所示，呼吸器油封杯补油应按以下流程及工序要求进行：

（a）

（b）

图 7-10　呼吸器油封杯的补油及安装

（a）呼吸器油封杯的补油；（b）呼吸器油封杯的安装

1）将运行中变压器的本体（调压）重瓦斯保护改投信号，防止吸湿器因堵塞导致本体内部压力增大，打开呼吸管道时压力释放引起重瓦斯保护动作。

2）用螺丝刀松开止位螺栓直至油封杯能转动为止，转动油封杯上部托盘并取下油封杯。

3）若油封杯脏污、变压器油不清澈、有异物，则将变压器油倒出并用酒精及抹布对油封杯、挡气圈（油封内杯）进行清抹。

4）若油封杯洁净、变压器油清澈，将备用油注入油封杯内，油位达到合格油位线即可。

5）按照油封杯拆卸的方法反序进行恢复安装。

6）油封杯内油位应高于挡气圈底部，若油位低于挡气圈则重复补油过程。

（3）吸湿器玻璃罩、油封破损更换。吸湿器玻璃罩、油封破损更换应按以下流程及工序要求进行：

1）准备相同型号的吸湿器玻璃罩、油封一个。

2）将运行中变压器的本体（调压）重瓦斯保护改投信号，防止吸湿器因堵塞导致本体内部压力增大，打开呼吸管道时压力释放引起重瓦斯保护动作。

3）拆卸吸湿器，先取下油封杯，拆卸上部连接螺栓取下吸湿器后将呼吸管头用干燥的毛巾进行包扎，倒出内部变色硅胶。

4）检修吸湿器玻璃罩及油封是否破损，如有破损则进行解体检修。

5）解体检修时先松开拉杆螺栓，取下玻璃罩及密封圈进行清扫和更换，将更换的玻璃罩组装后应紧固拉杆螺栓并密封可靠。

6）将干燥的变色硅胶倒入玻璃罩内，直至顶盖下面留出 1/5～1/6 高度的空隙为止。

7）将吸湿器安装至变压器，连接部位密封胶垫应摆放正确，密封良好，吸湿器上部法兰4颗固定螺栓应紧固。

8）对更换的油封杯进行清洗、补充或更换合格的密封油，油位填充至油位线，油封杯安装后应保证油位高于挡气圈。

9）检修吸湿器各连接螺栓及密封圈，要求连接螺栓紧固、密封圈密封可靠。

（4）吸湿器整体更换。吸湿器整体更换应按以下流程及工序要求进行：

1）准备完好的新吸湿器一个。

2）将运行中变压器的本体（调压）重瓦斯保护改投信号，防止吸湿器因堵塞导致本体内部压力增大，打开呼吸管道时压力释放引起重瓦斯保护动作。

3）拆卸吸湿器，先取下油封杯，拆卸上部连接螺栓取下吸湿器后将呼吸管头用干燥的毛巾包扎。

4）检修新吸湿器完好，密封可靠，适当紧固新吸湿器各紧固螺栓，并取下新吸湿器油封杯。

5）将干燥的变色硅胶倒入新吸湿器内，直至顶盖下面留出1/5～1/6高度的空隙为止。

6）将新吸湿器安装至变压器，连接部位密封胶垫应摆放正确，密封良好，吸湿器上部法兰4颗固定螺栓应紧固。

7）对油封杯补充合格的密封油，油位填充至油位线，油封杯安装后应保证油位高于挡气圈。

8）检修吸湿器各连接螺栓及密封圈，要求连接螺栓紧固、密封圈密封可靠，如图7-11所示。

（a）

（b）

图7-11 呼吸器油封杯的补油及安装

（a）拆除呼吸器上端螺栓；（b）拆除呼吸器下端螺栓

4. 注意事项

（1）油封杯油面应高于挡气圈（约2/3），否则起不到油封作用。

（2）在恢复后的48h内应密切留意以下地方：

1）检修气体继电器小窗有无气体。

2）检修新更换的硅胶颜色，硅胶罐内有无油进入。

3）用吸油纸或纸清理干净更换后的呼吸器外部残留油，更换呼吸器底下的鹅卵石，以便检修有无渗漏油的情况存在。

三、变压器气体继电器集气盒维护性检查

（一）变压器气体继电器集气盒的作用

取气盒的接头用连管与气体继电器的气室接头连通，正常情况下取气盒内充满变压器油，当需要采集气体时，开启下部的气塞逐渐放掉盒内的变压器油，随之气体继电器气室内的故障气体在储油柜液压差的压力下充入取气盒，方便试验人员进行变压器内部故障气体的提取、分析，从而诊断出变压器内部故障的情况，确保变压器的安全稳定运行。

（二）变压器气体继电器集气盒维护性检查

1. 危险点分析及预控措施

气体继电器集气盒维护性检查风险辨识见表7-6。

表7-6　　气体继电器集气盒放气维护性检查风险辨识

序号	风险辨识	预 控 措 施
1	高压触电	与带电部位保持足够的安全距离，500kV：≥5m，220kV：≥3m，110kV：≥1.5m，35kV：≥1m，10kV：≥0.7m，作业人员身体及工器具严禁超过设备构架
2	瓦斯保护误动、拒动	有可能误碰探针时，工作前应向调度申请将重瓦斯保护改投信号，工作结束应检修瓦斯保护信号正常后及时向调度申请将重瓦斯改投跳闸
3	阀门漏油	放气完毕后拧紧阀门，防止放气后关闭不严漏油

2. 维护性检修要求

（1）工器具材料准备。集气盒取气专用针筒工具、扳手、接油盒。

（2）维护性检修人员要求。至少由2人进行，工作人员应按规定正确着装，戴安全帽。1人专职监护，1人进行更换检修。

要求：2人进行，应熟悉工作内容、带电部位、风险点并且进行交代与签字确认后，才能开始该项目的维护性检修工作。

3. 维护性检修流程及工序要求

变压器气体继电器集气盒维护性检修流程及工序要求如下：

（1）将运行中变压器的本体（调压）重瓦斯保护改投信号。

（2）如图7-12（a），打开气体继电器集气盒盖板。

（3）如图7-12（b），打开集气盒下部阀门，放油至盒体上部充满气体后关闭下部阀门。放油时应用容器接好，不得污染场地。

（4）如图7-12（c），打开集气盒上部放气阀门缓慢将气体放出。放气至放出油

为止。

（5）关闭集气盒上部放气阀门。检修无渗漏后将管道盖子盖好，取气完毕后集气盒内应充满变压器油。

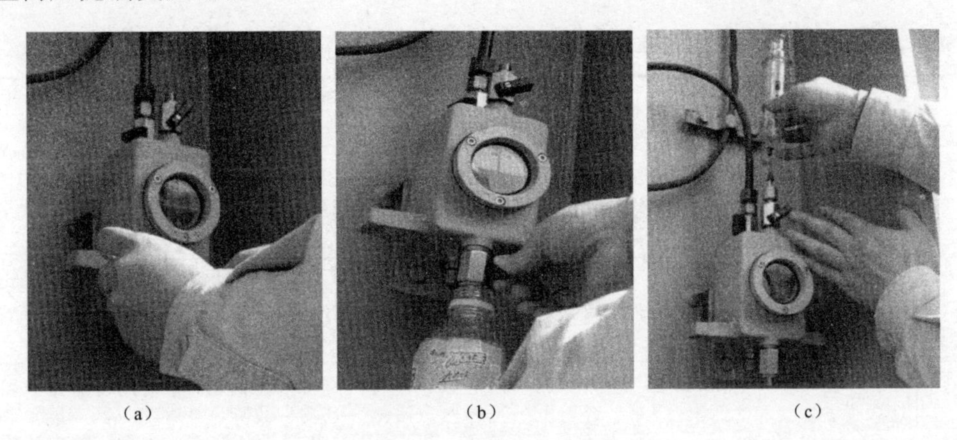

（a）　　（b）　　（c）

图 7-12　气体继电器集气盒的取气维护性作业

（a）打开集气盒盖；（b）打开放油阀放油；（c）打开放气阀进行取气

4. 注意事项

（1）操作前必须检修气体继电器处的引接管阀门和取气盒处的三个阀门是否在正常状态。

（2）取气盒处排油必须在底部阀门处进行，排出的油必须使用容器盛装，在排油过程的中段用排出的油湿润取气针筒的芯塞，然后在针筒本体来回拉动，使筒体与芯塞间密封良好，并及时塞好胶帽。

（3）排油至瓦斯引接管再次出油时必须及时停止排油并读取集气量。

（4）在取气盒处取气必须在上部的排气阀门出口处进行，打开出口封盖前要确保阀门在关闭状态，安装好取气转接头后，要轻微开启阀门，使其流出少量气体将转接头处的空气排去，片刻立刻关闭阀门并将转接头出口戴好胶帽。

（5）双头针的一侧必须预先插入取气筒处，然后插入转接头处，取气完毕先将针筒从双头针退出，后退出转接头侧。

（6）取气样过程中要根据针芯的移动速度控制好阀门的开启角度，不得过快。

（7）取气完毕后，存储气体的注射器要使用专用封帽密封并及时送交试验部门。

（8）取气完毕后，集气盒内应充满变压器油以保证下次采样的真实性。

四、电压互感器高压熔断器维护性检修

（一）电压互感器高压熔断器的作用

电压互感器高压熔断器在电压互感器一次侧发生故障时会自行熔断，以免扩大故障和减小设备损坏程度。所以运维人员在巡视时需要通过观察电压表的指示判断电压互感器高压侧保险管是否熔断，如已熔断则需要更换电压互感器高压熔断器。

（二）电压互感器高压熔断器维护性检修

1. 危险点分析及预控措施

电压互感器高压熔断器维护性检修风险辨识见表 7-7。

表 7-7　　电压互感器高压熔断器维护性检修风险辨识

序号	风险辨识	预 控 措 施
1	工作人员高压触电或感应电伤害	工作中应有专人监护，与带电部位保持足够的安全距离，500kV：≥5m，220kV：≥3m，110kV：≥1.5m，35kV：≥1m，10kV：≥0.7m，作业人员身体及工器具严禁超过设备构架。并且熔断器侧 TV 一次可靠接地
2	造成设备误动或拒动	停用电压互感器应事先取得有关负责人的许可，应考虑到对继电保护，自动装置和电能计量的影响，必要时将有关保护、自动装置暂时停用，以防误动作
3	造成设备烧毁和大面积停电事故	更换熔断器时必须采用符合标准的熔断器，不能用普通熔断器代替。否则电压互感器一次侧一旦发生故障，普通熔断器不能限制短路电流和熄灭电弧，很可能发生烧毁设备和造成大面积停电的重大事故
4	工作人员高空坠落	在高处进行熔断器的拆除和更换，必须正确佩戴好安全带，防止高空坠落受伤

2. 维护性检修要求

（1）工器具材料准备。新熔断器、万用表、除锈剂、组合扳手、作业楼梯、安全带、棉纱布、纱手套。

（2）维护性检修人员要求。至少由 3 人进行，工作人员应按规定正确着装，戴安全帽，在高处作业超过 2m 按要求还必须正确佩戴安全带。1 人专职监护，2 人进行更换检修。

要求：3 人进行，应熟悉工作内容、带电部位、风险点并且进行交代与签字确认后，才能开始该项目的维护性检修工作。

3. 维护性检修流程及工序要求

电压互感器高压熔断器维护性检修流程及工序要求如下：

（1）编制电压互感器高压熔断器更换作业卡。

（2）汇报调度将电压互感器退出运行，即拉开电压互感器高压侧隔离开关，为防止电压互感器反送电（二次侧电压感应到一次侧），应拉开二次电压快分开关（取下二次侧低压熔断器中的熔丝）。停用电压互感器应事先取得调度的许可，应考虑到电压失去对继电保护，自动装置和电能计量的影响，必要时汇报调度将有关保护、自动装置暂时停用，以防误动作。

（3）按照作业卡的要求做好现场安全措施，确认来电侧的隔离开关已拉开，接地开关可靠接地，二次侧电源快分开关。

（4）检修新的高压熔断器型号参数正常，外观无破损无开裂，电阻值测试正常（在额定电阻值左右）。

（5）如图 7-13 所示，首先确认需要更换的高压熔断器电阻值是否正常，然后在专责监护人的监护下，运维人员进行熔断器的拆除，并取下已熔断的高压熔断器。

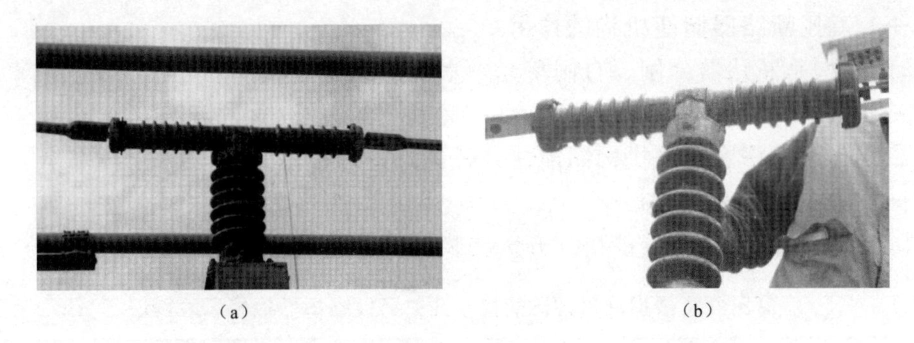

（a）　　　　（b）

图 7-13　电压互感器高压熔断器拆除作业

（a）检查高压熔断器状态；（b）检查高压熔断器电阻值

（6）如图 7-14 所示，换上新的高压熔断器（再次测量电阻值，确认熔断器内外壁接触良好）。

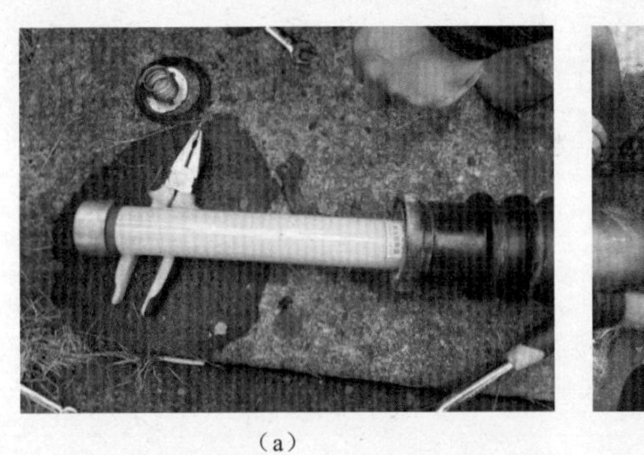

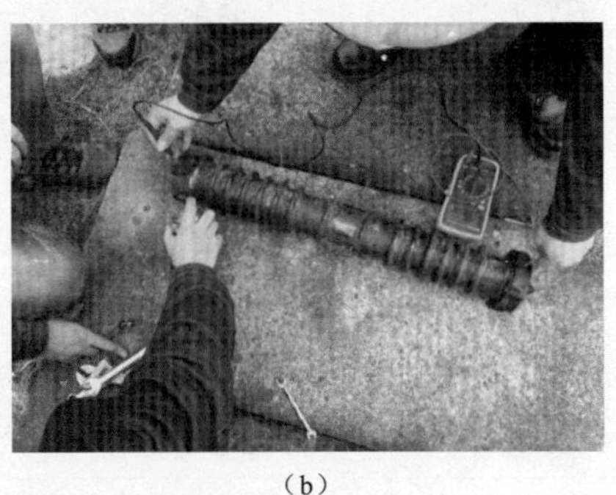

（a）　　　　（b）

图 7-14　电压互感器高压熔断器更换安装作业

（a）更换新的高压熔断器；（b）更换后检查高压熔断器的电阻值

（7）进行熔断器的外壳和一次接线安装，监护人检修一次接线是否紧固。

（8）汇报调度维护作业完毕。申请复电操作，即合上电压互感器高压侧隔离开关，无异常后合上电压二次快分开关（合上二次侧低压熔断器中的熔丝），检查保护、测量、计量的电压显示是否正常，再按调度要求给上停用的有关保护、自动装置。

4. 注意事项

（1）更换高压熔断器前应首先将电压互感器退出运行，将电压互感器（含高压熔断器）转检修或将小车式电压互感器拉至检修位置，为防止电压互感器反送电（二次侧电压感应到一次侧），应拉开二次侧快分开关或取下低压熔断器。

（2）新电压互感器高压熔断器投入使用后一定检查保护、测量、计量上的电压表指示应正常。

五、高压断路器操动机构储能快分开关维护性检修

（一）高压断路器储能机构的作用

储能机构是断路器分闸、合闸单元中重要的元器件，其工作性能及状况直接影响断路器的可靠动作。

（二）高压断路器操动机构储能快分开关维护性检修

1. 危险点分析及预控措施

高压断路器操动机构储能快分开关更换维护性检修风险辨识见表 7-8。

表 7-8　　高压断路器操动机构储能快分开关更换维护性检修风险辨识

序号	风险辨识	预　控　措　施
1	低压触电	正确着装，使用合格的工器具，加强监护，戴干燥、清洁的棉纱手套，工作衣袖口应扣住，不得佩戴手表或其他金属饰物。断开上一级电源，解拆线时进行测量确无电压
2	高压触电	与带电部位保持足够的安全距离，500kV：≥5m，220kV：≥3m，110kV：≥1.5m，35kV：≥1m，10kV：≥0.7m，作业人员身体及工器具严禁超过设备构架
3	引起断路器误跳、误合	断路器机构箱内工作时加强监护，禁止触碰机构箱内分闸、合闸线圈
4	误碰引起事故	工作中应注意动作幅度不要过大，不要触及有可能引起事故的设备部件
5	远方操作引起人员伤害	开始工作前要向监控人员通报工作内容，交待监控人员进行远方操作前应与现场人员联系
6	误拉合电源	核对快分开关名称，防止误拉其他储能、隔离开关操作等电源
7	机械伤害	确认接线正确后，合上断路器本体机构箱内电机储能电源时，人员撤离机构箱并关好箱门
8	误接线引起交直流短路	拆线、接线时应逐根拆除、包扎、标记，恢复时按标记逐根进行

2. 维护性检修要求

（1）工器具材料准备。万用表、尖嘴钳、十字螺丝刀、一字螺丝刀、绝缘胶带、废品袋、新快分开关。

要求：毛刷的金属裸露部分应用绝缘带包扎严实；应使用干燥的棉布，禁用湿布。

（2）维护性检修人员要求。至少由 2 人进行，工作人员应按规定正确着装，戴安全帽。1 人专职监护，1 人进行更换检修。

要求：2 人进行，应熟悉工作内容、带电部位、风险点并且进行交代与签字确认后，才能开始该项目的维护性检修工作。

3. 维护性检修流程及工序要求

高压断路器操动机构储能快分开关维护性检修流程及工序要求如下：

（1）发现和分析故障。

1）通过“电源消失、控制回路断线以及机构本体打压超时”等信号，确认故

障点；

2）通过检修电源快分开关的进线侧和出线侧来确定快分开关开断电源的好坏；

3）现场运维人员向当值调度值班员申请将该断路器单相重合闸退出，在设备运行状态对储能快分开关进行更换，让断路器恢复正常运行。

（2）检修工作步骤及要求。

1）通过现场查勘，准备好备品备件，向调控申请更换储能快分开关的维护性作业开展。

2）运维人员按“运维一体作业要求”办理维护性检修作业卡，并严格按照维护卡的内容开展作业内容、带电部位、风险点辨识的交待，并履行签字确认手续。

3）断路器处于“重合闸闭锁状态”，开工前应将储能快分开关故障相电源用导线接通，将断路器打压至停泵值，再在本间隔断路器端子箱拉开储能快分开关。

4）再次核实并记录快分开关接线端子及导线编号的正确性，防止人为事故的发生。

5）拆掉小型断路器上所有接线，保证接线端头和线帽的完好，用螺丝刀挑起小型断路器底部固定夹，同时向外拉起并取下，取下损坏的快分开关。

6）更换新的小型断路器，并根据线帽恢复接线，同一厂家的附件可通用，因此更换小型断路器时无需更换附件。

7）用1000V绝缘电阻表对储能回路进行绝缘测试，绝缘电阻不低于2MΩ。

8）合上断路器端子箱和断路器机构箱内储能快分开关，用万用表测量机构内储能快分开关输出端电压正常。

9）再次检修工作现场，验收结束。

10）向相应值班调度员申请投入该断路器单相重合闸。

4. 注意事项

（1）如果只是快分开关损坏，建议无须停用重合闸，可手动按下电机储能接触器，打压至额定压力值后，解除重合闸闭锁后再进行处理，这样不会影响设备正常运行，似乎更加合理。

（2）若液压机构的压力值降为零后，运行人员应采取防慢分措施，严禁直接对未装设断路器防慢分装置的断路器机构进行打压。

六、端子箱、机构箱驱潮加热装置和回路维护性检修

（一）端子箱、机构箱驱潮加热装置的作用

断路器的端子箱（如图7-15所示）主要用于二次线路终端连接，以及变电站检修电源、工业企业中动力配电箱、动力控制箱、照明箱等，为布线和查线提供方便的一种接口装置。断路器机构箱（汇控柜）（如图7-16所示）主要用于存放机械传动部件、控制及各种辅助设备等，同时又作为二次线路终端连接，汇控柜兼顾端子箱的功能。隔离开关机构箱子（如图7-17所示）主要用于存放机械传动部件、控制设备及对应的二次回路。

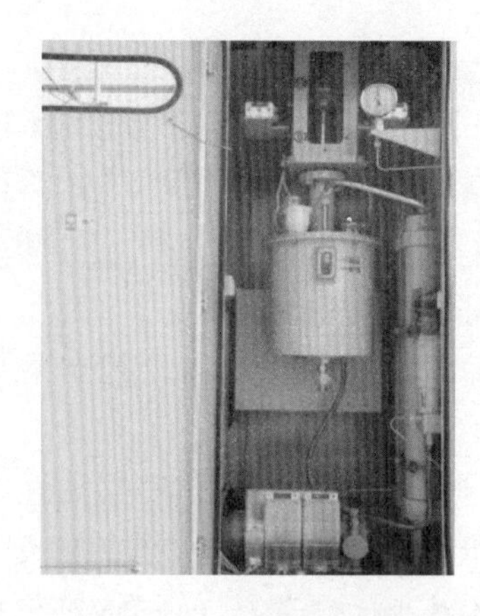

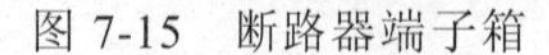
图 7-15　断路器端子箱　　图 7-16　断路器机构箱　　图 7-17　隔离开关机构箱

为保持断路器端子箱和机构箱内干燥和温度适宜，防止操动机构因低温导致性能下降，端子箱和机构箱内金属部件因受潮锈蚀导致功能失效，端子排元器件严重锈蚀及受潮、绝缘降低，直流系统的绝缘监测装置频繁告警，断路器的端子箱和机构箱内一般都装有驱潮加热装置。

（二）端子箱、机构箱驱潮加热装置的工作原理

驱潮加热装置的原理就是利用电阻通过电流产生热量来实现，装置的投退分为手动和自动调节两种方式。手动调节需要人工根据气候条件的变化来进行投退，目前已基本淘汰。

自动调节的加热驱潮装置由温湿度控制器控制加热温度的启动或停止（如图 7-18 所示），来阻止凝露和进行预调温度。温湿度控制器由一个温度传感器和一个湿度传感器（如图 7-19 所示）组成，实时监测温度和湿度变化情况，当环境温度低于预调温度或湿度达到或超过预先设定的值时，控制器自动启动加热器（如图 7-20 所示）运行进行加热，以提高周边环境温度，破坏产生凝露的条件。当箱体内产生凝露的条件消失或环境温度达到预调温度时，加热器自动断开停止加热，控制器又恢复到监测状。

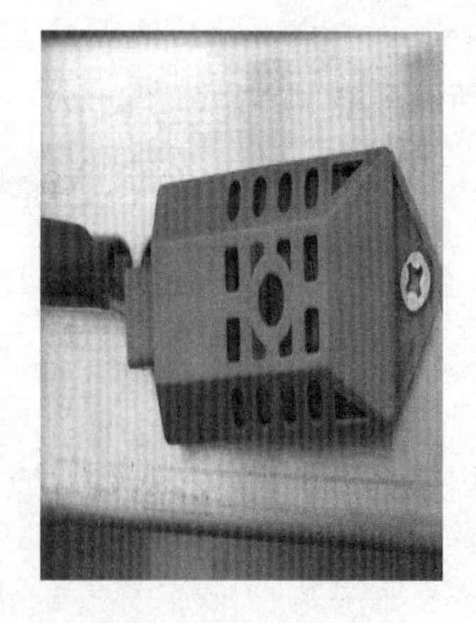

图 7-18　控制器　　图 7-19　传感器　　图 7-20　加热器

（三）端子箱、机构箱驱潮加热装置及回路维护性检修

1. 危险点分析及预控措施

端子箱、机构箱驱潮加热装置及回路的维护性检修风险辨识见表7-9。

表7-9 端子箱、机构箱驱潮加热装置及回路的维护性检修风险辨识

序号	风险辨识	预控措施
1	低压触电	拉开驱潮加热回路电源，用万用表验电，明确带电部分
2	高压触电	与带电部位保持足够的安全距离，500kV≥5m，220kV≥3m，110kV≥1.5m，35kV≥1m，10kV≥0.7m，作业人员身体及工器具严禁超过设备构架
3	引起断路器、隔离开关误跳、误合	断路器机构箱内工作时加强监护，禁止触碰机构箱内其他部分（分/合闸线圈、机械传动部件等）
4	误碰引起事故、机械伤人	工作中应注意动作幅度不要过大，不要触及有可能引起事故的设备部件（分/合闸线圈、机械传动部件等）
5	远方操作引起人员伤害	开始维护前要向监控人员通报维护工作内容，交待监控人员进行远方操作前应与现场人员联系
6	误拉合电源	核对快分开关名称，防止误拉其他储能、隔离开关操作等电源
7	误接线引起交直流短路	拆线、接线时应逐根拆除、包扎、标记，恢复时按标记逐根进行
8	工作人员被发热元件烫伤	正确着装，穿戴好防护手套，断开驱潮加热电源，待其充分冷却后方开始工作，不得直接触碰加热驱潮装置发热部件

2. 维护性检修要求

（1）工器具材料准备。万用表、快分开关、棉纱手套、温湿度传感器、加热板、绝缘胶带、尖嘴钳、十字螺丝刀、一字螺丝刀、扎带、温湿度控制器、废品袋。

要求：毛刷的金属裸露部分应用绝缘带包扎严实；对设备外壳清洁等应使用干燥的棉布，禁用湿布。

（2）维护性检修人员要求。至少由2人进行，工作人员应按规定正确着装，戴安全帽。1人专职监护，1人进行更换检修。

要求：2人进行，应熟悉工作内容、带电部位、风险点并且进行交代与签字确认后，才能开始该项目的维护性检修工作。

3. 维护性检修流程及工序要求

端子箱、机构箱驱潮加热装置及回路维护性检修流程及工序要求如下：

（1）快分开关更换：

1）查清楚加热驱潮电源快分开关，不误拉合端子箱、机构箱中其他设备的电源，影响设备运行。

2）拉开待更换的快分开关，用万用表检测快分开关上下端头均无电压，按逐根拆除、包扎、标记的原则拆除储能快分开关的上下端接线。

3）选择同容量、同技术参数和同安装尺寸的快分开关，按标记正确接线，固定牢固。

4）断开上级电源，并悬挂“禁止合闸　有人工作”标示牌。

5）拆除故障快分开关。

6）装上合格快分开关。

7）取下上级电源快分开关处悬挂的“禁止合闸　有人工作”标示牌，接通上级电源，检测快分开关正常。

（2）温湿度传感器更换：

1）查清楚加热驱潮电源快分开关，不误拉合端子箱、机构箱中其他设备的电源，影响设备运行。

2）断开加热驱潮电源。

3）按逐根拆除、包扎、标记的原则拆除传感器接线。

4）拆除故障传感器。

5）安装传感器。

6）将接线按标记接好并检修已拧紧。

7）合上加热驱潮电源，调试温湿度传感器的温度和湿度定值，并试验传感器工作正常。

（3）温湿度控制器更换：

1）查清楚加热驱潮电源快分开关，不误拉合端子箱、机构箱中其他设备的电源，影响设备运行。

2）断开加热驱潮电源。

3）按逐根拆除、包扎、标记的原则拆除传感器接线。

4）拆除故障温湿度控制器。

5）安装温湿度控制器。

6）将接线按标记接好并检修已拧紧。

7）合上加热驱潮电源，设置温湿度控制器的温度和湿度定值，并试验温湿度控制器的定值启动、数据检测、异常告警工作正常。

（4）温湿度负载（加热板）装置更换：

1）查清楚加热驱潮电源快分开关，不误拉合端子箱、机构箱中其他设备的电源，影响设备运行。

2）断开加热驱潮电源等待加热板的温度冷却。

3）在确认加热板经过足够的时间冷却达到温度恢复后，按逐根拆除、包扎、标记的原则拆除发热装置接线。

4）拆除故障发热装置。

5）安装合格的发热装置。

6）将接线按标记接好并检修已拧紧，并测试回路电阻的正确性。

7）合上驱潮加热的电源，并将温湿度控制器设置在手动状态，测试加热板的电压是否正常，加热板是否发热工作正常。

8）将温湿度控制器设置回自动状态。

4. 注意事项

（1）如果只是快分开关损坏，建议无须停用重合闸，可手动按下电机储能接触器，打压至额定压力值后，解除重合闸闭锁后再进行处理，这样不会影响设备正常运行，似乎更加合理。

（2）在雷雨、雪、潮湿等恶劣天气前后，检修确认端子箱和机构箱的箱门关闭严密，检修确认驱潮加热装置工作正常。

（3）在应尽量避免湿度传感器在酸性、碱性及含有机溶剂以及粉尘较大的环境中使用，避免将传感器安放在离箱壁太近或空气不流通的死角处。使用时应按要求提供合适的、符合精度要求的供电电源。

（4）定期检修调整温湿度传感器的设定值是否发生漂移，整定值是否错误，达到定值启动是否正确。

（5）日常运行维护中，一定要注重对驱潮加热装置和回路的检修，对损坏的元器件要及时更换，确保驱潮加热装置工作正常。

第二节　二次设备维护性检查作业

一、继电保护及安全自动装置维护性检查

继电保护及安全自动装置是电力系统的重要组成部分，对保证电力系统的安全稳定运行，防止事故发生和扩大起到关键性的决定作用。开展好继电保护及安全自动装置维护性检查的作业项目，将有效避免装置故障异常造成设备的误动与拒动。继电保护及安全自动装置维护性检查包含装置的一般外观检查、临时定值调整、通道检查、差流异常检查以及故障录波装置、测控装置的维护性检查等项目。

（一）继电保护及安全自动装置外观清扫及维护性检查

1. 维护性检查目的

继电保护及安全自动装置为电子设备，由于灰尘中含有导电物质，积灰严重易导致绝缘降低或插件损坏，造成继电保护及安全自动装置误动或拒动。因此要定期进行外观清扫及维护性检查工作，确保其正常运行。

2. 危险点分析及预控措施

外观清扫及维护性检查的危险点分析及预控措施见表 7-10。

3. 外观清扫及维护性检查要求

（1）工器具材料准备。万用表、钳形电流表、手电筒、毛刷（2 把）、活动扳手、斜口钳、螺丝刀、一字螺丝刀、棉纱手套、绝缘胶带、防火堵泥、清洁剂、扎带、干燥棉纱布、打印纸、打印色带、灯泡、废品袋、螺杆螺帽、垫片。

（2）维护性检查人员要求。至少由 2 人进行，工作人员应按规定正确着装，戴安全帽。1 人专职监护，1 人进行更换检修。

表 7-10　　外观清扫及维护性检查风险辨识

序号	风险辨识	预 控 措 施
1	人员低压触电	使用合格的工器具，加强监护，正确使用仪器仪表，用万用表验电，明确带电部分
2	TA 二次开路、TV 二次短路	对电流、电压端子的清扫应在检修接线紧固后进行，清扫时注意掌握力度。不得随意拉扯二次线及触碰继电器，防止电流互感器二次开路、电压互感器二次短路
3	继电保护“三误”事故风险	核对定值或压板位置发现异常时，应汇报值班负责人，禁止私自投退压板或更改保护定值。进行装置开入量查看时，严格防止查看开入量菜单导致装置退出运行的情况，查看装置面板时，不能更改任何定值或设置，严禁进行开出传动等操作
4	振动过大造成保护误动	开合屏柜或箱体门应小心谨慎，防止振动过大，造成装置误动

要求：2 人进行，应熟悉工作内容、风险点并且进行交代与签字确认后，才能开始该项目的维护性检查工作。

4. 维护性检查流程及工序要求

继电保护及安全自动装置外观清扫及维护性检查的流程及工序要求如下：

（1）对继电保护及安全自动装置进行 GPS 对时检修。

（2）检查装置面板各指示灯指示正确。

（3）打印机电源指示正常，打印机数据线连接紧固正常，打印机共享设备正常，打印纸清理，检修打印机色带正常、试打印运行正常，打印机清灰。

（4）核对保护装置电流、电压采样值，差流在规定范围内，开关量位置核对正常。

（5）确认定值区、核对保护装置运行定值与定值通知单一致，并在打印出的定值报告上签名确认。

（6）对照运行方式核对各保护压板（含切换开关）投退情况，检修压板标色规范正确。

（7）检查屏柜门锁开启灵活、屏柜门接地良好、屏内照明正常，各空气断路器位置及标示正确，电缆槽板已盖好，无裸露线头，端子无松动，电缆吊牌规范，孔洞封堵完好，对装置和屏柜内外进行清灰。如图 7-21 所示为装置清扫及维护性检查。

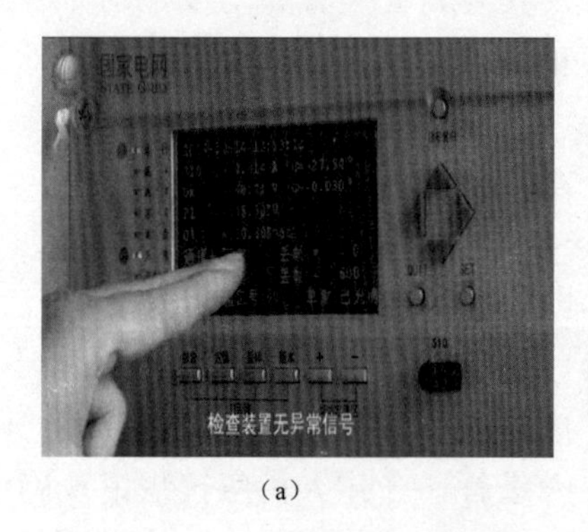

（a）

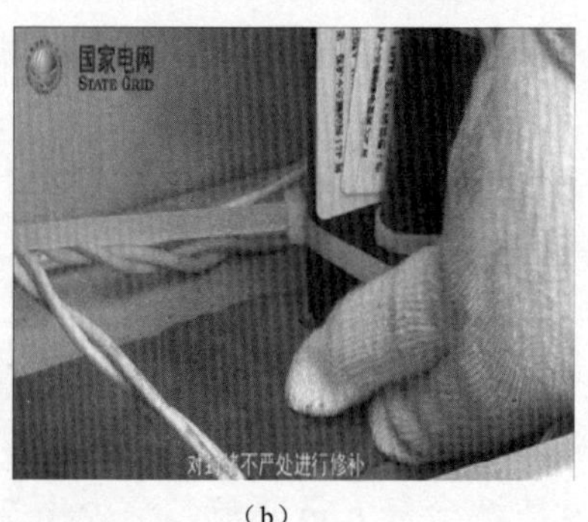

（b）

图 7-21　装置清扫及维护性检查（一）

（a）装置外观检修；（b）装置封堵检修

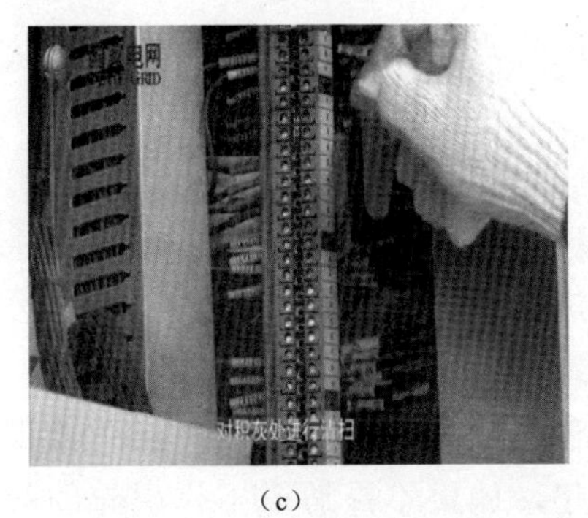

（c）

（d）

图 7-21 装置清扫及维护性检查（二）

（c）装置端子排清扫；（d）装置设备清扫

5. 注意事项

（1）工作前熟悉继电保护及安全自动装置，进行装置检查过程中不改变定值或参数设置。

（2）二次回路或装置进行清扫过程中，防止二次线松动。

（3）清扫完毕后，检查装置无异常信号。

（二）继电保护及安全自动装置光纤通道故障自环检查

1. 维护性检查目的

线路保护及安全自动装置光纤通道的运行状态将直接关系到线路主保护和安全自动装置在故障的情况下能否正确传递故障数据和远切、远跳命令。所以在通道运行异常告警的情况下，能否及时通过通道光纤自环试验来确定故障范围，将大大缩短设备通道异常的处理时间和设备退出运行的时间。

2. 危险点分析及预控措施

继电保护及安全自动装置光纤通道自环检查的危险点分析及预控措施见表 7-11。

表 7-11　　光纤通道自环检查风险辨识

序号	风险辨识	预 控 措 施
1	光纤激光伤眼	禁止肉眼直视光纤端口，防止激光灼伤眼球
2	继电保护“三误”事故风险	核对定值或压板位置发现异常时，应汇报值班负责人，禁止私自投退压板或更改保护定值。进行装置自环检查前，应确认两侧光纤差动保护功能压板已经退出运行
3	尾纤损坏	规范操作，防止过度弯折和受力，转弯半径大于 20 倍尾纤直径

3. 外观清扫及维护性检查要求

（1）工器具材料准备。万用表、绝缘胶带、对讲机、常用工具、光衰耗器、各型接口尾纤、法兰盘。

（2）维护性检查人员要求。保护装置光纤自环检查工作，至少由 2 人进行，工作人员应按规定正确着装。1 人专职监护，1 人进行更换检查。工作人员应熟悉继电保护光纤通道基本原理及自环操作方法。

要求：2 人进行，应熟悉工作内容、风险点并且进行交代与签字确认后，才能开始该项目的维护性检查工作。

4. 维护性检查流程及工序要求

继电保护及安全自动装置光纤通道自环维护性检查的流程及工序要求如下：

（1）对继电保护及安全自动装置的通道异常开入情况进行检查。

（2）对继电保护及安全自动装置的通道异常丢帧数据进行检查。

（3）确认通道异常情况，向调度申请退出通道告警的两侧光纤差动保护。

（4）咨询通信调度是否因通道故障引起，如果不是通道工作引起的故障，开始进行通道自环试验的准备工作。

（5）根据保护装置要求，如图 7-22 退出两侧保护出口压板后，开始自环前需要更改通道自环的相关控制字和标识码。若有自环投入硬压板，则需投入自环投入硬压板。

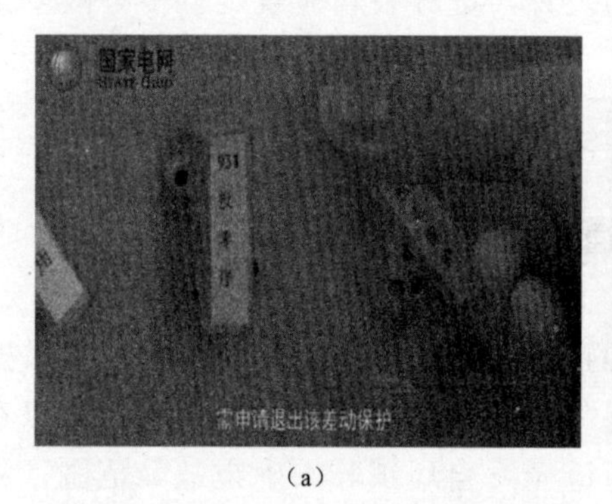

（a）

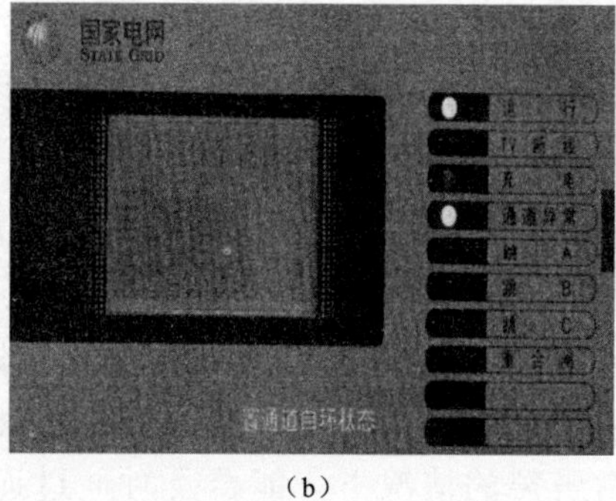

（b）

图 7-22　保护通道故障自环前准备

（a）退出光纤主保护；（b）自环试验开入

（6）在保护装置背板上分别拔出光纤的 RX 和 TX 端，首先测试保护装置收发光功率，以南瑞继保 RCS931 保护装置的收发功率为例，要求见表 7-12 和表 7-13。

表 7-12　　RCS931 光纤接口插件发送功率

RCS931 光纤接口插件发送功率	64kbit/s	2048bit/s
JP301－OFF，JP302－OFF	－16dBm	－16dBm
JP301－ON，JP302－OFF	－9dBm	－12dBm
JP301－OFF，JP302－ON	－7dBm	－9dBm
JP301－ON，JP302－ON	－5dBm	－8dBm

表 7-13　　RCS931 光纤接口插件接收灵敏度

RCS931 光纤接口插件接收灵敏度	测试一	测试二
发送速率	64kbit/s	2048bit/s
接收灵敏度	－45dBm	－35dBm

（7）用尾纤连接保护装置背板上的RX端和TX端，如图7-23所示。在保护装置背板进行自环，检查保护装置通道是否正常，如自环不正常，可判断为保护装置本身故障，应及时记录并联系检修人员前来处理。如果自环正常，可判断为保护装置本身无故障，属于对侧或者通道问题，应及时记录并汇报调度本侧检查情况。

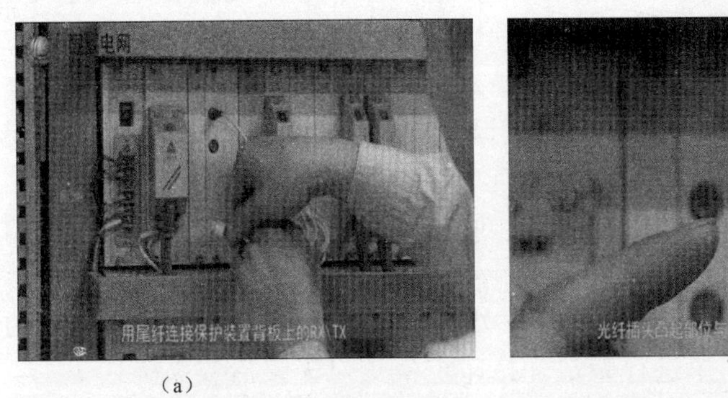

（a）

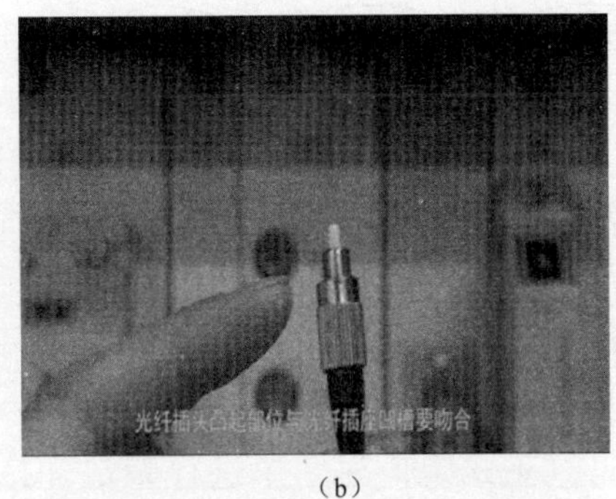

（b）

图7-23 保护装置光纤自环

（a）用尾纤连接保护装置RX/TX接口；（b）注意光钎插头的插入方向

若保护装置背板自环正常，恢复接线后在数字配线架对站内进行自环；如未恢复正常，则问题在保护装置与数字配线架之间，应进一步检查站内光纤端口定位齿与接口凹槽是否对应、连接是否紧固，检查复用装置是否掉电、异常，检查数字配线架接线是否紧固，如图7-24所示。

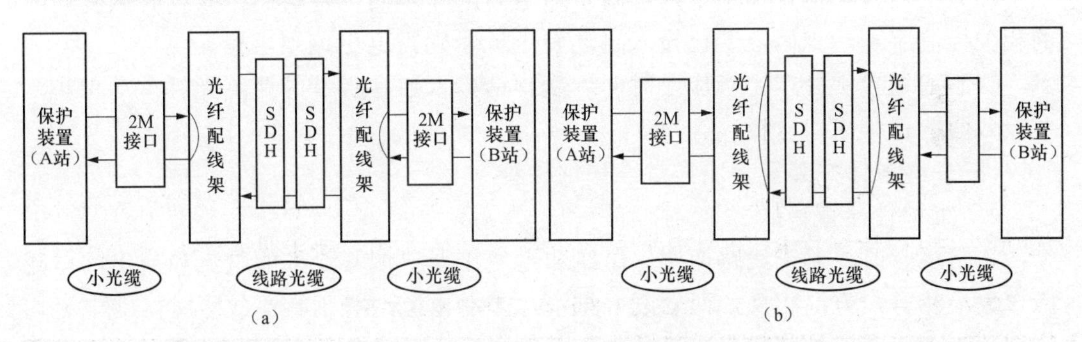

图7-24 保护复用通道自环检查

（a）复用通道保护自环检查；（b）复用通道回路自环检查

若保护装置背板自环正常，恢复接线后在光配线架使用法兰盘对站内进行自环；如未恢复正常，则问题在保护装置与光配线架之间，应进一步检查站内光纤端口定位齿与接口凹槽是否对应、连接是否紧固，如图7-25所示。

（8）为准确分析，需对通道进行测试，如图7-26所示，在光纤接口装置处用光源加入光信号，对侧使用光功率计进行测量，一般通道衰耗与光缆长度及转接法兰个数相关，经验公式为$0.36L+0.5N$，其中L为光缆长度，N为法兰个数。如果衰耗大，则光缆受损中断，不能继续使用。

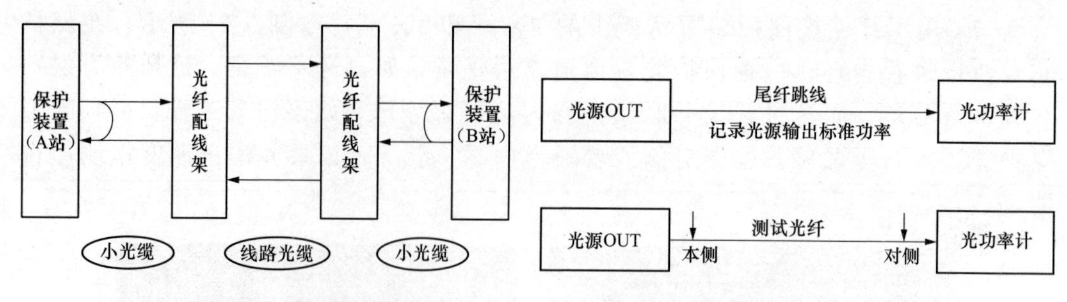

图 7-25　保护专用通道自环检查　　　　图 7-26　通道故障点测试检查

（9）当判断光缆芯线通信质量不良后，向调度汇报申请更换光纤通道，调整芯线。当判断通道异常由于保护装置故障，向调度申请保护装置退出运行并通知检修人员进行装置故障处理。

（10）通道异常恢复后，在保护装置处测试该通道是否合格后将更改的控制字和标识码按正式定值通知单进行整定，打印定值核对无误后签名确认。

5. 注意事项

（1）待两侧差动保护同时退出后，方可进行通道异常检查工作。工作前熟悉继电保护及安全自动装置，进行装置光纤自环检查过程中严禁修改与自环检查无关的定值和参数设置。

（2）仔细核对光纤通道名称，防止误拔出运行的光纤通道。进行光纤通道测试或光纤通道接入时应注意光纤插头凸起部位与光纤插座凹槽要吻合。

（3）上述自环检查都正常则可确定通道问题非本侧设备引起，应及时恢复修改的相关控制字和标识码，若已投入自环硬压板，则需退出该硬压板。

（4）通道异常处理完毕应及时向调度申请投入通道告警的两侧光纤差动保护，并投入两侧保护出口压板。

（三）继电保护装置差流异常维护性检查

1. 维护性检查目的

正常运行时，对于线路两侧、母线和主变压器三侧其流入的电流和流出的电流应该大小相等，方向相反，两者刚好抵消，差动电流约等于零；故障时两端电流均流向故障点，在保护装置内电流叠加，差动电流大于动作值是，驱动保护出口继电器动作，跳开相关断路器，切除故障点。但是如果电流回路存在极性错误、两点接地等引起的不平衡电流严重的时候将造成差动保护误动作，因此要注重对差流异常数值进行一般维护性检查。

2. 危险点分析及预控措施

继电保护装置差流异常维护性检查的危险点分析及预控措施见表 7-14。

表 7-14　　差流异常维护性检查风险辨识

序号	风险辨识	预　控　措　施
1	误整定	进行保护装置差流电流值检查时，防止误整定定值

续表

序号	风险辨识	预 控 措 施
2	保护误开出	在保护装置人机面板进行操作时，防止误入开出界面保护动作开出
3	电流开路	进行电流差流异常检查时，严防电流回路开路运行

3. 维护性检查要求

（1）工器具材料准备。万用表、绝缘胶带、对讲机、钳形电流表。

（2）维护性检查人员要求。保护装置差流异常检查工作，至少由2人进行，工作人员应按规定正确着装。1人专职监护，1人进行检查。工作人员应熟悉继电保护差流异常检修的风险辨识和预控措施。

要求：2人进行，应熟悉工作内容、风险点并且进行交代与签字确认后，才能开始该项目的维护性检查工作。

4. 维护性检查流程及工序要求

继电保护装置差流异常维护性检查流程及工序要求如下：

（1）线路光纤差动保护的差流检查。主要针对线路两侧电流的矢量和，常见的有南瑞PCS-931A、许继WXH-803A等；以PCS-931A线路光纤差动保护差流检查为例：

1）先按下保护装置上的复归按钮，使保护装置回到初始界面；

2）按“↑”键进入菜单选择，然后通过按“↓”键选择“保护状态”菜单，选择“DSP采样值”或“CPU采样值”，按下确认，可以看到采集到的线路保护本侧电压（U_a、U_b、U_c），本侧电流（I_a、I_b、I_c），对侧电流（I_{ar}、I_{br}、I_{cr}）以及两侧电流矢量和（I_{cda}、I_{cdb}、I_{cdc}），即线路差流。

（2）变压器差动保护的差流检查。由于变压器各侧电流存在幅值差和相角差，因此变压器保护的差流不是简单的各侧电流矢量和，而是经过幅值补偿和相位补偿后的差流。差流以变压器励磁电流产生的差流值为标准。比如一台变压器的励磁电流（空载电流）为1.2%，基本侧额定二次电流为5A，则由励磁电流产生的差流等于1.2%×5＝0.06A，0.06A便是衡量差流合格的标准。常见的有南瑞PCS-978T、许继WBH-801T等。

以PCS-978T变压器保护差流检查为例：

1）先按下保护装置上的复归按钮，使保护装置回到初始界面。

2）按“↑”键进入菜单选择，然后通过按“↓”键选择“保护状态”菜单。

3）选择“保护板状态”（保护逻辑），按下确认。在保护板菜单下选择“交流量采样”下选择“差动各侧调整后电流”，可以看到变压器各侧三相电流经保护装置软件调整后的差动电流。按下“计算差流”，可以看到主变压器各侧电流矢量和，即变压器差流。

4）选择“管理板状态”（保护启动），按下确认。在管理板菜单下选择“交流量采样”下选择“差动各侧调整后电流”，可以看到变压器各侧三相电流经保护装置软件调整后的差动电流。按下“计算差流”，可以看到主变压器各侧电流矢量和，

即变压器差流。

（3）母线差动保护的差流检查。主要是比较母线所连接的各支路的电流矢量和，常见的有南瑞 PCS-915、许继 WMH-801 等。以 PCS-915 线路光纤差动保护差流检修为例：

1）先按下保护装置上的复归按钮，使保护装置回到初始界面。

2）按“↑”键进入菜单选择，然后通过按“↓”键选择“保护状态”菜单。

3）选择“保护板状态”（保护逻辑），按下确认。在保护板菜单下选择“计算差流”，可以看到母线所连接各间隔的电流矢量和，即母线差动保护差流，双母线包括大差电流，Ⅰ母差流，Ⅱ母差流。

4）选择“管理板状态”（保护启动），按下确认。在管理板菜单下选择“计算差流”，可以看到母线所连接各间隔的电流矢量和，即母线差动保护差流，双母线包括大差电流，Ⅰ母差流，Ⅱ母差流。

（4）差流检查的分析结果：如图 7-27 所示，无差流越限告警值，差流三相显示平衡并且在合格范围内。

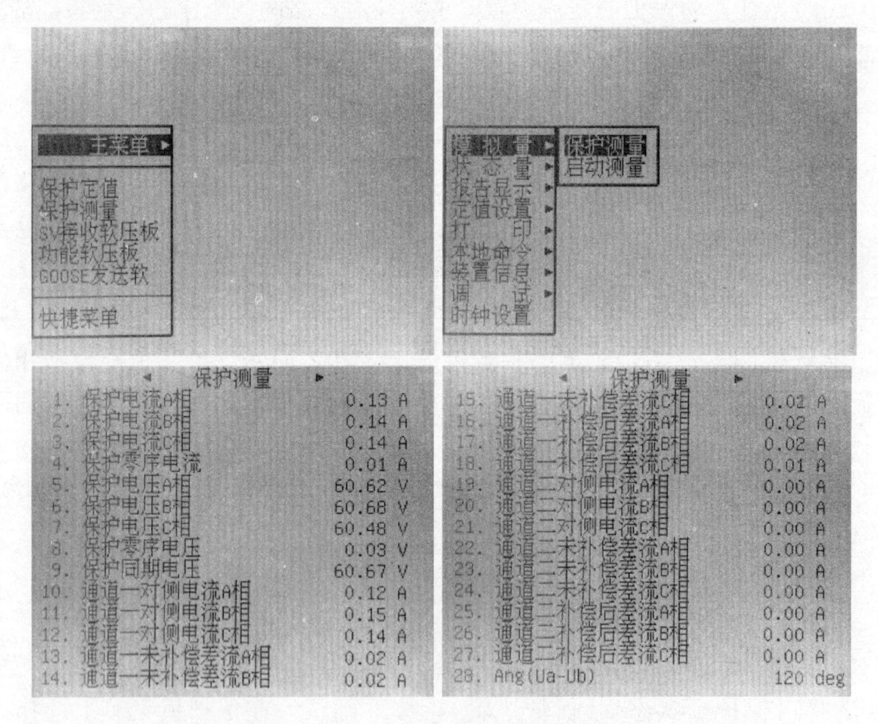

图 7-27　装置数据调取示意图

5. 注意事项

（1）工作前熟悉线路保护、母线失灵保护、主变压器母差保护装置相关差流电流值的检修界面和调取操作。

（2）对于显示差流异常的装置，如果需要进行电流回路检查，应该有人监护，并且检修前退出相关保护和出口压板。

（3）对检查的结果及时汇报相关领导和生产调度后，申请将保护退出运行，防止差流越限值到达差动动作值，造成差动保护动作。

（四）继电保护临时定值调整

1. 临时定值调整目的

因系统方式原因或新设备投产送电，保护装置常常会进行临时定值调整，达到保护上下级配合更合理的目的。定值的正确性影响保护装置动作的正确性，因此必须确保定值调整后与调度下达的临时定值一致。

2. 危险点分析及预控措施

继电保护临时定值调整的危险点分析及预控措施见表7-15。

表 7-15　　临时定值调整风险辨识

序号	风险辨识	预控措施
1	工作任务不清、位置不正确	认真核对所列工作任务并向工作人员交代，必须确认工作班成员知晓工作内容及注意事项
2	定值漏调整、误调整	严格按照调度下达的临时定值调整值进行定值调整，调整完毕后打印出来核对

3. 临时定值调整要求

（1）工前准备。临时定值调整通知单、打印纸。

（2）定值调整作业人员要求。至少由2人进行，工作人员应按规定正确着装，戴安全帽。1人专职监护，1人进行更换检修。

要求：2人进行，应熟悉工作内容、风险点并且进行交代与签字确认后，才能开始该项目的维护性检修工作。

4. 定值调整流程及工序要求

继电保护临时定值调整流程及工序要求如下：

（1）填写工作票并申请退出相关保护。

（2）检查保护设备具备调整条件并修改定值。具体以RCS-931B型保护装置为例进行临时定值调整步骤说明，面板布置如图7-28所示。

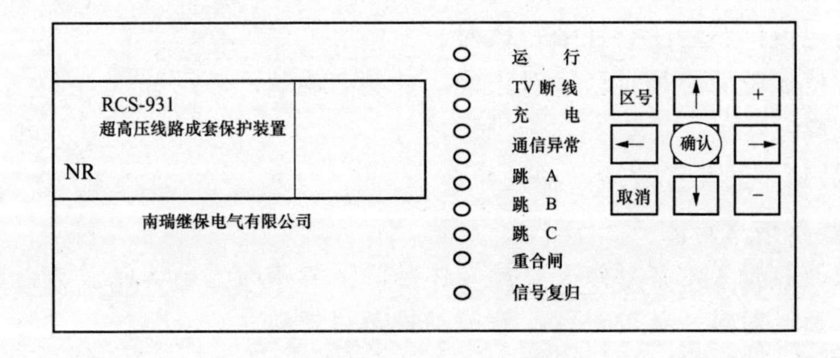

图 7-28　RCS-931B型保护装置正面面板布置图

1）按“↑”键可进入主菜单，进入整定定值菜单中保护定值。按键“↑”、“↓”用来滚动选择要修改的定值，按键“←”“→”用来将光标移到要修改的那一位，“+”和“－”用来修改数据，按键“取消”为不修改返回，按“确认”键完成定值整定返回。

2）输入整定定值的口令：“+”“←”“↑”“－”，当显示四个“*”时，按确认。整定定值菜单中的“拷贝定值”子菜单，是将“当前区号”内的“保护定值”拷贝到“拷贝区号”内，“拷贝区号”可通过“+”“－”修改。

3）若整定出错，液晶会显示错误信息，需重新整定。“系统频率”、“电流二次额定值”整定后，保护定值必须重新整定，否则装置认为该区定值无效。

（3）自核对后与当班值长核对定值，如图 7-29 所示。

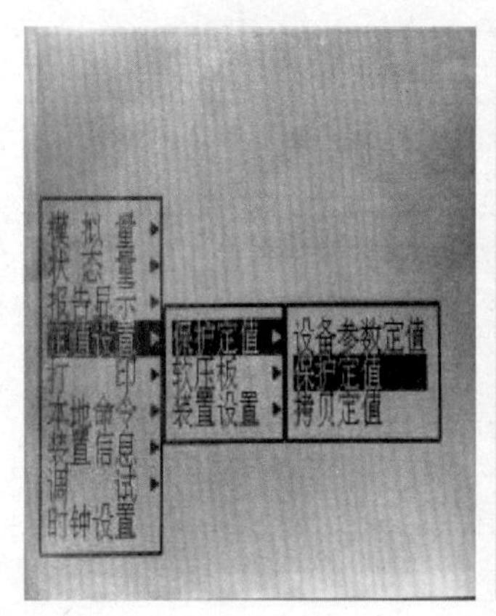

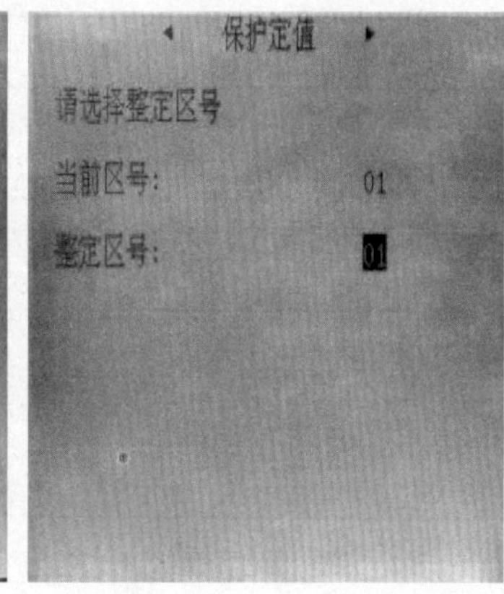

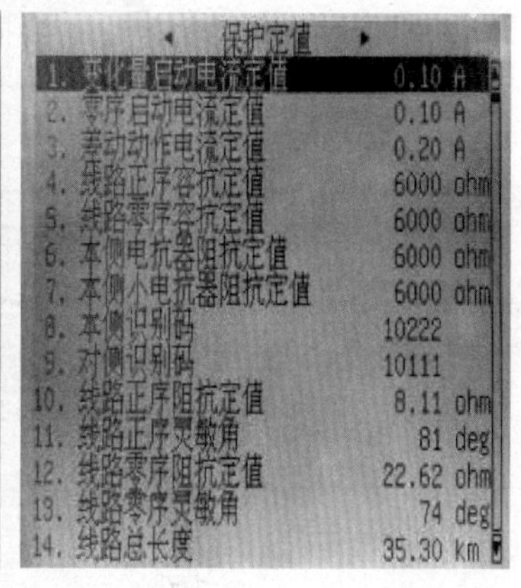

图 7-29 保护装置定值整定示意图

（4）现场工作结束。

（5）记录整理、资料归档。

5. 注意事项

（1）工作前，核对屏位。

（2）检查相关压板及其保护均已退出，设备具备调整定值工作要求。

（3）特别注意 TA 变比、控制字与软压板投退是否正确。

（4）将定值调整后注意仔细自核对。

（5）定值调整后必须打印核对正确，并签名确认。

（6）调整完毕后，检查装置无异常信号。

（五）故障录波装置故障维护性检查

1. 维护性检查目的

故障录波装置异常会导致变电站发生故障或异常事件后无法录波，影响后续事件的分析，通过对录波装置进行检修或维护可以解决。

2. 危险点分析及预控措施

故障录波装置一般性故障维护性检查的危险点分析及预控措施见表 7-16。

表 7-16　　故障录波装置异常维护性检查风险辨识

序号	风险辨识	预 控 措 施
1	故障录波装置损坏	进行录波装置的维护性检查应按照录波装置异常情况，进行相应的操作，避免在检修过程中造成故障录波装置损坏
2	故障录波装置备份丢失	进行录波装置的维护性检查前应检查当前录波装置参数及定值备份是否已存档，避免处置不当造成备份丢失

3. 维护性检查要求

故障录波装置故障维护性检查的要求如下：

（1）工前检查：设备维护卡。

（2）维护性检查人员要求。至少由 2 人进行，工作人员应按规定正确着装。1 人专职监护，1 人进行故障录波装置异常维护。

要求：2 人进行，应熟悉工作内容、风险点并且进行交代与签字确认后，才能开始该项目的维护性检查工作。

4. 维护性检查流程及工序要求

故障录波装置故障维护性检查流程及工序要求如下：

（1）检查异常原因是否网络故障引起，首先进行网络修复是否可以恢复，若异常无法恢复，应向上级调度部门汇报，并申请调度停用。

（2）检查异常原因是时钟不同步引起，运维人员可重新启动一次前台机（按一下前台机面板上的“RESET”键即可），约 10min 后若装置恢复正常，则处理完毕。不正常，则将录波器的后台机器也重新上电启动一次（关开一次电源开关），约 10min 后若装置能够恢复正常，则处理完毕。如果仍然不正常，则录波器存在有故障，应向上级调度部门汇报。

（3）装置上各工作电源灯不亮时，应检查屏后电源快分开关是否跳闸。如站内电源正常，而录波装置电源无法投入，应向上级调度部门汇报，并通知检修人员处理。

（4）装置某插件告警灯亮无法复归，运行灯不亮或亮红灯时，说明该插件异常或故障录波自检存在错误，通过单击“查看运行日志”查询窗口，查看相应的故障类型进行相应处理，处理完毕后重启软件进行自检后，查看自检情况，如仍告警，并向上级调度部门汇报，并通知检修人员。

（5）装置频繁启动时，应检查频繁启动的原因，并核对录波定值通知单，如为某项定值引起频繁启动，应及时通知定值通知单下达部门。

（6）装置后台机死机或故障无法运行时，应检修电源是否正常，电源线、数据线是否接触完好，可将后台机电源重启一次，如果恢复正常则结束检查，如果仍然存在问题应向上级调度部门汇报，并通知检修人员处理。

5. 注意事项

（1）故障录波装置故障需要进行检修的时候，一定要汇报调度退出故障录波运行。

（2）线路故障，故障录波装置没有启动时，应核对录波定值通知单，并手动启动一次录波检查相关通道波形，来确定清楚是故障录波装置原因还是录波回路问题。

（3）GPS（卫星校时装置）显示时间与录波装置时钟不对时，应检修GPS本身是否运行正常、录波装置是否连接好，通道是否正常，必要时将GPS断电重启一次。

（4）熟悉故障录波装置上的各种状态指示灯的含义，含义如下：

1）运行灯。绿色，正常运行时，每秒闪烁1次；装置死机时，不闪烁；装置掉电时，不亮。

2）故障灯。红色，装置故障时亮；装置正常时，熄灭。

3）录波灯。橙色，装置启动录波时亮，录波复归后熄灭。

4）对时灯。橙色，装置每次收到GPS对时信号时闪烁一次，如果没有收到GPS对时信号，则熄灭。

装置在启动过程中，这些指示灯会全亮，以测试指示灯是否损坏，这是正常现象。

（六）测控装置异常一般性故障维护性检查

1. 维护性检查目的

测控装置异常会导致变电站某间隔或某设备的遥测、遥信信号不能远传至调控中心，调控中心也不能进行远方断路器、隔离开关、保护复归等遥控操作，严重影响调控中心的远方运行设备监视和正常操作业务，给电网设备的运行带来很大的隐患。

2. 危险点分析及预控措施

测控装置一般性故障维护性检查的危险点分析及预控措施见表7-17。

表7-17　测控装置异常维护性检查风险辨识

序号	风险辨识	预控措施
1	低压触电	使用合格的工器具，加强监护，正确使用仪器仪表，用万用表验电，明确带电部分
2	误碰引起事故	工作中应注意动作幅度不要过大，不要触及有可能引起事故的设备部件。用钳形电流表进行二次回路测量时用力不要太大，防止扯动二次接线端子造成保护误动
3	测量仪器损坏	测量时应由2人进行，加强监护，测量前确认挡位选择正确
4	TA二次开路、TV二次短路	对电流、电压端子的清扫应在检修接线紧固后进行，清扫时注意掌握力度。 使用万用表测量时应提前将挡位调整到交流电压挡，严禁通过万用表其他挡位将TV二次短路

3. 维护性检查要求

测控装置一般性故障维护性检查的要求如下：

（1）工器具材料准备。万用表、绝缘胶带、对讲机、钳形电流表。

（2）维护性检修人员要求。至少由2人进行，工作人员应按规定正确着装。1

人专职监护，1 人进行测控装置一般性故障检修。

要求：2 人进行，应熟悉工作内容、风险点并且进行交代与签字确认后，才能开始该项目的维护性检查工作。

4. 维护性检查流程及工序要求

测控装置故障维护性检查流程及工序要求如下：

（1）检查测控装置是否存在故障异常告警和异常采集数据，告知调控中心异常。

（2）检查测控装置电源是否正常：

1）电源指示灯、测控装置故障灯均不亮。用万用表测量装置电源快分开关（合位）上桩头及下桩头电压，若上桩头有电、下桩头无电，判断为快分开关故障，更换快分开关；若快分开关上、下桩头均无电压则判断为电源回路问题，逐级进行排查；若快分开关上、下桩头均有电压，则判断为电源插件故障，通知检修人员更换插件。

2）电源指示灯不亮、测控装置故障灯亮，判断为电源指示灯坏，并进行下一步检修。

3）电源指示灯亮，进行下一步检修。

（3）检查测控装置面板采样值是否刷新，数值是否正常：

1）若数值刷新则应检修测控装置上网卡通信故障灯是否亮，此灯亮则需检修测控装置至交换机的网卡信号灯是否亮、网线有无松动及断线、交换机是否运行正常等。

2）若电压采样刷新但显示不正常，可用万用表测量进入测控装置电压回路（或查看同一间隔的保护装置电压采样数据）是否正常，若不正常则判断为电压回路或者电压互感器本身的问题；若测量电压正常，而测控装置显示不正常，可判断为装置问题，可以断电重启看是否恢复正常，如不能恢复则通知检修人员进一步检修。

3）若电流采样刷新但显示不正常，可用钳形电流表测量进入测控装置的电流值是否正常，若该间隔有明显的负荷电流而二次采样无电流，且该间隔的保护装置采样存在同样问题，则判断为电流互感器回路存在开路，应立即汇报，并通知检修人员查找开路点，可对电流回路进行红外测温检修，必要时向调度申请相关设备停电；若电流回路正常，而测控装置显示不正常，可判断为装置问题，通知检修人员进一步检修。

4）若数值不刷新则判断为测控装置问题，进行下一步检修。

（4）测控装置重启：

1）向相应调控中心汇报测控装置通信异常或数据不刷新，申请重启测控装置。

2）拉开该测控装置电源。

3）合上该测控装置电源。

（5）检查测控装置运行指示灯、遥信遥测数据以及监控后台数据。如检查显示正确，且测控装置与监控后台显示一致。如检查显示异常，或测控装置与监控后台显示不一致，应立即汇报调控中心并通知检修人员进一步检查。

（6）清理现场及工具，作好记录，撤离现场。

5. 注意事项

（1）检查电流回路时防止电流互感器开路，对于串接的电流回路，还要防止造成运行中的其他保护误动作。

（2）投入装置出口压板前，应用万用表量取压板上下端头对地电压正常，严禁只用万用表直接量取压板上下端头电压。

（3）退出装置电源会造成调度端设备及间隔的遥测和断路器、隔离开关位置短暂失去状态，造成电网考核指标，应该经过电网调度和自动化调度的同意再进行相关退出操作。

二、变电站自动化系统设备维护性检查

变电站自动化设备主要包括远动装置、监控系统网络交换机、监控系统后台机、远动终端设备（RTU）、调度数据网设备、电力二次系统安全防护装置等监控、传输装置。这些设备将实时担负起监视变电站设备的运行状态，并将设备运行数据实时传输给各级调度、监控中心进行远方监视和监控。这些设备运行的好坏将严重影响数据的传输和对设备的运行监控。

（一）变电站自动化系统监控主机重启维护性检查

1. 维护性检查目的

监控主机开机运行时间较长或系统异常可能会造成运行缓慢、画面无法切换，甚至死机的情况，通过重启操作系统可以解决。

2. 危险点分析及预控措施

监控主机重启维护性检查的危险点分析及预控措施见表 7-18。

表 7-18　　监控主机重启维护性检查风险辨识

序号	风险辨识	预 控 措 施
1	设备损坏	重启操作系统需用命令进行，不能强制关机或断电关机，避免造成设备损坏
2	后台数据异常	重启操作系统完成后，需要核对监控后台数据，观察遥信、遥测数据是否正确，遥测数据是否刷新

3. 维护性检查要求

变电站自动化系统监控主机重启维护性检查的要求如下：至少由 2 人进行，工作人员应按规定正确着装。1 人专职监护，1 人进行重启维护。

要求：2 人进行，应熟悉工作内容、风险点并且进行交代与签字确认后，才能开始该项目的维护性检查工作。

4. 维护性检查流程及工序要求

变电站自动化系统监控主机重启维护性检查流程及工序要求如下：

（1）退出后台监控应用软件。

（2）重启操作系统，UNIX 操作系统应使用命令重启。

（3）系统重启完成后，启动监控后台应用软件（大部分变电站监控后台应用软件配置了开机自启动功能，不需要手动启动）。同时核对后台数据刷新的正确性。

5. 注意事项

（1）重启操作系统需用命令进行，严禁强制关机或断电关机，否则很有可能造成主机无法正常再启动，甚至造成主机损坏。

（2）重启完成后需要核对监控后台数据，观察遥信、遥测正确，遥测数据是否刷新。

（二）变电站自动化系统设备对时维护性检查

1. 维护性检查目的

监控系统装置内部都带有实时时钟，其固有误差难以避免，随着运行时间的增加，积累误差越来越大，会失去正确的时间计量作用，因此需要利用全站统一时钟源（GPS或北斗）对设备内部实时时钟进行时间同步，达到全网的时间统一。监控系统对时异常后，会造成厂站数据无法正确采集，不能为故障或事故的发生提供正确的时钟数据，影响事故或故障的分析判断，因此需要定期进行监控系统对时检查。图7-30为保护装置对时方案。

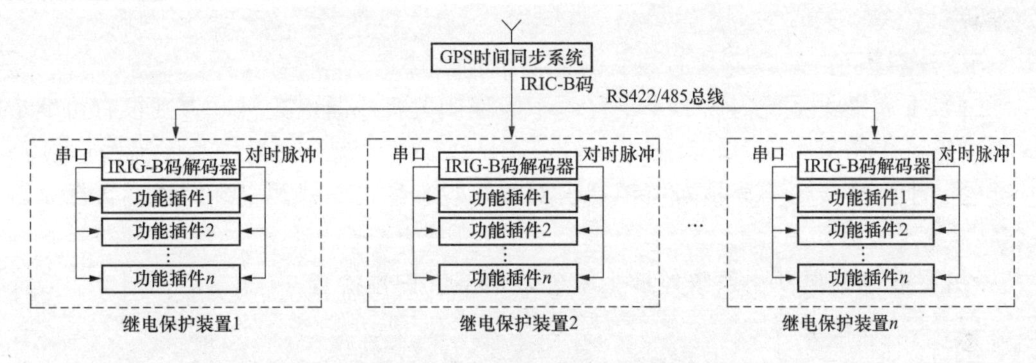

图7-30 保护装置对时方案

2. 危险点分析及预控措施

变电站自动化系统设备对时检查维护性检查的危险点分析及预控措施见表7-19。

表7-19 监控系统设备对时检查维护性检查风险辨识

序号	风险辨识	预 控 措 施
1	误碰运行设备	检查过程中避免进行操作运行设备面板其他操作或误碰设备运行线缆

3. 维护性检查要求

变电站自动化系统设备对时维护性检查的要求如下：

（1）维护性检查内容：

1）测控装置与站内时钟对时检查；

2）远动装置与站内时钟对时检查；

3）监控后台与站内时钟对时检查；

4）站内监控设备与调控主站端对时检查。

（2）维护性检查人员要求：至少由 2 人进行，工作人员应按规定正确着装。1 人专职监护，1 人进行重启维护。

要求：2 人进行，并且熟悉工作内容、风险点并且进行“三交站队”与签字确认后，才能开始该项目的维护性检查工作。

4. 维护性检查流程及工序要求

变电站自动化系统设备对时维护性检查流程及工序要求如下：

（1）核对测控装置液晶面板时间是否与全站统一时钟源（GPS 或北斗）显示时间一致。

（2）核对远动装置液晶面板（或显示器）时间是否与全站统一时钟源（GPS 或北斗）显示时间一致，部分远动装置无液晶面板（或显示器）需登录组态软件查看时间。

（3）对监控后台时间是否与全站统一时钟源（GPS 或北斗）显示时间一致。

（4）对调控主站端时间是否与站内统一时钟源（GPS 或北斗）显示时间一致。

（5）如果对时不一致，将进行手动对时调整，并将对时故障设备汇报检修人员处理。

5. 注意事项

（1）重启操作系统需用命令进行，不能强制关机或断电关机，否则很有可能造成主机无法正常再启动。

（2）重启完成后需要核对监控后台数据，观察遥信、遥测正确，遥测数据是否刷新。

（三）变电站自动化系统监控主机外观清洁维护性检查

1. 维护性检查目的

变电站监控后台机在运行环境不佳或运行时间较长容易产生积灰，通常未上机架的塔式主机比机架式安装的主机积灰更严重。灰尘主要堵塞在主机进风口，另外机器内风扇、散热片等也有较重积灰。积灰导致计算机散热不佳，硬件温度较高，使设备运行寿命减短严重时会发生死机或板件烧坏现象。另外，内存条或硬盘积灰严重将导致插槽接触不良，影响系统运行稳定性。

进行监控主机除尘操作，清除设备积灰，促进空气流通设备散热，从而有助于延长机器寿命避免发生超温死机或板件故障。

2. 危险点分析及预控措施

变电站自动化系统监控主机外观清洁维护性检查的危险点分析及预控措施见表 7-20。

表 7-20 监控主机外观清洁维护性检查风险辨识

序号	风险辨识	预控措施
1	后台失去监控	监控后台主机关机除尘操作应逐台进行，关机前确保另外一台监控后台机运行正常（单后台运行厂站除外）

续表

序号	风险辨识	预控措施
2	设备损坏	（1）除尘操作应关机、断电进行。关机需用命令进行，不能强制关机或断电关机，避免造成设备损坏。 （2）主机及其零部件尤其是硬盘需要轻拿轻放，防止损坏设备
3	后台数据异常	除尘完成后，需要核对监控后台数据，遥测数据是否正确，遥测数据是否刷新

3．维护性检查要求

变电站自动化系统监控主机外观清洁维护性检查的要求如下：

（1）工器具材料准备：绝缘手套、干燥的毛刷、干燥的抹布、小型吹风机、防尘面罩。

（2）维护性检查人员要求：至少由 2 人进行，工作人员应按规定正确着装。1 人专职监护，1 人进行重启维护。

要求：2 人进行，应熟悉工作内容、风险点并且进行交代与签字确认后，才能开始该项目的维护性检查工作。

4．维护性检查流程及工序要求

变电站自动化系统监控主机外观清洁维护性检查流程及工序要求如下：

（1）除尘操作应关机、断电进行。先退出系统应用程序，再关闭操作系统（UNIX 操作系统的监控后台，应使用相关命令关机），正常关机完成后拔出电源线。

（2）拆机前，将主机外部灰尘、进风口灰尘用毛刷和干抹布清理干净。拆机后，注意对电源、风扇、散热片等部件进行灰尘清理。

（3）对于机箱内表面上的积尘，用干抹布和毛刷交替进行擦拭。注意在清洁的同时，可以用吹风机将灰尘对外吹出，防止继续落在机器内部或者主板上。

（4）风扇的叶片内、外通常也会堆积大量积灰，可以用手抵住叶片逐一用毛刷掸去叶片上的积灰，然后用干抹布将风扇及风扇框架内侧擦净。

（5）散热片可以用硬质毛刷清理缝隙中的灰尘。

（6）灰尘清理完成后，装好主机各部件，连接电源，开机。

5．注意事项

（1）进行监控主机停电清洁维护性检查开始前，对于双监控主机运行的系统，一定要汇报相关领导和调控中心，并做好另一台主机异常停运的应急预案；而单系统运行的监控主机，不宜进行停电处理，在没有做好备用方案和调控中心同意的情况下严禁停电进行维护检查。

（2）电源是非常容易积灰的设备，而且受温度影响严重。拆解电源时一定要注意内部高压，防止人员触电。

（3）重启完成后需要全面核对监控后台数据，观察遥信、遥测正确，遥测数据是否刷新正常，如果不正常及时报缺处理。

第三节　带　电　检　测

一、变电站一次、二次设备红外成像测温

（一）测试目的与方法

实际生活中的一切物体都在不停向环境空间辐射能量。物体的红外辐射能量的大小与其表面温度有着十分密切的关系。红外测温即通过对物体自身辐射的红外能量的测量，进而测定物体的表面温度的方法。实际工作中常用红外成像仪对站内变电设备进行温度检测。

（二）危险点分析与预控措施

红外成像测温带电检测危险点分析与预控措施见表7-21。

表7-21　　红外成像测温带电检测风险辨识

序号	风险辨识	预　控　措　施
1	人员触电	检测时需要2人进行，一人操作一人监护，测试时要与带电部位保持设备不停电工作的足够安全距离（500kV：＞5m，220kV：＞3m，110kV：＞1.5m，35kV：＞1m，10kV：＞0.7m），测试过程中禁止攀爬
2	人员跌伤，蚊虫叮咬或毒蛇咬伤	（1）应准备充足的蛇药，监护人要随时监护测试人员的行走安全，如夜间作业应备照明工具，移动时注意脚下障碍物或坑洞，夜间测量时应穿绝缘靴，并注意查看草丛。 （2）工作人员应正确着装防止蚊虫叮咬或毒蛇咬伤
3	仪器损坏	仪器应按说明书使用，使用中应避免过度振荡或跌落，注意避免强光长时间照射仪器镜头

（三）测试步骤与要求

1. 一般检测

对于没有特殊要求的一次、二次设备进行的红外测温，适用于一般检测标准。

（1）环境要求：

1）环境温度不宜低于5℃，一般按照红外热像检测仪器的最低温度掌握；

2）环境相对湿度不宜大于85%；

3）风速：一般不大于5m/s，若检测中风速发生明显变化，应记录风速；

4）天气以阴天、多云为宜，夜间图像质量为佳；

5）不应在有雷、雨、雾、雪等气象条件下进行；

6）户外晴天要避开阳光直接照射或反射进入仪器镜头，在室内或晚上检测应避开灯光的直射，宜闭灯检测。

（2）待测设备要求：

1）待测设备处于运行状态；

2）待测设备上无其他外部作业；

3）电流致热型设备最好在高峰负荷下进行检测，否则，一般应在不低于30%

的额定负荷下进行，同时应充分考虑小负荷电流对测试结果的影响。

（3）检测步骤及要求：

1）仪器开机，进行内部温度校准，待图像稳定后对仪器的参数进行设置；

2）根据被测设备的材料设置辐射率，作为一般检测，被测设备的辐射率一般取 0.9 左右；

3）设置仪器的色标温度量程，一般宜设置在环境温度加 10～20K 的温升范围；

4）开始测温，远距离对所有被测设备进行全面扫描，宜选择彩色显示方式，调节图像使其具有清晰的温度层次显示，并结合数值测温手段，如热点跟踪、区域温度跟踪等手段进行检测。应充分利用仪器的有关功能，如图像平均、自动跟踪等，以达到最佳检测效果；

5）环境温度发生较大变化时，应对仪器重新进行内部温度校准；

6）发现有异常后，再有针对性地近距离对异常部位和重点被测设备进行精确检测；

7）测温时，应确保现场实际测量距离满足设备最小安全距离及仪器有效测量距离的要求。

2. 精确检测

对于缺陷设备的跟踪测温以及电压致热型的一次设备测温，通常要求进行精确检测。

（1）环境要求。除满足一般检测的环境要求外，还满足以下要求：

1）风速一般不大于 0.5m/s；

2）检测期间天气为阴天、多云天气、夜间或晴天日落 2h 后；

3）避开强电磁场，防止强电磁场影响红外热像仪的正常工作；

4）被检测设备周围应具有均衡的背景辐射，应尽量避开附近热辐射源的干扰，某些设备被检测时还应避开人体热源等的红外辐射。

（2）待测设备要求：待测设备连续通电时间不小于 6h，最好在 24h 以上。

（3）检测步骤及要求：

1）应事先设置几个不同的方向和角度，确定最佳检测位置，并可做上标记，以供今后的复测用；一般来说，测试角最好在 30°之内，一般不宜大于 45°，如果不得不大于 45°进行测试，可以适当地调低辐射率进行修正。

2）将大气温度、相对湿度、测量距离等补偿参数输入，进行必要修正，并选择适当的测温范围；其中测量距离的选取应考虑测温仪固有距离系数（即精度）的要求，不宜过大。

3）检测时应根据被测物体材质正确选择辐射率，特别要考虑金属材料表面氧化对选取辐射率的影响。

4）检测温升所用的环境温度参照物体应尽可能选择与被测试设备类似的物体，且最好能在同一方向或同一视场中选择。

5）测量设备发热点、正常相的对应点及环境温度参照体的温度值时，应使用同一仪器相继测量。

6）在安全距离允许的条件下，红外仪器宜尽量靠近被测设备，使被测设备（或目标）尽量充满整个仪器的视场，以提高仪器对被测设备表面细节的分辨能力及测温准确度，必要时，可使用中、长焦距镜头。

7）记录被检设备的实际负荷电流、额定电流、运行电压，被检物体温度及环境参照体的温度值。

3. 二次设备测温

检测对象主要是变电站内电流互感器二次回路、保护装置、交直流电源回路、重要二次回路元器件等具有致热效应的二次系统及辅助设备。

（1）环境要求：同一般检测环境要求。

（2）待测设备要求：

1）待测设备处于运行状态；

2）精确测温时，待测设备连续通电时间不小于 6h，最好在 24h 以上；

3）待测设备上无其他外部作业；

4）电流致热型设备检测最好在高峰负荷下进行，否则应在不低于 30%的额定负荷下或电流互感器二次回路电流幅值大于 0.1A 时进行测量。

（3）检测要求：

1）测温时应针对不同的检测对象选择不同的环境温度参照体；

2）检测中应调整仪器与各对应测点的距离一致，方位一致；

3）检测到异常发热点时应记录发热点及环境温度参照体的温度值，二次电流回路还应记录实际负荷电流值；

4）二次设备负荷电流可通过读取保护、测控装置的交流采样或使用钳形电流表测量获取。

（四）测试结果分析

1. 影响测试结果的主要因素及修正

在现场进行设备红外检测时，由于检测条件和环境的影响变化，可能导致同一设备因检测条件不同，而得到不同的结果。为了提高红外检测的准确度，必须在现场检测过程中或对检测结果的处理中，采取相应的事中控制或事后修正措施，尽可能缩小检测结果与真实值的误差。因而，有必要考察影响测温结果的几个主要因素。

（1）被测设备运行状态的影响。若电气设备故障是因电流致热效应引起的（导电回路故障），其发热功率与负荷电流的平方成正比；若是电压致热效应引起的（绝缘介质故障），其发热功率与运行电压的平方成正比。因此，设备的工作电压和负荷电流的大小，将直接影响到红外检测与故障诊断的效果。只有设备在不低于额定工况条件运行时，才更容易暴露发热缺陷，且负荷越大，发热才越严重，故障点的特征性热异常也暴露越明显。因此开展红外检测时，为了使检测效果更可靠，要尽量选择设备在额定电压和高负荷条件运行时进行，让设备可能的故障部位有足够的发热时间，以检测设备的真实状态。

由于电气设备故障红外诊断时，常将设备在额定电流时的温升作为重要判据，因此当检测中实际运行电流小于额定电流时，严格地说应将现场实测的设备温升换算为额定电流条件下的温升，再进行比较。

（2）设备表面发射率的影响。在红外诊断仪器接收目标红外辐射功率相同的情况下，因设置的目标表面发射率不同，得到的检测结果也会有差异。具体来说，当测温仪接收相同辐射功率时，发射率越低，显示的温度则会越高。因此为了应用红外热像仪器准确地测量电气设备温度，必须要知道目标物体的发射率值，并在测温时输入测温仪，或在后期软件分析时输入该参数以对测温结果进行修正。而物体表面发射率决定于材料性质和表面状态（如表面氧化情况、涂层材料、粗糙程度及污秽状态等），想要精确判定目标物体发射率有一定难度。

减小发射率对检测结果影响的对策是：红外测温前应查出被测设备部件表面的发射率值，并进行发射率修正，从而获得可靠的测温结果，提高检测的可靠性；或者对于在红外检测中故障频发的设备部件，为使检测结果具有良好的可比性，可以运用敷涂适当漆料的方法来增大和稳定其发射率值。

（3）气象条件的影响。由于电气设备表面红外辐射能量，是经大气传输到红外检测仪器里的，传输过程中受到大气中的水蒸气、二氧化碳、一氧化碳等气体分子的吸收以及空气中悬浮微粒的散射而衰减，而过大的风力会使大气中接触物体辐射的粒子增加，造成能量衰减加剧。因而气象条件不良时，仪器接收到的目标能量衰减较大，将使仪器显示出来的温度大大低于被测故障点的实际温度值，易造成漏检或误诊断，尤其对于检测故障条件下温升原本较低的设备时，十分不利。同理检测距离的增加也会增大产生干扰的气象因素，使能量衰减与检测距离呈现正相关关系。

为尽量实现检测的准确性，可以采取如下对策：选择在环境大气比较干燥、洁净，风速低或无风的天气情况下检测；在满足工作安全的条件下尽可能缩短检测距离，还应对测量结果进行合理的距离修正。

（4）环境及背景辐射的影响与对策。在进行户外电力设备红外检测时，检测仪器接收的红外辐射除了包括受检设备相应部位自身发射的辐射以外，还会包括设备其他部位和背景的反射，或直接射入太阳辐射。这些辐射都将对设备待测部位的温度造成干扰，给检测结果带来误差。可以采取如下对策措施：

1）对户外电气设备的红外检测，尽可能选择在阴天或夜间无光照时间进行，检测户内设备可以采用关掉照明灯措施；

2）无法避免高反射的设备表面，应该采取适当措施来减少周围高温物体辐射的影响，或者调整检测角度，尽可能避开反射；

3）可在检测时采取适当的遮挡措施，或者在红外热像仪器上加装适当的红外滤光片，以滤除其他波长背景辐射；

4）选择适宜的参数和检测距离进行检测，使受检测的设备部位充满仪器视场，减少背景辐射的干扰。

2. 检测结果判断方法

根据被测设备检测数据或图像特点判断设备温度是否正常，以及判定缺陷严重程度。通常可应用以下几种方法：

（1）表面温度判断法。主要适用于电流致热型和电磁效应引起发热的设备。根据测得的设备表面温度值，对照高压开关设备和控制设备各种部件、材料及绝缘介质的温度和温升极限的有关规定，结合环境气候条件、负荷大小进行分析判断。

（2）同类比较判断法。指在同一类型被检设备之间进行比较。所谓“同类”设备的含义是指它们的类型、工况、环境温度和背景热噪声相同或相近，可以相互比较的设备。具体作法是将同类设备的对应部位温度值进行比较，这样更容易判断出设备状态是否正常。

（3）图像特征判断法。指根据同类设备在正常状态和异常状态下热谱图的差异来判断设备是否正常的方法。

（4）相对温差判断法。此法可尽量减小因设备负荷不同、环境温度不同对红外检测结果造成的影响。当环境温度过低或设备负荷较小时，设备的温度必然低于高环境温度和高负荷时的温度。但大量事实说明，即使此时温度没有超过允许值，也并不能说明设备没有缺陷存在，缺陷设备往往会在负荷增长或环境温度上升后，引发设备事故。“相对温差”是指两台设备状况相同或基本相同（设备型号、安装地点、环境温度、表面状况和负荷等）的两个对应测点之间的温差。

（5）档案分析判断法。指将测量结果与设备的红外诊断技术档案相比较来进行分析诊断的方法。应用这种方法的前提要求比较高，需要预先为诊断对象建立红外诊断技术档案，从而在进行诊断时，可以分析该设备在不同时期的红外检测结果，包括温度、温升和温度场的分布有无变化，掌握设备热态的变化趋势。此时，要求检测温升所用的环境温度参照体应尽可能选择与被测设备类似的物体，且最好能在同一方向或同一视场中选择。

（6）实时分析判断法。指在一段时间内使用红外热像仪连续检测某被测设备，观察设备温度随负载、时间等因素变化的方法。

具体设备的红外检测缺陷诊断可对照 DL/T 664—2016《带电设备红外诊断应用规范》中相关内容进行判断。

（五）测试周期和注意事项

1. 测试周期

（1）一般检测周期见表 7-22。

表 7-22　　红外成像测温推荐检测周期（一般检测）

变电站电压等级（kV）	1000	750～330	220	110（66）	≤35
一般检测周期	每周	每两周	每月	每季度	每半年

（2）精确检测周期见表 7-23。

表 7-23　　红外成像测温推荐检测周期（精确检测）

设备类型	二次系统及交直流电源设备		开关柜、并联电容器			站用变压器	
变电站电压等级或设备类别	不区分电压等级	新设备	1000kV	750kV及以下	新设备	不区分电压等级	新设备
精确检测周期	每年	投运后1周内（但应超过24h）	每周	每年	投运后1周内（但应超过24h）	每年	投运后1周内（但应超过24h）
设备类型	端子箱及检修电源箱		电力电缆				
变电站电压等级或设备类别	不区分电压等级	新设备	330kV及以上	220 kV	110（66）kV	35kV及以下	新设备及解体检修后
精确检测周期	每半年	投运后1周内（但应超过24h）	每月	每季度	每半年	每年	上电后1周内（但应超过24h）
设备类型	其他一次设备						
变电站电压等级或设备类别	1000kV	750～330kV	220 kV	110（66）kV	35kV及以下	新设备	
精确检测周期	每周	每月	每季度	每半年	每年	投运后1周内（但应超过24h）	

2. 其他注意事项

（1）迎峰度夏（冬）、大负荷、新设备投运、检修结束送电期间、送电后应适当增加设备检测频次，并对主变压器等重载设备重点检测。

（2）测试过程中应详细记录环境温湿度、风速、参照体温度、被测设备负荷情况等，便于对测试结果的准确分析。

（3）新设备投运后，应注意收集和保存设备首次测温正常的图谱，建立设备测温档案，作为今后参照对比的依据。

（4）运维检测人员检测过程发现设备异常时，应及时上报，待相关专业人员分析和诊断后，必要时安排复测。

（六）变电站一次设备红外测温典型案例

1. 变压器散热片油流阀门未开启

如图 7-31 所示，测温图谱呈现出大部分散热片颜色明亮、少量散热片颜色暗沉的情况，与正常情况下的散热片测温图谱相比有明显差异。由图像特征判断法可以判定，该设备问题为：颜色暗沉的两块散热片的油流阀门未正确开启，导致散热片中无热油流进入，散热片未正常参与变压器散热。

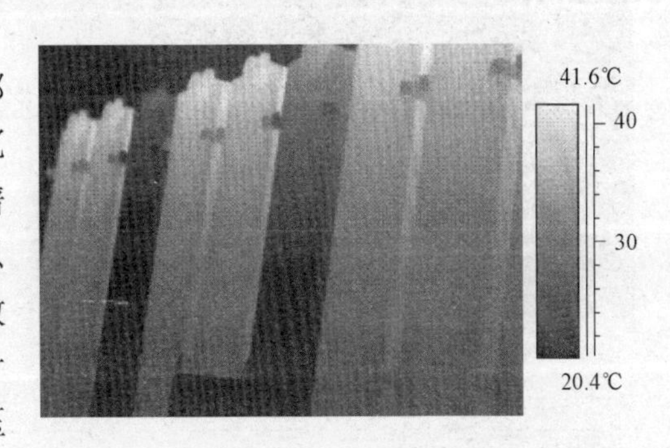

图 7-31　变压器散热器油流阀门未开启

2. 变压器低压侧穿墙套管发热

如图 7-32 所示，测温图谱呈现出单个电容器与其他同类设备相较整体颜色更为明亮的情况，且该电容器熔断器处同样颜色更为明亮，温度较高。分析比较温度值，异常区域的最高温度为 19.5℃，参照体区域的最高温度为 16.5℃，温差为 3K。该发热部位主要为电压致热，根据 DL/T 664—2016《带电设备红外诊断应用规范》，由同类比较判断法可以判定，该电容器存在过温缺陷，缺陷级别为严重缺陷。发热原因主要有以下两方面：

（1）材料引起发热。该电容器本体的聚酯膜、黏度大的油等极性材料在交流状态下损耗大、漏电流大、导致复合介质电容器在交流情况下发热。

（2）散热引起发热。电容器在绝缘下降、过电流下长期工作，内部热能积聚致使电容器产生温升。

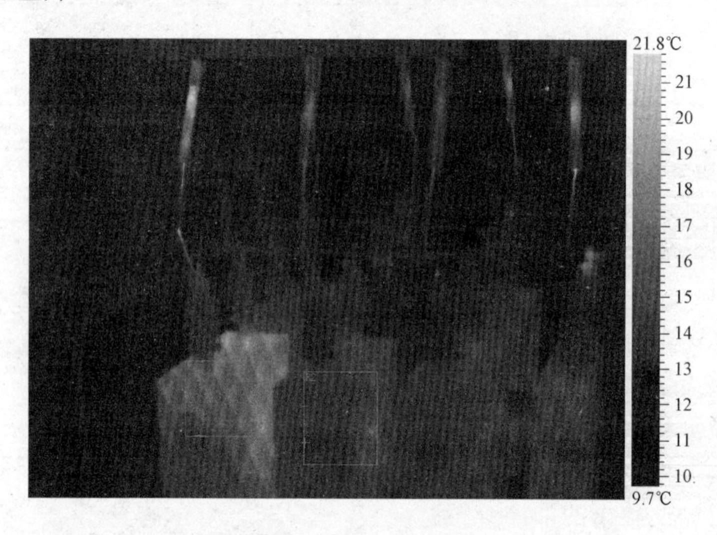

图 7-32 电容器本体发热

3. 隔离开关触指发热

如图 7-33 所示，测温图谱呈现出设备单点明亮的情况，发热部位隔离开关连接触指最热点为 39.2℃（参照体温度为 18.9℃），环境温度为 15℃，温差为 20.3K，计算出相对温差为 83.9%。该发热部位主要为电流致热，根据 DL/T 664—2016《带电设备红外诊断应用规范》，由相对温差判断法可以判定该设备存在过温缺陷，缺陷级别为严重缺陷。发热原因可能为触指紧固件松动、刀片或刀嘴的弹簧锈蚀等，导致的弹簧触指压力降低，弹簧压接不良，引起触头接触电阻增大而产生异常温升。

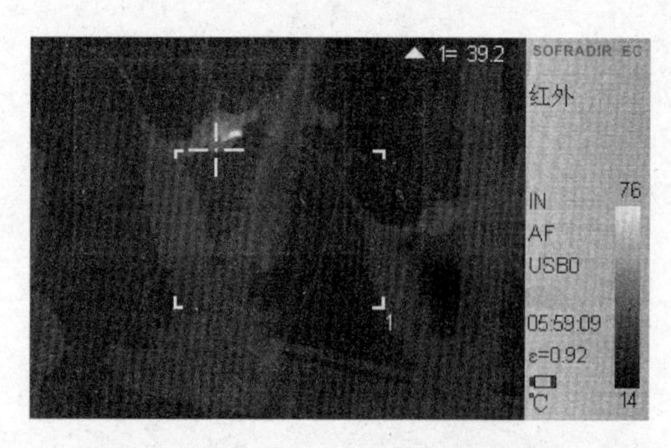

图 7-33 隔离开关触指发热

二、接地导通测试

（一）测试目的及方法

1. 设备接地的分类

变电站内设备接地按其作用分为三类：

（1）保护接地：指正常情况下将电力设备外壳及不带电金属部分的接地。如发电机、变压器等电力设备外壳的接地。

（2）工作接地：指电力系统中利用大地作导线或为保证正常运行所进行的接地。如三相四线制中的地线、某些变压器中性点接地等。

（3）防雷接地：也叫过电压保护接地，指过电压保护装置或设备的金属结构的接地，如避雷器的接地、避雷针构架的接地等。

2. 接地导通测试目的

接地导通测试是确保电气设备在正常及故障情况下，都能可靠和安全运行的主要保护措施之一。接地导通测试目的是检查接地装置的电气完整性，即检查接地装置应该接地的各种电力设备之间、接地装置的各部分及各设备之间的电气连续性，一般用直流电阻值表示，保持接地装置的电气完整性可以防止设备失地运行，提供事故电流泄流通道，保证人身安全及电力设备正常工作。

3. 接地导通测试方法

接地引下线导通测试采用电流电压法测试原理，也称四线法测试技术，其原理如图 7-34 所示。

由电流源经“I＋、I－”两端口（也称 I 型口），供给被测电阻 R_x 电流，电流的大小由电流表 PA 读出，R_x 两端的电压降“V＋、V－”两端口（也称 V 型口）取出，由电压表 PV 读出。通过对 PA、PV 的测量，就可以算出被测电阻的阻值。

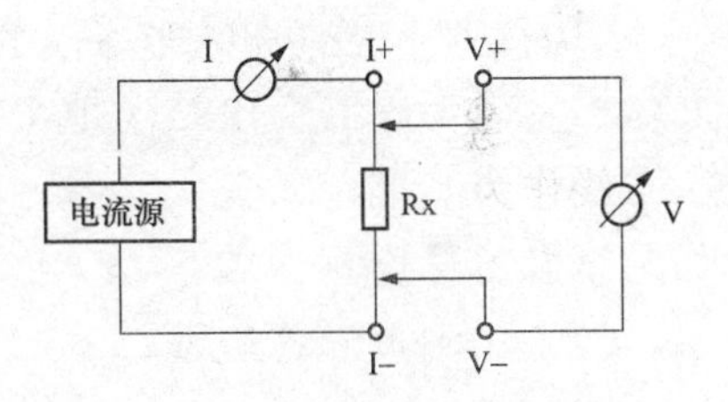

图 7-34　接地网导通电阻测试原理图

（二）危险点分析与预控措施

危险点分析与预控措施见表 7-24。

表 7-24　接地导通带电检测风险辨识

序号	风险辨识	预控措施
1	人员触电	与设备带电部位保持足够的安全距离，防止测试人员及其他人员触摸测试接地引下线工作人员移动测试仪器时，确保仪器处于断电状态
2	设备损坏	仪器必须处于断电状态时方可移动，仪器必须无电流输出时方可移动测试点线夹。试验设备应可靠接地

（三）测试步骤与要求

1. 测试要求

（1）环境要求：

1）不应在雷、雨、雪中或雨、雪后立即进行；

2）现场区域满足试验安全距离要求。

（2）测试仪器要求：

1）测试宜选用专用仪器，仪器的分辨率不大于 1mΩ；

2）仪器的准确度不低于 1.0 级；

3）测试电流不小于 5A。

2. 测试准备

（1）现场试验前，应详细了解现场的运行情况，据此制定相应的技术措施。

（2）应配备与工作情况相符的上次试验记录、标准化作业指导书、合格的仪器仪表、工具和连接导线等。

（3）现场具备安全可靠的独立试验电源，禁止从运行设备上接取试验电源。

（4）检查环境、人员、仪器满足试验条件。

（5）按相关安全生产管理规定办理工作许可手续。

3. 测试范围

（1）各个电压等级的场区之间。

（2）各高压和低压设备，包括构架、分线箱、汇控箱、电源箱等。

（3）主控室及内部各接地干线，场区内和附近的通信及内部各接地干线。

（4）独立避雷针及微波塔与主地网之间。

（5）其他必要部分与主地网之间。

4. 测试步骤

（1）选取参考点和测试点。先找出与接地网连接良好的接地引下线作为参考点，并做标示。考虑到变电站场地可能比较大，测试线不能太长，宜选择多点接地设备引下线作为基准，如主变压器、断路器等。在各电气设备的接地引下线上选择一点作为该设备导通测试点。

（2）对测量设备校零。

（3）在被测接地引下线与试验接线的连接处，使用锉刀锉掉防锈的油漆，露出有光泽的金属。

（4）准备好仪器设备，将接地导通电阻测试仪输出连接分别连接到参考点、测试点，如图 7-35 所示。

（5）打开仪器电源，调节仪器使输出某一电流值，记录相应的直流电阻值。

（6）调节仪器使输出为零，断开电源，将测试点移到下一位置，依次测试并记录。

（7）检查试验数据与试验记录是否完整、正确。

（8）整理仪器接线并清理现场。

（四）测试结果分析

（1）状况良好的设备连接测试值应在 50mΩ 以下。

（2）50～200mΩ 的设备连接状况尚可，宜在以后例行测试中重点关注其变化，重要的设备宜在适当时候检查处理。

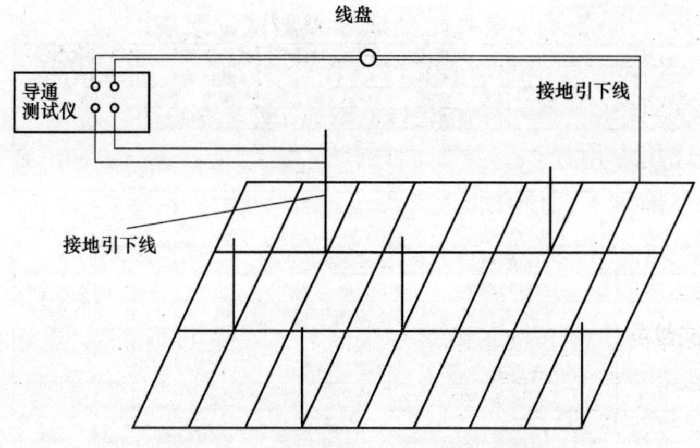

图 7-35 接地引下线导通试验接线图

（3）200mΩ～1Ω 的设备连接状况不佳，对重要的设备应尽快检查处理，其他设备宜在适当时候检查处理。

（4）1Ω 以上的设备与主网未连接，应尽快检查处理。

（5）独立避雷针的测试值应在 500mΩ 以上。

（6）测试中相对值明显高于其他设备，而绝对值又不大的，按状况尚可对待。即按照测试值在 50～200mΩ 的设备分析判断进行考虑。

（五）注意事项

（1）测试周期：独立避雷针每年一次；其他设备、设施，220kV 及以上变电站每年一次，110（66）kV 变电站每三年一次，35kV 变电站每四年一次。应在雷雨季节前开展接地导通测试。

（2）测试中应注意减小接触电阻的影响；

（3）当发现测试值在 50mΩ 以上时，应反复测试验证。

（六）典型案例

2017 年 3 月，在 110kV××变电站进行接地引下线导通测试。部分检测结果如图 7-36 所示。

结果显示测试点“10kV 旁母 348 间隔旁龙门架处”接地引下线与参考点“10kV 高压室 352 间隔”处接地引下线间为开路状态。对照分析标准判定该测试点处接地引下线与主网未连接，需立即对其进行检查。

对该测试点处接地引下线进行开挖检查，发现与泥土接触部位已完全锈蚀断裂，如图 7-37 所示。

经现场调查后，综合分析判断主要原因为接地引下线检修时焊接部位选择不合理，恰好是气-水-土三相交汇区，焊接过程中破坏了镀锌层，使扁钢的耐蚀性能下降，导致腐蚀严重甚至断裂。

本次案例中，变电运维人员通过带电检测手段发现了接地引下线导通数据不合格的情况，对照标准分析判断缺陷性质，及时进行开挖检查，找到并处理了接地引下线锈蚀断裂的严重安全隐患，保障了设备的安全稳定运行。

×××变电站接地导通测试记录表

站名	×××	运行编号	XXX接地网	试验单位	变电运维X班
试验人员	×××、×××	试验性质	例行	试验日期	2017年3月10日
试验天气	晴	温度	10	湿度	65%
试验仪器	接地导通测试仪TD3810B型，编号00029				

序号	参考点	测量点	试验电流（A）	测量结果（mΩ）
73	500断路器	5X24靠#2主变侧龙门	5	22.67
74	500断路器	5202与5062间支柱	5	3.189
75	500断路器	5062隔离开关	5	32.17
76	500断路器	506断路器	5	23.05
77	500断路器	506端子箱	5	14.26
78	500断路器	506TA	5	16.58
85	10kV高压室（352）	3号避雷针	5	43.36
86	10kV高压室（352）	10kV旁母348侧支柱	5	0.003
87	10kV高压室（352）	10kV旁母348侧龙门架	5	开路
88	10kV高压室（352）	3487隔离开关	5	11.81
89	10kV高压室（352）	3485隔离开关	5	40.5
90	10kV高压室（352）	3247隔离开关	5	20.19

图 7-36　接地引下线导通测试记录

图 7-37　接地引下线故障点

三、蓄电池内阻测试

（一）测试目的及方法

1. 测试目的

由于蓄电池的内阻值随蓄电池容量的降低而升高，即随着蓄电池不断的老化、容量的不断降低，蓄电池的内阻也会不断加大。利用蓄电池放电给测试仪器，测量加在蓄电池内阻上的压降，然后除以放电电流即可得到蓄电池内阻。通过对比整组蓄电池的内阻值或跟踪单体电池的内阻变化程度，可以找出整组中落后的电池，通过跟踪单体电池的内阻变化程度，可以了解蓄电池的老化程度，达到维护蓄电池的目的。

2. 测试方法

当前内阻测试仪器采用的是交流注入或直流测量两种方法。

（1）采用交流注入的仪器，在测量时需要对电池施加一个交流测试信号，再通过测出相应的电压和电流，从而计算出蓄电池的阻抗，但是这种方法的测试阻抗会随测试频率的不同而变化，且存在易受充电器输出纹波和噪声源干扰的问题，一般不采用。

（2）采用直流测量的方法，对电池进行极短暂的大电流恒流放电，放电时间约为 3～2.5s，对电池表现出来的欧姆特性进行测量计算，并得到其内阻值。该方法可以为分析、判断单体及整组电池健康提供依据，目前已在电力系统普遍采用。

（二）危险点分析与预控措施

蓄电池内阻带电检测危险点分析与预控措施见表 7-25。

表 7-25 蓄电池内阻带电检测风险辨识

序号	风险辨识	预 控 措 施
1	电池两极短路灼伤测试人员	测量时防止电池两极短路，应由2人进行，测量人员应穿符合规定的工作服，戴干燥、清洁的线手套
2	工作人员低压触电	维护工作中加强监护，使用合格清扫测量工具，工作中防止同时接触蓄电池正负电极或金属外壳，内阻测试仪、万用表外壳及测量线无损伤
3	螺栓紧固时电池两极短路灼伤、电池损坏	工作中加强监护，使用合格绝缘工具，连接条紧固不得存在应力，防止损坏电池接线
4	维护期间设备或元件发生异状，造成伤害或直流接地、短路	维护中若直流系统发生故障，应立即停止工作，保持原状，查清原因前不得继续测试
5	测试接线错误造成内阻测试仪损坏	测试工作中加强监护，每节电池夹接线完毕，监护人检查确认并发出指令后，测试人员才能按下仪器“测试”键进行测试
6	内阻测试仪过热损坏	测量应由两人进行，当测试完一节电池，进行下一节测试仪时前，一定要确认仪器内置风机已停机后才能按下仪器“测试”键继续测试

（三）测试步骤与要求

（1）仪器检查：检查内阻测试仪是否正常，测试线及接头、夹子是否完好无破损，仪器电源能够正常开启，如电量不足测试前需先充电。

（2）参数设置：根据被测蓄电池或电池组标示参数在内阻仪中作好相应设置，通常有电池编号、电池组个数、标称内阻值等参数。

（3）测试接线：将测试线接头与内阻仪接好，用红色夹子夹被测电池的正极，红黑夹子夹负极，黑色夹子夹在与负极相连的连接条的末端，或相邻蓄电池的正极。

（4）进行测试：确认接线无误后，按下“测试”键，待读数稳定后方可移除接线夹子，并按编号顺序进行下节电池测试接线。

（5）全部电池测试完毕后应整理、恢复现场，并可根据情况对测试中有疑问设备进行复测。

（四）测试结果分析

（1）蓄电池的内阻基准值：一般应以电池出厂时厂家提供的参数为基准。若厂家没有提供时，则以蓄电池满容量时（或第一次校验时）的内阻平均值作为参考。内阻的基准值随厂家的不同而不同。通常400Ah（2V）的电池内阻在280μΩ左右，300Ah（2V）的电池内阻在450μΩ左右，200Ah（2V）的电池内阻在650μΩ左右，100Ah（12V）的电池内阻在1400μΩ左右。

（2）蓄电池的内阻要求：蓄电池内阻与前次检验数据相比无明显异常变化，新投运的蓄电池组内阻偏离值应不大于5%，运行中的蓄电池组内阻偏离值应不大于10%。

（3）蓄电池的连接电阻要求：运行中的蓄电池之间的连接电压降应满足$\Delta U < 8mV$。

（五）注意事项

（1）蓄电池内阻测试周期为每年至少1次。

（2）测试工作至少两人进行，防止直流短路、接地、断路。

（3）测试时连接测试电缆应正确，按顺序逐一进行蓄电池内阻测试。

四、变压器、高压电抗器铁芯、夹件接地电流测试

（一）测试目的及方法

1. 测试目的

为了防止变压器在运行或试验时，由于静电感应而在铁芯和其他金属构件上产生悬浮电位造成对地放电，所以铁芯及其金属构件除穿心螺杆外，都必须可靠接地。在正常运行时，铁芯与夹件均保持一点接地，如果有两点以上接地，则接地点之间可能形成闭合回路。当主磁道穿过此闭合回路时，将会在其中产生循环电流，造成内部过热事故。通过测量铁芯、夹件接地电流大小，判断变压器（高压电抗器）铁芯与夹件是否存在多点接地情况，防止设备进一步损坏。

图 7-38 钳形电流表

2. 测试方法

变压器铁芯接地电流检测装置一般有钳形电流表（如图 7-38 所示）和变压器铁芯接地电流检测仪两种。

钳形电流表由电流互感器和电流表组合而成。电流互感器的铁芯在捏紧扳手时可以张开，被测电流所通过的导线可以不必切断就可穿过铁芯张开的缺口，当放开扳手后铁芯闭合，穿过铁芯的被测电路导线就成为电流互感器的一次绕组，其中通过电流便在二次绕组中感应出电流，二次绕组相连接的电流表便有指示，测出被测接地扁铁（接地线）的电流。为防止变压器涡流、漏磁对测试数据的干扰，宜在变压器大盖环以上选择三个测试点，取其平均值。

（二）危险点分析与预控措施

变压器、高压电抗器铁芯、夹件接地电流带电检测危险点分析与预控措施表见表 7-26。

表 7-26　变压器、高压电抗器铁芯、夹件接地电流带电检测风险辨识

序号	风险辨识	预控措施
1	工作人员高压触电	该试验为带电检测项目，试验过程中注意与带电部位保持足够的安全距离
2	测试中因接地松动导致悬浮放电造成设备损坏	为确保一次设备安全，试验过程中严禁摇晃铁芯接地扁铁（接地线），防止因接地不良导致悬浮放电，损坏设备
3	测试中误碰散热装置、防火装置等辅助设备	变压器铁芯接地扁铁（接地线）一般从紧挨本体引下，测量时应尽量避免触碰旁边的变压器散热装置、防火装置等辅助设备

（三）测试步骤与要求

1. 检测要求

（1）环境要求：

1）在良好的天气下进行检测；

2）环境温度不宜低于＋5℃。

3）环境相对湿度不大于80%。

（2）待测设备要求：

1）设备处于运行状态。

2）被测变压器铁芯、夹件（如有）接地引线引出至变压器下部并可靠接地。

（3）测试仪器要求：

1）钳形电流表应具备电流测量、显示及锁定功能。

2）变压器铁芯接地电流检测仪应具备电流采集、处理、波形分析及超限告警等功能。

3）主要技术指标：

a）检测电流范围：AC～10000mA。

b）满足抗干扰性能要求。

c）分辨率：不大于1mA。

d）检测频率范围：20～200Hz。

e）测量误差要求：±1%或±1mA（测量误差取两者最大值）。

f）温度范围：－10～50℃。

g）环境相对湿度：5%～90%。

4）功能要求。变压器铁芯接地电流检测装置及检测仪应具备以下基本功能：

a）钳形电流互感器卡钳内径应大于接地线直径。

b）检测仪器应有多个量程供选择，且具有量程200mA以下的最小挡位。

c）检测仪器应具备电池等可移动式电源，且充满电后可连续使用4h以上。

d）变压器铁芯接地电流检测仪具备数据超限警告，检测数据导入、导出、查询、电流波形实时显示功能。

e）变压器铁芯接地电流检测仪具备检测软件升级功能。

f）变压器铁芯接地电流检测仪具备电池电量显示及低电量报警功能。

2. 检测步骤

（1）打开测量仪器，电流选择适当的量程，频率选取工频（50Hz）量程进行测量，尽量选取符合要求的最小量程，确保测量的精确度。

（2）在接地电流直接引下线段进行测试（历次测试位置应相对固定，将钳形电流表置于器身高度的下1/3处，沿接地引下线方向，上下移动仪表观察数值应变化不大，测试条件允许时还可以将仪表钳口以接地引下线为轴左右转动，观察数值也不应有明显变化）。

（3）使钳形电流表与接地引下线保持垂直。

（4）待电流表数据稳定后，读取数据并作好记录。

（四）测试结果分析

1. 检测结果要求

铁芯接地电流检测结果应符合以下要求：

（1）1000kV 变压器：≤300mA（注意值）。

（2）其他变压器：≤100mA（注意值）。

（3）与历史数值比较无较大变化。

2. 综合分析

（1）当变压器铁芯接地电流检测结果受环境及检测方法的影响较大时，可通过历次试验结果进行综合比较，根据其变化趋势做出判断。

（2）数据分析还需综合考虑设备历史运行状况、同类型设备参考数据，同时结合其他带电检测试验结果，如油色谱试验、红外精确测温及高频局部放电检测等手段进行综合分析。

（3）接地电流大于 300mA 应考虑铁芯（夹件）存在多点接地故障，必要时串接限流电阻。

（4）当怀疑有铁芯多点间歇性接地时可辅以在线检测装置进行连续检测。

（五）注意事项

（1）检测周期：750～1000kV 每月不少于一次；330～500kV 每三个月不少于一次；220kV 每 6 个月不少于一次；35～110kV 每年不少于一次。新安装及 A、B 类检修重新投运后 1 周内。

（2）严禁将变压器铁芯、夹件的接地点打开测试。

（3）在接地电流直接引下线段进行测试（历次测试位置应相对固定）。

五、开关柜局部放电带电检测

（一）测试目的及方法

1. 局部放电的概念

在开关柜绝缘系统中，各部位的电场强度存在差异，某个区域的电场强度一旦达到其击穿场强时，该区域就会出现放电现象，不过施加电压的两个导体之间并未贯穿整个放电过程，即放电未击穿绝缘系统，这种现象即为局部放电。典型的局部放电现象包括电晕放电、表面放电、内部放电、悬浮放电等，如图 7-39 所示。

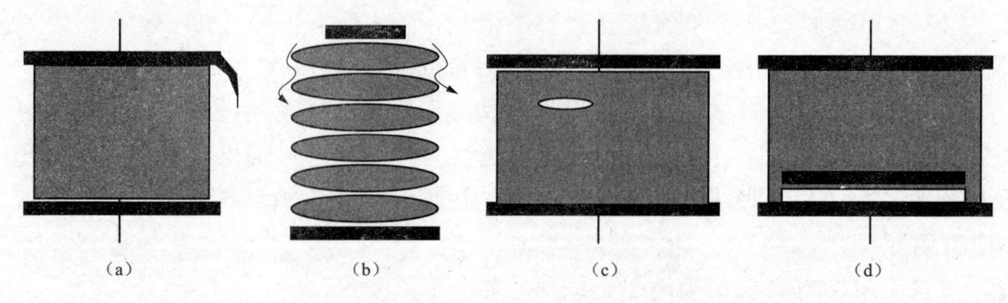

图 7-39　局部放电现象

（a）电晕放电；（b）表面放电；（c）内部放电；（d）悬浮放电

2. 超声波局部放电检测方法

在放电过程中，随着放电的发生，伴随着爆裂状的声发射，产生超声波，且很快向四周介质传播。伴随有声波能量的放出，超声波信号以某一速度通过不同介质（隔板、油、SF_6气体等）以球面波的形式向四周传播。但由于超声波频率高其波长较短，因此它的方向性较强，从而它的能量较为集中，容易进行定位。超声波检测主要采用 20kHz 以上频率，可不受外部噪声的干扰。通常认为，当在被测设备外壳的接缝处进行测量时，由于探头完全置于设备体外，放电信号通过绝缘介质衰减很严重，灵敏度较差、定量分析比较困难，仅对局部放电初测及比较严重的空气中的放电才比较有效，超声波测量放电工作原理图如图 7-40 所示。

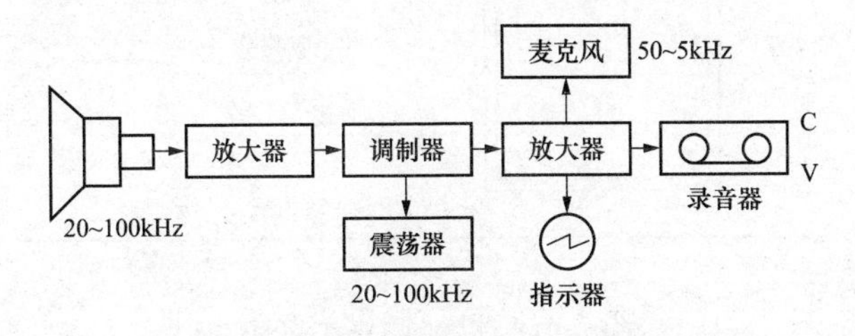

图 7-40　超声波测量放电工作原理图

3. 暂态地电压检测（TEV）方法

TEV 检测原理根据麦克斯韦电磁场理论，局部放电现象的发生产生出变化的电场，变化的电场激起磁场，而变化的磁场又会感应出电场，交变的电场与磁场相互激发并向外传播，形成了电磁波。通过放电产生的电磁波通过金属箱体的接缝处或气体绝缘开关的衬垫传播出去，同时产生一个暂态电压，通过设备的金属箱体外表面而传到地下去。这些电压脉冲是于 1974 年由 Dr John Reeves 首先发现，并把它命名为暂态地电压（TEV）。TEV 在设备内部产生传播如图 7-41 所示。

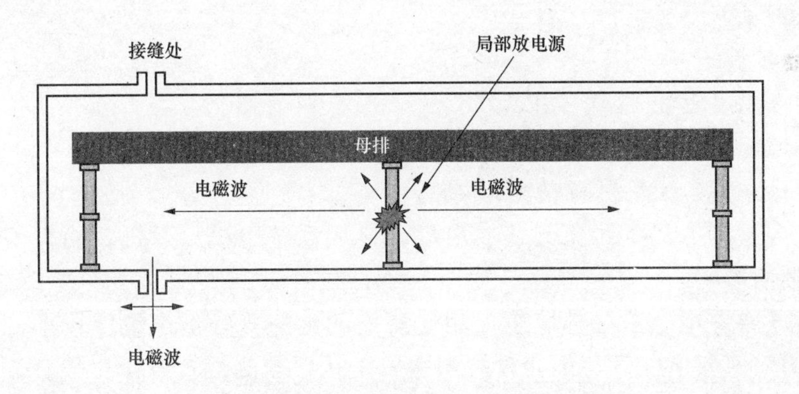

图 7-41　TEV 产生示意图

当开关柜的内部元件对地绝缘发生局部放电时，小部分放电能量会以电磁波的形式转移到柜体的金属铠装上，并产生持续约几十纳秒的暂态脉冲电压，在柜体表面按照传输线效应进行传播。暂态地电压局部放电检测技术采用容性传感器探头检测柜体表面的暂态脉冲电压，从而发现和定位开关柜内部的局部放电缺陷，其检测示例如图 7-42 所示。

（二）危险点分析与预控措施

开关柜局部放电带电检测危险点分析与预控措施见表7-27。

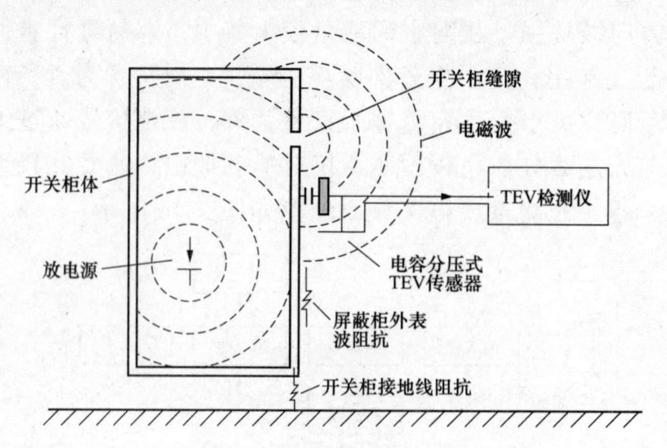

图7-42　TEV测试示意图

表7-27　　开关柜局部放电带电检测风险辨识

序号	风险辨识	预　控　措　施
1	工作人员高压触电	进行超声波或暂态地电压带电检测时需要2人进行，一人操作一人监护，测试时要与带电部位保持足够的安全距离，测试过程中严禁打开柜门和隔离挡板
2	工作人员误碰误动设备	工作中注意与运行设备保持适当距离，防止误碰误动操作按钮和误按继电器造成设备误动

（三）测试步骤与要求

1. 检测要求

（1）环境要求：

1）环境温度宜在－10～40℃。

2）环境相对湿度不高于80%。

3）禁止在雷电天气进行检测。

4）室内检测应尽量避免气体放电灯、排风系统电机、手机、相机闪光灯等干扰源对检测的影响。

5）通过暂态地电压局部放电检测仪器检测到的背景噪声幅值较小，不会掩盖可能存在的局部放电信号，不会对检测造成干扰，若测得背景噪声较大，可通过改变检测频段降低测得的背景噪声值。

（2）待测设备要求：

1）开关柜处于带电状态。

2）开关柜投入运行超过30min。

3）开关柜金属外壳清洁并可靠接地。

4）开关柜上无其他外部作业。

5）退出电容器、电抗器开关柜的自动电压控制系统（AVC）。

（3）测试仪器要求：

1）检测频率范围：3～100MHz。

2）检测灵敏度：1dBmV。

3）检测量程：0～60dBmV。

4）检测误差：不超过±2dBmV。

5）工作电源：直流电源5～24V，纹波电压不大于1%；交流电源220（1±10%）V，频率50（1±10%）Hz。

2. 检测步骤

（1）有条件情况下，关闭开关室内照明及通风设备，以避免对检测工作造成干扰。

（2）检查仪器完整性，按照仪器说明书连接检测仪器各部件，将检测仪器开机。

（3）开机后，运行检测软件，检查界面显示、模式切换是否正常稳定。

（4）进行仪器自检，确认暂态地电压传感器和检测通道工作正常。

（5）若具备该功能，设置变电站名称、开关柜名称、检测位置并做好标注。

（6）测试环境（空气和金属）中的背景值。一般情况下，测试金属背景值时可选择开关室内远离开关柜的金属门窗；测试空气背景时，可在开关室内远离开关柜的位置，放置一块20cm×20cm的金属板，将传感器贴紧金属板进行测试。

（7）每面开关柜的前面和后面均应设置测试点，具备条件时（例如一排开关柜的第一面和最后一面），在侧面设置测试点，检测位置可参考图7-43。

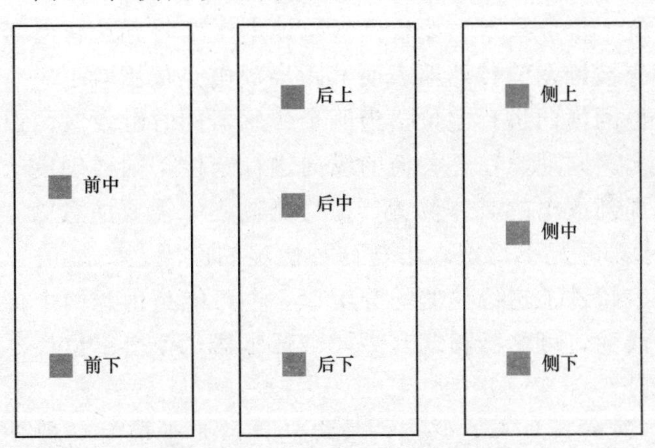

图7-43 暂态地电压局部放电检测推荐检测位置

（8）确认洁净后，施加适当压力将暂态地电压传感器紧贴于金属壳体外表面，检测时传感器应与开关柜壳体保持相对静止，人体不能接触暂态地电压传感器，应尽可能保持每次检测点的位置一致，以便于进行比较分析。

（9）在显示界面观察检测到的信号，待读数稳定后，如果发现信号无异常，幅值较低，则记录数据，继续下一点检测。

（10）如存在异常信号，则应在该开关柜进行多次、多点检测，查找信号最大点的位置，记录异常信号和检测位置。

（11）出具检测报告，对于存在异常的开关柜隔室，应附检测图片和缺陷分析。

（四）测试结果分析

1. 测试结果判定标准

开关柜局部放电带电检测结果判定标准见表 7-28。

表 7-28　　开关柜局部放电带电检测结果判定标准

序号	项　目	标　准
1	超声波局部放电检测	正常：无典型放电波形或音响，且数值≤8dB。 异常：数值＞8dB 且≤15dB。 缺陷：数值＞15dB
2	暂态地电压检测	正常：相对值≤20dB。 异常：相对值＞20dB

2. 暂态地电压局部放电检测数据分析方法

（1）纵向分析法。对同一开关柜不同时间的暂态地电压测试结果进行比较，从而判断开关柜的运行状况。需要电力工作人员周期性地对开关室内开关柜进行检测，并将每次检测的结果存档备份，以便于分析。

（2）横向分析法。对同一个开关室内同类开关柜的暂态地电压测试结果进行比较，从而判断开关柜的运行状况。当某一开关柜个体测试结果大于其他同类开关柜的测试结果和环境背景值时，推断该设备有存在缺陷的可能。

（3）故障定位。定位技术主要根据暂态地电压信号到达传感器的时间来确定放电活动的位置，先被触发的传感器表明其距离放电点位置较近。

首先在开关柜的横向进行定位，当两个传感器同时触发时，说明放电位置在两个传感器的中线上。同理，在开关柜的纵向进行定位，同样确定一根中线，两根中线的交点，就是局部放电的具体位置。在检测过程中需要注意以下几点：

1）两个传感器触发不稳定。出现这种情况的原因之一是信号到达两个传感器的时间相差很小，超过了定位仪器的分辨率。也可能是由于两个传感器与放电点的距离大致相等造成的，可略微移动其中一个传感器，使得定位仪器能够分辨出哪个传感器先被触发。

2）离测量位置较远处存在强烈的放电活动。由于信号高频分量的衰减，信号经过较长距离的传输后波形前沿发生畸变，且因为信号不同频率分量传播的速度略微不同，造成波形前沿进一步畸变，影响定位仪器判断。此外，强烈的噪声干扰也会导致定位仪器判断不稳定。

（五）注意事项

（1）暂态地电压局部放电检测至少一年一次，结合迎峰度夏（冬）开展。

（2）新投运和解体检修后的设备，应在投运后 1 个月内进行一次运行电压下的检测，记录开关柜每一面的测试数据作为初始数据，以后测试中作为参考。

（3）对存在异常的开关柜设备，在该异常不能完全判定时，可根据开关柜设备的运行工况缩短检测周期。

（4）测试现场出现明显异常情况时（如异音、电压波动、系统接地等），应立即停止测试工作并撤离现场。

（六）典型案例

1. 基本情况

在某变电站10kV高压室进行开关柜局部放电检测（暂态地电压、超声波）时发现10kV某线314开关柜后柜门下部存在超声波放电信号（检测时314间隔负荷电流为33A），现场通过PLUS＋ TEV听筒可听到放电声。

经与各级部门协商，将314开关柜停电，对局部放电异常情况进行检查处理。打开后柜门发现314开关柜电缆纸质塑封标识牌（A4大小）未拆除，A相电缆头附近存在焦黑放电痕迹，并有白色粉末附着于电缆表面，电缆头附近的标识牌有一弧形烧蚀缺口。

2. 原因分析

电缆头制作工艺不佳，在对铜屏蔽层末端进行切割时断口未处理平滑（如图7-44、图7-55所示），导致A相外冷缩套出现损伤痕迹（如图7-46所示）。

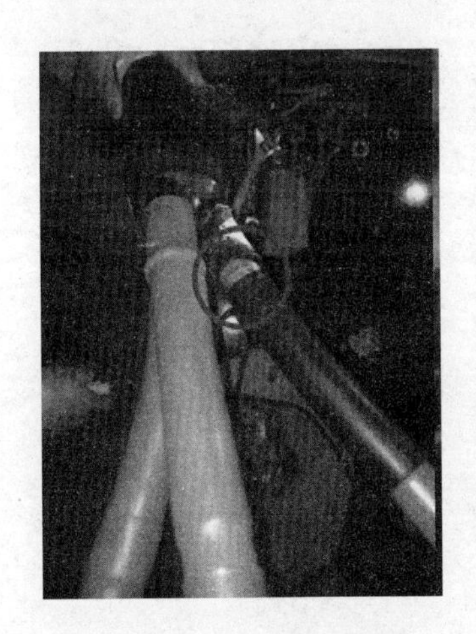

图7-44 A相铜屏蔽层末端图像

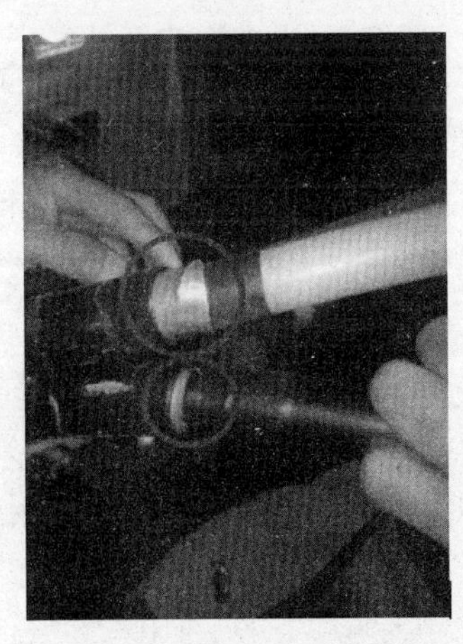

图7-45 A、B相铜屏蔽层末端图像

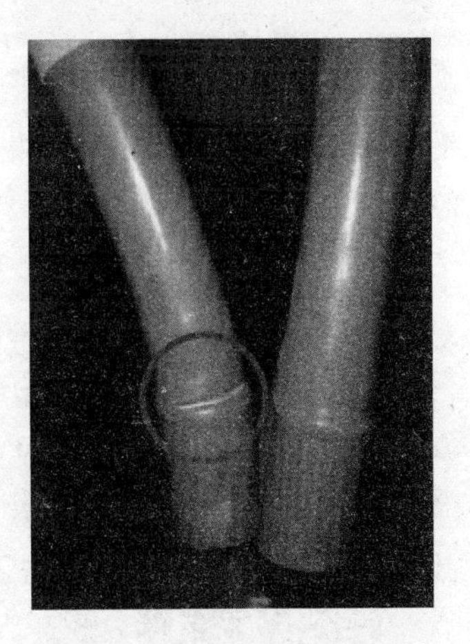

图7-46 A相电缆外冷缩套损伤痕迹

电缆头制作工艺不佳导致A相电缆出线电场分布不均匀，又加之B相电缆上纸质塑封标示牌未拆除，标示牌从B相搭接至A相，进一步诱发B相电缆与A相电缆产生放电，危害电缆绝缘，是本次局部放电异常事件的主要原因。

对该间隔的断路器、电流互感器、避雷器、下端引线支撑绝缘子停电绝缘试验合格。电缆维护单位将尺寸过大的电缆头标示牌拆除，并对A相电缆头绝缘进行处理。处理完复电后进行带电局部放电检测，暂态地电压及超声波数据恢复正常。

变电站设备验收及投运

为了确保变电设备的新建、改建及扩建工程无安全隐患或无缺陷移交及投运，设备运维管理单位要高度重视设备的验收及投运工作，必须严格把好“质量”关，按照规定做好设备投运全过程管理工作。

第一节 设 备 验 收

设备验收人员应按照有关验收规范及技术标准开展验收。设备经验收合格，满足投运条件后，方可投入运行。变电站运维人员应注意对设备进行资料查核、外观检查和实际操作，三者统一、密切结合，坚持技术标准，才能确保质量。

一、设备验收条件

变电站新建、改建、扩建设备按照施工方案完成后，经自验收合格，向业主委员会（设备运维管理单位）提出验收申请。业主委员会（设备运维管理单位）接到施工方的验收申请后，应组织人员按照变电一次、变电二次、站用电及直流系统、资料等分组编写验收作业指导书和验收大纲。

（一）基本条件

设备具备验收的基本条件如下：

（1）施工单位完成三级自检并出具自检报告。

（2）监理单位完成验收并出具监理报告，明确设备概况、设计变更和安装质量评价。

（3）现场设备生产准备完成。

（4）现场应具备各类生产辅助设施（包括安全工器具、专用工器具、备品备件等）。

（5）施工图纸、交接试验报告、单体调试报告及安装记录等完整齐全，满足投产运行的需要。

（6）设备的技术资料（包括设备订货相关文件、设计联络文件、监造报告、设计图纸资料、供货清单、使用说明书、备品备件资料、出厂试验报告等）齐全。

（二）其他条件

除了以上条件外，智能化变电站的还需具备以下条件：

（1）完成全站配置文件（SCD）现场集成。

（2）完成智能电子设备（IED）能力描述文件（ICD）现场检验。

二、设备验收基本规定

设备运维管理单位应将发现的问题与缺陷形成书面材料，交工程建设单位并督促整改，重大问题报本单位运维检修部协调解决。设备验收管理应坚持“安全第一、分级负责、精益管理、标准作业、零缺投运”的原则。

“安全第一”指设备验收工作应始终把安全放在首位，严格遵守国家及公司各项安全法律和规定，严格执行《国家电网公司电力安全工作规程（变电部分）》，认真开展危险点分析和预控，严防人身、电网和设备事故。

“分级负责”指设备验收工作按照分级负责的原则管理，严格落实各级人员责任制，突出重点、抓住关键、严密把控，保证各项工作落实到位。

“精益管理”指设备验收工作坚持精益求精的态度，以精益化评价为抓手，深入工作现场、深入设备内部、深入管理细节，不断改进、不断提升。

“标准作业”指设备验收工作应严格执行现场验收标准化作业，细化工作步骤，量化关键工艺，工作前严格审核，工作中逐项执行，工作后责任追溯，确保作业质量。

“零缺投运”指各级变电运维人员应把零缺投运作为验收阶段工作目标，坚持原则、严谨细致，严把可研初设审查、厂内验收、到货验收、隐蔽工程验收、中间验收、竣工（预）验收、启动验收各道关口，保障设备投运后长期安全稳定运行。

三、设备验收要求及注意事项

（一）设备验收要求

变电站设备验收的要求如下：

（1）凡新建、改建、扩建、例行检修、大修、抢修和消缺的一次、二次变电设备，必须经过验收合格，手续完备，方能投入系统运行。

（2）设备运维管理单位组织运维人员参与新建、改建、扩建和主设备大修后的验收工作，并建立设备台账。

（3）新建、改建、扩建工程，由设备运维管理单位安排人员参与有关部门组织的验收工作，负责设备技术资料的收集（资料包括施工图纸，设备装置图纸，相关试验报告，设备调试记录，生产厂提供的安装使用说明书，试验记录、合格证件及安装、图纸等技术文件）。

（4）现场验收由施工单位和变电运维单位共同派员参加，验收中应坚持外观检查、资料查核、与实际操作“三统一”的原则相符合。如发现缺陷或不合标准的，变电运维单位发整改通知单要求施工单位限期处理。

（5）验收的设备个别项目未达到验收标准，而系统急需投入运行时，需经公司总工程师批准。

（6）设备检修工作结束后，运维人员必须要求工作负责人将设备检修、预防性试验、保护及安全自动装置调试、仪表校验及缺陷处理的情况，按照规定作好一次检修试验记录或二次设备检验维护记录，经双方签字确认，设备验收均应按有关规程规定、技术标准以及现场运行规程进行。

（7）变电站设备检修、试验及改（扩）建工程进行到以下阶段时，设备运维管理单位必须安排运维人员参与阶段性验收。

1）电缆敷设、电缆埋地等隐蔽工程结束。

2）新设备与运行设备连接。

3）进入或通过装置的电流、电压等电气量已接入运行设备。

（8）设备安装或检修，在施工过程中，需要中间验收时，由运维负责人指定合适运维人员进行。中间验收也应填写有关修试记录，工作负责人、运维负责人在有关记录上签字。设备大修、例行试验、继电保护、安全自动装置、仪表检验后，由有关检修人员将修试情况记入修试记录簿中，并注明是否可投入运行，无疑问后方可办理工作终结手续。

（二）设备验收注意事项

1. 一次设备验收注意事项

变电站一次设备验收的注意事项如下：

（1）设备外观正常，引线正确接好，绝缘子已清扫，清洁完好，无破损或异物，设备接地完好。

（2）设备油位、油温、压力正常，无渗漏油现象。

（3）断路器、隔离开关应操作正常，三相同期，触头接触良好，信号正确。操作后断路器、隔离开关应在分位。

（4）接地开关分合良好，辅助触点转换正常，位置指示正确。临时接地桩焊接符合标准且满足现场使用要求。

（5）各种控制开关应在正常位置，计数器正常（记下读数）。

（6）端子箱、机构箱内清洁，元器件完好，接线正常，加热驱潮装置确已按要求投入，箱门关闭密封良好。检查时应抄录有关计数器。

（7）设备上无遗留物件，现场整洁；借用的钥匙、资料等均已归还。

（8）施工现场标识完整，材料、工具、仪器仪表、大型施工作业工具等摆放整齐有序，现场警示牌、围栏、标识牌等按相关标准进行布置。

（9）禁止私自拆除施工现场布置的安全措施。

（10）一次设备施工现场必须做到工完、料尽、场地清。

2. 二次设备验收注意事项

变电站二次设备验收的注意事项如下：

（1）所有保护应恢复到开工前规定的状态，定值正确。保护装置及通道测试正常。

（2）所有接线端子应恢复到开工前的状态，标示清晰，并做好图实相符。对修试记录和图纸如有疑问，必须向工作负责人询问清楚。

（3）保护装置、端子排应清洁完好，接线牢固，二次电缆进出孔要封堵良好，防火隔墙封堵良好、严实。电流互感器、电压互感器二次极性和相位正确恢复，无明显的开路或短路现象。

（4）所有信号已复归，光字牌和报文正确，保护装置指示灯正常。

（5）二次芯线必须有号码筒，标明回路号、端子号及电缆号，核对正确。电缆必须吊牌，标明走向，端子号和设备、切换开关、压板标签要规范清楚。

（6）新增或更换的电能表，应记录电能表读数。

（7）现场清扫整洁，履行图纸、资料等归还手续。

（8）电缆敷设按标准进行，应在电缆沟相应位置使用阻燃材料封堵并有明显的标识。电缆应在防火隔墙处各1m范围内使用阻燃涂料进行粉刷。

3. 防误闭锁装置和监控系统验收注意事项

变电站防误闭锁装置、监控系统验收的注意事项如下：

（1）监控系统应能正确采集数据。

（2）监控系统设备状态与实际设备运行状态一致，与五防机通信正常。

（3）防误逻辑正确，并完成校验。

4. 巡视及操作小道、平台验收注意事项

变电站巡视及操作小道、平台验收的注意事项如下：

（1）操作小道、平台应无工作人员遗留的杂物，干净整洁。

（2）地面平整，无坑洞，不积水。

5. 建筑物、构筑物验收注意事项

变电站建筑物、构筑物验收的注意事项如下：

（1）建筑物、构筑物干净整洁。

（2）建筑物、构筑物无残缺，无损坏。

（3）墙面粉刷层不起壳、不脱落，无施工质量差造成的裂纹、漏雨、倾斜等缺陷。

（4）建筑物、构筑物顶部漏雨直接影响设备安全运行的，必须采取防漏、堵漏措施。电缆沟道、室内地板铺设平整稳固、不晃动，无踩翻危险。

6. 消防及生活设施验收注意事项

变电站消防设施、生活设施验收的注意事项如下：

（1）消防设施齐全、完好，满足需要。

（2）生活设施齐全、完好。

7. 设备技术资料验收注意事项

变电站设备技术资料验收的注意事项：设备说明书、合格证、出厂试验报告、现场安装调试记录、图纸、竣工报告及地下隐蔽工程图纸等必须移交。

8. 操作工器具和钥匙验收注意事项

变电站操作工器具和钥匙验收的注意事项如下：

（1）借出去的操作工器具应全部收回，数量应正确，无损坏。新安装设备的操作工具应移交变电站进行登记保存。

（2）借出去的钥匙应全部收回。新安装设备的解锁工具（钥匙）应移交变电站进行登记保存。

（三）设备检修后验收重点注意事项

设备检修后的验收工作与新设备投运验收关注重点有所不同，重点关注所修设备的检修内容，包括检修的工作内容、试验项目是否合格、可否投运的结论等。

1. 一次设备检修后验收重点注意事项

变电站一次设备检修后验收的重点注意事项如下：

（1）检修后试验数据合格，检修项目确已合格，所修缺陷确已消除。

（2）设备外观正常，相序标识正确清晰，引线正确接好，绝缘子已清扫，清洁完好，无破损或异物。设备油位、油温、压力正常，无渗漏油现象。

（3）断路器、隔离开关“远方/就地”操作分合正常，位置指示正确，监控后台信号正确。

（4）各种控制开关应在正常位置，标志齐全。

（5）端子箱、机构箱内清洁，所有部件和接线良好，箱体密封完好，加热驱潮装置完好。

2. 二次设备检修后验收重点注意事项

变电站二次设备检修后验收的重点注意事项如下：

（1）所有保护装置应恢复到开工前调度规定的状态，标识清晰，并做好图实相符。保护装置及通道测试正常，定值整定正确。

（2）有关二次回路的工作记录应完整仔细，并有明确可否运行的结论。新增和变动的二次芯线必须有号码筒，标明回路号、端子号及电缆号，核对正确。

（3）整组试验合格，信号正确，端子和连接片投退正确，各控制开关位置正确。

（4）所有信号已复归，光字牌和报文正确，保护装置指示灯正常。

（5）缺陷处理工作，应根据消除缺陷的工作内容开展验收。

第二节 新设备投运

一、新设备投运前期管理

（一）生产准备工作

新设备投运准备工作时，设备运维管理单位应提前组织成立生产准备小组，开展投运管理准备工作。生产准备工作坚持“提前介入、精益管理、规范验收、无缝交接”原则，实现生产准备与生产运行的有机结合，确保工程安全、优质、零缺陷投产。

（1）生产准备小组应组织编制《生产准备工作方案》，并履行审批流程，方案主要包括以下内容：

1）安排人员参与设备开箱验收，收集相关资料，建立设备台账。

2）购置生产必需的安全生产工器具和收集操作用的摇把及操作把手。

3）编制标准化设备标示牌，并在投运前完成设备标示牌的安装。

4）编写设备现场运行规程，编制一次接线图、最小载流元件图、站内交直流接线图等。

5）编制防误装置管理规定，防误逻辑须经公司总工程师批准，方可投入。

（2）新建的发电厂、变电站、线路的命名和编号，应根据相关规定提出，按调度管辖范围报送调度机构审批。

（3）新建变电站核准后，主管部门应在1个月内明确变电站生产准备及运维单位。运维单位应落实生产准备人员，全程参与相关工作。

（4）运维单位应在建设过程中及时接收和妥善保管工程建设单位移交的专用工器具、备品备件及设备技术资料。

（5）新设备投运前1个月，运维单位应配备足够数量的仪器仪表、工器具、安全工器具、备品备件等。运维班组应做好检验、入库工作，建立实物资产台账。

（6）新设备投运前1周，运维单位组织完成变电站现场运行专用规程的编写、审核与发布，相关生产管理制度、规范、规程、标准配备齐全。运维班应将设备台账、主接线图等信息按照要求录入电力生产管理系统（power production management system，PMS）。完成设备标示牌、相序牌、警示牌的制作和安装。

（7）新设备竣工资料应在工程竣工后3个月内完成移交。工程竣工资料移交后，根据竣工图纸对信息系统数据进行修订完善。

（8）在预计投产前2个月，应按调度机构要求报送电气主设备、保护装置、调度自动化和通信等图纸资料：

1）一次接线图（详细注明设备型号、铭牌参数和技术参数）。

2）保护装置配置图、原理图及展开图。

3）线路、变压器、调相机、电容器、电抗器、消弧线圈、电压互感器、电流互感器等设备技术规范、参数及运行定额。

4）自动化专业资料。

5）通信专业资料。

6）用电负荷（有功、无功）及性质。

7）其他设备资料及说明。

（二）新设备投运条件

1. 新设备投运基本条件

变电站新设备投运应具备的基本条件如下：

（1）操作人员已熟悉新设备的说明书，经培训已熟悉新设备的性能、操作要求和异常情况处理方法。

（2）新设备经验收合格，各种试验数据符合规程、规范要求，相关的新设备投运手续（如投运通知书等）齐全、完备。

（3）新设备工作安全措施已拆除。

（4）永久性安全设施（如电容器硬质围栏）已装设。

（5）按照调度部门下达的命名、编号制作并安装规范的标示牌。

（6）新设备的调试试验工程资料齐全，所有图纸、技术资料、调试及检验报告齐全完整，符合有关规范、规定。安装、调试、验收记录完整。

（7）具备相关部门批准的现场运行规程、典型操作票、防误逻辑表、事故处理预案及细则。

（8）具备调度部门下达制定的新设备投运启动方案。

（9）所有人员远离新加压的设备。

2. 调度机构工作要求

新设备投入运行前，相关调度机构应完成以下工作：

（1）新设备投入试运行前 15 天确定设备调度管辖范围（属用户自管设备在调度协议或供电协议中明确），审批调度管辖范围内的电厂、变电站、线路命名和设备编号。

（2）确定新设备投入运行后系统的运行方式，必要时进行系统分析计算。

（3）新设备投入试运行前 5 天提供保护装置定值。

（4）增加和修改调度自动化系统信息，安排通信电路运行方式，协调开通通信通道。参与调度自动化、通信设施的验收。

（5）补充修正有关规程和模拟接线图及调度自动化系统的屏幕显示图，修改调度自动化报表。

（6）与接入系统用户签订供电调度协议。

（7）涉及两个及以上操作单位的新设备投产，由所属调度机构制定投产运行方案。只涉及一个操作单位的，由所属调度机构编制投产方式安排。

（8）试运行前，有关专业人员应到现场熟悉设备，掌握新设备有关的系统运行问题和事故处理办法。对系统影响较大的新设备投产需指派调度员进行现场调度。

二、新设备投运过程运维管理

（一）新设备投运过程的一般规定

（1）新设备投产试运行期间的调度对象由设备运维管理单位的运维人员担任，操作和事故处理由施工单位的运维人员担任，操作的监护及调度联系仍由设备运维管理的运维人员担任。

（2）新设备试运行时间规定：

1）变压器、调相机、线路除有特殊规定外，一般应进行连续 24h 试运行；发电机按有关规定试运行；断路器和隔离开关、母线、电容器、电抗器、电流互感器、电压互感器、避雷器及二次系统等可不进行试运行。

2）线路试运行起始时间指调度操作指令票最后一项执行完毕的时间。

3）发电机、变压器、调相机等试运行起始时间为带上调度同意的负荷时间，由值班调度员予以明确。

4）如果试运行设备因故中途停止运行，重新启动则应重新计算起始时间。

（3）新设备投产试运行因故中止时间超过72h或投产因故推迟240h，则其投产试运行申请作废，需要投产试运行时应另提申请。

（4）新安装或一次、二次回路有变动的方向保护、差动保护等装置，应先进行带负荷检查，在确认保护接线正确无误后，方可投入。

（5）新投产线路和检修后相序、相位可能发生变动的线路应核相无误后才允许合环操作。

（6）新装或大修改造后的变压器，应核相无误后才能与其他变压器并列运行。

（二）新设备投运过程中异常事件的处理原则

（1）根据送电时的运行方式、天气、工作情况、继电保护及安全自动装置动作情况、监控后台报文和设备情况，判明事故的性质和范围。

（2）新设备异常处理时，运维人员应服从调度员的指挥，尽快隔离故障设备，并向相关领导及部门汇报。待异常处理完毕后，应检查检修人员的修试结论，检修人员应做出设备是否可以投运的结论。设备满足重新投运条件后，当班运维负责人应将详细情况汇报给调度员，按调度员的指令继续投运操作。

（3）异常处理工作要严格履行工作票制度，在运维人员做好相应安全措施并许可开工后，检修人员方可开始异常处理工作。

（4）异常事件处理时，应设法保证站用电不失压。

（5）处理异常事件时，监控人员应严格监视变电站所有设备的运行状况，运维人员应加强工作现场的管控，不发生工作现场混乱、人员随意进入场地等情况。

三、新设备投运方案与操作

（一）新设备投运方案

新设备投运方案是指导和协调各部门进行投运操作的重要技术文件，新设备投运方案的编制是新设备投运前的一项重要技术工作。

（1）新设备投运方案由调度部门负责编写，其内容如下：

1）试运行应具备的条件、范围、时间。

2）试运行的程序和操作步骤。

3）新设备调度管辖权划分。

4）试运行的一次、二次设备运行方式和事故处理原则。

5）与新投运设备相关的系统一次接线图。

（2）变电站运维人员应根据新设备投运方案，结合班组实际，编写投运操作实施细则：

1）调令及投产送电方案下达后，运维人员应组织学习并编写新设备投产送电操作策划表，根据调令编写详细操作任务及人员分工，注明每一份操作票的主要步骤、关键风险点及注意事项，明确备注体现一次、二次设备操作顺序、操作票与工作票配合、定值调整与公共保护接入等关键点、高风险问题，并对投产送电操作策划表进行宣贯学习，确保每一个成员熟悉方案。同时，将投产送电操作策划表传达给检修调试等配合单位，确保送电配合顺利。

2）根据投产送电操作策划表合理人员分工，明确填写操作票责任人，并完成三级审核无误。

3）所有倒闸操作票提前打印，由当班运维负责人一人收持，根据调令下发相关操作人员执行，并在送电操作票目录上作好记录，确保操作执行无遗漏。

（二）新设备投运操作

新设备投运操作是变电站新建、改建或扩建的一项重要特殊操作，与已运行的设备的送电操作有所不同。对新设备投运条件的确认以及操作中的检查、核对、试验等是新设备操作中的特殊项目。

1. 新设备投运操作一般规定

（1）投运新变电站时，站内交流电源取自外接线路，应保障外接电源的可靠供电，直流系统、UPS 等应确保正常。

（2）变电站一次、二次设备施工安装工作结束，接线正确，安全措施全部拆除，恢复冷备用状态，检查验收合格，具备试运行条件。

（3）新设备充电一般分电压等级、分段进行，以 500kV 变电站为例，一般按照对 500kV 设备、220kV 设备、主变压器及低压侧设备的流程冲击送电，在冲击送电过程中发生故障时，便于尽快查找故障点。

（4）用充电断路器对新设备进行冲击受电，并满足表 8-1 所示相应设备的充电次数。充电保护应投入。

表 8-1　新设备的充电次数

设备	变压器	电抗器	线路	母线	电容器
充电次数	5	5	3	3	3

（5）充电结束后，退出充电保护。并进行带负荷检查测试电压、电流回路的正确性，差动电流回路正确，确认接线无误后，设备正式投入试运行。

（6）在试运行期间，运维人员加强设备的监测与巡视，若试运行 24h 后，设备无异常，运维人员汇报调度，设备正式运行。

2. 新设备投运对保护配合的相关规定

（1）充电断路器保护应经验证确实可靠并全部投入，保护方向元件投入。

（2）充电断路器带时限的保护动作时限可根据实际改小，部分定值按要求修改，功率方向元件退出，防止因极性接反引起误动。

（3）充电断路器的重合闸装置功能退出，防止充电时故障跳闸后再次合闸于故障。

（4）保护的故障录波装置功能应投入。

（5）对可能受到影响不能正常供电的设备应退出运行，或可能引起误动不能正常供电的设备退出运行。

（6）变压器、电抗器、母线差动保护在设备投运后，带负荷检查前退出，进行差压、差流测试，待正常后方可投入运行。

（7）新设备充电正常后，保护装置定值应修改为设备正常运行时的正式定值。

（三）送电后注意事项

新设备投运送电后应注意以下事项：

（1）压板及定值核对工作。新设备投运后，运维人员应进行压板检查。运维班组班（站）长应安排集中维护、巡视，再次对变电站站内压板及定值进行全面核对，通过双重把关，确保压板及定值的正确性。

（2）设备红外检测。新投运设备运行 1 周内（但应超过 24h），运维人员应对新设备开展红外测温。详细记录发热情况，并与其他运行设备进行比对，确定发热缺陷类型及性质。

（3）设备特巡工作。新设备投运后，运维人员应开展新投设备特殊巡视。有条件的情况下，安排一次、二次设备专业巡视。

智能变电站基础知识

智能变电站是在数字变电站的基础上升级过程层和站控层，使之实现全站智能化、信息化、自动化和一体化，它是建设智能电网的重要组成部分。智能变电站及新技术的应用将改变运维人员的工作模式，本章内容能有效帮助运维人员掌握智能变电站的运维技术。

第一节 智能变电站概述

一、智能变电站定义

智能变电站是指采用先进、可靠、集成、低碳、环保的智能设备，以全站信息数字化、通信平台网络化、信息共享标准化为基本要求，自动完成信息采集、测量、控制、保护、计量和监测等基本功能，并可根据需要支持电网实时自动控制、智能调节、在线分析决策、协同互动等高级功能的变电站。

二、智能变电站结构及技术特点

（一）智能变电站的结构

与常规变电站相比，智能变电站在物理和逻辑上把全站分为站控层、间隔层和过程层三层，如图 9-1 所示。

1. 过程层

过程层是智能变电站“三层两网”典型结构中与一次设备关系最紧密的智能电子设备（IED），主要包括电子式互感器等智能一次设备所属的智能组件（合并单元、智能终端）。过程层设备主要实现二次设备与一次设备之间的接口功能，将交流模拟量、直流模拟量、直流状态量等就地电气信号转化为符合国际电工委员会（international electro technical commission）第 57 技术委员会于 2004 年颁布的、应用于变电站通信网络和系统的国际标准 IEC 61850《变电站网络与通信协议》（对应我国电力行业标准 DL/T 860）的数字信号提供给智能变电站二次系统，并接收和执行二次系统发出的控制命令。

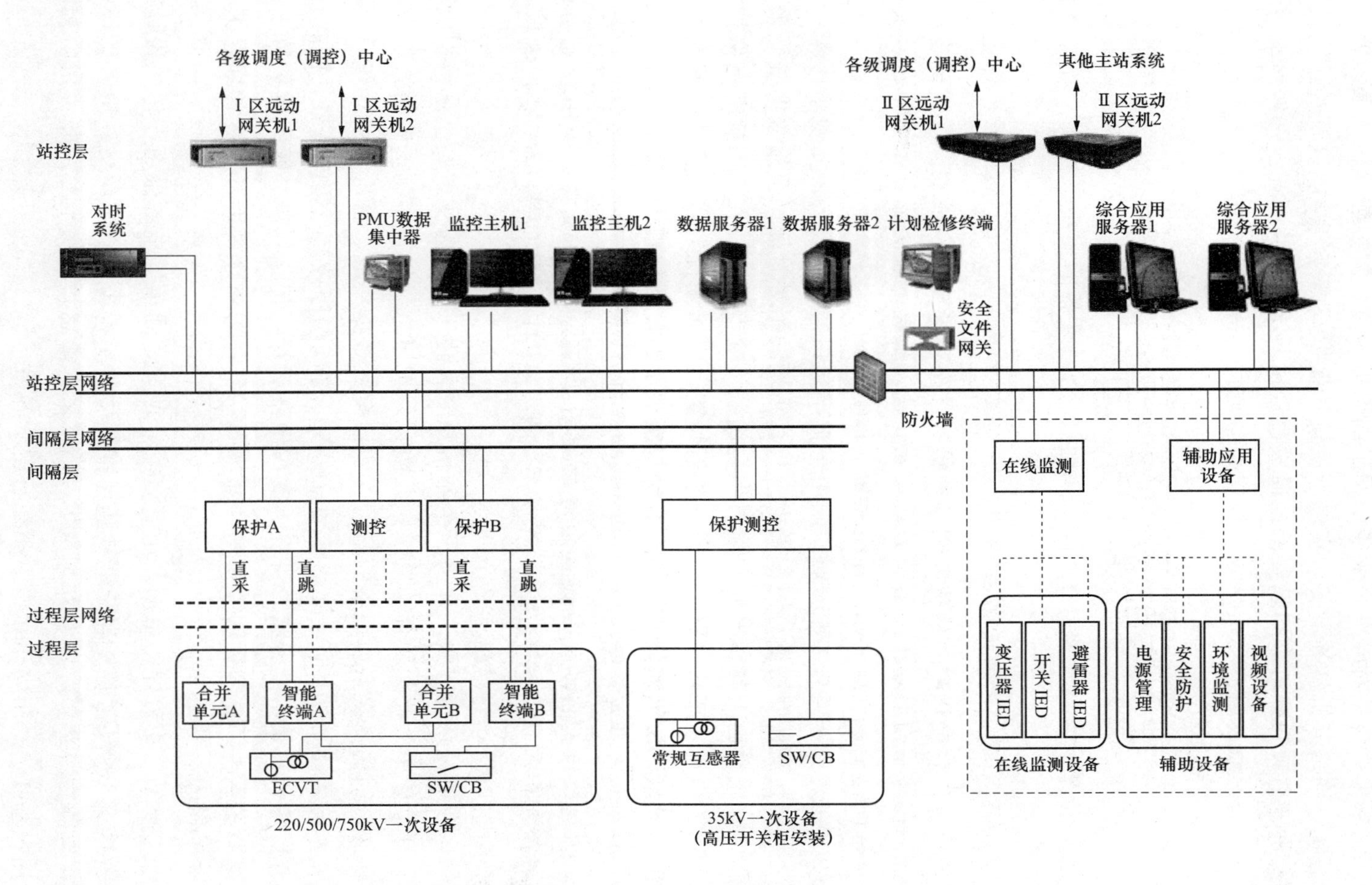

图 9-1 智能变电站结构图

2. 间隔层

间隔层主要包括对应单个或多个间隔的保护装置、测控装置、计量装置、故障录波装置、网络分析仪等设备，实现一次设备保护、测控等功能以及对一次设备运行状态进行监视和分析。间隔层设备通过过程层网络与合并单元、智能终端等过程层设备通信，通过站控层网络与站控层设备通信。

3. 站控层

站控层主要包括自动化站级监视控制系统、站域控制系统、通信系统、对时系统等，完成数据采集和监视控制（SCADA）、操作闭锁以及同步相量采集、电能量采集、保护信息管理等工作，实现面向全站设备的监视、控制、告警及信息交互功能。

（二）智能变电站技术特点

总体上来看，我国现有智能变电站主要技术特点如下：

（1）在体系构架方面，遵循 IEC 61850 建模系统，解决了互操作问题，实现信息共享，简化了系统维护、工程配置和工程实施。

（2）在信息采集与传输方面，采用全数字接口的二次设备，实现了遥测、遥信信息全数字化高精度测量与同步采集，具有精确的绝对时标；全站数据统一采集，通过标准方式输出，共享方便；利用光缆代替传统电缆，使长期困扰继电保护安全稳定运行的电流互感器开路、电压互感器短路、电磁干扰、多点接地等问题不复存在；节约大量二次电缆，节省工程造价，实现了节能环保理念。

（3）在一次设备智能化方面，采用智能组件技术实现了一次设备在线故障诊断功能，为运行维护自动化及设备全寿命周期管理提供技术支撑。采用智能组件就地集成控制、测量、状态监测、保护等功能，以 IEC 61850 为标准接入信息一体化平台。

（4）在监控系统方面，建立了全站信息一体化平台作为变电站全景数据收集、处理、存储的中心，并融合了监控、五防、保护信息、状态监测、各类智能辅助系统等功能，简化二次系统设备的配置，实现全景数据集成、标准化信息统一上送。

（5）在高级应用方面，全站可灵活配置一键式顺序控制、智能开票、智能告警、故障分析综合决策、设备状态可视、支撑经济运行与优化控制、源端维护等高级功能，使原来人工运行维护的工作全部实现自动化，为运行维护、检修管理提供了可靠的技术保障。

（6）在站用电方面，全站站用交直流、逆变、通信等电源采用一体化设计、一体化配置、一体化监控。通过一体化监控模块将站用电源各子系统通信网络化，实现站用电源信息共享，以 IEC 61850 为标准接入信息一体化平台，并可采用太阳能等可再生能源作为站用一体化电源系统的补充。

（7）在智能巡检方面，采用智能巡检机器人实现变电站户外设备自动巡视，为无人值守变电站的设备巡检、图像识别提供新的技术手段，提高了巡视效率和操作控制的可靠性。

三、智能变电站相关技术运用

（一）电子式互感器技术

电子式互感器具有良好的绝缘性能、较强的抗电磁干扰能力、测量频带宽、动态范围大等特点。新型电子式互感器充分利用了电光晶体的各种优异特性和现代光电技术的优点，信号处理部分采用先进的数字信号处理（digital signal processing，DSP）技术，具有实时性、快速性和便于进行复杂算法处理等特点。

电子式互感器可以输出低电平模拟量和数字量信号，直接用于微机保护和电子式计量设备，去除了许多中间环节，适应电力系统数字化、智能化和网络化的需要，而且由于动态范围比较大，能同时适用于测量和保护两种功能。因此，电子式互感器对于变电站自动化系统的发展具有革命性意义。

（二）IEC 61850

IEC 61850 是新一代的变电站网络通信体系，适应分层的智能电子设备（IED）和变电站自动化系统。该标准根据电力系统生产过程的特点，制定了满足实时信息传输要求的服务模型；采用抽象通信服务接口和特定通信服务映射；采用面向对象建模技术，面向设备建模和自我描述，以适应功能扩展，满足应用开放互操作要求；采用配置语言，配备配置工具，在信息源定义数据和数据属性；定义和传输源数据，扩充数据和设备管理功能，传输采样测量值等。该标准还包括变电站通信网络和系统总体要求、系统和工程管理、一致性测试等。

（三）网络通信技术

随着光纤通信技术、网络技术的飞速发展及其在变电站自动化系统中的不断深入应用，加上电力系统规模的扩大和自动化水平的提高，用数字通信手段传递电量信号，用光纤作为传输介质取代传统的金属电缆，构成网络通信的二次系统已成为可能。

网络技术的发展是变电站自动化技术从集中式向分布式发展的基础，二次设备不再出现常规功能装置重复的 I/O 现场接口，通过网络真正实现数据共享、资源共享，常规的功能装置变成了逻辑的功能模块。以太网技术正被广泛引入变电站自动化系统过程层的采集、测量单元和间隔层保护、控制单元中，构成基于网络控制的分布式变电站自动化系统，系统的通信具有实时性、优先级、通信效率高等特点。

（四）智能断路器技术

智能断路器通过对设备内部的电、磁、温度、机械、机构动作状态进行监测，收集分析检测数据，判断设备运行的状况及趋势，合理安排检修和维护时间，实现设备的“状态检修”。智能化一次设备采用数字化的监视和控制手段，机构结构简单、体积小，既减少了设备停电检修的概率和时间、降低了运行成本，又避免了人为因素造成的设备损坏。

智能断路器能根据所检测到的电网中断路器开断前一瞬间的各种工作状态信息，自动选择和调整操动机构以及与灭弧室状态相适应的合理工作条件，以改变现有断路器的单一分闸特性。例如，在无载时以较低的分闸速度开断，而在系统故障时又以较高的分闸速度开断等。这样，就可获得电气和机构性能上的最佳开断效果。

第二节 智能变电站设备

一、智能变电站设备简介

（一）智能化一次设备

一次设备智能化是智能变电站的重要标志之一，是指使电力系统一次设备具有准确的感知功能、正确的思维判断功能、有效的执行功能以及能与其他设备交换信息的双向通信功能、能自动适应电网环境及控制要求的变化、始终处于最佳运行工况的方法以及由此形成的装置设备。具体而言，感知功能包括对设备自身的特征参数，各种运行参数以及系统参数的检测和采集；思维和判断功能是对自身和系统状态进行评估，并作出相应的控制，可依靠计算机和数字信号处理器（DSP）来完成；执行功能是指对电力系统一次设备的操动与调节；通信功能是指基于标准通信协议实现与其他设备交换信息。

智能化一次设备提高了电网运行的稳定性，有利于大规模分布式新能源并网，布局紧凑合理，节省大量占地面积的同时可使信息检测更准确，评价体系更合理，能够根据采集到的数据评估电网运行状态。此外，还能在一定程度上减少检修维护工作量，提高设备可用系数，给运维工作带来了便利。

（二）智能化二次设备

智能变电站二次设备实现对一次设备的控制、保护、监测、计量等，与传统变电站继电保护、自动化和状态监测之间信息交互相比有了很大改变。随着 IEC 61850 推广应用，站内二次设备按此标准进行数据建模和通信，实现变电站内信息的高度共享，二次设备开始出现面向应用的融合。电子式互感器、合并单元、智能终端等智能电子设备（IED）的应用，使站内电气量采集、跳合闸及开关量信息传输模式、甚至整个体系结构发生了根本性的改变。站控层可以共享站内大量信息，为顺序控制、智能告警、无功自调节等各种高级功能应用打下良好基础。通过装置自身的处理器完成数据的采集、接收和处理，接收或发送控制指令，实现装置自诊断、在线分析决策、协同互动等高级应用，能对变电站进行风险评估、故障定位、故障自愈，并最终实现设备安全稳定可靠运行。

二、电子式互感器

（一）电子式互感器的概念及分类

电子式互感器是指由连接到传输系统和二次转换器的一个或多个电压传感器、电流传感器组成的装置，用以传输正比于被测量的数字量，供给测量仪器、仪表、继电保护或控制装置。在数字接口的情况下，一组电子式互感器共用一台合并单元完成此功能。

根据原理的不同，电子式互感器可分为无源式和有源式两类。有源式电子式互感器是指传感头部分需要供电电源的电子式互感器，而无源式电子式互感器是指高压侧传感头部分不需要供电电源的电子式互感器。

有源式电子式互感器利用电磁感应等原理感应被测信号，对于有源式电子式电流互感器，采用罗氏线圈；对于有源式电子式电压互感器，则采用电阻、电容或电感分压等方式。罗氏线圈为缠绕在环状非铁磁性骨架上的空心线圈，不会出现磁饱和及磁滞等问题。电子式互感器的高压平台传感头部分具有需用电源供电的电子电路，在一次平台上完成模拟量的数值采样，采用光纤传输将数字信号传送到二次的保护、测控和计量系统。

无源电子式电流互感器采用法拉第磁光效应感应被测信号，传感头部分又分为块状玻璃和全光纤两种方式。无源电子式电压互感器大多利用普克尔斯（Pokels）电光效应感应被测信号。无源电子式互感器传感头部分不需要复杂的供电装置，整个系统的线性度比较好。

（二）电子式互感器的组成及原理

电子式互感器相较传统互感器在一次、二次设备组成及原理上均有较大变化，其组成结构如图 9-2 所示。

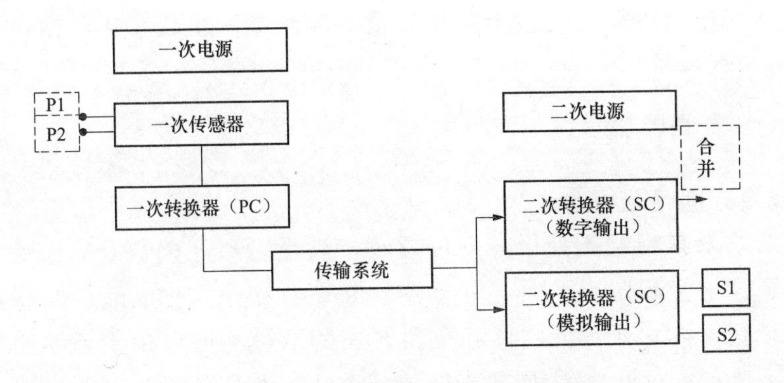

图 9-2　电子式互感器的组成

其中一次传感器是电子式互感器的核心部分；一次转换器是将传感器的输出信号转换为适合传输的信号（光、数字）；一次电源主要为一次转换器中电子元件提供电源。二次转换器接收来自一次转换器的信号，转换为与一次电流成正比的信号供给合并单元；合并单元接收各二次转换器，组帧后供给二次设备。

其中前三者位于一次部分，后两者位于二次部分，根据现场情况安装于现场或控制室。对于不同原理的互感器，某些环节可以省略，比如光学互感器就可以省略一次转换器和一次电源。

（三）电子式互感器的优势比较

与传统电磁感应式互感器相比，电子式互感器具有以下优点：

（1）绝缘性能优良、造价低。绝缘结构简单，随电压等级的升高，其造价优势越加明显。

（2）在不含铁芯的电子式互感器中，消除了磁饱和、铁磁谐振等问题。电子式互感器的高压侧与低压侧之间只存在光纤联系，抗电磁干扰性能好。

（3）电子式互感器低压侧的输出为弱电信号，不存在传统互感器在低压侧会产生的危险。如电磁式电流互感器在低压侧开路会产生高压的危险。

（4）动态范围大、测量精度高。电磁感应式互感器因存在磁饱和问题，难以实现大范围测量，无法同时满足高精度计量和继电保护的需要。电子式互感器具有很宽的动态范围，例如电子式电流互感器过电流范围可达几万安培。

（5）频率响应范围宽。电子式电流互感器已被证明可以测出高压电力线上的谐波，还可进行暂态电流、高频大电流与直流电流的测量。

（6）没有因充油而产生的易燃、易爆等危险。电子式互感器一般不采用油绝缘解决绝缘问题，避免了易燃、易爆等危险。

（7）体积小、重量轻。电子式互感器传感头本身的重量一般比较小。以美国西屋公司产品数据为例，345kV 的充油电磁式电流互感器高度为 6.1m，重达 7718kg，而同电压等级的光学电流互感器（OCT），其高度仅为 2.7m，重量为 109kg，给运输与安装带来了极大的便利。

（8）可以与计算机连接，实现多功能、智能化的要求，适应了电力系统大容量和高电压、现代电网小型化、紧凑化和计量与输配电系统数字化、微机化和自动化发展的潮流。

三、隔离式断路器

（一）隔离式断路器概念

隔离式断路器是指触头处于分闸位置时，满足隔离开关要求的断路器。

隔离式断路器实现隔离开关、互感器、断路器的一体化制造。断路器的触头被保护在 SF_6 灭弧室内，兼具断路器和隔离开关的双重功能。由于该断路器的触头被保护在 SF_6 灭弧室内，断路器维护量非常小，可大幅度提高供电可靠性。

（二）隔离式断路器特点

隔离式断路器具有以下特点：

（1）隔离式断路器有合闸位置、分闸位置和接地开关位置三个位置。

（2）可将电子式电流互感器集成于断路器本体，实现一体化工厂制造，取消变电站内独立电流互感器，节省土地。

（3）可通过断路器同步控制器，控制开合时间，消除暂态电流或电压，实现开断或关合的智能控制技术，实现智能灭弧，减少对系统冲击，提高电能质量。

（4）采用新结构与新工艺，实现断路器和电流互感器之间、隔离式断路器和智能组件间的深度融合，对 SF_6 气体密度、微水以及断路器机械特性进行在线监测，提升设备可靠性、可用性，实现设备功能智能化、安装模块化、运检标准化。

（三）隔离式断路器的优势比较

在传统变电站中，断路器和隔离开关是相互独立的设备，需要各自的安装空间。隔离式断路器将隔离功能与断路器集成为一体，从而无需单独安装两套设备。这能减少相当可观的占地面积，降低电力损耗，提高电网的安全性，并且改善系统的可靠性。另外，这种新型的高压隔离式断路器有利于优化变电站运行和维护，并降低对环境的影响。

四、智能变电站保护装置

（一）智能变电站保护装置概念

智能变电站的继电保护装置主要采用数字化继电保护装置，其间隔层设备主要保留了逻辑运算部分，其控制部分和AD采样部分由过程层设备完成。主要特点是利用光缆进行数字化的信息采集和输出，一次设备与保护、测控之间的电缆被光缆取代，电缆中传输的直流信号（正电压、负电压、地电压）和交流信号（电流互感器、电压互感器二次电流、电压）被网络中传输的报文取代，过去用于实现保护逻辑的继电器硬件回路被微机保护装置中的软件程序所取代。

（二）与常规变电站保护装置的区别

与常规站保护装置相比，智能变电站保护装置主要在软件和硬件两个方面有所不同。

（1）软件方面。数字化继电保护装置除了具有常规微机型继电保护装置的保护逻辑软件和人机接口软件外，还必须增加光纤网络通信管理软件、支持IEC 61850通信规约的相关软件。

（2）硬件方面。由于保护装置不再担负电流、电压模拟量的模数转换和开入量的强弱电转换隔离工作，在硬件配置上明显少于常规微机型保护装置。

以许继电气的WXH-803型微机保护装置为例，智能站采用的B型比常规站采用的A型保护装置，减少了交流输入插件2块、出口插件2块、开入插件、信号插件各1块，增加了过程层接口插件1块。同时，为满足顺序控制操作的自动化需求，其保护装置的出口压板和功能压板均采用软压板实现，保护装置上仅留存“装置检修投入”硬压板。

（三）智能变电站保护装置的优势

（1）数据处理能力的提升。常规的模拟量采集和跳合闸信号转变为SV、GOOSE信号，通过光纤通道接入装置后，使得数据接入的方式灵活可配，一个光纤接口可以接入一个间隔数据，也可以接入多个间隔数据。

（2）装置小型化趋势。信号数字化传输后，减少了交流输入插件、部分出口插件、开入插件、信号插件等。装置通过单光纤接口实现多业务合一接入后，简化了装置设计，为设备小型化创造了条件。设备小型化后，根据集成度不同可采用机架式安装或机群插件式安装，有效减少占地面积。

（3）模块化的设计理念。在接口标准化、设备小型化的基础上，随着技术的不断发展，可以进一步实现设备模块化设计，做到即插即用。

五、合并单元

（一）合并单元概念与特点

合并单元是一种将二次转换后的电流、电压数据与时间进行相关物理组合的物理单元，对互感器二次绕组的电压、电流模拟信号进行采样并打包成报文，向其他装置发送。凡是需要使用电压、电流量的装置（保护、测控）不再需要自行采样，只需直接从合并单元发送的 SV 报文中读取电压、电流值即可。合并单元相当于常规站中保护或测控装置上的采样组件板，可以是互感器的一个组成件，也可以是一个分立单元。

按照功能，合并单元一般可以分为间隔合并单元和母线合并单元。间隔合并单元用于线路、变压器和电容器等间隔电气量的采集，只发送本间隔的电气量数据。一般包括三相电压 U_{abc}，三相保护电流 I_{abc}、三相测量用电流 I_{abc}、同期电压 U_L、零序电压 U_0、零序电流 I_0。对于双母线接线的间隔，合并单元根据本间隔隔离开关的位置，自动实现电压切换的功能。母线合并单元一般采集母线电压或者同期电压，在需要电压并列时，可通过软件自动实现母线电压的并列。目前智能站中合并单元的采样频率和输出频率统一为 4kHz，即每工频周期 80 个采样点，可以满足保护、测量装置的需求。对于计量用的合并单元需要专门设计，其采样和输出频率为 12.8kHz。

合并单元还具有数据同步功能，能将不同相别、不同型号的电子式互感器及其他数字输出设备通过不同通道输入至合并单元的电流电压数字量，利用采样延时来进行同步，保障二次设备采样的正确性。数据扩展功能可将一组电流或一组电压数据扩展成多种输出，以供给不同二次设备使用，并具备通道检测功能，出现异常时告警。

（二）合并单元实例配置方法

以某 500kV 变电站为例，500kV 线路、断路器、220kV 线路（母联）和主变压器各侧合并单元、按双重化配置，35kV 设备除主变压器双重化配置外，其他间隔单套配置合并单元。间隔内合并单元实现电压切换功能，所需母线电压量由母线电压合并单元转发。

该变电站合并单元作为模拟量数字化采样装置，配合传统电流、电压互感器，实现二次输出模拟量的数字采样及同步，并通过 DL/T 860.92—2016《电力自动化通信网络和系统 第 9-2 部分：特定通信服务映射（SCSM）-基于 ISO/IEC 8802-3 的采样值》（IEC 61850-9-2）及 GB/T 20840.8—2007《互感器 第 8 部分：电子式电流互感器》（IEC 60044-8）规定的标准规约格式，向站内保护、测控、录波、同步相量测量装置（Phasor measurement units，PMU）等智能电子设备输出采样值，就地安装于各间隔智能控制柜内。具体配置见表 9-1。

表 9-1 合并单元实例配置

间隔	第一套合并单元	第二套合并单元	备注
1 号、4 号主变压器本体	CSD-602AG-G-S9	CSD-602AG-G-S9	四方，采集电压量
500kV 线路（主变压器）	PCS-221G-G-H2/-1A	PCS-221G-G-H2/-1A	南瑞，采集电压量
500kV 断路器间隔	PSMU602GC-U	PSMU602GC-U	南自，采集电流量
500kV 母线间隔	PCS-221N-G-H3	PCS-221N-G-H3	南瑞，采集电压量
220kV 线路（主变压器）间隔	PCS-221G-G-H2/-1A	PCS-221G-G-H2/-1A	南瑞，采集电压、电流量
220kV 母联、分段间隔	PCS-221G-G-H2/-1A	PCS-221G-G-H2/-1A	南瑞，采集电流量
220kV 母线（ⅠA、ⅡA）	PCS-221N-G-H3	PCS-221N-G-H3	南瑞，采集电压量
220kV 母线（ⅠB、ⅡB）	PCS-221N-G-H3	PCS-221N-G-H3	南瑞，采集电压量
1 号、4 号主变压器 35kV（中性点及 35kV 侧）	CSD-602AG	CSD-602AG	四方，采集电流量
35kVⅠ、Ⅳ母母线间隔	UDM-502-G	UDM-502-G	思源，采集电压量
1 号、4 号主变压器 35kV 低压电抗器、电容器、站用变压器间隔	CSD-602AG	—	四方，采集电压、电流量

500kV 断路器间隔、220kV 出线间隔、分段、母联间隔合并单元，均采用双重化配置。其中 500kV 边断路器配置两套电流合并单元，两套电压合并单元，电压、电流分别采集；中断路器配置两套合并单元，全部为电流合并单元，采集中断路器电流；220kV 出线、分段、母联间隔各配置两套电压、电流共用合并单元；主变压器配置两套电压、电流合并单元；35kV 除主变压器间隔外均配置单套合并单元。

（三）合并单元实例介绍（南瑞继保 PCS-221G-G 为例）

1. 面板指示灯介绍

PCS-221 常规采样合并单元面板指示如图 9-3 所示。

“运行”：装置未上电或正常运行时检测到装置的严重故障时熄灭，装置正常运行时点亮，绿色常亮。

“报警”：装置正常运行时熄灭，检测到运行异常状态时点亮，黄色常亮。

“检修”：装置正常运行时熄灭，装置检修投入时点亮，黄色常亮。

“同步异常”：装置正常运行时熄灭，装置外接对时源使能而又没有同步上外界 GPS 时点亮，黄灯常亮。

“光耦失电”：装置正常运行时熄灭，装置开入电源丢失时点亮，黄色常亮。

“采样异常”：装置正常运行时熄灭，装置采样回路异常时点亮，黄色常亮。

“光纤光强异常”：装置正常运行时熄灭，装置接收 IEC 60044-8 采样值光强低于设定值时点亮，黄色常亮。

“GOOSE 异常”：装置正常运行时熄灭，装置 GOOSE 异常时点亮，黄色常亮。

“母线 1 隔离开关合位”、“母线 2 隔离开关合位”：母线隔离开关在分位时熄灭，母线隔离开关在合位时红色常亮。

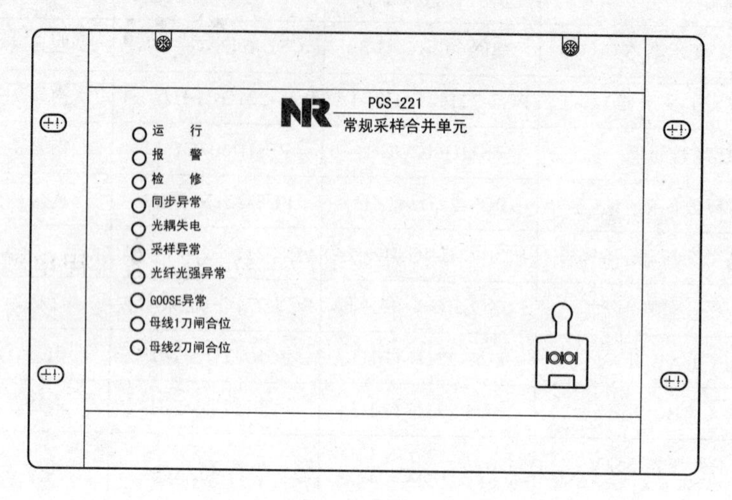

图 9-3　PCS-221 常规采样合并单元面板指示

2. 运行注意事项

（1）当装置“运行”灯熄灭或“采样异常”指示灯亮时，应检查相关保护装置，立即汇报值班调度员，退出相关保护装置，尽快通知检修人员处理。

（2）当装置“同步异常”或“光耦失电”指示灯亮时，应查看后台告警报文和检查相关保护装置，如无其他异常信号，应通知检修人员尽快处理。

（3）当装置“报警”或“GOOSE 异常”指示灯亮时，应查看后台告警报文和检查相关保护装置，初步判断装置本身异常时，汇报值班调度员申请退出相关保护，尽快通知检修人员处理。

（4）当装置接收的采样值光强低于设定值时，则“光纤光强异常”指示灯点亮，检查装置接收母线电压的光纤是否损坏及松动，检查保护装置电压是否正常后，汇报值班调度员，尽快通知检修人员处理。

（5）正常运行过程中，装置“检修”指示灯亮时，运维人员应立即检查装置检修状态硬压板是否投入，相关保护、测控装置、后台采样数据是否正确，是否有异常报文，并汇报值班调度员，必要时申请退出相关保护，尽快通知检修人员处理。合并单元运行过程中，严禁投入装置检修硬压板，否则将造成该合并单元连接的所有保护因检修状态不一致而闭锁。

（6）当“母线 1/2 隔离开关合位”指示灯熄灭，同时有“Ⅰ/Ⅱ母隔离开关位置异常”或“同时返回报警”，检查智能终端Ⅰ/Ⅱ母隔开开关位置是否正常，保护装置电压是否正常后，应立即汇报值班调度员，尽快通知检修人员处理。

（7）一次设备运行时，严禁退出合并单元运行，否则将造成相应电压、电流采样数据失去，引起保护误动或闭锁。

（8）一次设备停电检修，合并单元同时检修而保护继续运行时，必须先行退出运行保护中相应的“SV 接收软压板”，再投入合并单元装置检修硬压板，再许可合并单元检修工作。

（9）合并单元检修工作结束后，应先退出装置检修硬压板，再投入运行保护中相应的“SV 接收软压板”。一次设备恢复运行前，必须先恢复合并单元运行。

六、智能终端

（一）智能终端的概念及特点

智能终端（smartter minal）是一种智能组件。与一次设备采用电缆连接，与保护、测控等二次设备采用光纤连接，实现对一次设备（如断路器、隔离开关、主变压器等）的测量、控制等功能。其中，控制功能是指控制断路器与隔离开关的分合、调压开关的升降等；测量功能是指采集断路器、隔离开关、控制开关的位置，各种异常及告警信号。

智能终端取代了传统的断路器操作箱，具有压力监测回路、出口跳闸回路、断路器防跳回路（考虑降低功耗及体积，部分功能在本体机构实现），能够接收并执行保护装置、测控装置及自动装置跳合闸命令，并能在断路器操作回路异常或压力闭锁时及时反应并告警。智能终端能将断路器、隔离开关、接地开关的位置及主变压器油温、智能控制柜温湿度等非电量信息转换成光数字信号，通过网络上传至测控装置，供间隔层设备及站控层设备使用。其自身具备的通道监测功能，能够对收信通道的设备及运行状态和数据完好性进行监测，出现异常时及时告警。

智能终端可集成状态检测信息采集功能，主要包括各种状态传感器输出的 4～20mA 模拟量信号或开关量信号。由于状态检测信息需要连续采集，所以数据流量较大，不过它对传输实时性要求并不高。为避免大量状态监测信息造成网络拥堵，影响过程层 GOOSE 网的可靠性，要求智能终端将信息加以区分处理，以不同的网口上传。

变压器本体的智能终端还具有非电量保护和变压器非电量信息采集功能，由于多数非电量信号会直接启动跳闸（通过电缆直跳或 GOOSE 跳闸方式），故要求非电量信号除了采用强电采集外，还应经过大功率继电器启动，其动作功率不宜小于 5W，以保证信号的准确性。

（二）智能终端配置方法

以某 500kV 变电站为例，500kV 断路器间隔、220kV 出线间隔、分段间隔、母联间隔智能终端，均采用双重化配置，第一套智能终端分别接入 500kV、220kV GOOSE 网 A 网，接受对应第一套保护跳合闸命令、测控手合/手分命令及隔离开关、接地开关 GOOSE 命令；输入断路器位置、隔离开关及接地开关位置、断路器本体信号（含压力低闭锁重合闸）；跳合闸自保持功能等。第二套智能终端分别接入 500kV、220kV GOOSE 网 B 网，接受对应第二套保护跳合闸命令；输入断路器位置、母线隔离开关位置；压力低闭锁重合闸；跳合闸自保持功能等。35kV

低压电抗器、电容器、站用变压器及主变压器间隔均配置一套智能终端，主变压器本体配置单套智能终端并集成非电量功能。每套智能终端包含完整的断路器信息交互功能，智能终端不设防跳功能，防跳功能在断路器本体实现。具体配置见表 9-2。

表 9-2　　　　　　　　智能终端实例配置

间隔	第一套智能终端	第二套智能终端	厂家
1 号、4 号主变压器本体	JFZ-600R	—	北京四方
500kV 断路器间隔	PSIU601GC	PSIU601GC	国电南自
500kV 母线间隔	PCS-222C/-Ⅰ-220V	—	南瑞继保
220kV 线路间隔	PCS-222B/-Ⅰ-220V	PCS-222B/-Ⅰ-220V	南瑞继保
220kV 母联、分段间隔	PCS-222B/-Ⅰ-220V	PCS-222B/-Ⅰ-220V	南瑞继保
220kV 母线（ⅠA、ⅡA）	PCS-222C/-Ⅰ-220V	PCS-222C/-Ⅰ-220V	南瑞继保
220kV 母线（ⅠB、ⅡB）	PCS-222C/-Ⅰ-220V	PCS-222C/-Ⅰ-220V	南瑞继保
1 号、4 号主变压器 35kV（中性点及 35kV 侧）	CSD-601B	CSD-601B	北京四方
35kVⅠ母、Ⅳ母母线间隔	UDM-501-S	—	思源宏瑞
1 号、4 号主变压器 35kV 低压电抗器、电容器、站用变压器间隔	CSD-601B	—	北京四方

（三）智能终端实例介绍（国电南自 PSIU601C 为例）

1. 面板指示灯介绍

PSIU601 分相智能操作箱面板指示如图 9-4 所示。

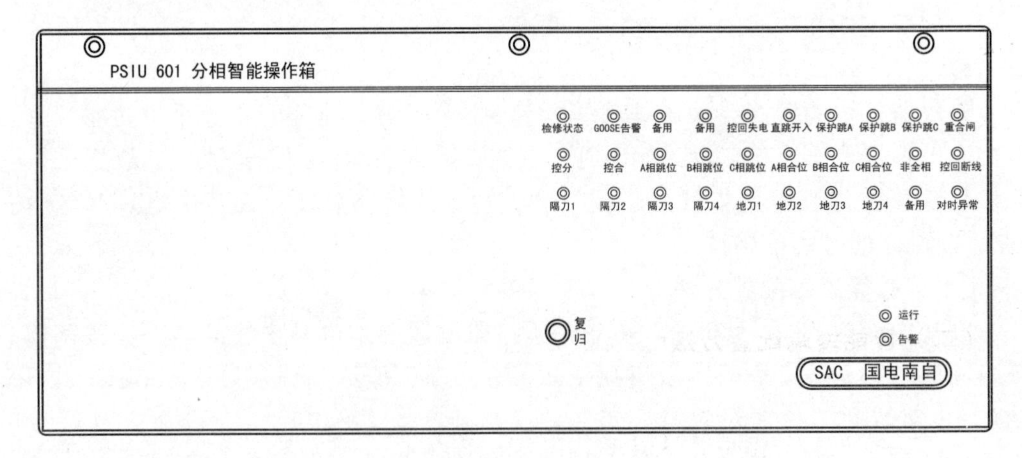

图 9-4　PSIU601 分相智能操作箱面板指示

“检修状态”：绿灯，检修开入时点亮。

“GOOSE 告警”：红灯，任意配置的 GOOSE 块中断，点亮，非自保持。

“控回失电”：红灯，控制回路有故障开入时点亮。

“直跳开入”：未使用。

“保护跳A”“保护跳B”“保护跳C”：红灯，保护跳A/B/C相点亮，自保持。

“重合闸”：红灯，重合时点亮，自保持。

“控分、控合”：遥控分、合开关时点亮，非自保持。

“A相跳位”、“B相跳位”“C相跳位”：红灯，跳闸时点亮。

“非全相”：红灯，非全相开入接入时点亮，自保持。

“控回断线”：红灯，控制回路断线接入时点亮，自保持。

“隔刀1”～“隔刀4”：红灯，隔刀X合位置接入后点亮，非自保持。

“地刀1”～“地刀4”：红灯，地刀X合位置接入后点亮，非自保持。

“对时异常”：绿灯，GPS对时异常。

2. 运行注意事项

（1）当装置“运行”灯熄灭或“GOOSE通信”灯闪烁时，应立即汇报值班调度员，退出该智能终端及相关保护装置，尽快通知检修人员处理。相关保护正常停用，严禁操作智能终端分、合闸出口硬压板。

（2）当装置“同步”指示灯闪烁时，应查看后台告警报文和检查相关保护装置，如无其他异常信号，应通知检修人员尽快处理。

（3）当装置“告警”指示灯亮时，应查看后台告警报文和检查相关保护装置，初步判断影响保护系统运行时，汇报值班调度员申请退出相关保护，尽快通知检修人员处理。

（4）正常运行过程中，装置“检修”指示灯亮时，运维人员应立即检查装置检修状态硬压板是否投入，相关保护、测控装置，后台是否有异常报文，并汇报值班调度员，必要时申请退出该智能终端及相关保护，尽快通知检修人员处理。

（5）正常运行过程中，装置“动作”或“重合闸”等出口指示灯亮时，运维人员应立即检查断路器位置、后台及保护装置是否有异常报文。若无其他异常，则应立即汇报值班调度员并通知检修人员处理。当保护动作跳闸后，应检查智能终端柜内智能终端装置开关变位和重合闸动作情况，作好记录后复归相应装置。

（6）装置面板断路器或隔离开关位置指示灯指示与现场实际位置不一致时，应立即检查后台及保护装置位置指示及切换是否正确。若不正确，则应立即汇报值班调度员申请退出该智能终端及相关保护，尽快通知检修人员处理。若正确，则应加强监视，尽快通知检修人员处理。

（7）每套智能终端均提供温度、湿度遥信输入，正常情况下工作温度为5～40℃，湿度不大于90%，当通过监控后台发现某智能终端柜内智能终端温度较其他终端柜内温度明显过高时，应立即至现场进行检查，上报缺陷流程，并通知检修人员处理。

七、新一代智能变电站设备发展趋势

（一）新一代智能变电站发展

新一代智能变电站在吸收现有智能变电站工程设计、建设及运行等经验的基础上，充分分析和论证新技术、新工艺、新方法及其适用性和经济性，进一步梳理整合智能变电站功能需求，革新智能变电站建设和发展理念，实现变电站智能化水平的不断提升。

（二）新一代智能变电站的特点

（1）新一代智能变电站采用了隔离式断路器等新型一次设备，优化主接线设计和总平面布局，节省占地面积；采用智能电力变压器等一次设备，集成了状态检测传感器和智能组件，一次设备的智能化水平大幅提升。

（2）采用稳定可靠的电子式互感器技术，解决了电子式互感器的长期运行稳定可靠性不足以及抗干扰能力较差等问题，提高电子式互感器的应用成熟度，实现电压、电流采样的源端数字化，提升智能变电站数字化水平，保障电网可靠运行。

（3）采用就地化装置，解决环境、电磁干扰等对保护装置的影响，减少了数据传输环节，提高就地装置的运行可靠性；测控采用“两层一网”系统架构，由间隔层、站控层及站控层网络构成，通过数字化就地模块与一次设备连接；保护采用就地化保护方案，由就地化保护、保护专网和智能管理单元构成，通过电缆或数字化就地模块与一次设备连接。采用合并单元智能终端一体化装置、整合型测控装置，简化了二次电缆布线，全站集成化水平大幅提升。层次化保护控制系统应用取得突破，实现站域后备保护和站域智能控制策略，突破了间隔化保护控制的局限性，拓展了变电站的智能化应用。新一代智能变电站二次结构如图 9-5 所示。

（4）构建一体化监控系统，深化信息综合分析、智能告警、一键式顺控等高级应用功能，解决目前存在的系统功能分散、集成度低、维护工作量大等问题，提升变电站监控系统的集成化和智能化水平。

（5）采用数据通信网关机，提供面向主站的实时数据服务和远程数据浏览，满足主厂站信息交互的“告警直传、远程浏览、数据优化、认证安全”的新要求，支撑调控一体化的业务需求。

采用基于虚拟装置、数字化工具的一体化监控集成调试环境，大大简化调试工作量，缩短变电站建设调试周期。采用全站运行状态监测和远程可视化技术，通过数字化工具简化变电站日常运行和维护工作量，提高智能变电站运维的便利性。

总体上，新一代智能变电站采用集成化智能设备和一体化业务系统，采用一体化设计、一体化供货、一体化调试模式，实现“占地少、造价省、可靠性高”的目标，打造“系统高度集成、结构布局合理、装备先进适用、经济节能环保、支撑调控一体”新一代智能变电站。

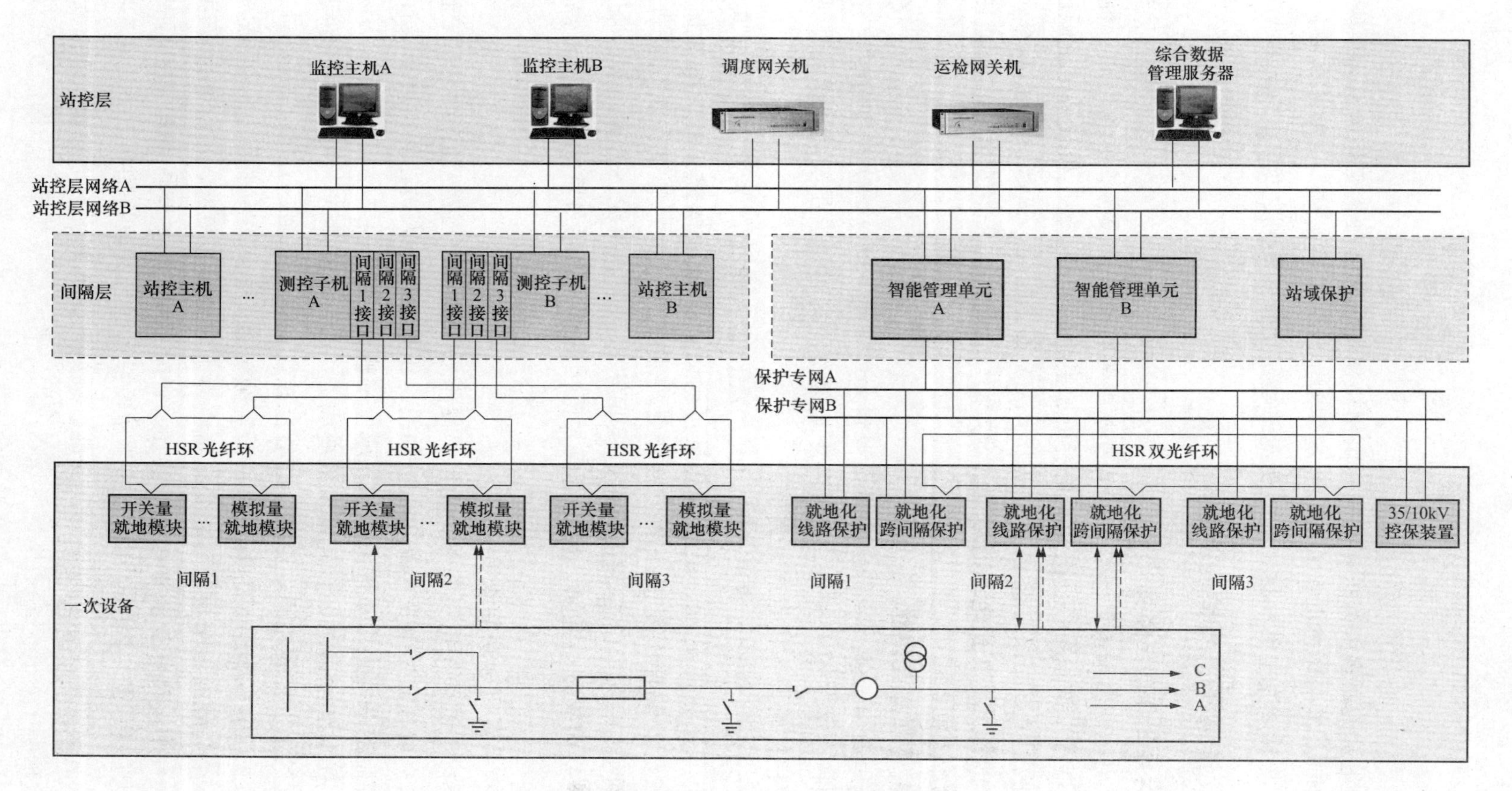

图 9-5 新一代智能变电站二次结构图

第三节 智能变电站运维

智能变电站的巡视、维护、验收、倒闸操作等日常运维类工作的总体原则与常规变电站相同，各个环节已在本书前几章分别进行了详细讲解，本节不再赘述。本节主要关注与常规变电站相比，智能变电站运维工作的不同之处。

一、设备巡视、维护与验收

（一）运维工作的总体变化

智能变电站使用隔离开关、电子式互感器等智能一次设备，并且增加了合并单元、智能终端等二次设备，二次装置功能更加集约化，大量软压板代替传统硬压板，产生“虚端子”“虚回路”概念，呈现出一次设备智能化、二次设备网络化、监控平台一体化的特点。在变电站的运维管理方面，智能站与常规变电站的区别主要表现为以下几个方面：

1. 设备巡视重点调整

智能变电站中智能一次、二次设备得到大量应用，部分一次设备的结构与传统同类设备相比发生了很大变化，在设备更加集约的同时，也要求人员开展巡视工作的侧重点应根据新设备特点进行调整。

二次单元及网络设备重要性增加。二次设备网络化，装置实现数据共享。单个合并单元采集的电流、电压信息量可同时提供线路保护（主变压器保护）、母线保护、测控装置所使用；单个智能终端采集的开关、隔离开关信息量也可在 GOOSE 网络中共享给各测控装置、保护装置、合并单元。合并单元、智能终端或传输网络如果发生故障，可能造成大范围影响，因此日常运维中应重点予以关注。

2. 二次装置压板功能改变

大量保护屏上传统意义的保护功能“硬压板”被保护装置及后台监控系统界面的“软压板”取代。常规变电站中保护的投退工作由工作人员在保护屏上进行，现在可在后台监控系统上用遥控的方式完成全部操作。

常规保护装置的跳闸、合闸硬压板变成了“GOOSE 跳闸”“GOOSE 合闸”软压板，所有的保护装置跳闸、合闸经过智能控制柜内的跳闸、合闸硬压板出口。

常规保护装置的检修状态压板作用是屏蔽装置的故障、动作信息，通常一套保护装置或一个间隔设置一块；智能变电站中为了方便设备检修，使检修过程中不发生误跳闸、合闸，在保护装置、测控装置、智能终端、合并单元都配置了相应“检修状态”硬压板，在装置的“检修状态”压板投入后，其数据均打上“检修”标记，通过影响装置间逻辑关系实现防误动功能。例如：保护装置的“检修状态”压板投入，智能终端的“检修状态”压板未投入，因二者“检修状态”压板位置不对应，当保护装置跳闸指令发出后，断路器不会跳闸。

3. 对时系统重要性提升

常规变电站对时系统作用是确保全站时间一致性，便于故障分析；智能变电站对时系统的时间同步关系到保护功能的可靠性、动作正确性、数据采集的同步性以及正确分析处理事故的能力，它是实现站域、区域实时控制的安全策略基础。与常规站综合自动化系统相比，智能站中对时系统地位更加重要。对不同类型的装置，对时允许的最大误差略有不同，但全部要求达到微秒级别的同步精度。

（二）设备验收项目变化

由于智能变电站结构及一次、二次设备与常规变电站相比均有较大改变，网络设备的重要性也大大增加，因而验收工作中出现了部分新增事项，工作侧重点也有所不同。

一次设备方面，对于部分增加了监测传感器的变压器和开关类设备，应注意传感器、传输光纤及线缆完整无缺陷、安装牢固可靠、防护措施完好，在设备本体加装的传感器应不降低设备的绝缘性能。由于隔离断路器通常还集合了电流互感器、线路侧接地开关等设备，其验收应参照各集成设备的标准，并结合现场安装实际进行。电子式互感器的验收，应依据专用的规程标准执行（如 GB/T 20840—2007《互感器 第 8 部分：电子式电流互感器》和 GB/T 22071—2017《互感器试验导则 第 2 部分：电磁式电压互感器》等）。合并单元验收注意装置输出应无丢帧，对时精度和采样数据同步应小于 1μs 等。

二次设备方面，智能控制柜采用的温湿度控制措施、防凝露等措施应保证其柜内所有智能组件和装置对运行环境的要求。同时由于智能变电站的保护功能是由一系列功能配置文件来实现的，对保护装置的验收除了常规的装置上电检查、定值核对、保护检验、传动试验等步骤外，各装置通信接口的检查和完整的配置资料文件的收集也成为运维验收中需要关注的重要环节。需收集的纸质或电子档资料主要包含：全站设备网络逻辑结构图、站内 IP 及 MAC 地址分配列表、交换机接线图、IED 端口分配表、交换机划分 VLAN 配置表、虚端子表、GOOSE 配置表、SV 配置表、交换机配置文件、IED 能力描述文件 ICD、全站 SCD 配置文件以及装置运行的 CID 文件。其中全站 SCD 配置文件是智能变电站正常运行的核心组件，智能变电站的二次回路即通过该文件实现，对 SCD 文件合法性、数据模型内外描述一致性以及全站智能设备互操性的检验需要从厂家场内联调开始的各个验收环节中加以重视。

（三）常见智能一次、二次设备巡视变化

1. 隔离断路器巡视

由于智能隔离断路器兼具开断电流及隔离功能，并集成线路接地开关，目前通常还集成了电子式电流互感器，因而巡视项目应在原有的断路器巡视基础上增加接地开关及其操动机构内容，以及电子式电流互感器巡视内容。

2. 电子式互感器巡视

电子式互感器与传统互感器相比，增加了传感元件、模数转换模块和光纤熔接盒，巡视中应检查其外观完好性及是否正常工作。对于光纤熔接盒还应检查光纤引出口、引入口连接是否可靠，光纤弯曲内径是否过小，是否有打折、破损现象。

对于与隔离断路器集成的电子式电流互感器，其本体已被压缩成与断路器法兰相结合的传感环，巡视应与智能隔离断路器设备结合进行。

3. 智能汇控柜巡视

智能汇控柜汇集了智能终端、合并单元、交换机等重要二次设备，对内部温湿度环境要求较高。巡视中应检查柜体密封、锁具及防雨设施良好，无进水受潮现象，通风顺畅；柜内加热器、工业空调、风扇等温湿度调控装置工作正常，柜内温湿度满足设备现场运行要求（一般柜内最低温度应保持在－10℃以上，最高温度不超过50℃，湿度应保持在90%以下，并满足柜内智能电子设备（IED）正常工作环境条件）。

4. 智能终端、合并单元巡视

检查设备外观正常、无告警，无异常发热、电源及各种指示灯正常，压板、控制把手位置正确；装置的光纤连接可靠，光纤弯曲内径合适，无打折、破损现象，各连接端口工作正常，装置无死机或自动重启现象。合并单元还应检查各间隔电压切换运指示与实际一致。

5. 保护装置、测控装置、交换机、监控后台机巡视

检查装置无告警或异常报文，电源及运行指示灯指示正常，后台机数据刷新正常；保护装置、测控装置定期进行采样值核对和时钟核对；定期检查保护装置各软压板控制模式和投退状态正确，定值区正确；测控装置注意检查“SV通道”和“GOOSE通道”信号正常。交换机各端口工作正常，温度正常。

6. 网络分析仪、故障录波装置巡视

网络分析仪又称变电站通信在线监视系统，部分网络分析仪兼具录波监视功能，巡视应检查设备外观正常，电源指示灯正常，装置无告警；检查软件查询界面可以正常查看指定时段、指定记录端口相关的记录文件。对录波装置进行试录，检查装置能够正确生成指定信息的录波文件，文件读取正常。

二、倒闸操作

（一）继电保护装置投退原则

（1）智能变电站中保护装置、合并单元、智能终端、交换机、通道等在功能实现上是统一的整体，任何设备异常或故障退出，应视为保护系统功能不完整。

（2）运行中的一次设备至少应保证有一套完整的保护系统投入运行，双重化配置的保护系统如需全部退出，应先将被保护的一次设备退出运行。

（3）退出全套保护装置时，应先退出保护装置所有出口软压板；退出保护装置某一功能时，应退出该保护功能独立设置的出口软压板，无独立设置的出口软压板时应退出其功能投入压板，无功能投入压板或独立设置的出口软压板时应退出其共用的出口软压板。

（4）合并单元、智能终端和过程层网络交换机不应单独退出，退出前应根据影响范围退出相应保护。退出智能终端时，应退出该装置所有出口硬压板。

（二）定值及压板管理

（1）正常运行时，保护装置、智能终端、合并单元的检修状态硬压板应退出。保护系统设备的检修状态硬压板投入前应充分考虑其影响范围。

（2）保护装置在运行状态时，禁止在一次设备运行状态下投退该间隔 SV 接收软压板（或该间隔投入软压板）。

（3）当退出发送侧保护装置的 GOOSE 出口软压板时，应先退出接收侧配置的相应 GOOSE 接收软压板，投入时顺序相反。

（4）当一次设备处于运行或热备用状态时，与该设备相关的保护功能软压板、出口软压板及出口硬压板均应按要求投入，各装置的检修状态硬压板退出。

（5）当一次设备（母线除外）处于冷备用状态时，该设备保护合闸软压板、启动失灵、远切、联切及联跳出口软压板应全部退出，跳闸出口软压板和功能投入软压板可投入；其他保护跳该设备的出口软压板及母线保护中该间隔 SV 接收软压板（或该间隔投入软压板）和 GOOSE 启动失灵接收软压板应退出。

（6）当一次设备（母线除外）处于检修状态时，该设备保护装置所有出口软压板、其他保护跳该设备的出口软压板及母线保护中该间隔 SV 接收软压板（或该间隔投入软压板）和 GOOSE 启动失灵接收软压板应退出。

（7）保护装置定值区切换宜在当地监控后台上进行，操作前应检查待切换定值区定值正确，操作后应后台打印定值清单并进行核对。

（8）智能变电站站保护定值调整应按以下程序进行：

1）对在运保护装置进行定值调整前，应退出被调整保护装置对应的所有出口软压板。

2）调整完毕后应确认定值调整无误，检查保护装置面板信号正常，采样值（对于差动保护应检查差流是否在允许范围内）正确。

3）调整完毕并确认无误后再投入被调整保护装置对应的所有出口软压板。

（三）防误管理

智能变电站的防误系统主要分站控层五防、间隔层五防、过程层五防三个层次，同时对于一次设备，依然保留机械闭锁功能。

1. 站控层五防

站控层五防能够校验远方控制命令行为逻辑，判断一次设备操作顺序的正确性，控制遥控命令的发送，与五防机械锁具配合实现现场一次设备及操动机构箱门的闭锁。站控层五防还可以配合实现顺序控制，即实现程序操作，由系统自动执行编制好的一系列操作指令。

2. 间隔层五防

间隔层五防的逻辑储存在测控装置，从图 9-6 可以看出，测控装置通过过程层网络获得一次设备的位置状态信息（智能终端上传的 GOOSE 信号），做出逻辑判断，得到每个操作回路的分合结果，并将闭锁逻辑的判断结果传送给智能终端和监控系统主机（分别经过过程层交换机和站控层交换机）。一方面能控制监控系统主机遥控命令的发送，实现设备远方操作闭锁；另一方面能够接通或切断操作设备的电气控制回路，实现就地闭锁，并且控制逻辑的实现只需一对触点，极大地简化了设备操作回路的二次接线。跨间隔的五防功能，只需测控装置通过网络采集其他相关间隔数据即可，无需另外引入辅助触点。

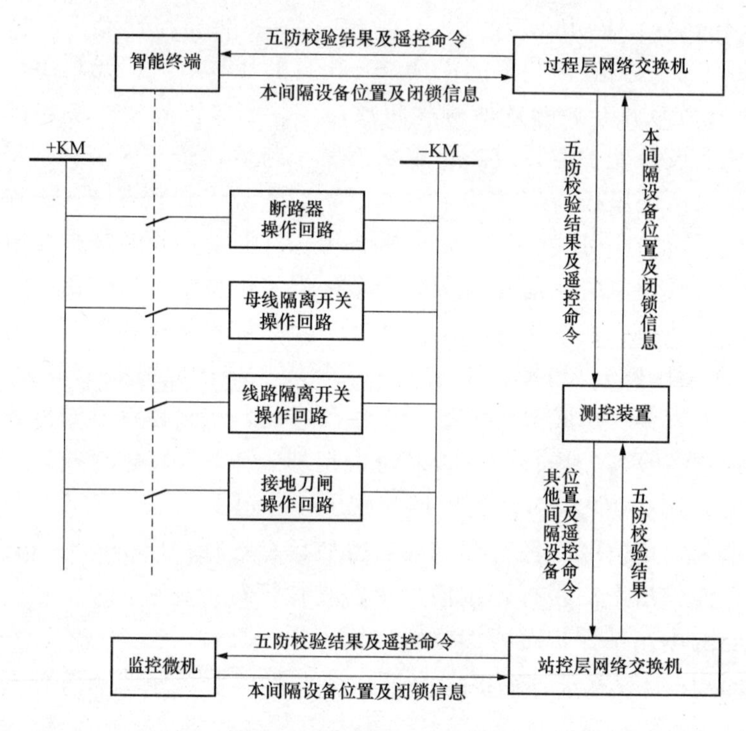

图 9-6　间隔层五防逻辑图

3. 过程层五防

过程层五防主要指开关柜、接地点、机构箱等设备上的机械锁或防误编码锁。智能站仍然保留了上述基础设施。此外，智能站通常情况下仍然配备了与一体化五防同步的电脑钥匙，每一步操作计划也同时传到电脑钥匙中，满足在特殊条件下（如网络通信故障），人员能够在就地模式下用电脑钥匙紧急解锁的可能，确保操作的可靠性。

（四）倒闸操作注意事项

1. 一次设备操作注意事项

由智能隔离式断路器电气和机械闭锁逻辑决定，其转检修时的操作顺序为（不考虑该间隔额外安装隔离开关）：先拉开断路器，再合上三相电气闭锁装置，后合上接地开关或装设地线；转运行时的操作顺序为（不考虑该间隔额外安装隔离开关）：拉开接地开关或地线，再拉开三相电气闭锁装置，最后合上断路器。

2. 二次设备操作注意事项

（1）对于方向性保护及对电流互感器、电压互感器接线极性有明确要求的保护，在电流互感器、合并单元和保护装置新设备投运、电流互感器二次回路变更、合并单元和保护装置 SV 配置变动后，应按以下原则处理：

1）母差保护在冲击受电及带负荷检查证明接线正确之前应退出（失灵保护不退出）；

2）变压器差动保护在冲击受电前应投入跳闸，带负荷前退出，极性检查正确后方可投入；

3）其他保护在冲击受电及带负荷检查前，其功能投入软压板和跳本断路器的出口软压板不退出。

（2）重合闸装置操作：

1）正常运行时应投入两套保护重合闸出口软压板，退出两套保护停用重合闸软压板。

2）某一套重合闸退出时，应退出该保护重合闸出口软压板，停用重合闸软压板禁止退出。

3）两套重合闸退出时，应退出两套保护重合闸出口软压板，投入两套保护停用重合闸软压板。

（3）智能终端装置操作：

1）保护系统正常停用时，严禁操作智能终端跳、合闸出口硬压板。

2）检修智能终端装置时关闭直流电源的顺序为：操作电源、装置电源、遥信电源，上电时顺序相反。

（4）过程层交换机在正常运行中，严禁对过程层交换机进行任何操作，包括重启、插拔光纤接口和参数设置等，并禁止外带电脑或其他网络设备接入过程层网络。

三、二次设备常见异常及处理

（一）异常处理原则

运维人员应按现场运行规程处置，对不能处理好的，应及时汇报值班调度员并通知检修人员，需退出保护系统设备时，应按如下原则申请值班调度员将其退出，并及时通知检修人员：

（1）双套配置的线路（母联、分段）间隔合并单元单套异常或故障时，应退出对应的全套线路（母联、分段）保护装置及母线保护装置。

（2）双套配置的主变压器间隔合并单元单套异常或故障时，应退出对应的全套主变压器保护装置及母线保护装置。主变压器本体合并单元单套异常或故障时，应退出对应主变压器保护的高、中压侧后备保护功能投入软压板。

（3）线路间隔 A/B 套智能终端异常或故障时应退出该套智能终端出口硬压板，并申请退出该线路重合闸及对应全套线路保护装置，强制对应母线保护装置中该间隔隔离开关位置。该母线保护系统应视为功能不完整。故障消除后，应及时解除母线保护装置内该间隔隔离开关强制对应位置。

（4）双套配置的主变压器间隔高、中压侧智能终端单套异常或故障时应退出该智能终端出口硬压板，并强制对应母线保护装置中该间隔隔离开关位置，故障消除后，应及时解除母线保护装置内该间隔隔离开关强制对应位置。低压侧智能终端单套异常或故障时应退出该智能终端出口硬压板。该母线保护系统及主变压器保护系统应视为功能不完整。

（5）主变压器本体智能终端异常或故障时应退出该智能终端出口硬压板。

（6）双套配置的母联间隔智能终端单套异常或故障时应退出该智能终端出口硬压板，并申请退出对应的全套母线保护装置。

（7）线路、母联、主变压器、母线保护装置异常或故障时应退出全套保护装置。

（8）过程层交换机故障，当不影响保护正常运行时可不退出相关保护；当影响保护装置正常运行时，应申请退出相关保护。

（9）保护装置、合并单元、智能终端发生 SV、GOOSE 断链告警时，应根据 SV、GOOSE 断链的影响范围，申请退出相关保护设备。

（10）当无法通过退软压板停用保护时，可采用断开装置电源、断开光纤或退智能终端硬压板等其他措施，但不得影响其他保护设备的正常运行。

（11）保护装置、合并单元、智能终端异常或故障时，运维人员在申请退出相应保护或采取其他措施后，可在投入该装置的检修状态硬压板后，将该装置重启一次，并尽快通知检修人员处理。

（二）常见缺陷及分类

按缺陷问题对系统运行影响的严重程度分为危急缺陷、严重缺陷、一般缺陷三类。

1. 危急缺陷

（1）合并单元故障。

（2）智能终端故障。

（3）过程层网络交换机故障。

（4）保护装置故障或异常退出。

（5）纵联保护通道异常，无法收发数据。

（6）SV、GOOSE 断链及开入量异常变位，可能造成保护不正确动作的。

（7）控制回路断线或控制回路直流消失。

（8）其他直接威胁安全运行的情况。

2. 严重缺陷

（1）纵联保护通道衰耗增加，超过 3dB；纵联保护通道丢帧数明显异常。

（2）保护装置只发异常或告警信号，未闭锁保护。

（3）故障录波器、过程层网络分析仪装置故障、电源消失。

（4）操作箱指示灯不亮但未发控制回路断线。

（5）保护装置动作后报告不完整或无事故报告。

（6）就地信号正常，后台或中央信号不正常。

（7）无人值守站的保护信息通信中断。

（8）母线保护隔离开关辅助触点开入异常，但不影响母线保护正确动作。

（9）继电保护故障信息系统子站与主站、子站与保护装置、子站与一体化监控系统的通信异常以及子站自检异常等。

（10）频繁出现又能自动复归的缺陷。

（11）其他可能影响保护正确动作的情况。

3. 一般缺陷

（1）保护装置时间不准确、时钟无法校准。

（2）保护屏上按钮接触不良。

（3）保护装置液晶显示屏异常。

（4）有人值守站的保护信息通信中断。

（5）能自动复归的偶然缺陷。

（6）其他对安全运行影响不大的缺陷。

（三）常见异常处理建议

（1）SV 告警、链路中断。

处理建议：检查 SV 接收网络链路。

（2）GOOSE 接收不匹配。

处理建议：检查过程层配置信息。

（3）合并单元、智能终端对时异常。

处理建议：检查相应的对时链路。

（4）检修状态不一致。

处理建议：检查智能终端、合并单元、保护测控装置检修压板的投入状态是否一致。

（5）检修状态告警。

处理建议：保护装置处于检修状态，检查已投入的检修压板是否应投入。

（6）SV 接收不匹配。

处理建议：检查发送方与接收方是否一致。

（7）TV/TA 品质异常。

处理建议：检查 SV 输入的品质是否有效，或者检查电压通道双 AD 通道是否差异过大。

（8）同期电压采样出错。

处理建议：检查合并单元、电子式互感器。

（9）采样通道延时异常。

处理建议：检查合并单元发出的采样通道延时是否不变且不为 0；双母线接线单合并单元接收时，退出差动保护，3/2 接线多间隔合并单元接收时，退出保护。

（10）启动电压/电流 SV 采样无效。

处理建议：检查启动电压/电流相关合并单元至保护光纤是否正常；启动电压/电流相关合并单元发送数据的品质是否正常；启动电压/电流相关合并单元与保护装置的检修压板是否一致。退出电压/电流类相关保护。

（11）光纤中断。

处理建议：由监控后台显示的报文以及 SCD 文件分析发生异常位置，在退出相关二次设备后，用相关仪器检查确认该光纤回路的完好性，若确实发生中断，更换备用光纤芯。

（12）保护电流电压 SV 采样失步。

处理建议：在点对点采样方式下，检查保护电流、保护电压相关合并单元的采样延时是否正常；在组网采样方式下，检查保护电流、保护电压相关合并单元的对时功能是否正常。

（四）案例分析

测控装置与智能终端 GOOSE 断链，影响保护正常功能故障分析。

1. 基本情况

11 月 1 日，某 110kV 智能变电站监控后台频发“110kV 母线测控装置与 110kV 母线智能终端 GOOSE 中断”信号、后台“Ⅰ母智能终端与 110kV 母线测控 GOOSE 中断”光字牌亮、110kV 母线智能终端装置“GOOSE 告警”灯亮。

2. 原因分析

查阅该站 SCD 文件，发现站内经 110kV Ⅰ母智能终端上送的母线隔离开关信号、电压切换并列信号正常，可以判定 110kV 测控装置 GOOSE 接收（GOOSE 0x0143、GOOSE 0x0144、GOOSE 0x0145）正常，因此导致它们之间 GOOSE 链路中断的原因是 GOOSE 发送（GOOSE 0x0141）链路故障（测控装置与母线智能终端间 GOOSE 链路虚端子配置如图 9-7 所示）。

3. 问题处理

链路的走向如图 9-8 所示。基本方法是使用报文抓取工具逐个环节进行抓取报文，即可确定是哪一部分出现故障。运维人员申请将相应保护退出后，由检修人员进行检查处理。

（1）110kV 测控装置与 110kV 过程层交换机之间。发现从测控装置发出来的 GOOSE 里面有 GOOSE 0x0141，表明这部分链路正常。

（2）110kV 过程层交换机与 110kV 线路测控屏内光纤配线架之间。用抓包工具软件检查与 110kV 测控装置连接的交换机尾纤，进行报文抓取分析，经过多次抓包检查，发现该端口 GOOSE 0x0141 报文时有时无，出线严重的丢包现象。这表明交换机第二模块的第 6 组（第一排第 5、第 6 口）存在故障，红外测温时发现交换机的 6 组发热比较严重。第一排第 5 口为 GOOSE 发送口，第 6 口为 GOOSE 接受口，其中第 5 口温度明显大于其他正常的光口，如图 9-9 所示。

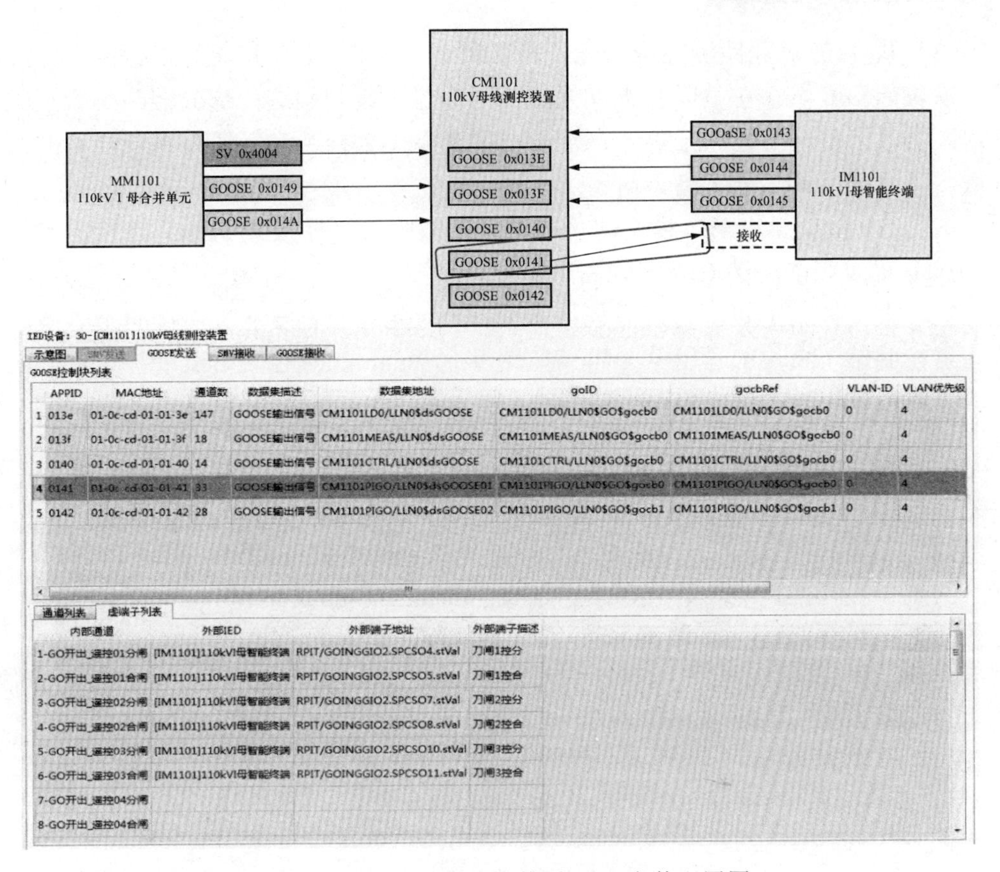

	APPID	MAC地址	通道数	数据集描述	数据集地址	goID	gocbRef	VLAN-ID	VLAN优先级
1	013e	01-0c-cd-01-01-3e	147	GOOSE输出信号	CM1101LD0/LLN0$dsGOOSE	CM1101LD0/LLN0GOgocb0	CM1101LD0/LLN0GOgocb0	0	4
2	013f	01-0c-cd-01-01-3f	18	GOOSE输出信号	CM1101MEAS/LLN0$dsGOOSE	CM1101MEAS/LLN0GOgocb0	CM1101MEAS/LLN0GOgocb0	0	4
3	0140	01-0c-cd-01-01-40	14	GOOSE输出信号	CM1101CTRL/LLN0$dsGOOSE	CM1101CTRL/LLN0GOgocb0	CM1101CTRL/LLN0GOgocb0	0	4
4	0141	01-0c-cd-01-01-41	33	GOOSE输出信号	CM1101PIGO/LLN0$dsGOOSE01	CM1101PIGO/LLN0GOgocb0	CM1101PIGO/LLN0GOgocb0	0	4
5	0142	01-0c-cd-01-01-42	28	GOOSE输出信号	CM1101PIGO/LLN0$dsGOOSE02	CM1101PIGO/LLN0GOgocb1	CM1101PIGO/LLN0GOgocb1	0	4

内部通道	外部IED	外部端子地址	外部端子描述
1-GO开出_遥控01分闸	[IM1101]110kVI母智能终端	RPIT/GOINGGIO2.SPCSO4.stVal	刀闸1控分
2-GO开出_遥控01合闸	[IM1101]110kVI母智能终端	RPIT/GOINGGIO2.SPCSO5.stVal	刀闸1控合
3-GO开出_遥控02分闸	[IM1101]110kVI母智能终端	RPIT/GOINGGIO2.SPCSO7.stVal	刀闸2控分
4-GO开出_遥控02合闸	[IM1101]110kVI母智能终端	RPIT/GOINGGIO2.SPCSO8.stVal	刀闸2控合
5-GO开出_遥控03分闸	[IM1101]110kVI母智能终端	RPIT/GOINGGIO2.SPCSO10.stVal	刀闸3控分
6-GO开出_遥控03合闸	[IM1101]110kVI母智能终端	RPIT/GOINGGIO2.SPCSO11.stVal	刀闸3控合
7-GO开出_遥控04分闸			
8-GO开出_遥控04合闸			

图 9-7 110kV 母线测控装置 SCD 文件配置图

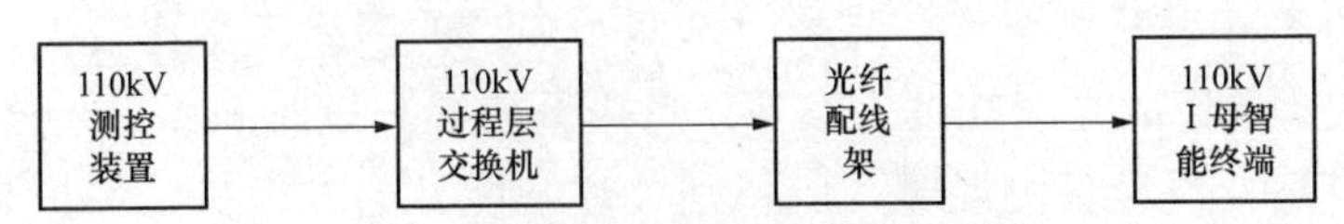

图 9-8 链路走向图

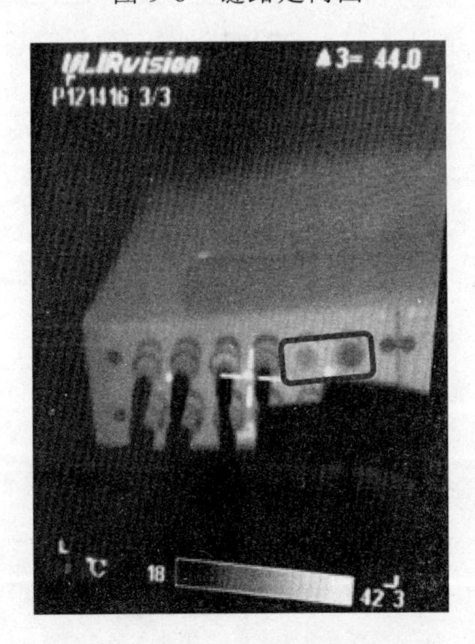

图 9-9 交换机红外测温图

（3）从 110kV 线路测控屏内光纤配线架到 110kV Ⅰ母智能终端。由于交换机第二模块的第 6 组存在故障，所以无法使用抓包工具判别这一部分链路是否正常。工作人员改用打光（把光纤接到一定波长的光源上来判断光纤通断和衰耗）的方法测试，结果证明这部分链路无问题。

综上判断，交换机第二模块的第 6 组存在故障最终导致了 110kV 母线测控装置与 110kV 母线智能终端 GOOSE 中断。

检修人员把到 110kV 母线智能终端 GOOSE 光纤的收发从交换机的第二模块的第 6 组换到第一模块的备用第 4 组（如图 9-10 所示），进行网络配置并重启交换机后，链路恢复正常，信号复归。

图 9-10　交换机光纤接口图

4. 结论

交换机的第 6 组发热严重，这表明这两个端口的网络流量比较大，也可能是熔接口处工艺较差，造成光衰耗过大发热，当热量持续一段时间以后，导致光口故障。进行智能变电站二次设备测温时，应特别关注智能站的交换机、保护装置、合并单元、智能终端等设备，使用红外测温工具对光接口处、终端盒、配线架进行测温，建立测温台账，提前发现异常光口，对发热严重的光口进行及时处理，排除隐患。

变电运维仿真

变电运维人员要掌握操作、控制、管理和决策站内的电气设备和系统，必须对其进行培训、教育和培养。早期的培训大多是通过理论讲解、现场实操完成，但有些场景和故障只有在实际发生时才会出现。随着仿真技术的发展，电力系统不断应用仿真技术来构建培训系统，真实模拟实际系统的工作状况和运行环境，避免运用实际系统时带来的风险，提升变电运维人员培训效果。

第一节　仿真技术概述

一、仿真技术定义及现状

仿真技术是以相似原理、信息技术、系统技术及其应用领域有关的专业技术为基础，以计算机和各种物理效应设备为工具，利用系统模型对实际的或设想的系统进行试验研究的一种综合性技术。它综合集成了计算机、网络、图形图像、多媒体、软件工程、信息处理、自动控制等多个高新技术领域的知识。仿真技术是对物理、半物理和数字三类仿真中所应用的技术的总括，特别是当计算机出现后，以计算机仿真为主的数字仿真已成为系统仿真的一个重要分支。

近半个多世纪来，建模与仿真技术在各类应用需求的牵引及有关学科技术的推动下，已经发展形成了一个综合性的专业技术体系，并迅速地发展为一项通用性、战略性技术。

以计算机为主的仿真技术包括网络化建模仿真技术、环境的建模与仿真技术、智能系统建模及智能仿真系统、高性能计算、基于普适计算技术的普适仿真技术，以及可视化技术等。

网络化建模仿真技术以分布交互仿真为主，是通过计算机网络将分散在各地的仿真设备互连，构成时间与空间互相耦合的虚拟仿真环境。

智能系统建模及智能仿真系统是将以知识为核心和人类思维行为作背景的智能技术，引入到整个建模与仿真过程，构造出各种基本知识的仿真系统（know ledge based simulation system，KBSS）。

高性能计算是在线仿真深入应用到各行业的关键技术，在线仿真需要仿真程序在一个与实物同步的仿真步长内完成计算，越是高级的应用对仿真步长的要求越严格，比如实时仿真要求步长在 1mm 内，而超实时仿真要求步长在 1μs 内。

基于普适计算技术的普适仿真技术以嵌入式仿真为主要应用背景，譬如采用单片机为处理器，通过各种无线协议来将仿真产品应用到移动终端上。

可视化仿真技术用于为数值仿真过程及结果增加文本提示、图形、图像、动画表现，使仿真过程更加直观，结果更容易理解，并能验证仿真过程是否正确。近年来还提出了动画仿真，主要用于系统仿真模型建立之后的动画显示，所以原则上仍属于可视化仿真。多媒体仿真技术是在可视化仿真的基础上再加入声音，就可以得到视觉和听觉媒体组合的多媒体仿真。虚拟现实仿真技术是在多媒体仿真的基础上强调三维动画、交互功能，支持触、嗅、味、知觉，构成一个 VR 仿真系统。

二、仿真分类

仿真系统有不同的分类方法，一般按以下三种方式分类：

（1）根据被研究系统的特征可分为连续系统仿真和离散事件系统仿真。连续系统仿真是指系统状态变量随时间连续变化的系统，这种系统根据实时性又分为实时仿真、非实时仿真。离散事件系统仿真是指系统状态只在一些时间点上由于某种随机事件的驱动而发生变化。

（2）根据仿真设备可划分为物理仿真、数字仿真和混合仿真（物理数字混合仿真）。物理仿真是指仿真对象做成物理模型，如风洞等；数字仿真是指完全使用数学模型进行计算机仿真；混合仿真是指既有实物又有数学模型的仿真。

（3）根据仿真系统的用途分为培训用仿真和分析研究用仿真。

三、仿真技术发展

仿真技术的发展与计算机软件技术和硬件技术的发展密切相关，随着这些技术的进步，仿真技术正朝着网络化、虚拟化、智能化、协同化、普适化的方向发展，开发方法也正在从面向对象仿真（object oriented simulation，OOS）的开发方式转向面向服务的开发方式。当前仿真技术的研究热点为以下几种。

（一）云仿真技术

云仿真技术以云计算为基础，云计算是一种由规模经济驱动的大型分布式计算模式，它为互联网上的外部用户按需提供一个抽象的、虚拟的、动态可扩展的、可管理计算能力的存储平台及服务的资源共享池。

云仿真技术是一种新型的网络化建模与仿真技术，是仿真网络的进一步发展。云仿真技术与电力系统相关的研究始于 2010 年左右，为解决电力系统各种复杂的计算问题提供了新的途径，有助于实现电力系统在线运行分析与优化控制。云计算平台除了能为电力系统分析提供计算和存储能力支持外，还具有可扩展性强、硬件投资少、便于软件开发和升级、便于用户使用等诸多优点。这让云计算有希望取代现有的集中式计算成为未来电力系统核心计算技术。

（二）智能仿真技术

面向智能体的仿真是当前仿真技术的另一研究热点，在建模、仿真模型设计、仿真结果的分析和处理阶段，引入知识表达及处理技术，使仿真、建模的时间缩短，在分析中提高模型知识的描述能力，引入专家知识和推理帮助用户做出优化决策；运用智能仿真可以及时修正、维护辅助模型，实现更好的智能化人机界面，使计算机与人之间的沟通变得人性化，增加自动推理学习机制，从而增强仿真系统自身的寻优能力。

（三）普适化技术

普适化发展方向最大的研究热点是增强现实技术（augmented reality，AR），是一种将真实世界信息和虚拟世界信息“无缝”集成的新技术，是把原本在现实世界的一定时间空间范围内很难体验到的实体信息（视觉信息、声音、味道、触觉等），通过电脑等科学技术，模拟仿真后再叠加，将虚拟的信息应用到真实世界，被人类感官所感知，从而达到超越现实的感官体验。真实的环境和虚拟的物体实时地叠加到了同一个画面或空间上。

作为虚拟现实技术的一个分支和发展方向，增强现实技术不仅展现了真实世界的信息，而且将虚拟的信息同时显示出来，两种信息相互补充和叠加。在视觉化的增强现实中，用户利用头盔显示器，把真实世界与电脑图形多重合成在一起，便可以看到真实的世界围绕着它。

第二节　变电站培训仿真系统

一、电力培训仿真概述

培训仿真是系统仿真科学的一个重要应用领域，在电力领域得到了广泛的应用。随着我国电力系统的发展，各类电力培训仿真系统在发电厂、调控中心、供电公司及各类电力培训机构广泛应用，已成为电力系统运行、检修、试验等专业人员培训、考核、鉴定不可或缺的工具。仿真技术在电力培训应用中的不断发展有力地推动了电力培训仿真系统在完整性、真实性、一致性、实时性、交互性、灵活性、实用性、可扩展性、标准化及智能化等方面的快速发展，也进一步推动各类仿真培训系统不断更新换代。

二、变电站培训仿真系统历史沿革

20 世纪 70 年代日本关西电力公司首次建立了变电站培训仿真系统。随着我国电力系统的发展，高电压、大容量变电站相继投运，同时先进的自动化技术的应用，都对变电站运维人员的素质提出了更高的要求。为了适应这种要求，从 20 世纪 90 年代初国内有关科研单位开始了对变电站运维人员培训仿真系统的研制。

变电站仿真包含仿真平台、仿真建模、仿真算法及人机界面几个部分。

（1）仿真平台。20 世纪 80 年代中期的仿真平台采用集中式模型管理系统，系统中有一台主机，系统负载不均衡，通信量大，不易扩展，容易造成死机。到 90 年代初中期，分布式仿真平台（DIS）得到了发展，它解决了集中式模型管理的缺陷，但是在对象模型、数据表示和通信协议上缺乏灵活性和有效性，不能满足复杂大系统的仿真需要。随着仿真的复杂度和仿真规模的扩大，到 90 年代末期，高层体系结构（HLA）平台成为仿真的国际标准，它通过提供通用的、相对独立的支撑服务程序，将应用层同低层支撑环境分离，即将具体的仿真功能实现、仿真运行管理和底层通信三者分开，隐蔽各自的实现细节，从而可以使各部分相对独立地进行开发，最大限度地利用各自领域的最新技术来实现标准的功能和服务，适应新技术的发展。

（2）仿真建模。80 年代中期普遍采用模块化建模，这种方法模块调用关系复杂，搭建复杂系统难，封装性差，不易调试。90 年代中后期，面向对象建模得到了发展，这种方法物理概念清晰，可以搭建复杂系统，封装性较好，易调试，但是对编程语言有依赖性。随着计算机技术的发展，面向组件化建模方法得到了发展，这种方法物理概念清晰，可以搭建复杂系统，封装性好，易调试，同时对编程语言没有依赖性。

（3）仿真算法。80 年代一般小型机、速度慢、内存小，可以实现虚拟存储，因此在算法上多采用交替求解方法，随着计算机硬件技术的发展，目前采用联立求解方法也能满足培训实时性的需要。

（4）人机界面。90 年代初一般采用二维图形，逼真度差，到 90 年代中期三维图像技术在培训仿真上得到了应用，随着软件技术的发展，组态软件开始应用于培训仿真系统，这种技术运行效率较低，新增功能难，但是效果较好，与此同时，虚拟仪器也开始得到应用，它逼真度一般，运行效率高，开发容易，新增功能容易，效果较好。到 90 年代末期以后，虚拟现实技术开始得到应用，它逼真度高，效果好，但是开发难度大。

我国最先出现的变电站仿真系统主要采取带盘台的模式，该模式通常为独立变电站仿真模式，占用空间较大，一般集中布置在培训中心内。随着计算机技术、网络技术和多媒体技术的发展和基于微机平台、网络的变电站仿真系统（这是一种全软件模式的仿真）的出现，学员的所有操作都可在计算机屏幕上完成。如 2000 年的徐州 110kV 变电站的仿真培训系统，整个系统只有计算机硬件、仿真软件和网络组成。在 2000 年云南省电力技工学校 500kV/220kV 变电培训仿真系统中，该系统采用多媒体屏盘模拟和 1:1 硬屏盘模拟相结合的方式实现了多个变电站仿真和电网仿真的一体化。在 2004 年浙西电力教育培训中心浙西集控站培训仿真系统中，仿真范围包括虚拟电网仿真、两座 220kV 变电站仿真、两座 110kV 变电站仿真（其中一座 110kV 变电站包含有真实的一次、二次设备及监控系统）、集控站仿真、变电站综合自动化系统仿真和多媒体远程培训系统，该系统在电力培训领域首次实现了在同一电网环境下变电站软件仿真与变电站混合仿真的一体化。

近年来，多媒体、虚拟现实、网络等技术大量应用在全数字仿真系统中，显著地提高了系统的培训效果和应用范围，集控站仿真培训系统，电网、集控站、变电站联合仿真培训系统，调控、运维一体化仿真培训系统在国内各电力培训机构广泛推广应用。2007年，“基于HLA的数字化东北电网仿真培训系统”研制成功，该系统以变电站数字化仿真和电网数字化仿真为基础，形成集电网仿真培训、变电站仿真培训、预防性试验仿真培训、联合反事故演习等培训功能于一体，为电网生产运行、维护、电气试验等人员提供全方位、全过程、全场景培训。

三、典型变电站培训仿真系统

（一）系统结构

1. 硬件系统结构

变电站培训仿真系统的硬件系统是由教员台、学员台、交换机、音响系统和打印机等部分组成。培训系统采用分布式仿真方式，整个仿真系统采用对等结构，易于扩展，教员台和学员台可以相互替换，还可以进行远程培训。硬件系统结构如图10-1所示。

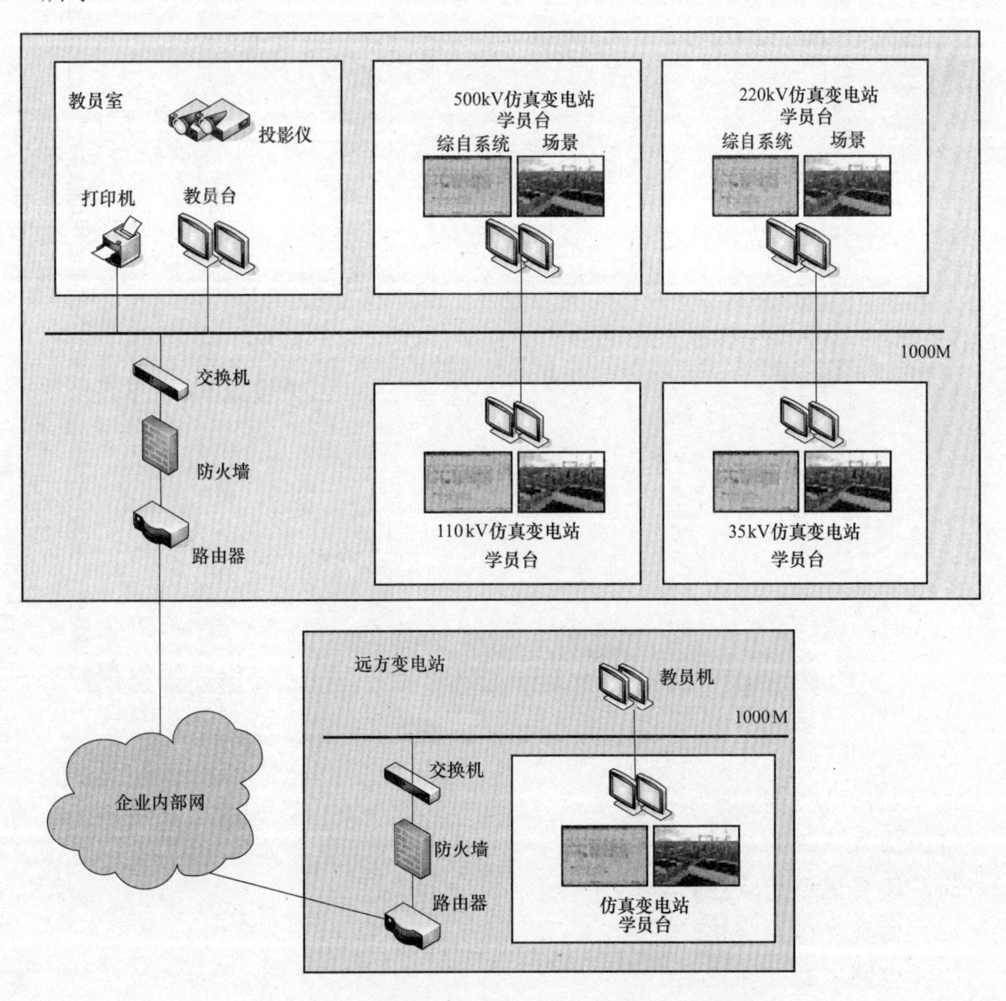

图10-1　典型变电站仿真培训系统硬件结构图

教员台由一台微机、两台显示器组成，主要用于教案编制、运行方式的整定、故障设置和对学员的监管等功能。学员台硬件与教员台完全一致，作为学员操作的平台。

典型的集中培训教室布置图如图 10-2 所示。

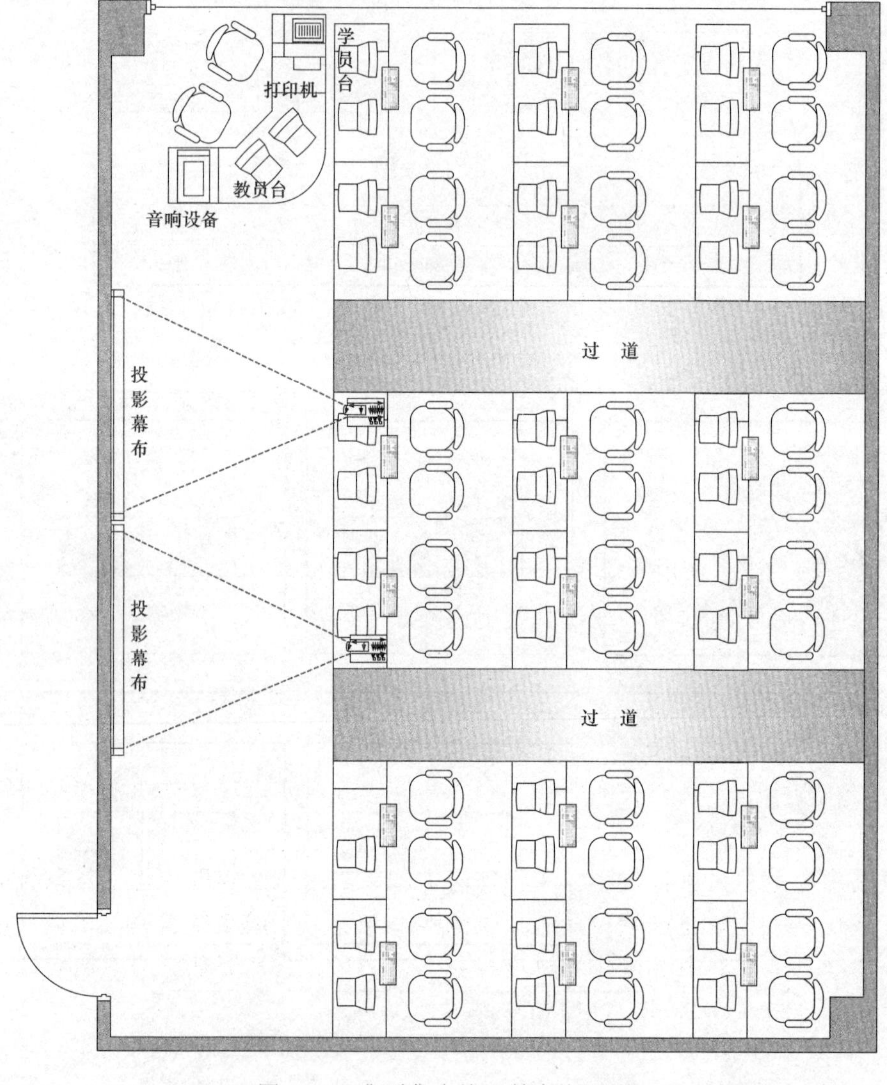

图 10-2　典型集中培训教室布置图

2. 软件系统结构

培训仿真系统的软件系统由以下几个主要部分组成：

（1）计算机系统软件。

（2）仿真支撑系统软件。

（3）电网仿真软件。

（4）变电站场景仿真软件。

（5）变电站综合自动化仿真软件。

（6）教员与学员系统软件。

电网仿真软件、变电站场景仿真软件、变电站综合自动化仿真软件、教员与学员系统软件通过交互式、分布式仿真软件支撑平台的运行管理系统有机结合在一起，组成整个培训仿真系统，软件系统结构如图 10-3 所示。

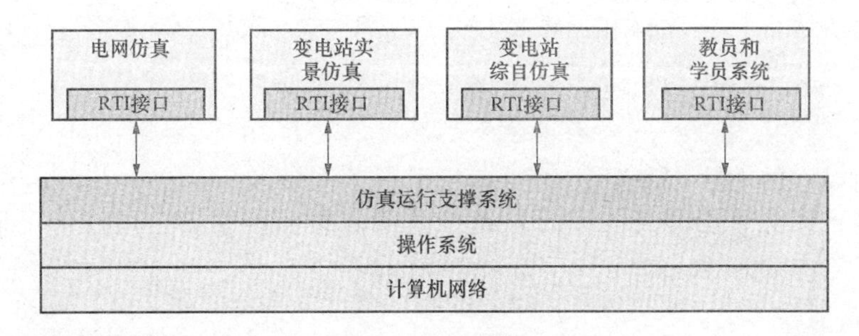

图 10-3　仿真培训系统软件结构图

交互式、分布式仿真软件支撑平台包括仿真运行支撑系统、数据库管理系统、图形组态人机界面系统、监控人机界面系统；它提供一套通用的数据管理、模型管理、运行管理的工具，支持仿真系统的建立、维护和运行。

电网仿真以地区电网或详细仿真变电站周边的电力网络作为仿真系统的仿真对象，通过电力系统模拟计算程序正确地模拟电网正常、异常、故障状态下的运行情况，实现对调度电网或详细仿真变电站周边电网的仿真，并为变电站仿真提供电网运行的潮流。

变电站仿真软件包括一次设备三维交互式虚拟场景系统、二次设备三维交互式虚拟场景和变电站综合自动化监控系统，为变电运维人员的监盘、常规操作、巡视和事故处理构造了一个完整的工作平台，能够实现对变电运维人员及相关管理人员的培训和考核。

教员系统是教员进行教学、培训和管理的工作平台，实现调控一体系统的仿真培训管理功能。教员通过教员系统提供的各种工具，完成系统管理、培训前运行方式和教案准备、培训中的操作和进度控制、培训后分析和评估，为教员实现培训目标提供方便的教学、演示、管理和考核工具。

（二）系统功能

变电站仿真系统的功能以培训为主，主要包括监控和正常操作、设备巡视、设备维护和事故、异常处理培训等。

1. 监控和正常操作

（1）监视培训。实现变电运维人员的监视工作，包括一次、二次系统的运行监视以及站用电系统的运行监视，对主控室的中央信号屏、控制屏、保护自动装置屏及自动化设备、站用交直流屏等的断路器/隔离开关状态、遥测值、信号指示灯、光字牌、保护及自动装置的运行状态报警等信号的监视工作。

（2）操作培训。涵盖开票、“五防”模拟及变电站典型操作，一次设备操作包括断路器及隔离开关的分合、验电、设围栏、挂牌等；二次设备包括保护及安全自动装置、直流系统等设备的投切及其液晶面板的操作（打印、保护定值修改等）。

2. 设备巡视

按照现场运行规程选择相应的专用工具对站内一次、二次设备进行巡视。通过仿真系统展现变电站正常、异常、事故工况下的现象和声音等，在时间、空间上仿真设备的正常与异常状态，供学员培训使用。如变压器、电抗器的油温、油位、油色、吸潮颜色、高低压引线接头是否发热、冷却系统运行情况，电容器的外壳有无变形，熔丝、接头、套管是否完好，绝缘子的破碎与闪络等，通过仿真系统可对现场设备进行相应操作和处理。

3. 设备维护

在变电站仿真场景中，进行运维项目的培训工作，包括带电检测、易损易耗件更换、设备不停电维护、主设备和二次回路消缺等作业频次高、日常或应急性的业务，如变压器硅胶更换，控制、动力、加热、照明等回路异常的处理等。培训内容包括流程、步骤、作业要求、安全注意事项等。

4. 事故及异常处理

事故与异常的处理培训是变电站仿真系统的重要部分，一般要求事故和异常的现象逼真，可信度高，而且不管学员处理对错与否，系统都会根据设备原理，给出合理的现象，在学员处理错误的情况下，给出错误处理所导致的后果，加深印象。同时事故、异常设置较灵活，可以任意组合。

事故及异常处理主要包括以下内容：

（1）异常处理培训。设备异常仿真分两种情况，一种是在运行中自然发生的，如变压器过负荷、变压器油温超过允许值、电源消失等；另一种是需要设置的异常，如变压器漏油、变压器匝间轻微短路、电压互感器断线等。设备异常发生时，将引发与现场一致的告警信号、画面及遥测数据。

（2）缺陷处理培训。现场运行、检修、试验中经常发现设备缺陷，有些危及安全但尚未构成设备异常及事故，必须进行处理。在培训过程中，教员可适时插入设备缺陷，以考核学员在设备巡视过程中，能否及时发现并作相应的处理。

（3）事故后系统的恢复操作。培训学员在仿真系统上进行事故处理的操作，隔离故障后使已停电的设备恢复到正常运行方式。

（三）系统效果

变电站、机构箱、保护室等系统效果如图 10-4～图 10-13 所示。

四、变电站仿真培训系统的发展

变电站仿真培训系统的发展与电力系统的发展以及计算机软硬件技术的发展密切相关。目前变电站仿真系统在向四个方向发展。一是“全”，功能全面；二是

“真”，采用真实设备；三是“增”，增强体验感与培训效果；四是“智”，按需自动推送培训内容。

图 10-4 变电站三维场景

图 10-5 下雨天断路器接线板发热冒蒸汽

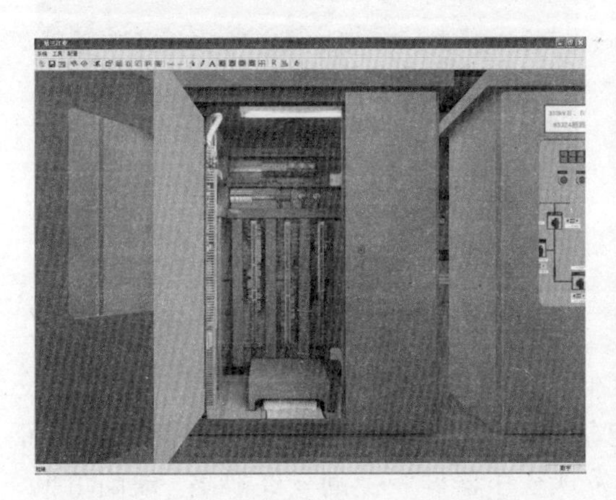

图 10-6 机构箱三维场景

图 10-7 保护室三维场景

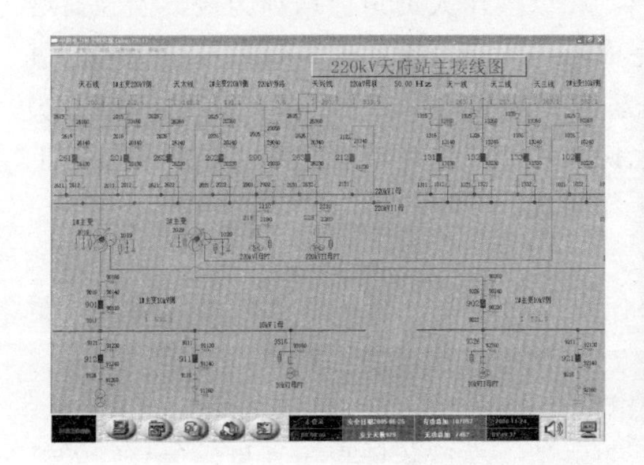

图 10-8 综合自自动化仿真系统

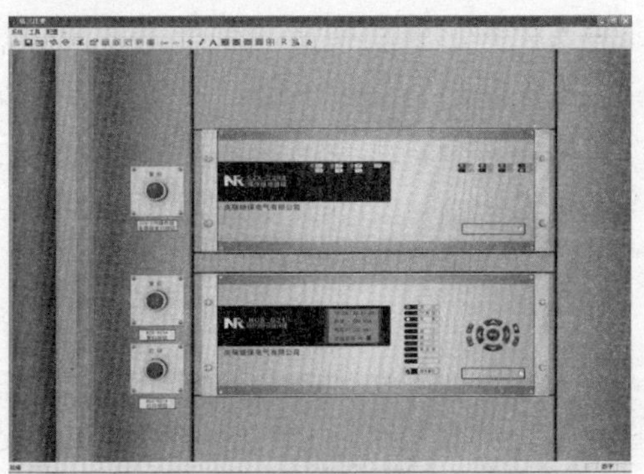

图 10-9 保护屏三维场景

图 10-10　变压器三维场景

图 10-11　变压器硅胶正常三维场景

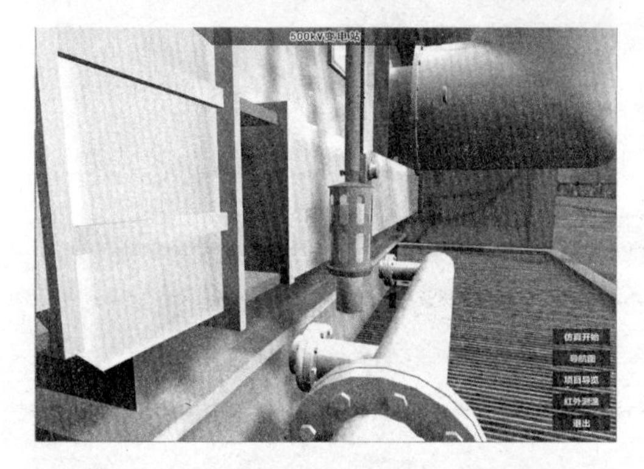

图 10-12　变压器硅胶异常三维场景

图 10-13　变压器硅胶更换三维场景

（一）“全”

“全”就是变电站内的所有工作都能在一套仿真系统上完成，包括变电站的设备巡视、倒闸操作和事故处理培训，还包括二次回路培训、变电站设备运维、设备检修，以及各种流程的培训，如巡视人员发现变压器硅胶受潮变红缺陷、缺陷填报、硅胶更换过程、缺陷消除等整个过程，都能在一个仿真系统中进行培训实现。除此之外，还可以进行角色扮演以及协作培训，如以操作人员角色培训为例，当独立培训时，计算机自动扮演监护人员角色，完成监护职责，操作人员只做自己分内的事情，还可以一个学员（使用仿真软件）扮演监护人员，另一个学员（使用仿真软件）扮演操作人员，形成一组，进行联合角色扮演培训，这样培训使学员了解现场各工作人员的职责，过程更加贴近现场实际工作情况。

（二）“真”

“真”是根据投资规模，部分或全部使用真的设备，用仿真“激励”的方式驱动真实设备，使培训用真实设备与实际运行的设备对各种操作和故障反应一致，一般也称为混合仿真。这种方式对于常规变电站仿真的典型硬件结构如图 10-14 所示。硬件系统主要包括仿真服务器、教员机、变电站一次设备场景仿真机、信号输入输出接口装置、断路器、隔离开关及操动机构模拟装置、二次回路故障模拟装置、继电保护及自动装置、测控装置、直流系统、交流系统、监控系统、远动主机以及通信网络设备等组成。其中信号输入输出接口装置包括混合仿真 I/O 系统工控机（industrial personal computer，IPC），高速、高精度同步输出数字模拟转换器，高速通信及开关量输入输出系统，电流、电压功率放大器等。

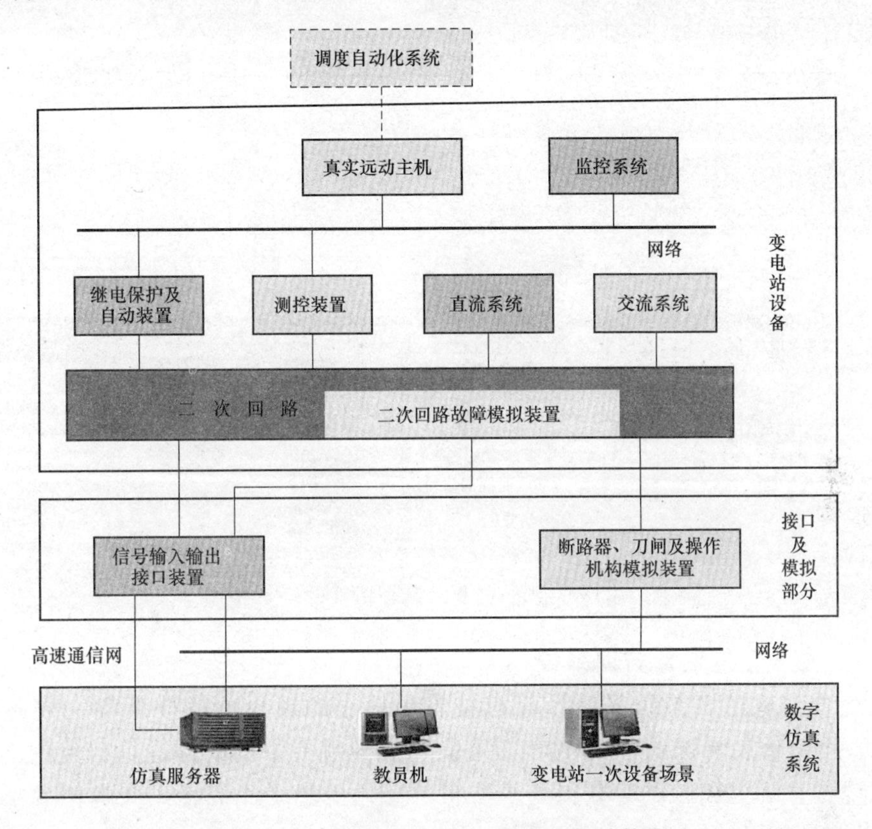

图 10-14　常规变电站混合仿真硬件结构图

对于智能变电站混合仿真系统，其硬件结构如图 10-15 所示。系统包括实时仿真系统和智能变电站二次设备两部分，实时仿真系统包括一台教员机、一套智能变电站实时仿真系统、一组电子式互感器/智能一次设备模拟装置（可选）、断路器（隔离开关）操动机构模拟装置（可选）等。其中，智能变电站实时仿真系统包含了智能电网实时仿真核心单元、过程层模拟 I/O 设备和时间同步模块。智能变电站二次设备由真实的继电保护和测控装置、监控系统、合并单元（可选）、智能操作箱（可选）、直流系统、交流系统、通信网络设备等组成。

随着智能变电站规范的变更，对于保护装置采集要求直接接受模拟量输入，可以采用以上两种方式的混合方式完成。混合仿真有着与现场运行完全或部分一致的优点，但也存在其的缺点，如受投资限制，系统建设规模不可能很大，同时培训的人数不能很多，设备的异常和故障不能模拟（真实设备没有发生故障和异常）等。

（三）“增”

“增”是增强体验感与培训效果，采用先进的计算机软硬件技术，增强被培训人员的沉浸感和体验感，它又分为沉浸式变电仿真培训系统（全软件仿真）和增强现实变电仿真培训系统（带部分真实设备）。

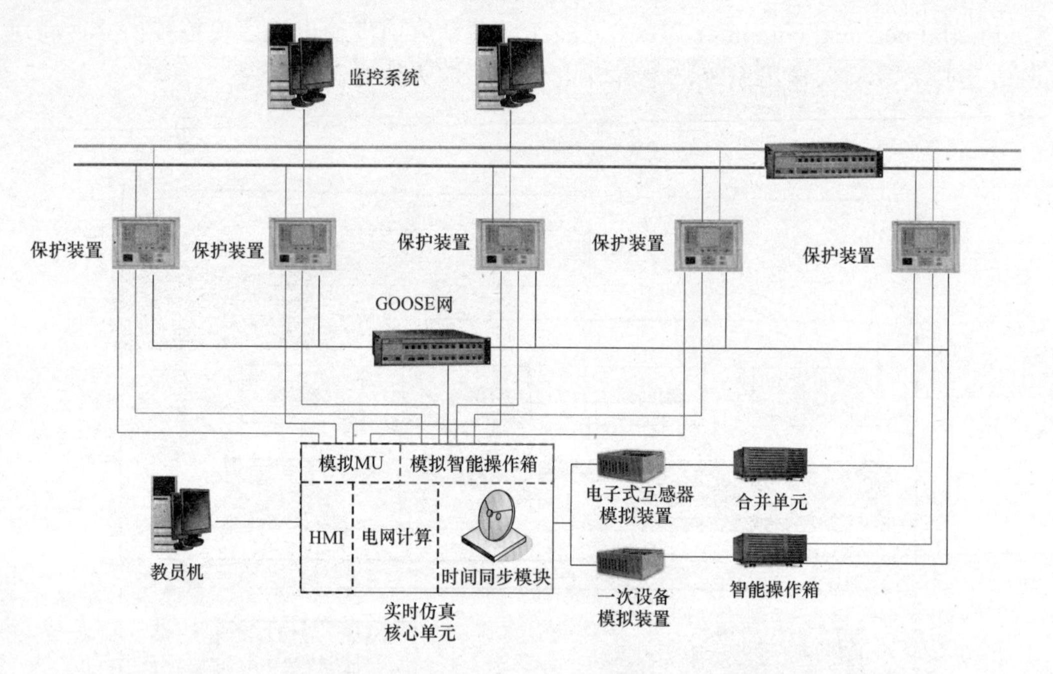

图 10-15　智能变电站混合仿真硬件结构图

1. 沉浸式变电仿真培训系统

沉浸式变电仿真系统采用计算机技术为核心的现代高科技手段生成逼真的虚拟环境，用户借助特殊的输入/输出设备，与虚拟世界中的物体进行自然的交互，从而通过视觉、听觉和触觉等获得与真实世界相同的感受。沉浸式变电仿真系统又分为投影式沉浸系统和头盔式沉浸系统。

（1）投影式沉浸系统。投影式沉浸系统包括洞穴式沉浸系统和多通道弧幕融合沉浸系统。

1）洞穴式沉浸系统（CAVE）。它是一种大型的沉浸式 VR 展示系统，CAVE 提供一个被立体投影画面包围的高级虚拟仿真环境，借助相应虚拟现实交互设备，使参与者获得一种身临其境的高分辨率三维立体视听影像和 6 个自由度交互感受。洞穴式沉浸系统优点是封闭性强，沉浸体验好，缺点是交互和观看区域较小，支持同时体验人数少。洞穴式沉浸系统如图 10-16 所示。

2）多通道弧幕融合沉浸系统。多通道弧幕融合系统通过投影融合技术将多台投影机画面融合为一个弧形的画面并投影在一个大型的屏幕投影幕墙上，使观看和参与者获得一种身临其境的虚拟仿真视觉感受，其主要包括弧幕、弧幕投影、立体环绕声系统组成，弧幕角度从 100°～360°。多通道弧幕融合系统交互和观看区域较大，适合大量观众同时观看，缺点是封闭性相对较差。多通道弧幕融合系统如图 10-17 所示。

（2）头盔式沉浸系统。目前主要有两类，一类是需要单独与主机相连以接受来自主机的 3D 图形信号的，如 Oculus Rift VR 头盔和 HTC VIVE VR 头盔，还有一类是头盔自带图形生成软硬件的，如三星 Gear VR 和国产移动 VR 头盔等，利用移动设备作为图形渲染工具。

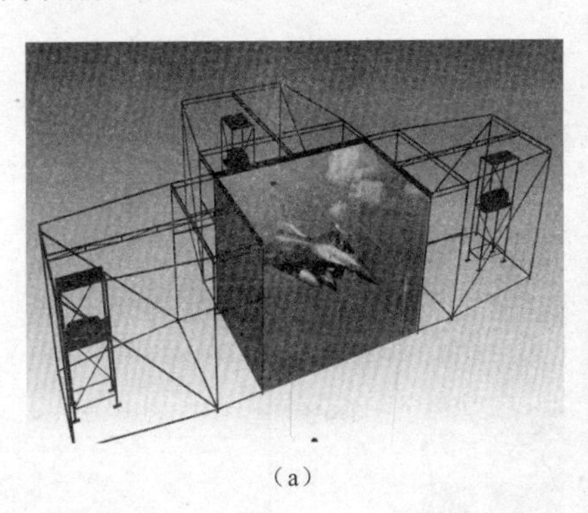

（a）

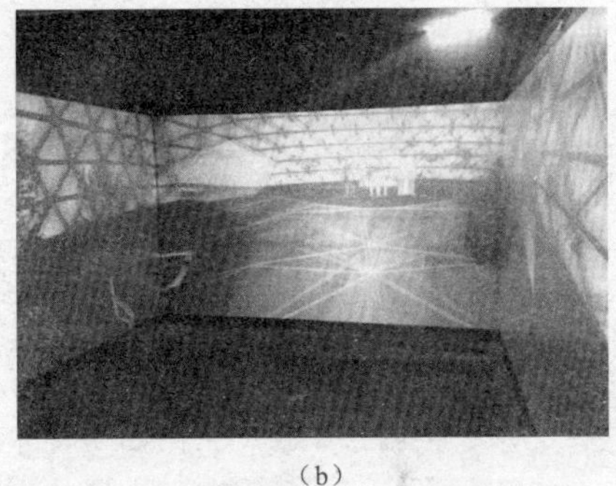

（b）

图 10-16 洞穴式沉浸系统

（a）洞穴式沉浸系统结构全景；（b）洞穴式沉浸系统投影画面

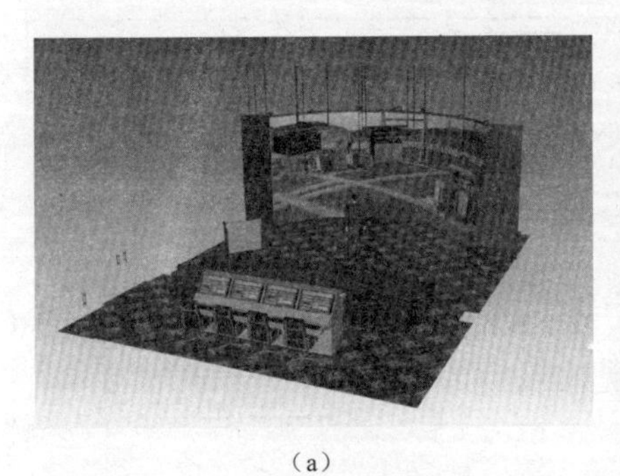

（a）

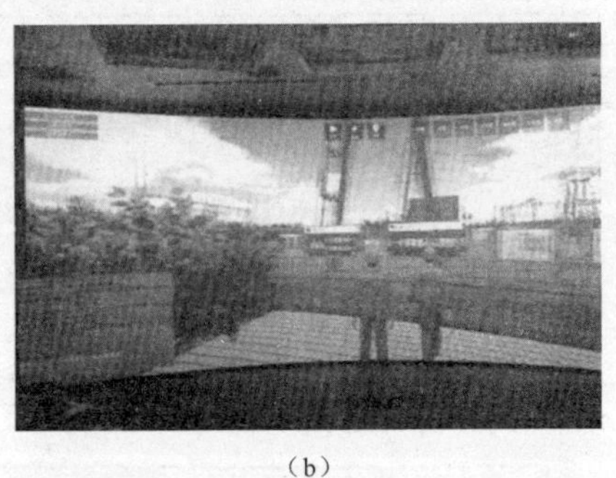

（b）

图 10-17 多通道弧幕融合系统

（a）多通道弧幕系统组成全景；（b）弧幕系统弧幕投影

2. 增强现实变电仿真培训系统

增强现实变电仿真培训系统带有部分真实变电站设备，将虚拟培训场景叠加在真实的实训场景之上，受训者可以在一个与现实融合的逼真的虚拟环境中进行训练和考核。增强现实变电仿真培训系统工作原理如图 10-18 所示。

培训系统技术支撑部分由培训管理服务器、AR 系统（AR 头盔）、培训实景视觉监测系统和无线路由器等组成。AR 头盔利用其双目立体视觉三维感知单元进行目标设备识别、跟踪和注册，利用显示单元将虚拟空间融入实际空间，利用手势识别单元和语音识别单元识别受训人员的操作手势和声音命令，形成良好的人机交互的增强现实环境。培训实景视觉监测系统通过在培训现场布置的多目立体视觉测量和跟踪摄像机获取培训现场各个变电设备的三维空间坐标、测量受训人员在培训现场的三维空间坐标并跟踪其行走轨迹；通过设备状态监测摄像机识别变电设备的工作状态；利用变电设备的状态信息和受训人员的行走轨迹对受训人员实际操作变电设备的规范性进行评价。培训管理服务器通过无线路由器与各个 AR 头盔和培训实景视觉监测系统进行无线通信。

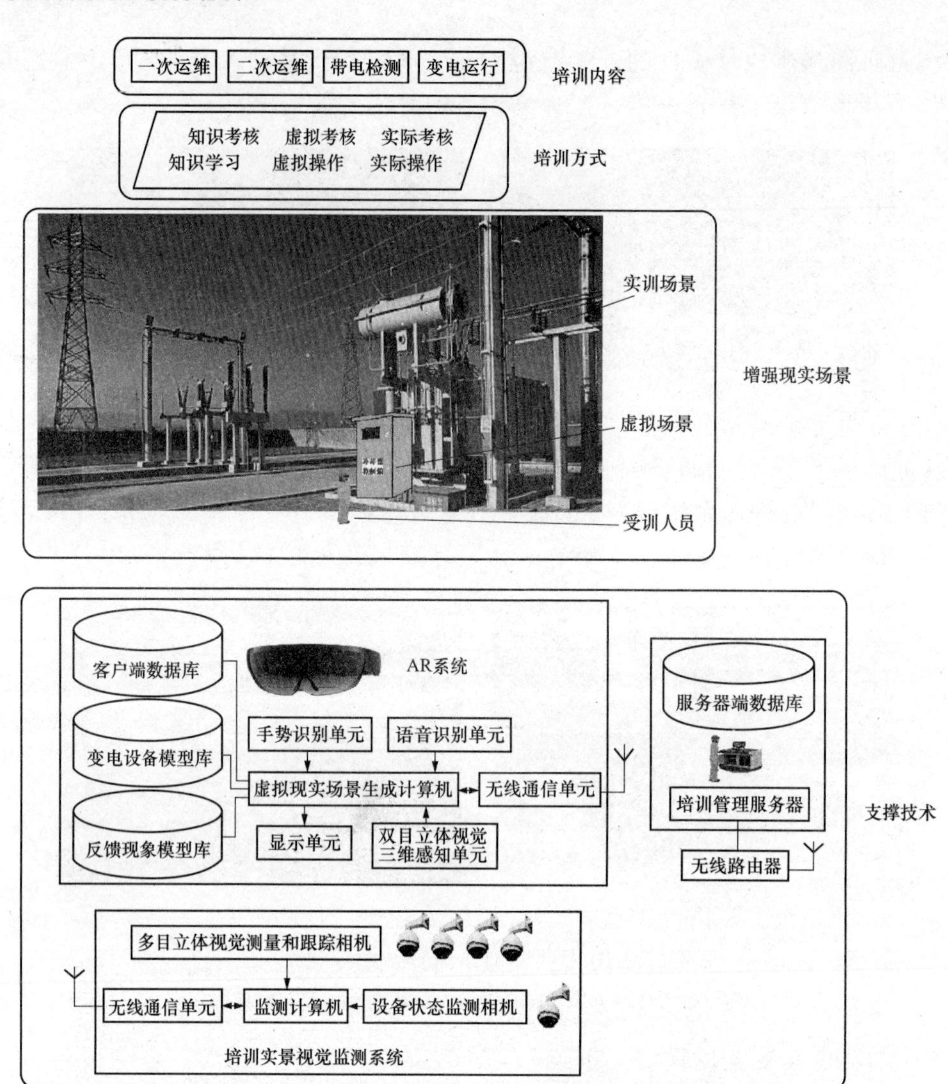

图 10-18　增强现实变电仿真培训系统

（四）“智”

“智”就是智能培训，是今后很重要的发展方向。随着云计算、大数据、物联网、移动互联网等技术的发展，学习者行为能被感知和实时记录分析，从而实现知识自动推送和智能远程培训。例如在梳理电力公司各岗位的职责和知识技能要求的基础上，通过知识库维护管理工具，对各岗位的显性知识以及隐性的工作方法、工作经验等相关海量资料进行采集，实现对知识的固化和存储，通过知识加工，形成结构完整、有序、碎片化的知识库，在此基础上结合智能穿戴设备，实现零散知识的按需抽取和推送，在此基础上，根据学习者的岗位、培训历史记录、历史工作行为及将要进行的工作任务，智能推送该人员需要学习和即将进行工作内容的培训，完成智能培训与对学习者现场工作指导，这种方式将大大提高培训的针对性，提高学习者的工作绩效。

第三节 变电站仿真系统操作应用

近年来仿真变电站运行仿真技术发展迅速，操作使用更方便、灵活。但不同生产厂家的仿真系统使用及其功能有所区别，下面以某500kV变电站仿真系统为例，介绍仿真系统的操作应用情况。

一、仿真变电站三维一次设备基本操作介绍

为了更好完成一次设备的漫游、观察和操作，系统主窗口设置了不同的状态和操作功能。

（1）“运行”。进入系统后，默认是运行模式。如图10-19所示。在运行模式下，常用的运行控制键有光标键、字母键（“A”键—左扭头、“D”键—右扭头、“Q”键—左跨步、“E”键—右跨步、“W”键—抬头、“S”键—低头）和键盘区功能键（“PgUp”键—视点升高、“PgDn”键—视点降低、“Home”键—大步前进、“End”键—大步后退）。其中，在左扭头或右扭头的时候，按下“Shift”键，能够实现一次转90°。

图10-19 仿真变电站三维一次设备场景

在运行模式下，为了方便对某一设备进行观察，可以使用环绕模式，即用鼠标右键双击某一设备，弹出对话框，单击“确定”后进入环绕模式。在环绕模式下，键盘控制键的使用和运行模式下基本一致，但是使用左键“←”、右键“→”时是环绕所选择设备转动，而不是转体；使用前进键“↑”、后退键“↓”时是拉近/拉远与物体的距离，而不是进退。为了对断路器、隔离开关的操动机构（包括端子箱）进行操作，可以用鼠标左键双击某一机构箱，系统会自动面向该机构箱，进入近距离操作模式，同时左键双击机构箱的门，机构箱门会自动打开，如图10-20所示。如果要退出操作方式，可以用鼠标（左键或者右键均可）双击机构箱的门，系统会自动把机构箱门合上，并恢复视点的自然观察高度。

图 10-20　断路器操作场景

（2）“检查”。在检查模式下可对表计、开关状态等进行检查。

（3）“望远镜”。为了放大观察某一物体，可以单击工具栏上的“望远镜”按钮切换到望远镜模式下，以 5 倍比例进行观察，在该模式下，再次单击望远镜按钮重新切换回正常的模式。

（4）“验电”。为了验明某个设备是否带电，可以先单击工具栏上的“验电”按钮，当鼠标移至场景区域，则会出现验电笔，当验电笔移至验电设备固定区域，验电笔尖成红色菱形时，左键双击该设备即可验电，如图 10-21 所示。

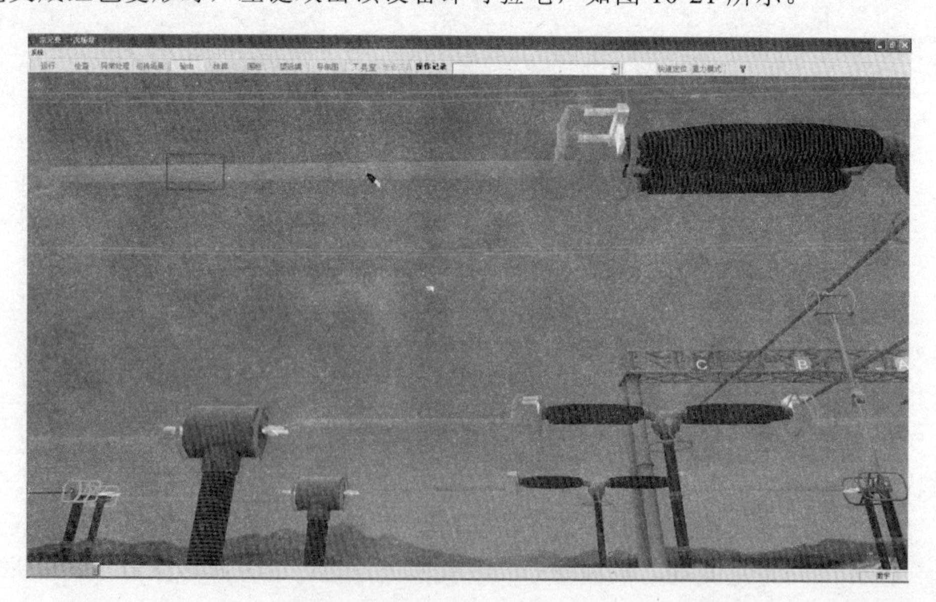

图 10-21　验电操作场景

（5）“挂牌”。单击工具栏上的“挂牌”按钮，然后在场景中鼠标左键双击要挂牌的设备位置，根据提示选择标牌，如图10-22所示。如果要撤销该挂牌，在挂牌模式下左键双击该挂牌，会弹出对话框，选择“是”即可。

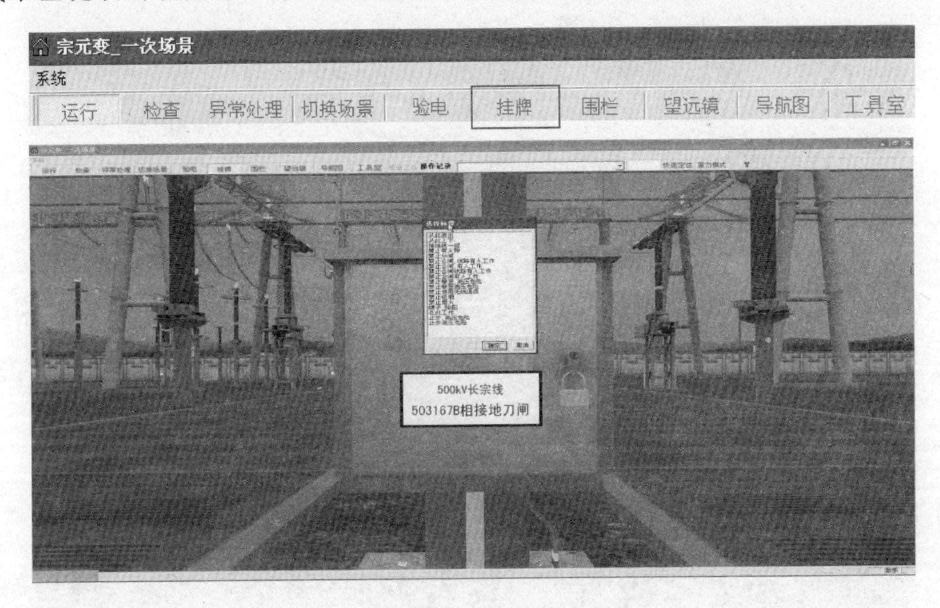

图10-22 挂牌操作场景

（6）“围栏”。单击工具栏上的“围栏”按钮，进入围栏模式后，鼠标左键双击要设置围栏的地面（起点），然后再双击另一边地面（终点），此时就会出现围栏，设好围栏后，输入围栏的名称，如图10-23所示。在围栏模式下，左键双击围栏即可出现撤销对话框，选择“是”可撤销围栏。

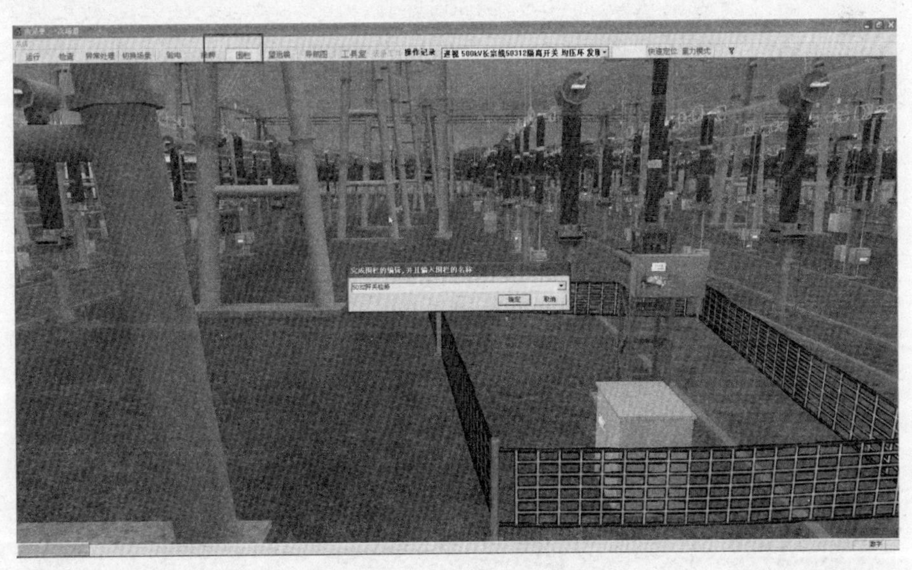

图10-23 围栏操作场景

（7）“异常处理”。当发现场景中的设备异常时，单击工具栏上的“异常处理”按钮，然后在场景中鼠标左键双击该设备，在系统弹出的对话框中依次选择相应的缺陷点、缺陷类型和缺陷等级，然后选择相应的处理方式，并且单击“报告缺陷”按钮即可，如图 10-24 所示。

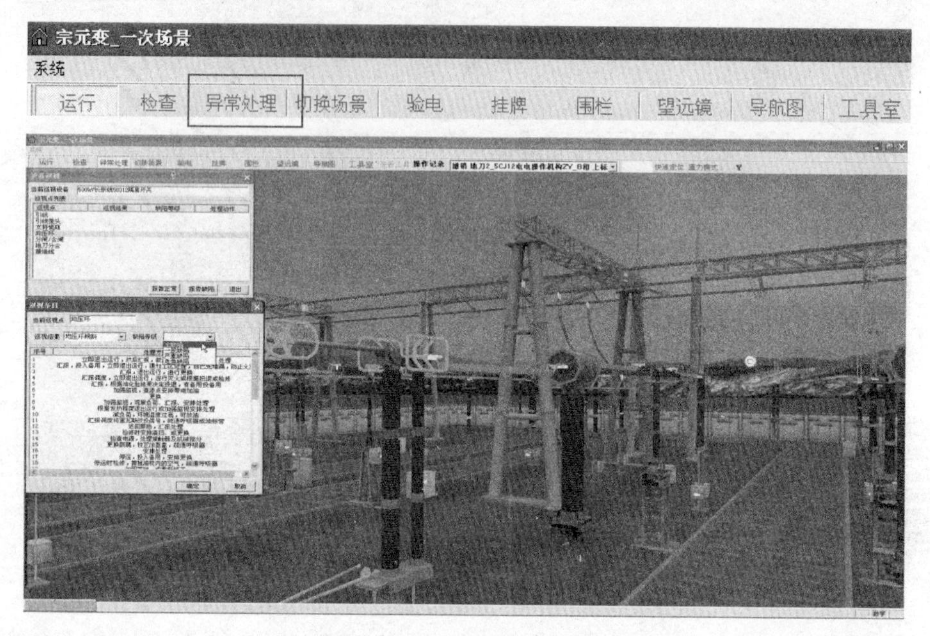

图 10-24　异常处置场景

（8）“导航图”。为了方便在三维场景中快速定位，单击工具栏上的“导航图”按钮来切换导航图窗口，如图 10-25 所示。该方式下可以在导航图内用鼠标左键双击断路器、隔离开关等电气设备符号定位到操作位置，鼠标右键双击则定位到观察位置。在导航图内，可以单击鼠标左键并保持按下状态上下左右拖动，即可实现移动导航图可视范围。

图 10-25　一次设备场景导航

二、仿真变电站三维二次屏盘基本操作介绍

在三维二次场景中的系统任务栏菜单与一次场景相同，但操作方法有所区别，下面重点介绍以下功能：

（1）“导航图”。为了方便在三维场景中快速定位，单击工具栏上的“导航图”按钮来切换导航图窗口，如图 10-26 所示。该方式下可以用鼠标左键双击导航图上的保护小室名称或保护屏名称，即可定位到相应位置。

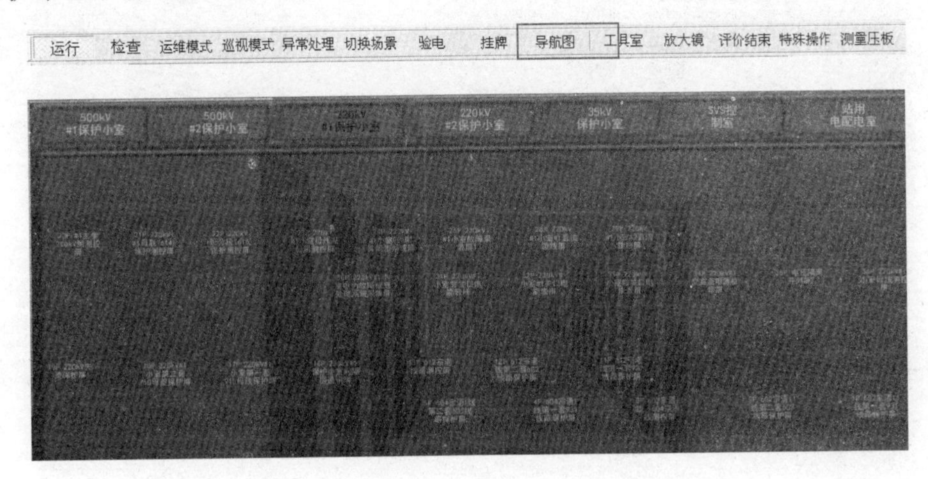

图 10-26　二次设备场景导航

（2）“运行”。进入系统后，默认是运行模式，如图 10-27 所示。在运行模式下单击对应设备可对屏门、按钮、把手、压板等进行操作。

图 10-27　二次运行模式操作

（3）“检查”。在检查模式下鼠标左键单击某个设备可以显示该设备当前的操作位置或当前的读数，可对表计、信号灯等进行检查，如图 10-28 所示。

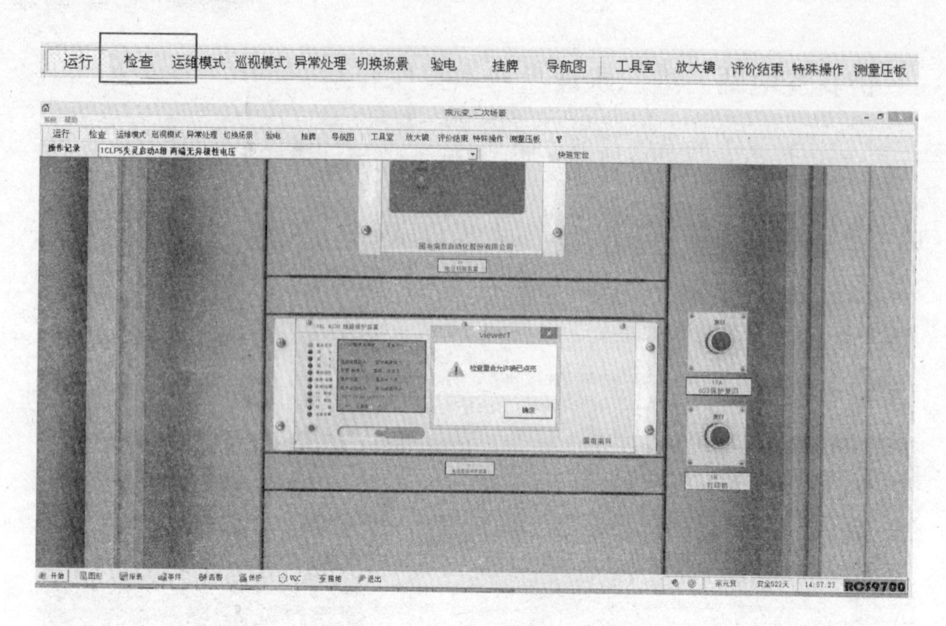

图 10-28　检测模式操作

（4）“切换场景”。单击工具栏上的“切换场景”按钮可以实现各个保护小室的场景切换，选择此功能键会弹出图 10-29 所示菜单，鼠标左键单击选中保护小室即可进入该场景画面。

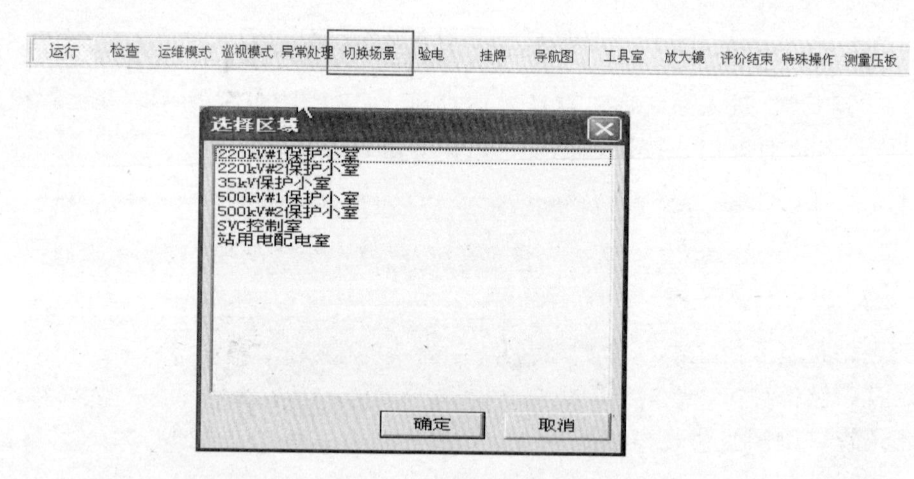

图 10-29　切换场景操作

（5）按钮、空开操作，在运行方式下，左键单击按钮/空开，系统分别会出现如图 10-30 类似提示，选择“是”可按下按钮并留下操作记录，选择“否”中止操作且不会留下任何记录。

三、仿真变电站综合自动化后台基本操作介绍

仿真变电站综合自动化后台具备与现场一致的遥控、遥信、遥测等功能，实时提供各类告警信息，监测设备运行工况。

1. 遥控断路器、隔离开关操作

在监控后台鼠标左键单击操作的断路器、隔离开关，按提示输入断路器、隔离开关的名称及操作人、监护人的密码，根据系统提示进行遥控操作，如图 10-31 所示。

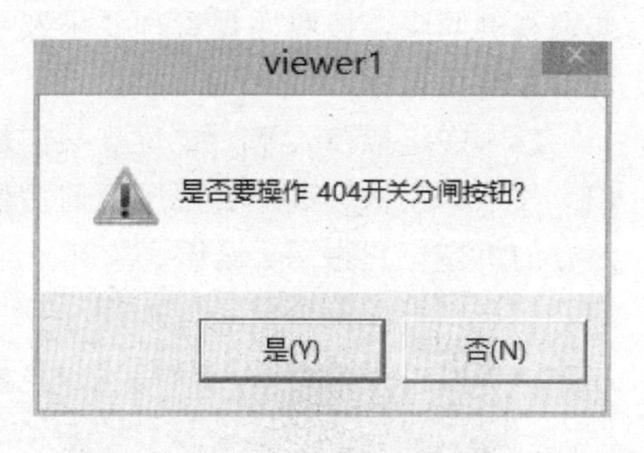

图 10-30 按钮、空开操作提示

2. 检查潮流值

鼠标右键单击潮流数据，在窗口的下方状态栏里会出现检查记录显示，同时在系统留下检查记录，如图 10-32 所示。

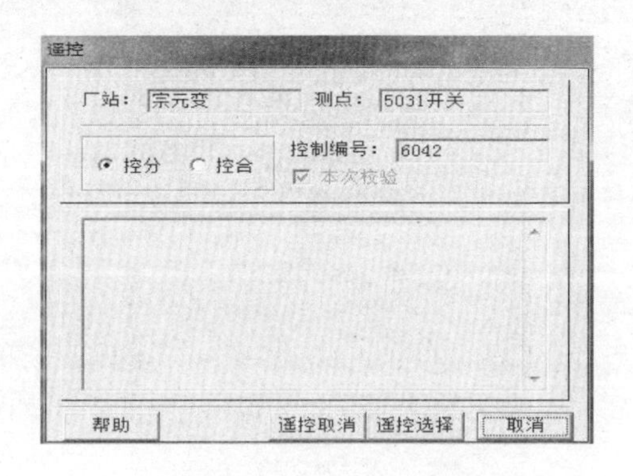

图 10-31 遥控断路器、隔离开关操作窗口

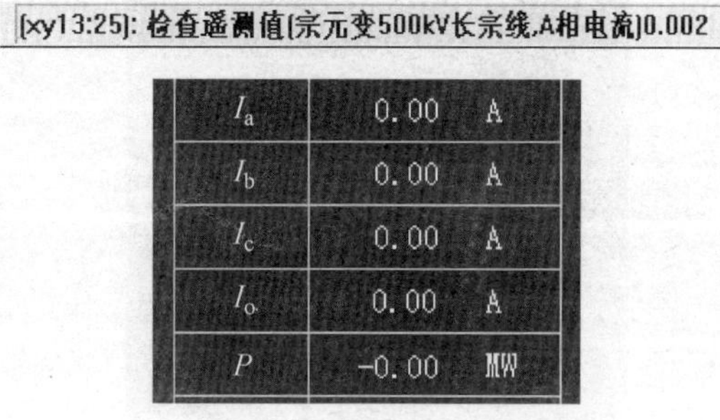

图 10-32 潮流检测记录

3. 检查断路器、隔离开关状态

右键单击要检查的断路器、隔离开关位置，在窗口的下方状态栏里会出现检查记录显示，同时在系统留下检查记录。

第四节 变电站仿真系统实例

变电站仿真系统主要用于变电运维人员的技能实训，能实现监控、倒闸操作、设备巡视、设备维护、事故及异常处理培训等功能，下面以某一条 220kV 线路间隔的设备巡视、倒闸操作、事故处理为实例来介绍系统的应用情况。

一、220kV 线路间隔设备巡视实例

（1）在监控系统画面单击“××线”框图进入间隔分图，检查该间隔一次设备状态指示与现场实际相符，无异常告警信号，光字牌掉牌清闪，二次装置与监控系统通信正常，监测数据刷新正常，用鼠标右键单击设备负荷及潮流值，则生成巡视对应的检查记录。

（2）进入仿真变电站三维一次场景，在任务栏单击“工具室”按钮，选择巡视时需要的安全工器具。

（3）进入三维一次场景巡视，选择主窗口“导航图”，在导航图中迅速找到需

要巡视的间隔，按照巡视管理要求及各类设备巡视标准对设备进行巡视，具体巡视内容参照第四章节。

（4）在运行模式下，定位到某一块柜门前，左键双击可打开端子箱、机构箱柜门；按下“空格”键，实现屏柜前后位置的切换。在检查模式下，鼠标左键单击断路器的机械位置指示、液压表、SF_6压力表、油位计时会有相应的对话框，单击“确定”按钮则形成检查记录，如图 10-33 和图 10-34 所示。当巡视到压力值低、油位异常情况时，可以单击工具栏“异常处理”进行缺陷汇报。

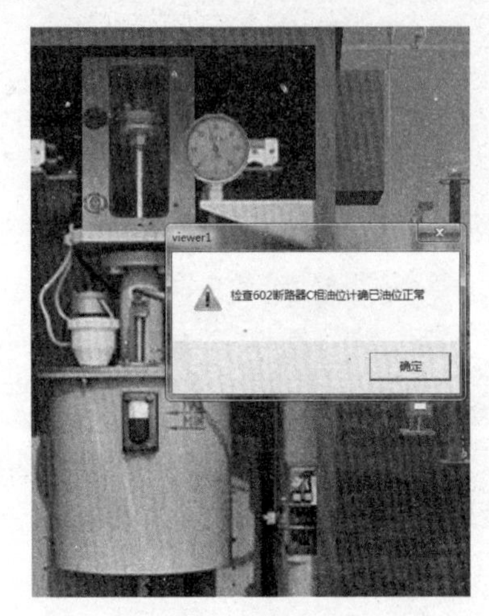

图 10-33　油位检查

图 10-34　SF_6压力检查

（5）当巡视一次设备时遇到如图 10-35～图 10-40 缺陷时，鼠标左键双击缺陷设备，弹出相应的窗口，如图 10-41 所示，选择相应巡视的设备点，鼠标左键双击巡视的设备点，则显示如图 10-42 所示窗口，在提示框中选择巡视结果和巡视等级，选择处理方式，也可以自行编辑处理方式，完成后单击“确定”按钮，则弹出如图 10-43 所示窗口，鼠标单击“报告缺陷”，系统将生成巡视设备缺陷的检查记录。

图 10-35　断路器绝缘子裂纹

图 10-36　CVT 冒烟

图 10-37 避雷器均压环倾斜

图 10-38 接地线生锈、断裂

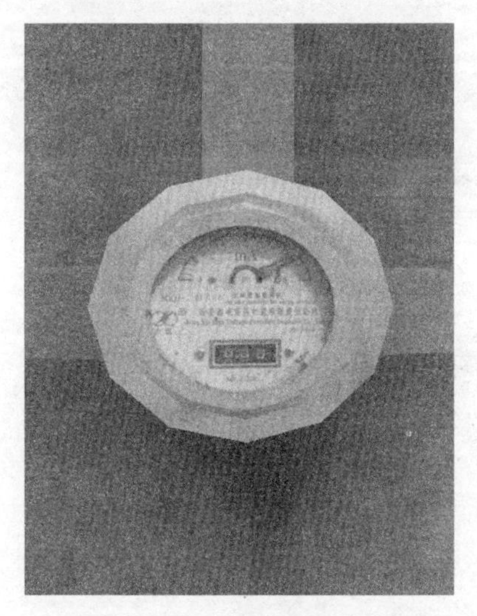

图 10-39 避雷器泄漏电流偏大

图 10-40 隔离开关接线发热

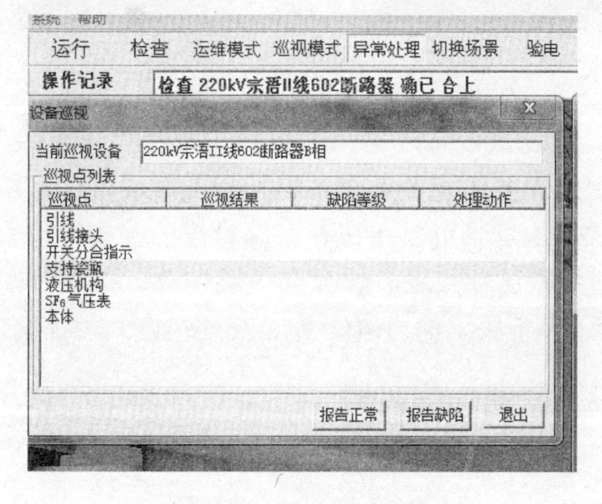

图 10-41 巡视点提示窗口

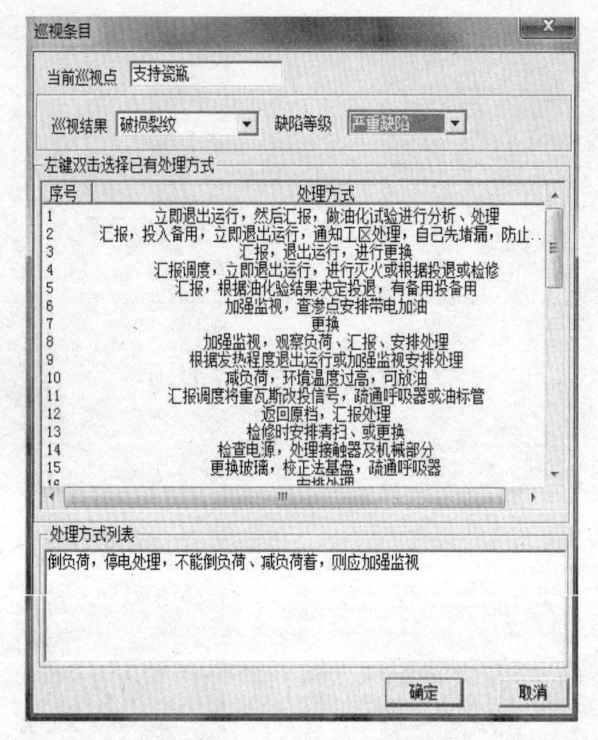

图 10-42　巡视缺陷点窗口

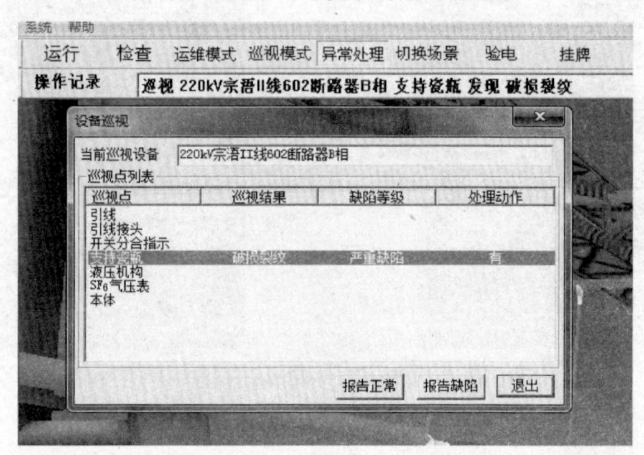

图 10-43　巡视缺陷检查记录窗口

（6）进入三维二次场景设备区巡视，选择工具栏“导航图”，快速定位到该间隔的屏柜，按照巡视管理要求及各类设备巡视标准对设备进行巡视，具体巡视内容参照第四章节。三维二次场景可以在仿真系统设置的主要缺陷象征有装置黑屏、装置异常告警、TV 断线、压板投退、快分开关跳闸等，巡视时发现缺陷可以通过选择“特殊操作”，输入设备缺陷的内容、等级及处理方式，提交后系统将生成记录。

二、220kV 线路间隔操作实例

（一）受令、核对

进入仿真变电站中的三维一次设备场景，左键单击任务栏中的“工具栏”功能，选择“调度”按钮开始接受调度指令，并唱票复诵。根据调度指令明确操作目的和操作任务，进入仿真变电站监控系统画面和三维一次、二次设备场景核对运行方式。

（二）操作准备

（1）根据仿真变电站的接线图拟写正确的操作票。变电站倒闸操作票见表10-1。

表10-1　　变电站倒闸操作票

单位：　　　　　　　　　　　　　　　　　　编号：

发令人		受令人		发令时间：　年　月　日　时　分
操作开始时间：　年　月　日　时　分				操作结束时间：　年　月　日　时　分
（√）监护下操作（　）单人操作（　）检修人员操作				
操作任务：220kV宗浯Ⅱ线602线路及断路器由运行转检修				

顺序	操作项目	√	时间
1	拉开602断路器		
2	检查602断路器三相电流指示为零		
3	检查602断路器三相遥信指示在分位		
4	检查602断路器三相机械指示在分位		
5	汇报调度		
6	合上6023隔离开关电机电源快分开关		
7	合上6023隔离开关控制电源快分开关		
8	拉开6023隔离开关		
9	检查6023隔离开关三相已拉开		
10	拉开6023隔离开关电机电源快分开关		
11	拉开6023隔离开关控制电源快分开关		
12	检查6021隔离开关三相已拉开		
13	合上6022隔离开关电机电源快分开关		
14	合上6022隔离开关控制电源快分开关		
15	拉开6022隔离开关		
16	检查6022隔离开关三相已拉开		
17	拉开6022隔离开关电机电源快分开关		
18	拉开6022隔离开关控制电源快分开关		
19	检查220kV 1号保护小室602间隔二次回路切换正常（母差、失灵、计量、线路保护Ⅰ、Ⅱ屏）		
20	将220kV 1号保护小室1P重合闸切换把手切至“停用”位置		
21	退出220kV 1号保护小室1P重合闸出口压板1LP4		
22	将220kV 1号保护小室2P重合闸切换把手切至“停用”位置		

续表

顺序	操 作 项 目	√	时间
23	检查 220kV 1 号保护小室 2P 603 重合闸出口压板 1LP6 已退出		
24	退出 220kV 1 号保护小室 17P 母差出口跳 602Ⅰ压板 TLP2		
25	退出 220kV 1 号保护小室 18P 母差出口跳 602Ⅱ压板 13XB		
26	退出 220kV 1 号保护小室 19P 失灵跳 602Ⅰ压板 TLP2		
27	退出 220kV 1 号保护小室 19P 失灵跳 602Ⅱ压板 BLP2		
28	退出 220kV 1 号保护小室 1P A 相跳闸启动 916 失灵压板 1LP9		
29	退出 220kV 1 号保护小室 1P B 相跳闸启动 916 失灵压板 1LP10		
30	退出 220kV 1 号保护小室 1P C 相跳闸启动 916 失灵压板 1LP11		
31	退出 220kV 1 号保护小室 1P 923 动作跳 602Ⅰ压板 8LP1		
32	退出 220kV 1 号保护小室 1P 923 动作跳 602Ⅱ压板 8LP2		
33	退出 220kV 1 号保护小室 1P 三相启动失灵压板 8LP3		
34	退出 220kV 1 号保护小室 1P 启动稳控 A 柜压板 1LP16		
35	退出 220kV 1 号保护小室 2P A 相跳闸启动 916 失灵压板 1LP7		
36	退出 220kV 1 号保护小室 2P B 相跳闸启动 916 失灵压板 1LP8		
37	退出 220kV 1 号保护小室 2P C 相跳闸启动 916 失灵压板 1LP9		
38	退出 220kV 1 号保护小室 2P 启动稳控 B 柜压板 1LP12		
39	拉开 602 线路 TV 二次快分开关		
40	汇报调度		
41	在 6022-1 接地开关三相静触头上验明确无电压		
42	合上 6022-1 接地开关		
43	检查 6022-1 接地开关三相已合上		
44	在 6023-2 接地开关三相静触头上验明确无电压		
45	合上 6023-2 接地开关		
46	检查 6023-2 接地开关三相已合上		
47	在 6023-1 接地开关三相静触头上验明确无电压		
48	合上 6023-1 接地开关		
49	检查 6023-1 接地开关三相已合上		
50	退出 220kV 1 号保护小室 1P 931 动作跳 602A 相Ⅰ压板 1LP1		
51	退出 220kV 1 号保护小室 1P 931 动作跳 602B 相Ⅰ压板 1LP2		
52	退出 220kV 1 号保护小室 1P 931 动作跳 602C 相Ⅰ压板 1LP3		
53	退出 220kV 1 号保护小室 2P 603 出口跳 602A 相Ⅱ压板 1LP1		
54	退出 220kV 1 号保护小室 2P 603 出口跳 602B 相Ⅱ压板 1LP2		
55	退出 220kV 1 号保护小室 2P 603 出口跳 602C 相Ⅱ压板 1LP3		
56	退出 220kV 1 号保护小室 2P 603 出口三跳 602Ⅱ压板 1LP4		
57	退出 220kV 1 号保护小室 2P 603 出口永跳 602Ⅱ压板 1LP5		
58	退出 220kV 1 号保护小室 2P 直跳对侧压板 1LP11		
59	拉开 220kV 1 号保护小室 1P 602 断路器Ⅰ组控制电源快分开关 4K1		

续表

顺序	操作项目	√	时间
60	拉开 220kV 1 号保护小室 1P 602 断路器Ⅱ组控制电源快分开关 4K2		
61	拉开 602 断路器电机电源快分开关		
62	在 6023 机构箱上悬挂“禁止合闸，线路有人工作”标示牌		
63	汇报调度		
风险辨识与预控措施： 1．本票存在带负荷拉隔离开关的风险，预控措施：检查断路器机械指示、电气指示在分位作为重点项目； 2．本票存在带电合接地开关的风险，预控措施： 在接地开关静触头处验明三相确无电压作为重点项目。 3．本票存在保护误动或其他易发			
生事故的风险，预控措施：检查隔离开关二次切换正常作为重点项目。			
备注：			
操作人：　　　　监护人：　　　　值班负责人（值长）：			

（2）操作票审核正确后，进入仿真变电站中的三维一次设备场景，左键单击工具栏中的“工具室”按钮，选择倒闸操作所需相应电压等级的安全工器具，如图 10-44 所示。

图 10-44　工具室图

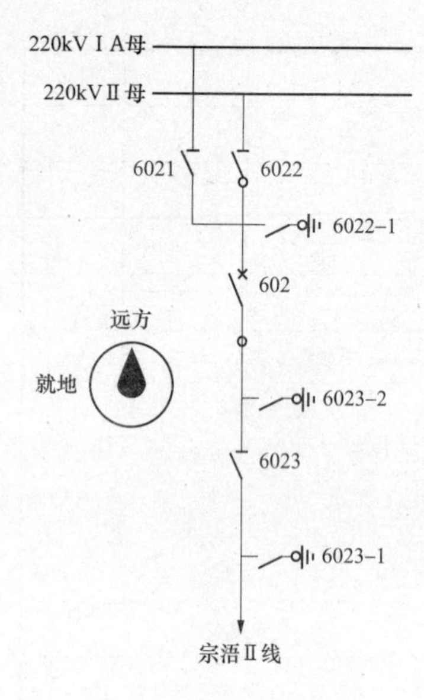

图 10-45　间隔分图

（三）执行操作

完成操作准备后，进入仿真变电站中的三维一次设备场景，鼠标左键单击工具栏中的“工具室”按钮，选择“汇报调度”，并在操作票上填写操作开始时间。操作过程中应严格按照操作票顺序进行逐项执行、逐项汇报。以下重点介绍主要设备在仿真系统中的操作方法：

1. 断路器

（1）进入仿真变电站中监控系统画面的“宗涪II线602”间隔分图（如图 10-45 所示），检查设备遥信位置及潮流负荷情况，鼠标左键单击所操作的断路器，按提示输入断路器的名称及操作人、监护人的密码，可模拟现场的双人双机要求进行遥控操作；也可进入三维二次设备场景，任务栏在“运行”模式时，在测控屏上插入五防锁，将“远/近控”开关切至“近控”位置，左键单击断路器“分/合闸”把手，根据系统提示进行操作。

（2）操作完成后，在监控画面右键单击检查断路器的遥信位置、遥测值和光字牌确认、清闪。每操作完一个设备，必须分别进入三维一次、二次设备场景，利用导航图快速定位到被操作的设备，将任务栏切换至“检查”模式，鼠标左键单击检查断路器的机械位置指示、表计指示和保护装置信号指示等，如图 10-46 所示。

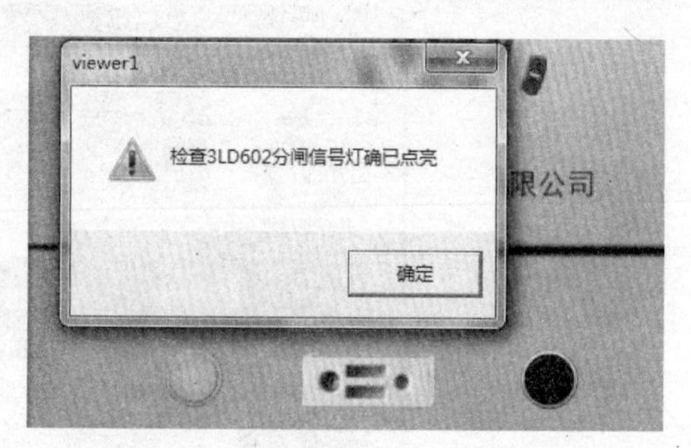

图 10-46　断路器操作位置指示

2. 隔离开关（接地开关）

（1）隔离开关的遥控操作与断路器相同，也可在三维一次设备场景进行现场操作。进入三维一次设备场景，利用导航图快速定位到隔离开关机构箱，在“运行”模式下，鼠标左键单击打开五防锁，左键双击打开箱门，合上控制及电机电源，将“远/近控”开关切至“近控”位置，左键单击“分闸”按钮，根据系统提示进行操作。

（2）隔离开关操作后的一次、二次位置检查方法与断路器相同，但应注意必须在隔离开关的动触头处检查机械位置。

（3）在合接地开关之前，必须进入三维一次设备场景单击工具栏上的“验电”按钮，首先鼠标左键单击邻近带电设备确认验电器工作正常（会出现“有电报警”的音响提示）后，再左键单击需要验电的位置，此时系统提示“设备无电”（不会出现“有电报警”的音响提示）。

3. 二次设备

进入三维二次设备场景选择保护屏，在“运行”模式下，鼠标左键双击打开屏门，再左键单击所要操作的压板、按钮，如图 10-47 所示；在保护屏前按下键盘“空白”键切换到屏后用同样的方法进行空气断路器的操作，如图 10-48 所示。

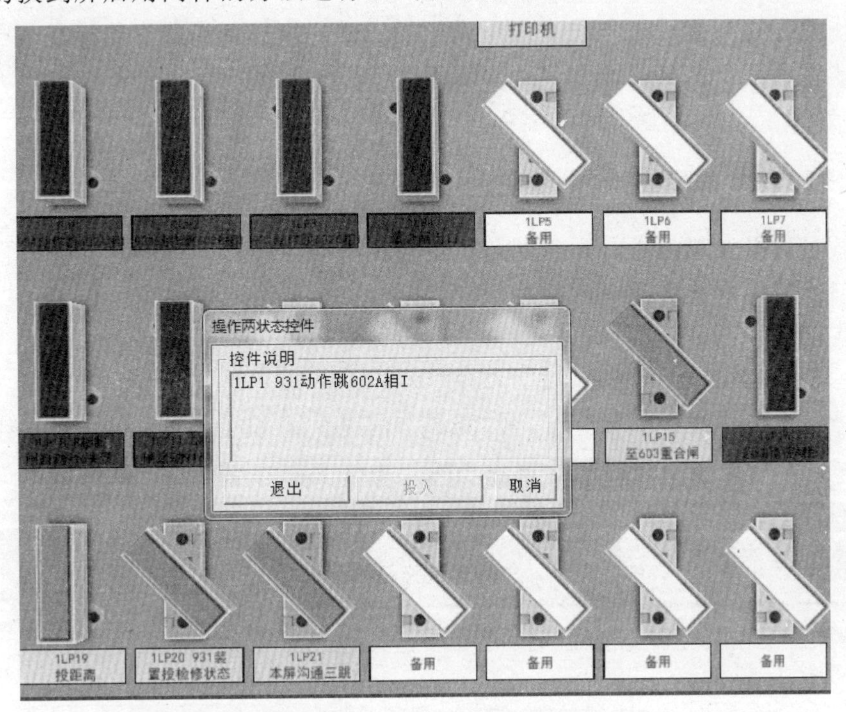

图 10-47 保护压板投退场景

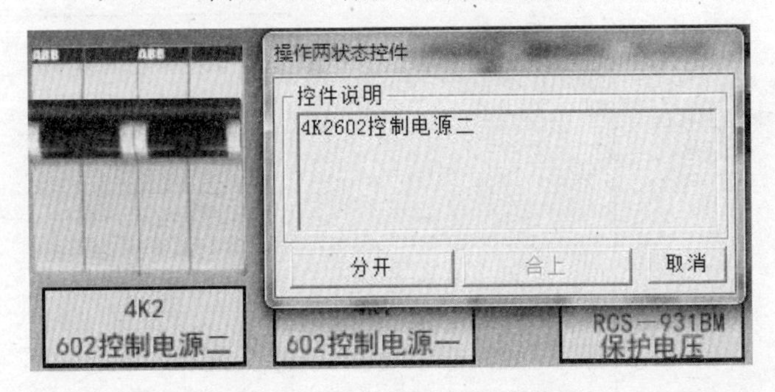

图 10-48 空气断路器操作场景

4. 安全措施

布置安全措施时，必须明确停电设备和范围。首先进入三维一次设备场景单击工具栏上的“挂牌”按钮，鼠标左键双击停电设备需要挂牌的位置，根据系统提示选择挂牌内容，如图 10-49 所示。

图 10-49 提示选择挂牌内容场景

（四）复查

操作项目全部结束后应对操作票面的执行情况进行复查，并与仿真变电站的监控系统画

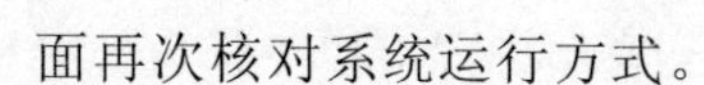
面再次核对系统运行方式。

（五）汇报

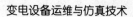

操作票复查正确后进入仿真变电站中的三维一次设备场景，鼠标左键单击工具栏中的“工具室”按钮，选择“汇报调度”，汇报操作结束，并在操作票上填写操作结束时间。

三、220kV 线路跳闸事故处理实例

当教员端触发事故后，学员端监控后台将出现告警铃声提醒，并弹出告警信息报文窗口，监控系统画面跳闸断路器空心闪烁、负荷潮流发生变化，三维二次场景保护装置动作、三维一次场景断路器变位等现象。

（一）主事故基本情况介绍

故障前站内各设备正常运行，220kV 宗涪线Ⅱ线 602、宗涪Ⅰ线 604 线路负荷分配正常，220kV 线路保护配置见表 10-2。故障类型为单相永久接地故障，主要故障信息如告警信息窗口，如图 10-50 所示。

表 10-2　　220kV 线路保护配置

保护设备名称	保护屏名称	屏内装置型号	保护配置	生产厂家
宗涪Ⅱ线 602	PRC31B-05 保护柜（第一套）	RCS-931A 微机光纤差动保护装置	工频变化量阻抗	南瑞继保
			纵联变化量阻抗	
			四段式零序方向过电流	
			三段式接地距离	
			三段式相间距离	
			自动重合闸	
		RCS923A 断路器失灵及辅助保护装置	三相不一致	
			失灵启动	
		CZX-12R2 分相操作箱	三相操作箱	
	GPSL603G-102 保护柜（第二套）	PSL603G 数字式线路保护装置	分相电流差动	国电南自
			零序电流差动	
			三段相间距离	
			三段接地距离	
			四段零序方向过电流	
			自动重合闸	
		YQX-11P 电压切换箱	电压切换	

确认　全部确认　分类　设置　第3条共38条

所有等级 | 事故信号区 | 异常信号区 | 越限信号区 | 变位信号区 | 告知信号区 | 显示SOE

告警等级	时间	操作人	点名称	事件
实时告警信息	2018年01月25日10:40:39:444		宗元变宗老线612收发信机PSF-631装置动作	动作
实时告警信息	2018年01月25日10:40:39:444		宗元变220kV故障录波2录波器启动	动作
实时告警信息	2018年01月25日10:40:39:444		宗元变220kV故障录波1录波器启动	动作
实时告警信息	2018年01月25日10:40:39:450		宗元变220kV宗浯Ⅱ线602RCS-931BM装置保护动作	动作
实时告警信息	2018年01月25日10:40:39:450		宗元变220kV宗浯Ⅱ线602RCS-931BM装置纵联分相差动动作	动作
实时告警信息	2018年01月25日10:40:39:450		宗元变220kV宗浯Ⅱ线602RCS-931BM装置纵联零序差动动作	动作
实时告警信息	2018年01月25日10:40:39:450		宗元变220kV宗浯Ⅱ线602PSL-603G装置保护动作	动作
实时告警信息	2018年01月25日10:40:39:450		宗元变220kV宗浯Ⅱ线602PSL-603G装置分相差动动作	动作
实时告警信息	2018年01月25日10:40:39:450		宗元变220kV宗浯Ⅱ线602PSL-603G装置零序差动动作	动作
实时告警信息	2018年01月25日10:40:39:451		宗元变220kV宗浯Ⅱ线602RCS-931BM装置接地距离I段动作	动作
实时告警信息	2018年01月25日10:40:39:451		宗元变220kV宗浯Ⅱ线602RCS-931BM装置后备动作	动作
实时告警信息	2018年01月25日10:40:39:451		宗元变220kV宗浯Ⅱ线602PSL-603G装置接地距离I段动作	动作
实时告警信息	2018年01月25日10:40:39:460		宗元变220kV宗浯Ⅱ线602断路器第二组出口跳闸	动作
实时告警信息	2018年01月25日10:40:39:460		宗元变220kV宗浯Ⅱ线602断路器第一组出口跳闸	动作
实时告警信息	2018年01月25日10:40:39:460		宗元变220kV宗浯Ⅱ线602断路器总出口跳闸	动作
实时告警信息	2018年01月25日10:40:39:470		宗元变220kV宗浯Ⅱ线602断路器A相	分闸
实时告警信息	2018年01月25日10:40:40:070		宗元变220kV宗浯Ⅱ线602PSL-603G装置重合闸动作	动作
实时告警信息	2018年01月25日10:40:40:070		宗元变220kV宗浯Ⅱ线602RCS-931BM装置重合闸动作	动作
实时告警信息	2018年01月25日10:40:40:070		宗元变220kV宗浯Ⅱ线602RCS-931BM装置保护动作	动作
实时告警信息	2018年01月25日10:40:40:090		宗元变220kV宗浯Ⅱ线602断路器A相	合闸
实时告警信息	2018年01月25日10:40:40:210		宗元变220kV宗浯Ⅱ线602RCS-931BM装置保护动作	动作
实时告警信息	2018年01月25日10:40:40:210		宗元变220kV宗浯Ⅱ线602RCS-931BM装置纵联分相差动动作	动作
实时告警信息	2018年01月25日10:40:40:210		宗元变220kV宗浯Ⅱ线602RCS-931BM装置纵联零序差动动作	动作
实时告警信息	2018年01月25日10:40:40:210		宗元变220kV宗浯Ⅱ线602PSL-603G装置保护动作	动作
实时告警信息	2018年01月25日10:40:40:210		宗元变220kV宗浯Ⅱ线602PSL-603G装置分相差动动作	动作
实时告警信息	2018年01月25日10:40:40:210		宗元变220kV宗浯Ⅱ线602PSL-603G装置零序差动动作	动作
实时告警信息	2018年01月25日10:40:40:211		宗元变220kV宗浯Ⅱ线602RCS-931BM装置接地距离I段动作	动作
实时告警信息	2018年01月25日10:40:40:211		宗元变220kV宗浯Ⅱ线602RCS-931BM装置后备动作	动作
实时告警信息	2018年01月25日10:40:40:211		宗元变220kV宗浯Ⅱ线602PSL-603G装置接地距离I段动作	动作
实时告警信息	2018年01月25日10:40:40:230		宗元变220kV宗浯Ⅱ线602断路器ABC相	分闸
实时告警信息	2018年01月25日10:40:41:084		宗元变220kV宗浯Ⅱ线602断路器油泵电机启动	动作
实时告警信息	2018年01月25日10:40:45:084		宗元变220kV宗浯Ⅱ线602断路器油泵电机启动	复归

图 10-50　告警信息窗口

（二）具体处理步骤

（1）首先记录事故发生时间、跳闸断路器名称、断路器变位情况、负荷潮流情况。

（2）单击监控系统画面，在弹出窗口中选择“本画面清闪”，并对告警声进行确认，鼠标单击告警监视系统信息报文窗口中“确认”按钮对信息进行确认。再从监控系统画面进入跳闸线路间隔画面分图，鼠标单击该间隔画面的遥信位置、遥侧值，在画面下方会显示操作记录。

（3）通过监控系统画面进入光字牌索引目录，鼠标右键单击点亮的光字牌，则生成检查记录，还可通过鼠标右键单击分图画面进行本间隔画面清闪。

（4）根据监控画面故障现象及告警信息、光字牌等对事故进行初步分析判断，向调度汇报事故发生的时间、跳闸断路器名称、断路器变位、负荷潮流情况等，此时可通过鼠标单击一次或二次场景的工具栏“特殊操作”，会弹出如图 10-51 窗口，输入汇报内容，单击“提交”。同时监视宗浯Ⅰ线 604 线路备运行状况及负荷潮流情况，避免过负荷运行。

（5）进行现场检查，单击仿真变电站三维一次场景工具栏，选择事故处理时需要的安全工器具，如安全帽、对讲机等。

（6）根据监控后台信息报文及事故的初步判断分别进入三维一次、二次场景进行设备的详细检查，一次设备重点检查电流互感器靠线路侧的一次设备有无短路、接地、闪络、瓷件破损、爆炸、喷油等故障；检查断路器的实际位置、SF_6密度指

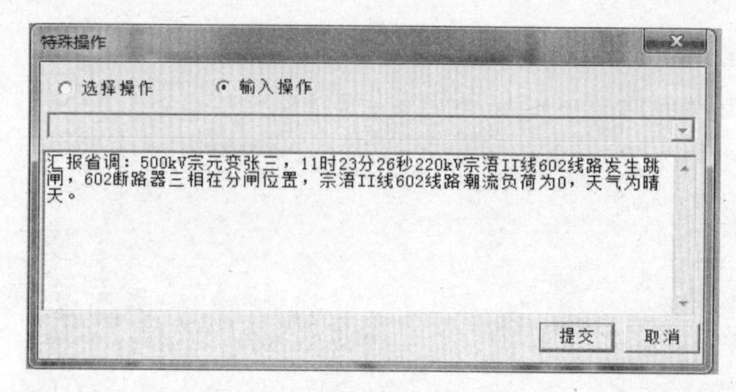

图 10-51　特殊操作提示窗口

示是否正常、液压操动机构的压力是否正常等。如检查发现异常，鼠标单击工具栏“异常与处理”，进行缺陷的记录。二次设备重点检查两套线路保护屏、故障录波屏的动作情况，在检查模式下鼠标左键单击保护装置液晶屏可以分页查看保护装置动作的基本信息，如保护动作情况、故障测距、故障相别、故障电流等，如图 10-52、图 10-53 所示，将保护动作情况记录下来。同时在“检查”模式下对保护装置信号灯进行逐步检查，待保护装置动作情况及信号灯全部检查完毕确认无误后，方可在“运行”模式下按“复归”按钮。故障录波屏单击液晶屏将弹出故障录波图形，可根据录波图形对故障进行分析、判断及记录。检查完毕后单击打印及复归按钮则生成系统记录。目前在仿真系统二次设备上可以实现保护拒动、信号灯未点亮等异常情况，如发现异常应及时记录，分析原因，禁止按“复归”按钮。

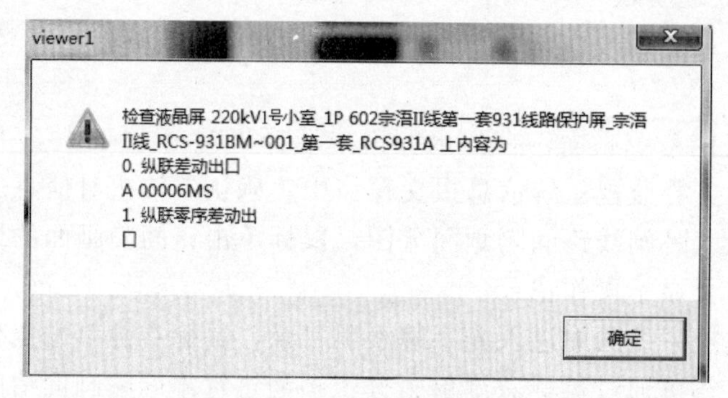

图 10-52　保护动作信息 1

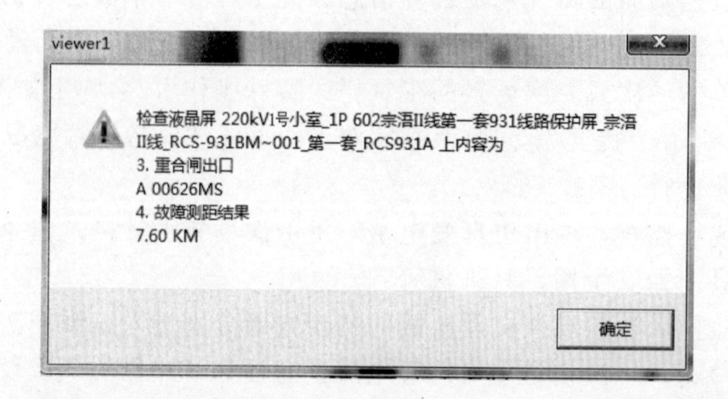

图 10-53　保护动作信息 2

（7）为了提高运维人员的事故处理能力，仿真系统教员端可在不同时间内触发其他叠加异常或故障，在事故处理过程中应随时关注实时异常及故障信号，防止事故的误判、漏判。

（8）对所有光字牌进行再次复查，如有光字牌未复归的情况，及时进行复归，清闪。

（9）将现场检查情况向调度进行详细汇报，通过单击“特殊操作”，输入汇报内容，主要内容如下：

1）跳闸断路器的名称和跳闸时间，人身是否安全，设备有无明显缺陷；

2）保护装置的动作情况；

3）事故的主要象征。

（10）汇报调度后，根据调度指令，隔离故障并做好安全措施。隔离故障需解锁操作时，应先履行汇报流程，通过“特殊操作”功能作好相关记录。

（11）事故处理完毕，按照要求编写好事故分析报告。

参 考 文 献

[1] 国家电网公司人力资源部. 国家电网公司生产技能人员职业能力培训专用教材 变电运行［M］. 北京：中国电力出版社，2010.

[2] 国家电网公司. 国家电网公司“十二五”及中长期科技发展规划战略研究. 一次设备智能化关键技术专题报告［C］. 国家电网公司科技部，2009.

[3] 雷红才. 变电运维一体化技术［M］. 北京：中国电力出版社，2014.

[4] 孙鹏，张大国，等. 智能变电站调试与运行维护［M］. 北京：中国电力出版社，2014.

[5] 高翔. 数字化变电站应用技术［M］. 北京：中国电力出版社，2008，

[6] 张全元. 变电站现场事故处理及典型案例分析［M］. 北京：中国电力出版社，2014.

[7] 张全元，李洪波. 中国电力企业联合会技能鉴定与教育培训 电力行业仿真培训教材（变电类）［M］. 北京：中国电力出版社，2011.

[8] 种衍师，王兴照. 变电运行仿真培训［M］. 北京：中国电力出版社，2009.